普通高等教育农业农村部"十三五"规划教材

"十二五"普通高等教育本科国家级规划教材

普通高等教育"十一五"国家级规划教材

面 向 21 世 纪 课 程 教 材
Textbook Series for 21st Century

园 艺 通 论

General Horticulture

第 5 版

朱立新　朱元娣　主编

中国农业大学出版社

·北京·

内 容 简 介

本书是"十二五"普通高等教育本科国家级规划教材、普通高等教育"十一五"国家级规划教材,同时也是普通高等教育农业农村部"十三五"规划教材和面向21世纪课程教材。其主要特点是将果树、蔬菜、观赏园艺植物和药用植物各方面的知识进行有机整合,融会贯通,以基本概念、基础知识和基本技能为主。全书共有12章:第1章绪论,第2章园艺植物的分类,第3章园艺植物的生物学特性,第4章园艺植物的繁殖,第5章园艺植物品种改良,第6章园艺植物的种植及土肥水管理,第7章园艺植物的植株管理与花果管理,第8章园艺植物保护,第9章园艺产品的采收、贮藏与市场营销,第10章园艺产品安全生产与质量管理,第11章设施园艺,第12章休闲园艺。此外,本教材还附有教学常设实验指导20个以及附录主要园艺植物中文、拉丁文学名和英文名称等内容。本教材内容系统广泛,体现最新知识发展,写作质量高,应用面广,可作为园艺专业的基础课教材,也可作为农业科学类如农学、植保、食品、农业资源与环境、农村发展、农业经济、农业推广、农业工程等专业的园艺概论课教材以及其他有关专业师生和科技人员学习的参考书。

图书在版编目(CIP)数据

园艺通论/朱立新,朱元娣主编.—5版.—北京:中国农业大学出版社,2020.9
ISBN 978-7-5655-2432-5

Ⅰ.①园… Ⅱ.①朱…②朱… Ⅲ.①园艺-高等学校-教材 Ⅳ.①S6

中国版本图书馆 CIP 数据核字(2020)第 182159 号

书　名	园艺通论　第5版		
作　者	朱立新　朱元娣　主编		
策划编辑	张秀环	责任编辑	张秀环
封面设计	郑　川		
出版发行	中国农业大学出版社		
社　址	北京市海淀区圆明园西路2号	邮政编码	100193
电　话	发行部 010-62733489,1190	读者服务部	010-62732336
	编辑部 010-62732617,2618	出　版　部	010-62733440
网　址	http://www.caupress.cn	E-mail	cbsszs@cau.edu.cn
经　销	新华书店		
印　刷	河北华商印刷有限公司		
版　次	2020年10月第5版　2020年10月第1次印刷		
规　格	787×980　16开本　25.25印张　464千字		
定　价	58.00元		

第 5 版编写人员

主　　编　朱立新（中国农业大学）

　　　　　　朱元娣（中国农业大学）

参编人员　（以姓氏拼音字母为序排列）

　　　　　　高　英（天津农学院）

　　　　　　龚荣高（四川农业大学）

　　　　　　罗正荣（华中农业大学）

　　　　　　潘学军（贵州大学）

　　　　　　张国珍（中国农业大学）

　　　　　　张　娟（塔里木大学）

　　　　　　张　文（中国农业大学）

　　　　　　张鹏飞（山西农业大学）

　　　　　　钟凤林（福建农林大学）

第 5 版前言

《园艺通论》(general horticulture)是高等农业院校为非园艺专业本科生开设的必修或选修课教材,适用于农学、植保、农业资源与环境、农业经济、农村发展、生物学、生物技术、食品、农业工程与农业机械化等院系本科生教学和综合院校到农业院校攻读硕士、博士的研究生选修以及农业干部培训等。

《园艺通论》以现代园艺的新理论、新概念和新技术,使学生对园艺有一个既全面又概括的了解,为进一步学习园艺各分支学科的知识打下一定基础。《园艺通论》第 5 版对第 4 版的内容作了一定的调整和补充,增加了"国家地理标志产品""土肥水一体化管理""植物工厂及自动化管理技术"等内容,删除了"无公害农产品及生产规范""品种审定"等内容。将第 6 章一分为二,其他章节内容和顺序也有一定调整。

本书注重基本概念、基本理论和基本技术的知识传授,理实相兼,图文并茂,易读易懂,是非园艺专业学生的园艺入门书,也是农业战线管理干部学习和了解园艺的指南书。

本书最早于 1988 年由原北京农业大学非正式出版,全部由中国农业大学教师编写,主编李光晨,参编的有潘季淑、苏润宇、汪维景、邢卫兵等。1992 年由科学技术文献出版社出版,也是全部由中国农业大学教师编写,主编李光晨,参编的有邢卫兵、李正应、张承和、朱立新。2000 年由中国农业大学出版社重新出版,邀请部分其他院校的教师参加编写,主编李光晨,副主编朱立新,该版被列为"面向 21 世纪课程教材"。2005 年中国农业大学出版社再版,主编朱立新、李光晨,仍然是"面向 21 世纪课程教材"。2009 年中国农业大学出版社再出新版,已被列入"普通高等教育'十一五'国家级规划教材",主编朱立新、李光晨,参编人员补充了新生力量,除了第 2 版参编的张文、张国珍、朱元娣(中国农业大学),郭图强(塔里木大学)外,还有牛铁泉(山西农业大学)、潘学军(贵州大学)、龚荣高(四川农业大学)、陈超(海南大学)和林碧英(福建农林大学)参加编写。2015 年再版,作为第一批"'十二五'普通高等教育本科国家级规划教材"已是第 4 版,人员亦有变化,有些老师由于工作繁忙不再参与编写,第 4 版的编写人员是:主编朱立新、李光晨,参编人员有张文、张国珍、朱元娣(中国农业大学),罗正荣(华中农业大学),张娟(塔里木大学),牛铁泉(山西农业大学),潘学军(贵州大学),龚荣高(四川农业大学)和钟凤林(福建农林大学)。

　　第 5 版作为新增冠名普通高等教育农业农村部"十三五"规划教材又进行了修订,编写人员亦有调整,李光晨先生由于年龄原因不再担任主编,主编由朱立新、朱元娣担任,参编人员增加了天津农学院高英,山西农业大学由张鹏飞替代牛铁泉,其他参编人员仍为第 4 版参编的老师。

　　选用本教材的高等院校越来越多,社会上一些干部培训单位和高职院校也选用本教材,这鼓舞编者进一步树立信心,把该书编写得更好,使其成为结构基本稳定、内容不断更新的精品教材并与时俱进,日臻成熟和完善。美国有一本《园艺学》面世已近百年,共出版了 50 多版,衷心希望这本《园艺通论》也经久延年。这要不断有新人参编,常给本书注入新的内容,使本书达到更高的水平。

　　欢迎参加教学的老师和广大的学生、读者随时提出对本书的批评指正意见,不吝赐教,非常感谢。

编　者

2020 年 5 月谨识于北京

目　录

1 绪论

【内容提要】
● 园艺业、园艺学发展简史和现状
● 园艺业在国民经济和社会发展中的地位和意义
● 园艺业发展前景和发展热点

1.1 园艺业、园艺学发展简史和现状

1.1.1 园艺学和园艺产业概述

"园艺"是由"园"和"艺"组成的复合词。《辞源》中有"植蔬果花木之地,而有藩者"为"园";《论语》中称"学问技术皆谓之艺"。因此,栽培蔬果花木之技艺,可称之为"园艺"。

汉语"园艺"一词最早见于 *English and Chinese Dictionary*(第二卷)。英文"horticulture"一词源自拉丁文 "hortus"(垣篱、墙壁等围绕物之意)和 "cultura"(栽培、管理)。英国传教士 Lobscheid(1867)首次将英文"horticulture"一词译为"园艺",并解释为"种园之艺"。可见,园艺含义中英文是一致的,只是现代园艺产业并不局限在垣篱之内。英文"gardening"也被译为"园艺",且通常作为"horticulture"同义语。英文"agriculture"(农业)一词由"agri"和"culture"组成,"agri"是拉丁语"ager"复数形式,有"平的、自己所有的土地"之意;"culture"含义为"教化""栽培"等。"agriculture"意即"在平的土地上耕种(谷物)",与在垣篱之内种植园艺植物明显有别。

Bailey(1925)在其著作 *The Standard Cyclopedia of Horticulture* 中将"园艺"分成"果树学或果树栽培""蔬菜学或蔬菜栽培""花卉栽培",以及"造园业"四大部分。石井(1944)在《园艺大辞典》中将"园艺"解释为在园圃或温室等场所从事果树、蔬菜和花卉的集约化农业生产活动,并对其产品进行加工处理,或者是以花卉为主要素材创造新的综合美的艺术活动;后者包括花卉装饰、盆栽和造园。现代园

艺学(horticultural science)是研究园艺植物生长发育规律与栽培管理技术的综合性科学,是园艺业的理论基础。园艺通论是园艺学的入门知识,通常包括:①园艺植物种质资源及其分类;②园艺植物品种改良及良种繁殖;③园艺植物生长发育规律及其与环境的关系;④园艺场规划设计及园艺植物栽培管理技术;⑤园艺产品采收及采后商品化技术;⑥观赏园艺植物应用。

园艺业(horticultural industry)是以园艺植物为中心的农业生产。园艺植物(horticultural plant)通常包括果树(fruit tree)、蔬菜(vegetable)和观赏植物(ornamental plant)。果树是生产人类食用的果实、种子及其衍生物的木本或多年生草本植物的总称。蔬菜是可供人类佐餐的草本植物的总称,也包括少数木本植物的嫩茎、嫩芽及花球,还有新鲜的种子、果实、膨大的肉质根或变态茎。观赏植物是指具有一定观赏价值,适用于室内外布置、以美化环境并丰富人类生活的植物的总称,通常包括木本和草本的观花、观叶、观果、观姿植物。

目前对园艺作物的界定并不一致。有些国家把马铃薯和甜玉米当作园艺作物,我国通常将枣、柿,尤其是坚果类果树,如核桃、板栗等视为经济林(non-timber forest)。欧洲一般将香料、药用植物归入园艺作物,而我国则通常将其连同烟草、咖啡等作为特种经济作物,归属广义的农作物。

瓜类在欧美通常作为蔬菜作物,而中国园艺学会设有与果树、蔬菜、观赏植物等平行的西甜瓜专业委员会,中国农业科学院郑州果树研究所设置有瓜类研究室,但有关西甜瓜的官方统计数据却作为蔬菜类发布。草坪用的草类属园艺作物,而大规模栽培的牧草却为饲料作物(feed crop)。此外,我国现将茶树也纳入园艺植物的范畴。

园艺植物和园艺产业的特点:①园艺植物种类、品种及其繁殖方式多样,产品器官形态各异;②园艺产品利用形态大多为生鲜状态;③园艺产品需要特有的流通和加工技术;④园艺产业属劳动力和技术密集型产业。因此,园艺植物和园艺业虽然是农作物和大农业的一部分,但与以大田植物及其生产存在明显的差异。

1.1.2　园艺学和园艺产业发展简史

中国是世界上最早兴起农业和园艺业的国家之一。最早被利用的野生植物可能是叶菜类蔬菜,如芸薹属的白菜、甘蓝等,其可食期长、采集方便。汉字"菜"有"采集"之意;"蔬菜"则为"被采集的植物"之意。

在西安半坡村新石器时期遗址中,发现有菜籽(芸薹属)等残留物;浙江河姆渡新石器时期遗址中,发现有花卉图案的盆栽陶片。说明距今 7 000 年前的远古先民已开始利用芸薹属蔬菜和部分花卉植物。

在公元前 11 世纪至公元前 6 世纪的《诗经》中,记载有包括葵(冬寒菜)、葫芦、芹菜、山药、韭菜、菱和菽(豆)等蔬菜,枣、郁李、山葡萄、桃、橙、枳、李、梅、榛、猕猴桃和杜梨等果树,以及梅、兰、竹、菊、杜鹃、山茶和芍药等观赏植物。说明那时有些园艺技术可能已相当普及,如播种前的选种、播种时的株行距选择和牲畜的使用等。

公元前 770 年至公元前 221 年的春秋战国时期,已经有大规模的梨、橘、枣和韭菜等园艺产业。大约在 2 000 年前,开始使用原始温室和(葫芦)嫁接技术。公元 5 世纪的《西京杂记》描述的果树和观赏植物多达 2 000 种。公元 6~9 世纪的唐朝,已有不少园艺学著作问世,如《本草拾遗》《平泉草木记》等。宋、明时期的《荔枝谱》《橘录》《芍药谱》《群芳谱》和《花镜》等,代表了当时世界园艺学相关领域的最高水准。

中国园艺业和园艺学的发展,较欧美诸国早 600~800 年。古代印度、埃及、巴比伦王国和地中海沿岸的古罗马帝国,农业和园艺业发展也较早。我国与这些国家的园艺植物和技术交流,最早的记录是汉武帝时期,张骞出使西域,我国原产的桃、梅、杏、茶、芥菜、萝卜、甜瓜、白菜和百合等,中亚和欧洲原产的葡萄、无花果、大苹果、石榴、黄瓜、西瓜和芹菜等园艺植物开始沿"丝绸之路"相互交流。随着"海上丝绸之路"的形成,甜橙、宽皮橘、柚等果树,以及牡丹等观赏植物传至欧美和日本诸国,上述国家也有一些农作物,包括部分园艺植物传入我国。

1.1.3　园艺学和园艺产业现状

根据国家农业农村部的统计,2019 年包括果树、蔬菜、花卉和茶树在内的园艺产业的总产值达到 3.5 万亿元,占我国种植业总产值 50% 以上;中国也是世界蔬菜和水果生产第一大国,蔬菜年产量约占世界蔬菜总产量的 50%;中国水果产量约占世界水果总产量的 30%。2019 年我国果蔬类产品进出口总额 342.7 亿美元,其中出口 229.5 亿美元、进口 74.1 亿美元,是在禾谷类、食用油和其他农产品中唯一实现贸易顺差的外贸产品。

自 1995 年蔬菜学家方智远研究员当选为我国园艺界第一位院士后,迄今共有 9 人当选中国工程院院士,其中蔬菜学、果树学、茶学各 2 名,西甜瓜、观赏园艺和设施园艺学各 1 名。另外,"长江学者奖励计划"特聘教授 6 人,国家杰出青年基金获得者 5 人。目前与园艺有关的国家级科研机构有中国农业科学院蔬菜花卉研究所(北京)、果树研究所(辽宁兴城)、郑州果树研究所(河南郑州)、柑橘研究所(重庆北碚)。另外各省(市、区)也有 30 多个专业研究所,各地级市(区)有 40~50 个研究机构。现有 70 多所高校设有园艺专业,全国园艺学共有 7 个国家重点学科;每年毕业的硕士研究生有 1 000 多人,博士研究生有 300～500 人;在教学科研单位从事园艺学研究的专业技术人员超过 5 000 人。

在国家设立的重大科技计划,如 973 计划、863 计划、国家科技支撑计划、国家自然科学基金以及一些省、部级重点研究计划(现合并为"国家重大科技专项""国家重点研发计划""技术创新引导专项""基地和人才专项"和国家自然科学基金)中,列有与园艺作物有关的研究课题。园艺学科在 2005—2019 年度三大国家级科技奖中共获奖近 30 项;自从 2012 年中国园艺学会设立"华耐园艺科技奖"以来,已颁发 5 届奖励(详见《园艺学报》相关项成果或团队介绍)。这些科研成果的推广应用,促进了园艺学科的科学技术进步,为我国园艺产业的快速健康发展提供了强大的科技支撑。此外,国家农业农村部"产业技术体系"建立,为我国农作物尤其是园艺学研究的可持续发展提供了可靠的保障。

1.2 园艺业在国民经济和社会发展中的地位和意义

1.2.1 园艺产业是我国农业和农村经济发展的支柱产业

我国是世界园艺生产大国。目前,蔬菜、果树、花卉、茶树种植面积和产量均居世界第一。园艺产业是典型的劳动和技术密集型产业,约有 1.7 亿国民直接从事园艺生产和产品销售,为城乡劳动力提供了大量的就业机会。园艺产业的发展还带动了农村二、三产业的发展,园艺产品的加工、贮运和贸易为社会提供了 1 亿多个就业岗位。园艺产业是我国目前最具有国际竞争优势的产业之一。

人类食物包括动物性食品(animal food)和植物性食品(vegetable food)。动物性食品包括肉类、乳类和蛋类等,是人体蛋白质、脂肪和脂溶性维生素等的主要来源;植物性食品包括谷物类(cereal food)、水果(fruits)、蔬菜(vegetables)等。谷物类是人体热能的主要来源,通常称为"主食"(main food);蔬菜和水果是人体维生素、矿物质等的主要来源,相应地称为"副食"(subordinate food)。营养学家提出的年人均膳食标准是:蔬菜 120～180 kg,果品 75～80 kg,粮食 60 kg,肉类 45～60 kg。随着人类生活条件的改善,蔬菜和水果在食物构成中的比例越来越大,在补充人类营养、增进人类健康中发挥重要作用。蔬菜和瓜果不仅营养丰富,而且大多是低热量食品,具有一定的保健功能。水果、蔬菜生产与消费量已经成为一个国家和地区社会、经济发展状况和人民生活水平的标志。

此外,园艺产品作为工业原料,在食品工业、饮料和酿酒业、医药和精细化工等许多行业应用广泛。干鲜果品、蔬菜加工后不仅增值,而且便于贮藏和延长供应时间。我国目前在该领域与发达国家尚有不小的差距,发展园艺产品加工业将是我国园艺业乃至农业产业化的主要方向之一。

1.2.2　园艺产业在我国精准扶贫及乡村振兴中的积极作用

发展园艺产业对我国国民经济建设和农业产业结构调整的作用巨大,不仅是保障城镇居民对副食品的需要,而且也是发展农村经济、增加农民收入的有效途径,对增加城乡居民就业、维护社会稳定、增强我国农产品的国际竞争力贡献巨大,同时在改善和美化环境、保护生态平衡等方面也发挥着不可或缺的作用,是推进社会主义新农村和现代农业建设的重要支柱产业。现代园艺的发展,可以有效地缓解城市化过程中由于人口、建筑物、交通尤其是工业加速集中等所导致的城市生态环境质量不断下降的趋势,最大限度地满足城市居民对旅游观光、休闲度假、体验自然田园生活等绿色消费的需求。

园艺最终产品的绿色资源越来越得到人们的重视,使得其开发过程蕴含着巨大的经济价值和较高的边际效益,并且它所衍生的改造人类生存空间等生态和社会方面的外部效应,远远大于投资者的经济效益。

现代园艺业能够促进农村与城市在生态、经济、社区等方面的进一步融合,可以促进城市与农村在资源利用、产业开发和地属管理等方面的协调与优化,使农村与城市在生态、经济、社区等方面表现出区域性融合的趋势,从而在大城市不断扩张的同时,进一步加快农村城镇化和美丽乡村建设的发展。

1.2.3　园艺活动的精神作用

花卉、林木、草坪,甚至果树和蔬菜等园艺植物,均有增加地面覆盖、保持水土和绿化、美化环境的作用。园艺植物可以消纳污浊空气、噪声、粉尘,补充氧气,从而为人类创造清新、洁净的空气和安静、舒适的生存环境。各种观赏花木、草坪,还可美化居室、庭院,为人类创造赏心悦目的生活空间。

适当的园艺活动,不仅可以活动筋骨、锻炼身体,还可以修身养性、陶冶情操。在美国、英国、德国、加拿大、日本、澳大利亚、新西兰及韩国等国家,兴起的"园艺疗法"(horticultural therapy;国内也有"园艺体验"的说法),以身心具有某些障碍的人群为对象进行辅助治疗和心理指导。1973 年美国成立"The National Council for Therapy and Rehabilitation through Horticulture(NCTRH)",1987 年改称"美国园艺疗法协会(The American Horticultural Therapy Association,AHTA)"。日本于 20 世纪 90 年代初开始引进美、英等国的园艺疗法,1999 年成立"日本园艺

福祉(horticultural well-being)普及协会"并定期召开全国性会议,现在还进行"园
艺疗法师"资格认定和开设园艺疗法讲座。

1.3　园艺业发展前景和发展热点

1.3.1　自然资源的最优化利用

　　因地制宜地确定栽培植物种类、品种,最高效率地开发自然条件的潜在优势,
发挥植物种质的最优产量和最优品质,亦即"适地适栽"。美国50％苹果集中在占
国土面积1.9％的华盛顿州,80％柑橘集中在占国土面积不到1.6％的佛罗里达
州,而90％葡萄集中在占国土面积不到5％的加利福尼亚州。我国农业农村部推
行的主栽果树优势区划代表了这一趋势。在科学规划指导下发展区域化种植,充
分利用资源优势,发展有特色的现代园艺产业。此外,种质资源保护和经济性状评
价与基因资源的快速有效利用也将是今后的重要方向。

1.3.2　多元化现代园艺产业的发展与壮大

　　随着经济社会的高速度发展,园艺业是随之兴盛的最突出农业产业之一。原
来个体的、分散的、零星的小农经济,已经远远不适应市场需求。一批有科学头脑
和市场眼光的园艺农场主(企业)已经涌现,规模化、专业化和现代化的果园、菜园、
花园等将在各地兴起,并将为市场提供优质园艺产品和吸纳农村富余劳动力作出
贡献。

　　观光农业(visiting agriculture)、都市农业(city agriculture)、旅游农业(travelling
agriculture)等休闲和旅游农业已经或将有更快的发展。市场园艺(market garden-
ing),即通常说的自采式园艺场,使顾客自选、自采,如到仓储式商场购物一样。

　　社区园艺(sociedistrict gardenning)和家庭园艺(household gardening),更贴
近居民生活,在住宅小区、甚至是楼顶和阳台也可种植园艺植物。

1.3.3　园艺产品优质、安全和标准化生产

　　随着生活水平的提高,人们对优质、安全的园艺产品的关心和需求与日俱增。
加入WTO以后,我国园艺产品的价格和成本比较优势明显,但能否将这种潜在的
竞争能力转化为实际的竞争优势,大力发展绿色园艺(green horticulture)和有机
园艺(organic horticulture)是有效的途径。农业部(现为农业农村部)于1993年成
立"中国绿色食品发展中心"并加入"国际有机农业运动联盟"(international feder-

ation of organic agriculture movement，IFOAM），国家环保总局（现环保部）也于1994年在南京成立"国家有机食品发展中心"。国家政府相关职能部门大力推行园艺标准园建设，农产品的安全生产将是未来相当长的时期我国园艺产品的重要方向。

1.3.4 园艺业的可持续发展

可持续发展农业（sustainable agriculture）是由经济可持续发展的概念引申来的。园艺业可持续发展问题，除针对污染的策略外，还包括水土保持、土壤稳定而高效的肥源，节水和旱作，省工省力，节约能源等问题。当前最迫切的是节水、减肥（化学肥料）、减药（化学农药）和有机肥替代化学肥料等问题。

园艺产业的发展，除"生产园艺""休闲园艺"等业态之外，园艺产业与"大健康产业"的结合，将不断拓宽传统园艺产业的边界。此外，人工智能（AI）和5G等新技术的导入，将有力推进传统园艺产业的快速进步。

思 考 题

1. 如何理解园艺和园艺学？
2. 园艺业在国民经济特别是农业经济中的重要地位表现在哪些方面？
3. 当前园艺业的发展热点是什么？

2 园艺植物的分类

【内容提要】
- 园艺植物的植物学分类及其意义
- 果树的分类方法
- 蔬菜的分类方法
- 观赏园艺植物的分类方法

园艺植物泛指果树、蔬菜、观赏植物、芳香植物和药用植物,既有乔木、灌木、藤本,也有一、二年及多年生草本,还有许多真菌和藻类植物(如蘑菇、木耳、紫菜、海带等),资源十分丰富,种类极其繁多。但在狭义概念上来说,园艺植物主要包括果树、蔬菜和观赏园艺植物。据统计,全世界果树约有 2 800 种,蔬菜约有 1 000 种,已商品化的观赏植物也有 8 000 种左右。为了便于了解、研究和利用园艺植物,通常将其按植物学及园艺学分类法进行分类。

2.1 园艺植物的植物学分类

植物学分类属于自然分类系统范畴,是先按照植物间在形态、结构、生理上的相似程度,判断其亲缘关系的远近,然后再将其分门别类。通过这种方法分类,能明确各种植物在分类系统上所处的位置,以及和其他植物在关系上的亲疏。植物分类系统由高到低的层次等级是:界(kingdom)、门(division 或 phylum)、纲(class)、目(order)、科(family)、属(genus)、种(species)。即由亲缘关系接近、形态特征相似的种组成属。同样,具有一定共同特征的属又组成了科。属间、科间虽有某些共同特征,但与种间的亲缘关系密切程度相比,显然要远一些。同一科内的植物,具有某些共同特征,常来自共同的祖先。科组成目,目组成纲,纲组成了门。

各主要等级中根据需要还可以再添加亚分类单位,如亚门(subdivision)、亚纲(subclass)、亚科(subfamily)、族(tribe)和亚族(subtribe)。

种是植物学分类的基本单位,是指生殖上相互隔离的繁殖群体,即异种之间不能杂交或杂交后代不具有正常的生殖能力,物种间的生殖隔离使得彼此间的基因不能交流,从而保证了物种的稳定性。

根据《国际植物命名法则》的规定,在种下可以设亚种、变种、亚变种、变型、亚变型诸等级,但常用的只有亚种、变种和变型。

亚种(subspecies,subsp.),是种内发生比较稳定变异的类群,在地理上有一定的分布区。

变种(variety,var.),是种内发生比较稳定变异的类群,但它的分布范围比亚种要小得多。

变型(form,fo.),有形态变异,分布没有规律,是一些零星分布的个体。

而生产上使用的"品种(cultivar,cv.)"不是植物学分类单位,它是人类在生产实践中,经过人工选择培育而成,是人类智慧和劳动的产物。野生植物中没有品种,只有当人类将野生植物引入栽培,通过长期的栽培驯化和选择等一系列的劳动,才能创造出生产上栽培的品种。

全世界的植物有 40 多万种,其中高等植物有 30 多万种,归属于 300 多个科,绝大多数的科中含有园艺植物。下面按照植物学分类法介绍一下较重要的园艺植物(芳香及药用植物略)。

2.1.1 孢子植物

2.1.1.1 真菌门

(1)伞菌科(Agaricaceae)

蔬菜植物:蘑菇、香菇、平菇、草菇等。

(2)木耳科(Auriculariaceae)

蔬菜植物:木耳、银耳等。

2.1.1.2 蕨类植物门

(1)卷柏科(Selaginellaceae)

观赏植物:卷柏、翠云草等。

(2)莲座蕨科(Angiopteridaceae)

观赏植物:观音莲座蕨等。

(3)蚌壳蕨科(Dicksoniaceae)

观赏植物:金毛狗蕨等。

(4)桫椤科(Cyatheaceae)

观赏植物:桫椤、白桫椤等。

　　(5)铁线蕨科(Adiantaceae)

　　观赏植物:铁线蕨、尾状铁线蕨、楔状铁线蕨等。

　　(6)铁角蕨科(Aspleniaceae)

　　观赏植物:铁角蕨、鸟巢蕨等。

　　(7)肾蕨科(Nephrolepidaceae)

　　观赏植物:肾蕨、长叶蜈蚣草等。

　　(8)槲蕨科(Drynariaceae)

　　观赏植物:崖姜蕨等。

　　(9)鹿角蕨科(Platyceriaceae)

　　观赏植物:蝙蝠蕨、三角鹿角蕨等。

　　(10)凤尾蕨科(Pteridaceae)

　　蔬菜植物:蕨菜。

2.1.2　种子植物

2.1.2.1　裸子植物门

　　(1)苏铁科(Cycadaceae)

　　观赏植物:苏铁等。

　　(2)银杏科(Ginkgoaceae)

　　观赏、果树植物:银杏等。

　　(3)松科(Pinaceae)

　　观赏植物:雪松、油松、华山松、冷杉、铁杉、云杉等。

　　果树植物:果松等。

　　(4)杉科(Taxodiaceae)

　　观赏植物:水杉、柳杉等。

　　(5)柏科(Cupressaceae)

　　观赏植物:侧柏、桧柏、刺柏等。

　　(6)紫杉科(Taxaceae)

　　观赏植物:紫杉、红豆杉等。

　　果树植物:香榧等。

2.1.2.2　被子植物门——双子叶植物

　　(1)杨柳科(Salicaceae)

　　观赏植物:旱柳、垂柳、小叶杨、毛白杨、加拿大杨等。

　　(2)杨梅科(Myricaceae)

　　果树植物:杨梅、矮杨梅、细叶杨梅等。

(3)核桃科(Juglandaceae)

果树植物:核桃、核桃楸、野核桃、麻核桃、铁核桃、山核桃、长山核桃等。

观赏植物:枫杨等。

(4)桦木科(Betulaceae)

果树植物:榛子、欧洲榛、华榛等。

观赏植物:白桦等。

(5)山毛榉科(Fagaceae)

果树植物:板栗、茅栗、锥栗等。

(6)桑科(Moraceae)

果树植物:无花果、树菠萝、面包果、果桑等。

观赏植物:橡皮树、菩提树、柘树等。

(7)山龙眼科(Proteaceae)

果树植物:澳洲坚果、粗壳澳洲坚果等。

(8)蓼科(Polygonaceae)

蔬菜植物:荞麦(芽菜用)、酸模、食用大黄等。

(9)藜科(Chenopodiaceae)

蔬菜植物:菠菜、地肤、甜菜、碱蓬等。

观赏植物:地肤、红头菜等。

(10)苋科(Amaranthaceae)

观赏植物:鸡冠花、青箱、千日红、锦绣苋、三色苋等。

蔬菜植物:苋菜、千穗谷等。

(11)番杏科(Aizoaceae)

观赏植物:生石花、佛手掌等。

蔬菜植物:番杏等。

(12)石竹科(Caryophyllaceae)

观赏植物:香石竹(康乃馨)、高雪轮、大蔓樱草、五彩石竹、霞草等。

(13)睡莲科(Nymphaeaceae)

观赏植物:荷花、王莲、睡莲、萍蓬莲、芡实等。

蔬菜植物:莲藕、莼菜、芡实等。

(14)毛茛科(Ranunculaceae)

观赏植物:牡丹、芍药、飞燕草、唐松草、白头翁、铁线莲等。

(15)小檗科(Berberidaceae)

观赏植物:小檗、十大功劳、南天竹等。

（16）木兰科（Magnoliaceae）

观赏植物：玉兰（白玉兰）、木兰（紫玉兰）、天女花、含笑花、白兰花、黄玉兰、鹅掌楸等。

（17）蜡梅科（Calycanthaceae）

观赏植物：蜡梅等。

（18）番荔枝科（Annonaceae）

果树植物：番荔枝、毛叶番荔枝、异叶番荔枝、刺番荔枝等。

（19）樟科（Lauraceae）

果树植物：鳄梨等。

观赏植物：樟树、楠木和月桂等。

（20）十字花科（Cruciferae）

蔬菜植物：萝卜、结球甘蓝、花椰菜、青花菜、球茎甘蓝、抱子甘蓝、羽衣甘蓝、大白菜、芥菜（雪里蕻、榨菜）、芜菁、油菜、瓢儿菜、荠菜和辣根等。

观赏植物：紫罗兰、羽衣甘蓝、香雪球、桂竹香和二月兰等。

（21）景天科（Crassulaceae）

观赏植物：燕子掌、燕子海棠（红花落地生根）、伽蓝菜、落地生根、瓦松和垂盆草、红景天、景天、树莲花、荷花掌、翠花掌、青锁龙、玉米石和松鼠尾等。

（22）虎耳草科（Saxifragaceae）

观赏植物：山梅花、太平花、虎耳草、八仙花和岩白菜等。

果树植物：刺梨、穗醋栗和醋栗等。

（23）蔷薇科（Rosaceae）

果树植物：苹果、梨、李、桃、扁桃、杏、山楂、樱桃、草莓、枇杷、木瓜、榅桲、沙果、树莓和悬钩子等。

观赏植物：月季花、西府海棠、贴梗海棠、垂丝海棠、日本樱花、梅、玫瑰、珍珠梅、榆叶梅、木香花、多花蔷薇、碧桃和紫叶李等。

（24）金缕梅科（Hamamelidaceae）

观赏植物：枫香、金缕梅和蜡瓣花等。

（25）豆科（Leguminosae）

蔬菜植物：菜豆、豇豆、大豆、绿豆、蚕豆、豌豆、豆薯和苜蓿等。

观赏植物：合欢、紫荆、香豌豆、含羞草、龙芽花、白三叶、国槐、龙爪槐、凤凰木和紫藤等。

（26）酢浆草科（Oxalidceae）

果树植物：阳桃、多叶酸阳桃等。

观赏植物：白花酢浆草、紫叶酢浆草、三角酢浆草等。

(27)芸香科(Rutaceae)

果树植物：宽皮柑橘、甜橙、柚、葡萄柚、柠檬、金豆、金弹和黄皮等。

观赏植物：金豆、金枣、香橼和佛手等。

(28)橄榄科(Burseraceae)

果树植物：橄榄、方榄、乌榄等。

(29)楝科(Meliaceae)

果树植物：兰撒、山陀等。

蔬菜植物：香椿等。

(30)大戟科(Euphorbiaceae)

观赏植物：一品红、变叶木、龙凤木和重阳木等。

果树植物：余甘等。

(31)漆树科(Anacardiaceae)

果树植物：杧果、腰果、阿月浑子、仁面、南酸枣、金酸枣及红酸枣等。

观赏植物：火炬树、黄栌、黄连木等。

(32)无患子科(Sapindaceae)

果树植物：荔枝、龙眼、韶子等。

观赏植物：文冠果、风船葛、栾树等。

(33)鼠李科(Rhamnaceae)

果树植物：枣、酸枣、毛叶枣和拐枣等。

(34)葡萄科(Vitaceae)

果树植物：美洲葡萄、欧洲葡萄、山葡萄等。

观赏植物：爬山虎(地锦)、青龙藤等。

(35)锦葵科(Malvaceae)

观赏植物：锦葵、蜀葵、木槿、朱槿(扶桑)、木芙蓉和吊灯花等。

蔬菜植物：黄秋葵、冬寒菜等。

果树植物：玫瑰茄等。

(36)木棉科(Bombacaceae)

果树植物：榴梿、马拉巴栗等。

观赏植物：木棉等。

(37)猕猴桃科(Actinidiaceae)

果树植物：中华猕猴桃、美味猕猴桃、毛花猕猴桃和狗枣猕猴桃等。

(38)山茶科(Theaceae)

观赏植物:木荷、山茶、茶、茶梅等。

(39)藤黄科(Guttiferae)

观赏植物:金丝桃、金丝梅等。

果树植物:山竹子等。

(40)堇菜科(Violaceae)

观赏植物:三色堇、香堇等。

(41)西番莲科(Passifloraceae)

果树植物:西番莲、大果西番莲等。

(42)番木瓜科(Caricaceae)

果树植物:番木瓜等。

(43)秋海棠科(Begoniaceae)

观赏植物:四季秋海棠、球根秋海棠等。

(44)仙人掌科(Cactaceae)

观赏植物:仙人掌、仙人球、仙人指、珊瑚树、仙人镜、蟹爪兰、昙花、令箭荷花、三菱箭、鹿角柱、仙人鞭、山影拳(仙人山)和八卦掌等。

蔬菜植物:食用仙人掌。

果树植物:火龙果等。

(45)胡颓子科(Elaeagnaceae)

果树植物:沙棘、沙枣等。

(46)千屈菜科(Lythraceae)

观赏植物:千屈菜、紫薇等。

(47)石榴科(Punicaceae)

果树、观赏植物:石榴等。

(48)桃金娘科(Myrtaceae)

果树植物:番石榴、蒲桃、莲雾、桃金娘、费约果、红果子和树葡萄等。

(49)柳叶菜科(Onagraceae)

观赏植物:送春花、月见草、倒挂金钟等。

(50)伞形科(Umbelliferae)

蔬菜植物:胡萝卜、茴香、芹菜、芫荽和莳萝等。

观赏植物:刺芹等。

(51)杜鹃花科(Ericaceae)

观赏植物:杜鹃、吊钟花等。

果树植物：越橘、蔓越橘、笃斯越橘等。

（52）报春花科（Primulaceae）

观赏植物：仙客来、胭脂花、藏报春、四季报春、报春花、多花报春和樱草等。

（53）山榄科（Sapotaceae）

果树植物：人心果、神秘果、蛋黄果等。

（54）柿树科（Ebenaceae）

果树植物：柿、油柿、君迁子等。

（55）木犀科（Oleaceae）

观赏植物：连翘、丁香、桂花、茉莉、探春、迎春花、女贞、金钟花、小蜡、水蜡树、雪柳、白蜡和流苏树等。

果树植物：油橄榄等。

（56）夹竹桃科（Apocynaceae）

观赏植物：夹竹桃、络石、黄蝉、鸡蛋花和盆架树等。

果树植物：假虎刺等。

（57）旋花科（Convolvulaceae）

观赏植物：茑萝、大花牵牛、缠枝牡丹、月光花和田旋花等。

蔬菜植物：雍菜（空心菜）、甘薯等。

（58）马鞭草科（Verbenaceae）

观赏植物：美女樱、宝塔花等。

（59）唇形科（Labiatae）

观赏植物：一串红、朱唇、彩叶草、洋薄荷、留兰香、一串兰、百里香和随意草等。

蔬菜植物：紫苏、银苗、草石蚕等。

（60）茄科（Solanaceae）

蔬菜植物：番茄、辣椒、茄子和马铃薯等。

观赏植物：碧冬茄、夜丁香、朝天椒、珊瑚樱和珊瑚豆等。

果树植物：灯笼果、树番茄等。

（61）玄参科（Scrophulariaceae）

观赏植物：金鱼草、蒲包花、猴面花和洋地黄等。

（62）紫葳科（Bignoniaceae）

观赏植物：炮仗花、凌霄、蓝花楹和楸树等。

（63）忍冬科（Caprifoliaceae）

观赏植物：猬实、糯米条、金银花、香探春、木本绣球和天目琼花等。

(64)菊科(Compositae)

观赏植物:菊花、万寿菊、雏菊、翠菊、瓜叶菊、波斯菊、金盏菊、大丽花、百日草、熊耳草、紫苑、狗哇花、向日葵和孔雀草等。

蔬菜植物:茼蒿、莴苣(莴笋)、菊芋(洋姜)、牛蒡、朝鲜蓟(菜蓟)、莒荬菜、婆罗门参、甜菊、茵陈蒿和菊花脑等。

(65)葫芦科(Cucurbitaceae)

蔬菜植物:黄瓜、南瓜、西葫芦、冬瓜、苦瓜、丝瓜、佛手瓜、蛇瓜、笋瓜、西瓜和甜瓜等。

观赏植物:葫芦、金瓜等。

2.1.2.3　被子植物门——单子叶植物

(1)泽泻科(Alismataceae)

蔬菜植物:慈姑等。

观赏植物:泽泻等。

(2)禾本科(Gramineae)

观赏植物:观赏竹类、早熟禾、梯牧草、狗尾草、紫羊茅、结缕草、黑麦草、燕麦草、野牛草、芦苇、红顶草、地毯草和冰草等。

蔬菜植物:菱白、竹笋、甜玉米等。

(3)莎草科(Cyperaceae)

观赏植物:胡子草、黑穗草、扁穗莎草和伞莎草等。

蔬菜植物:荸荠等。

(4)棕榈科(Palmaceae)

观赏植物:棕竹、蒲葵、棕榈、凤尾棕和鱼尾葵等。

果树植物:椰子、海枣等。

(5)天南星科(Araceae)

观赏植物:菖蒲、花烛、龟背竹、广东万年青、马蹄莲、天南星和独角莲等。

蔬菜植物:芋(芋头)、魔芋等。

(6)凤梨科(Bromeliaceae)

果树植物:凤梨(菠萝)等。

观赏植物:水塔花、羞凤梨等。

(7)鸭跖草科(Commelinaceae)

观赏植物:吊竹梅、白花紫露草等。

(8)百合科(Liliaceae)

蔬菜植物:石刁柏、金针菜(黄花菜)、韭菜、洋葱、葱、大蒜、南欧蒜、薤和百合等。

观赏植物:文竹、萱草、玉簪、风信子、郁金香、万年青、朱蕉、百合、虎尾兰、丝兰、铃兰、吉祥草、吊兰、芦荟、火炬花、百莲子和凤尾兰等。

(9)石蒜科(Amaryllidaceae)

观赏植物:君子兰、晚香玉、水仙、龙舌兰、朱顶红、韭菜莲(风雨花)、石蒜、雪钟花和蜘蛛兰等。

(10)薯蓣科(Dioscoreaceae)

蔬菜植物:薯蓣、大薯等。

(11)鸢尾科(Iridaceae)

观赏植物:小苍兰(香雪兰)、射干、唐菖蒲、鸢尾、蝴蝶花和番红花等。

(12)兰科(Orchidaceae)

观赏植物:兔耳兰、春兰、蕙兰、建兰、墨兰、多花兰、寒兰、独占兰、美花兰、虎头兰、黄蝉兰、西藏蝉兰、兜兰、蝴蝶兰、石斛、白芨和鹤顶兰等。

(13)芭蕉科(Musaceae)

果树植物:香蕉、芭蕉等。

观赏植物:鹤望兰等。

2.2 果树的分类

果树主要是指能生产供人们食用果实的多年生植物,多是木本,也有少数是草本,如香蕉、菠萝、草莓等。由于后者在栽培方法和果实用途等方面与一般木本果树有许多相同之处,所以也归于果树范畴。果树分类即将果树按其生态分布、生长习性和果实构造特点进行分类。

2.2.1 按生态学分类

(1)寒带果树(cold area fruit tree)。一般能耐—40℃以下低温,只能在高寒地区栽培。如秋子梨、榛、醋栗、穗醋栗、山葡萄、果松和越橘等。

(2)温带果树(temperate zone fruit tree)。多是落叶果树,耐涝性较弱,喜冷凉干燥的气候条件。适宜在温带地区栽培,休眠期需要一定的低温。如苹果、梨、桃、杏、枣、核桃、柿、樱桃、葡萄、山楂、板栗、枣、银杏等。

(3)亚热带果树(subtropical fruit tree)。既有常绿果树,也有落叶果树,具有一定抗寒性,对水分、温度变化的适应性较强。通常需要短时间的冷凉气候(10~13℃)以促进开花结果。常绿果树如柑橘类、荔枝、龙眼、枇杷、橄榄、杨梅和阳桃等;落叶果树如扁桃、石榴、无花果、猕猴桃、枣、梨、李、柿等,有的品种也可在亚热带地区栽培。

(4)热带果树(tropical fruit tree)。指适宜在热带地区栽培的常绿果树。较耐高温、高湿。如香蕉、菠萝、人心果、榴梿、槟榔、杧果、番木瓜、番石榴、番荔枝和椰子等。

2.2.2　按生长习性分类

(1)乔木果树(arbor fruit tree)。有明显的主干,树体高大或较高大。如苹果、梨、李、杏、核桃、荔枝、椰子、柿、枣、银杏等。

(2)灌木果树(bush fruit tree)。树冠低矮,无明显主干,从地面分枝呈丛生状。如石榴、醋栗、穗醋栗、沙棘、无花果、刺梨、树莓和番荔枝等。

(3)藤本(蔓生)果树(liana fruit tree)。茎细长,蔓生不能直立,依靠缠绕或攀缘在支持物上生长。如葡萄、猕猴桃、罗汉果、西番莲等。

(4)草本果树(herbaceous fruit plant)。具有草质茎,多年生。如香蕉、菠萝、草莓等。

2.2.3　果树栽培学上的分类

在果树生产和果品流通领域,还将果树在划分为落叶和常绿果树的基础上,结合果实构造和栽培特点,对其做进一步分类,称果树栽培学分类或农业生物学分类。

2.2.3.1 落叶果树

落叶果树(deciduous fruit tree)多在温带和寒带地区栽培,或野生;叶片于秋末冬初脱落,第二年春季重新生长;生长期和休眠期的界限很分明。根据其农业生物学特性可分为5大类。

(1)仁果类果树(pomaceous fruit trees)。其果实由子房及花托膨大形成,是假果。食用部分主要由肉质花托发育而成,果心内有数粒小型种子。如苹果、梨、山楂、木瓜等。

(2)核果类果树(stone fruit trees)。其果实由子房发育而成,是真果。果实有明显的内、中、外三层果皮,外果皮薄;中果皮肉质,是食用部分;内果皮木质化成为坚硬的核。如桃、李、杏、樱桃、梅等。

(3)坚果类果树(nut trees)。其果实或种子外部具有坚硬的外壳,可食用部分是种子的子叶或胚乳。如核桃、银杏、板栗、阿月浑子、榛子等。

(4)浆果类果树(berry trees)。其果实多浆(汁),多为小粒果。如葡萄、草莓、醋栗、穗醋栗、树梅、猕猴桃、果桑等。

（5）柿枣类果树（persimmon and chinese date）。这类果树包括柿、君迁子（黑枣）、枣和酸枣等。也有学者将柿、黑枣等归属在浆果类果树中，而将枣和酸枣归属于核果类果树。

2.2.3.2　常绿果树

常绿果树（evergreen fruit tree）多在亚热带和热带地区栽培；叶片终年常绿，春季新叶长出后老叶逐渐脱落；生长期和休眠期无明显的界限。根据其生物学特性分为 9 大类。

（1）柑果类果树（hesperidium fruit trees）。其果实为柑果，食用部分为汁囊（含汁液和色素）。如宽皮柑橘、甜橙、柚、葡萄柚、柠檬、金豆、金弹和黄皮等。

（2）浆果类果树。果实多汁液，如阳桃、蒲桃、人心果、莲雾、番石榴、番木瓜、费约果等。

（3）荔枝类果树（lychee trees）。其果实主要食用部分为假种皮，如荔枝、龙眼、红毛丹、韶子等。

（4）核果类果树。包括橄榄、油橄榄、杧果、杨梅、椰枣、余甘子等。

（5）坚果类果。包括椰子、腰果、巴西坚果、香榧、山竹子（莽吉柿）、榴梿等。

（6）荚果类果树（legume fruit trees）。其果实为荚果，食用部分为肉质的中果皮。如角豆树、酸豆、四棱豆、苹婆等。

（7）聚复果类果树（aggregate fruit trees）。其果实是多果聚合或心皮合成的复果，如树菠萝、面包果、番荔枝、刺番荔枝等。

（8）草本类果树。香蕉、菠萝等。

（9）藤本（蔓生）类果树。西番莲、南胡颓子等。

2.3　蔬菜的分类

蔬菜是指能够生产肉质、多汁产品器官的一、二年生及多年生草本植物。此外，蔬菜还包括一些木本植物、真菌和藻类植物。据统计，世界上蔬菜类有 860 余种，普遍栽培的有上百种。为了便于生产和流通，有必要对蔬菜进行分类。

2.3.1　按产品器官分类

蔬菜植物的产品器官有根、茎、叶、花、果实和种子，按产品器官分类也分成 6 类。

2.3.1.1　根菜类蔬菜（root vegetable）

这类蔬菜的产品（食用）器官是肉质根或块根。又分为：

　　(1)肉质根菜类(fleshy tap root vegetable)。萝卜、胡萝卜、芜菁、芜菁甘蓝、根用芥菜、根用甜菜等。

　　(2)块根菜类(tuberous root vegetable)。牛蒡、豆薯、葛等。

2.3.1.2　茎菜类蔬菜(stem vegetable)

　　这类蔬菜的产品(食用)器官包括地上茎和地下茎变态。

　　(1)地上茎类菜(aerial stem vegetable)。竹笋、茭白、石刁柏、莴笋、榨菜、球茎甘蓝等。

　　(2)地下茎菜类(subterranean stem vegetable)。马铃薯、莲藕、菊芋、荸荠、姜、芋头、慈姑等。

2.3.1.3　叶菜类蔬菜(leaf vegetable)

　　这类蔬菜以普通叶片或叶球、叶丛、变态叶为产品器官。

　　(1)普通叶菜类(common leaf vegetable)。小白菜、芥菜、菠菜、芹菜、苋菜等。

　　(2)结球叶菜类(corm leaf vegetable)。结球甘蓝、大白菜、结球莴苣、包心芥菜等。

　　(3)辛香叶菜类(aromatic and pungent leaf vegetable)。葱、韭菜、芫荽、茴香等。

　　(4)鳞茎菜类(bulbous vegetable)。洋葱、大蒜、百合等。

2.3.1.4　花菜类蔬菜(flower vegetable)

　　这类蔬菜以花、肥大的花茎或花球为产品器官,如金针菜、青花菜、花椰菜、紫菜薹、朝鲜蓟、芥蓝等。

2.3.1.5　果菜类蔬菜(fruit vegetable)

　　这类蔬菜以嫩果实或成熟的果实为产品器官。

　　(1)茄果类(solanaceous vegetable)。茄子、番茄、辣椒等。

　　(2)荚果类(legume vegetable)。主要是豆类蔬菜,如菜豆、豇豆、刀豆、毛豆、豌豆、蚕豆、四棱豆、扁豆等。

　　(3)瓠果类(pepo fruit vegetable)。黄瓜、南瓜、冬瓜、丝瓜、瓠瓜、菜瓜、蛇瓜和葫芦等,以及西瓜、甜瓜等鲜食的瓜类。

2.3.1.6　种子类蔬菜(seed vegetable)

　　籽用西瓜、蚕豆、莲子、芡实等。

2.3.2　按农业生物学分类

　　这种分类方法是将蔬菜植物的生物学特性和栽培技术特点结合起来作为分类依据,虽然分类很多,但较实用。

（1）白菜类（chinese cabbage vegetable）。这类蔬菜都是十字花科植物，多为二年生，第一年形成产品器官，第二年开花结籽。如大白菜、小白菜、叶用芥菜、菜薹、结球甘蓝（圆白菜）、球茎甘蓝、花椰菜等。

（2）直根类（straight root vegetable）。这类蔬菜都是以肥大的肉质直根为食用器官，同白菜类一样，多为二年生植物。如萝卜、胡萝卜、芜菁、根用芥菜、根用甜菜等。

（3）茄果类。茄科中以果实为产品的一类蔬菜。主要有茄子、番茄和辣椒等一年生植物。

（4）瓜类（cucurbita vegetable）。主要有黄瓜、南瓜、冬瓜、丝瓜、苦瓜、瓠瓜、葫芦，以及西瓜和甜瓜等。西瓜、南瓜的成熟种子可以炒食或制作点心食用。

（5）豆类（legume vegetable）。豆科植物的蔬菜，以嫩荚或籽粒为食用产品。主要有菜豆、豇豆、刀豆、毛豆、豌豆、蚕豆和眉豆等。豌豆幼苗、蚕豆芽也可食用。

（6）葱蒜类（bulb vegetable）。这类蔬菜都是百合科植物，二年生，具有辛辣味。如大葱、洋葱、蒜、韭菜等，用种子繁殖或无性繁殖。

（7）绿叶菜类（green vegetable）。这类蔬菜以幼嫩叶片、叶柄和嫩茎为食用产品，如芹菜、茼蒿、莴苣、苋菜、落葵、蕹菜、冬寒菜、菠菜等。

（8）薯芋类（tuber vegetable）。这是一类富含淀粉的块茎或根茎类蔬菜，如马铃薯、芋头、山药、姜等。

（9）水生蔬菜（aquatic vegetable）。这类蔬菜适于在池塘或沼泽地栽培，如藕、茭白、慈姑、荸荠、菱角、芡实等。

（10）多年生蔬菜（perennial vegetable）。这类蔬菜是多年生植物，产品器官可以连续收获多年，如金针菜、石刁柏、百合、竹笋、香椿等。

（11）芽菜类（bud vegetable）。这是一类用蔬菜种子或粮食作物种子发芽作为产品的蔬菜，如豌豆芽、乔麦芽、苜蓿芽、萝卜芽、绿豆芽、黄豆芽、香椿芽等。也有把香椿和枸杞嫩梢列为芽菜的。

（12）野生蔬菜（wild vegetable）。野生蔬菜种类很多，现在较大量采集的有蕨菜、发菜、木耳、蘑菇、荠菜、茵陈等；有些野生蔬菜已逐渐栽培化，如苋菜、地肤、荠菜等。

（13）食用菌类（edible fungus）。包括蘑菇、香菇、草菇、木耳、银耳、猴头菌、杏鲍菇、白灵菇、竹荪等。

2.3.3　按对温度的要求分类

（1）多年生耐寒蔬菜（hardy perennial vegetable）。这类蔬菜在生长季节，地上部较耐高温,冬季枯死,以地下宿根越冬,能耐-10℃以下低温。如韭菜、石刁柏、黄花菜等。

(2)耐寒蔬菜(hardy vegetable)。这类蔬菜能耐-2~-1℃低温和短期-10~-5℃低温。如大葱、洋葱、大蒜、菠菜、芫荽等。

(3)半耐寒蔬菜(semihardy vegetable)。这类蔬菜在17~20℃时同化作用最旺盛,能耐-3~-1℃低温。如小白菜、大白菜、结球甘蓝、萝卜、胡萝卜、豌豆和蚕豆等。

(4)喜温蔬菜(warm season vegetable)。这类蔬菜在20~30℃时同化作用能力最强,不耐霜冻,在15℃以下和35℃以上均生长不良。如黄瓜、番茄、辣椒、茄子、菜豆等。

(5)耐热蔬菜(heat tolerant vegetable)。这类蔬菜适宜的同化作用温度是30℃,35~40℃温度下仍能正常生长和结实。如冬瓜、西瓜、南瓜、豇豆、刀豆、苋菜等。

2.4 观赏园艺植物的分类

观赏园艺植物(含草坪草)的种类比果树、蔬菜的种类要多,而且还在不断从野生植物中开发出新的种类。从绿色、红色、黄色等植物色泽的观赏性以及植物的生态效益看,几乎所有植物都可以列为观赏植物。有人估计,全世界40万种植物中有30多万种是人们能接受的观赏植物,因此,对其分类更有必要。观赏植物的分类系统很多,下面介绍三种常用的分类方法。

2.4.1 按形态和生活型分类

观赏植物的形态和习性主要受种类遗传学特性制约,不易改变。以观赏植物的形态、习性等为依据的分类,既便于区分,更有利于实用。可将观赏植物分成两大类:草本观赏植物和木本观赏植物。

2.4.1.1 草本观赏植物(herb ornamental plants)

花卉植物(flower plants),广义地说包括园林中木本植物和草坪草一类,狭义地说只是有观赏价值的草本植物。草本花卉的种类很多,一般依其生物学特性又分为:

(1)一、二年生花卉(annuals and biennials)。一年生花卉是指在一年内完成生活史的花卉。通常春季播种,夏秋季开花、结实。耐寒性差,耐高温能力强,夏季生长良好,而冬季来临遇霜则枯死。大多原产于热带或亚热带地区,一般属于短日照花卉,常见的有凤仙花、鸡冠花、一串红、千日红、半支莲、万寿菊、孔雀草等。二年生花卉是指需要跨越两个年度才能完成生活史的花卉,耐寒性较强,耐高温能力差。秋季播种,以小苗状态越冬,翌年春夏开花、结实,遇高温枯死,其实际生活时间不足一年,但跨越了两个年头,故称为二年生花卉。二年生花卉多原产于温带、寒温带及寒带地区,多属于长日照花卉,常见的有三色堇、金盏菊、石竹、金鱼草、虞美人、雏菊、桂竹香等。

(2)宿根花卉(perennial herb flowers)。宿根花卉是指个体寿命超过两年,能连续生长,多次开花、结实,且地下根或地下茎形态正常,不发生变态的一类多年生草本花卉。依其地上部茎叶冬季枯死与否,宿根花卉又分为落叶类和常绿类,前者有菊花、芍药、蜀葵、漏斗菜、铃兰、荷兰菊、玉簪等;后者有万年青、君子兰、非洲菊、铁线蕨等。

(3)球根花卉(bulbs)。球根花卉均为多年生草本,其特点是具有地下茎或根变态形成的膨大部分(营养贮藏器官),以度过寒冷的冬季或干旱炎热的夏季(呈休眠状态),待环境适宜时,再活跃生长、出叶开花,并再度产生新的地下膨大部分或增生子球进行繁殖。根据其地下变态部分的形态结构不同,球根花卉又分为块根类、球茎类、块茎类、根茎类和鳞茎类等。

①块根类(tuberous roots):块根是由不定根或侧根膨大形成。如大丽花、花毛莨等。大丽花一般用分根法繁殖,但母株块根数量有限,繁殖系数较低。

②球茎类(corms):球茎是由地下茎变态肥大为球形而成,有明显的节与节间,以及发达的顶芽和侧芽。常见的有唐菖蒲、小苍兰、番红花、秋水仙等。

③块茎类(tubers):块茎是由地下茎顶端膨大而形成。其上茎节不明显,且不能直接生根,顶芽发达。仙客来、马蹄莲、彩叶芋等属于此类。

④根茎类(rhizomes):根茎是横卧地下、节间伸长、外形似根的变态茎。形态上与根有明显的区别,其上有明显的节、节间、芽和叶痕。常见的有美人蕉、鸢尾、荷花、睡莲等。

⑤鳞茎类(bulbs):鳞茎实际上是由叶片基部肥厚变态形成的变态体,因形状与球茎、块茎相似故称为鳞茎。球根花卉中鳞茎占比例最大。其真正的茎肉质扁平短缩,位于鳞茎的基部,称为鳞茎基或鳞茎盘。中央有顶芽,被一至多枚肉质鳞叶包围。根据其外部有无膜质鳞片包被又分为有皮鳞茎和无皮鳞茎两种类型,有皮鳞茎外被干膜状鳞叶,肉质鳞叶层状着生,横切面呈同心圆排列,如水仙、郁金香、朱顶红、风信子、文殊兰等属于此类;无皮鳞茎外表则无干膜质鳞叶,肉质鳞叶

呈鳞片状,旋生于鳞茎盘上,如百合、贝母、大百合等。

(4)兰科花卉(orchids)。兰科花卉是指兰科中具有较高观赏价值的植物。种类很多,因其具有相同的形态、生态和生理特点,习性相近,故独立成一类。兰科花卉都是多年生,通常又分为中国兰花和热带兰花两大类。中国兰花主要指兰科兰属的植物,大多数为地生,花小、色淡,具香味,如春兰、蕙兰、建兰、墨兰、寒兰等;热带兰花多数为附生,花大、色艳、香味淡或不具香味,如卡特兰、万带兰、蝴蝶兰、石斛兰、文心兰等。

(5)水生花卉(aquatic flowers)。包括水生及湿生的观赏植物,生长在池塘或沼泽地。如荷花、王莲、睡莲、凤眼莲、慈姑、千屈菜、金鱼藻等。

(6)蕨类植物(pteridophyte)。这是一类观叶植物,如铁线蕨、肾蕨、巢蕨、长叶蜈蚣草、卷柏、观音莲座蕨、金毛狗等。

(7)草坪及地被植物(lawn and groundcover plants)

①草坪草(turf grasses,lawn plants):草坪草是城镇绿化的重要组成部分,用于覆盖除广场、道路之外的较平整或稍有起伏的地面,属地被植物的一部分,通常单列一类。以禾本科草和莎草科草为主,也有豆科或其他科的植物。适宜温暖地区(长江流域及其以南地区)的有:结缕草、沟叶结缕草、细叶结缕草、中华结缕草、大穗结缕草、狗牙根、双穗雀麦、地毯草、近缘地毯草、假俭草、野牛草、竹节草、多花黑麦草、宿根黑麦草、鸭茅、早熟禾等;适宜寒冷地区(华北、东北、西北)的有:绒毛剪股颖、细弱剪股颖、匍匐剪股颖、红顶草(小糠草)、草原看麦娘(狐尾草)、细叶早熟禾、牧场早熟禾、林中早熟禾、加拿大早熟禾、泽地早熟禾、细叶苔、异穗苔、羊胡子草、紫羊茅、梯牧草(猫尾草)、白三叶(白车轴草)、苜蓿、偃麦草、狼针草、羊草(碱草)、中华草莎(中华沙石蚕)等。

②地被植物:地被植物是指覆盖在裸露地面上的低矮植物群体,包括草本、蕨类植物,也包括小灌木和藤本植物。草本地被植物中,一、二年生的有紫茉莉、二月兰、鸡眼草等,多年生的有白三叶(白车轴草)、多变小冠花、直立黄芪、紫花苜蓿、百脉根、蛇莓、吉祥草、虎耳草等;蕨类地被植物有铁线蕨、凤尾蕨、贯众等;木本地被植物中,灌木类有铺地柏、鹿角柏、百里香、紫金牛、连翘等,藤本类有爬山虎、凌霄、紫藤、葛藤、蔓性蔷薇、金银花等。

(8)多浆及仙人掌类植物(succulents and cacti)。多浆植物多数原产于热带、亚热带干旱地区或森林中,其茎或叶特别肥厚、肉质多浆,具有发达的贮水组织。通常包括仙人掌科以及景天科、番杏科、萝摩科、菊科、百合科、大戟科等植物,其中以仙人掌科的种类最多,所以常常独立于多浆植物之外,另将仙人掌科植物单列一类。

①多浆类植物:有芦荟、龙舌兰、生石花、落地生根、玉树等。

②仙人掌类:有仙人掌、仙人球、仙人指、令箭荷花、昙花、三棱箭等。

2.4.1.2 木本观赏植物(woody ornamental plants)

(1)乔木(arbor)。地上有明显的主干,侧枝从主干上发出,植株直立高大。有常绿乔木和落叶乔木两类,如鹅掌楸、悬铃木、广玉兰、银杏、西府海棠、柳树、红叶李、桂花等。

(2)灌木(bush)。地上部分无明显主干和主枝,多呈丛状生长。有常绿灌木和落叶灌木两类,如月季、牡丹、迎春、栀子、茉莉、丁香、玫瑰等。

(3)藤本(liana)。地上部不能直立生长,茎蔓攀缘在其他物体上,如紫藤、凌霄、常春藤、络石等。

(4)竹类(bamboo)。竹类是园林植物中特殊的分支,在形态特征、生长繁殖等方面与其他树木不同,它在园林绿化中的地位及其在造园中的作用也非一般树木所能取代。根据其地下茎的生长特性,有丛生竹、散生竹、混生竹之分。常见栽培的有佛肚竹、凤尾竹、紫竹、刚竹、南天竹、矮竹、箭竹等。

(5)棕榈类(palms)。棕榈类是园林绿化中重要的一类,其生长习性、形态特征与其他植物有明显的差异。常见栽培的有棕榈、椰子树等。

2.4.2 按园林用途分类

(1)庭荫树(shade trees)。冠大荫浓,在园林中起庇荫和装点空间作用的乔木。庭荫树应具备树形优美、枝叶茂密、冠幅较大、主干有一定高度、有花果可赏等。常用的庭荫树有垂柳、悬铃木、樟树等。

(2)园景树(specimen trees)。具有较高观赏价值,在园林绿地中能独自构成景致的树木,又称为孤植树或标本树。常布置在花坛、广场、草地中央和庭院角落等。常用的园景树有银杏、枫香、玉兰、樟树、雪松、紫薇、棕榈等。

(3)行道树(street trees)。种植在各种道路两侧及分车带的树木总称。主要作用是为车辆和行人庇荫,减少路面辐射和反射光,降温、防风、滞尘、减噪,装饰和美化街景。常用的树种有槐树、银杏、白蜡、樟树等。

(4)花灌木(flowering shrubs)。花、叶、果、枝或全株可供观赏的灌木。具有美化和改善环境的作用,是构成园景的主要素材,在绿化中常占重要的地位。如园林中用于连接特殊景点的花廊、花架、花门,点缀山坡、池畔、草坪、道路的丛植灌木等。主要花灌木有牡丹、丁香、榆叶梅、黄刺玫、连翘、蔷薇、绣线菊、八仙花等。

(5)绿篱植物(hedge plants)。园林中用于密集栽植形成生篱的植物,多为木本植物,通常耐密植、耐修剪,养护管理简便。常用植物如黄杨、女贞、火棘、木槿、紫叶小檗、冬青卫矛等。

(6)攀缘植物(climbing plants)。茎蔓细长、不能直立生长,攀附支持物向上生长的植物。主要用于垂直绿化,可植于墙面、山石、枯树、灯柱、拱门、棚架、篱垣等旁边,使其攀附生长,形成各种立体的绿化效果,常用植物如蔷薇、紫薇、地锦、凌霄、常春藤等。

(7)草坪和地被植物(lawn and groundcover plants)。指那些低矮的,可以避免地表裸露、防止尘土飞扬和水土流失、调节小气候、丰富园林景观的草本和木本观赏植物。草坪多为禾本科植物,可分为暖季性草坪和冷季性草坪,暖季性草坪常见的有结缕草、狗牙根;冷季性草坪常见的有高羊茅、黑麦草。地被类木本习性的植物有铺地柏、地瓜藤、八角金盘等;草本习性的植物有吊兰、蝴蝶花、山麦冬属等。

(8)切花花卉(cut flower)。切花是从植株上剪下的带有茎叶的花枝,常见的切花花卉有唐菖蒲、桔梗、菊花、蜡梅、满天星、月季、马蹄莲等。

(9)花坛、花境植物(parterre and flower border plants)。指露地栽培,用于布置花坛、花境或点缀园景用的观赏种类,常用的植物有三色堇、金鱼草、万寿菊、矮牵牛、羽衣甘蓝、彩叶草、菊花、郁金香、四季秋海棠等。

(10)造型类和树桩盆景植物(modeling and stump bonsai plants)。

①造型类是指经过人工整形制成的各种物象的单株或绿篱,有时又将它们统称为球形类树木。造型形式众多,对这类树木的要求与绿篱基本一致,但以常绿种类、生长较慢者为佳。常用的植物如罗汉松、海桐、构骨、冬青卫矛、黄杨等。

②树桩盆景是在盆中再现大自然风貌或表达特定意境的艺术品,树种的选择应以适应性强,根系分布浅,耐干旱瘠薄,耐粗放管理,生长速度适中,能耐荫、萌芽力强、节间短缩、寿命长,花、果、叶有较高观赏价值的种类为宜。常用植物如银杏、日本五针松、短叶罗汉松、紫薇、南天竹等。

2.4.3　按花卉原产地气候型分类

地球上不同的地理位置,环境条件各异,形成了多种气候类型,根据原产地的气候特点,通常将观赏植物分为以下七类。

2.4.3.1　中国气候型

中国气候型又称大陆东岸气候型(因中国位于欧亚大陆块东岸而得名),气候特点是冬寒夏热,年温差大。除中国外,日本、北美东部、巴西南部、大洋洲东部、非洲东南部等也属此气候地区。这一气候型又因冬季的气温差异,分为温暖型和冷凉型。

(1)温暖型(低纬度地区)。包括中国长江以南(华东、华中及华南)、日本西南部、北美洲东南部、巴西南部、大洋洲东部、非洲东南角附近等地区。常见的观赏植物有中国水仙、石蒜、百合、山茶、杜鹃、南天竹、中国石竹、报春、凤仙、矮牵牛、美女樱、半支莲、福禄考、马蹄莲、唐菖蒲、一串红、猩猩草、麦秆菊等。

(2)冷凉型(高纬度地区)。包括中国华北及东北南部、日本东北部、北美洲东北部等地区。主要观赏植物有:菊花、芍药、翠菊、荷包牡丹、荷兰菊、随意草、金光菊、吊钟柳、翠雀、花毛茛、乌头、百合、紫菀、铁线莲、鸢尾、醉鱼草、蛇鞭菊、侧金盏、贴梗海棠等。

2.4.3.2 欧洲气候型

欧洲气候型又称大陆西岸气候型(因欧洲位于欧亚大陆块西岸而得名),气候特点是冬季温暖、夏季也不炎热。欧洲大部分、北美西海岸中部、南美西南角、新西兰南部等属于这一气候地区。著名的观赏植物有雏菊、三色堇、银白草、矢车菊、霞草、喇叭水仙、勿忘草、紫罗兰、花羽衣甘蓝、宿根亚麻、洋地黄、铃兰、锦葵、剪秋罗等。

2.4.3.3 地中海气候型

以地中海沿岸地区气候为代表,气候特点是秋季至春季为雨季,夏季为干燥期,极少降雨。南非好望角附近、大洋洲东南和西南部、南美智利中部、北美加利福尼亚等地的气候都属于地中海气候型。著名的观赏植物有郁金香、小苍兰、水仙、风信子、鸢尾、仙客来、白头翁、花毛茛、番红花、天竺葵、花菱草、酢浆草、羽扇豆、晚春锦、唐菖蒲、石竹、金鱼草、金盏菊、麦秆菊、蒲包花、君子兰、鹤望兰、网球花、虎眼万年青等。

2.4.3.4 墨西哥气候型

墨西哥气候型又称热带高原气候型,气候特点是年均温 14～17℃,周年温差小。南美安第斯山脉、非洲中部高山地区、中国云南等地的气候都属于这一气候型。主要观赏植物有大丽花、晚香玉、老虎花、百日草、波斯菊、一品红、万寿菊、藿香蓟、球根秋海棠、报春、云南山茶、香水月季、常绿杜鹃、月月红等。

2.4.3.5 热带气候型

热带气候型的特点是周年高温,温差小,降雨量大,但分雨季和旱季。亚洲、非洲、大洋洲、中美洲、南美洲的热带地区均属此气候型。

　　亚洲、非洲及大洋洲热带观赏植物有虎尾兰、彩叶草、鸡冠花、蟆叶秋海棠、非洲紫罗兰、蝙蝠蕨、猪笼草、变叶木、红桑、万带兰、凤仙花等。

　　中美洲和南美洲热带观赏植物有紫茉莉、花烛、长春花、大岩桐、胡椒草、美人蕉、竹芋、牵牛花、秋海棠、水塔花、卡特兰、朱顶红。

2.4.3.6　沙漠气候型

　　沙漠气候型的特点是周年降雨量极小、气候干旱,多为不毛之地。非洲、阿拉伯、黑海东北部、大洋洲中部、墨西哥西北部、秘鲁和阿根廷部分地区以及中国海南岛西南部地区都属此气候型。主要观赏植物有仙人掌、芦荟、伽蓝菜、十二卷、光棍树、龙舌兰、霸王鞭等。

2.4.3.7　寒带气候型

　　这一气候型地区冬季漫长而严寒,夏季短促而凉爽,多大风,植物矮小、生长期短。北美阿拉斯加、亚洲西伯利亚和欧洲最北部的斯堪的纳维亚等地的气候属于这一气候型。具代表性的观赏植物有细叶百合、绿绒蒿、雪莲、点地梅等。

思 考 题

1. 园艺植物主要分布在哪些科?
2. 果树按生态学、生长习性和栽培学分类方法可分成哪几类?
3. 蔬菜按农业生物学特性和器官分类法可分成哪几类?
4. 观赏园艺植物按形态和生活型可分成哪几类?

3 园艺植物的生物学特性

【内容提要】

- 园艺植物根、茎、叶、花、果实和种子的基本形态特征、主要功能及生长发育特点
- 园艺植物的花芽分化及其调控技术
- 园艺植物的果实发育及其特点
- 果实成熟与品质形成
- 园艺植物的生长发育对环境条件的要求
- 园艺植物的生命周期
- 园艺植物的年生长发育周期

园艺植物的生物学特性通常是指其根、茎、叶、花、果实和种子的植物学特征、功能特性,各器官在年生长周期、生命周期内的生长发育规律和动态变化,以及对环境条件的要求等。不同园艺植物,其生物学特性各有特点,通过学习,可掌握不同园艺植物各器官在不同时期的外在特征、生理功能、生长发育规律,及其对环境条件的要求等,为进一步学习园艺植物栽培、育种、繁殖、病虫防治等打下基础。

3.1 根的基本形态和生长发育

根是园艺植物的重要功能器官,是植株生长发育的基础。一个植株所有根的集合,称为根系(root system)。土壤管理、施肥和灌水等栽培措施都是通过改善根部环境来促进根系生长发育的。根深才能叶茂,强大的根系是园艺植物优质高产的重要保证。

3.1.1 根的功能

(1)固定植株。强大的根系可将植株固定,利于地上部的延伸与扩展,并可防止植株倒伏。

(2)吸收功能。根可从土壤中吸收水分和多种营养物质,如矿质元素、各种形

态的氮素及少量有机质等。

(3)合成与转化。根吸收的养分,有的运往地上部,有的则在根中合成为氨基酸、蛋白质、酶和细胞分裂素等有机物,还可进行糖类和淀粉的相互转化。

(4)运输功能。根将吸收的水分、养分和合成的其他生理活性物质在向地上部运输的同时,也接收地上部运送下来的有机物及生理活性物质。

(5)贮藏功能。有些园艺植物的根具有强大的贮藏功能,如变态根中的肥大直根和块根可贮藏大量的营养物质,是根系贮藏营养的典型;多年生植物在冬季来临时,将部分营养贮藏于根系中,为翌年春季萌芽、开花、发枝所用。

(6)繁殖作用。园艺植物中有不少种类可用根进行繁殖。如山楂、梨、李等果树,秋牡丹、芍药、荷包牡丹等花卉,可用根段进行扦插繁殖;甘薯、大丽花等可用块根繁殖;枣等可利用其根蘖苗进行繁殖。

(7)改善土壤微环境。土壤中的根系可以改善土壤微环境,使通气性、透水性变好,微生物种类及数量增加,死亡的根系还可以增加土壤中的有机质含量。

(8)分泌作用。根系是园艺植物重要的分泌器官,其分泌物几乎包括植物体内所有的成分。根系的分泌作用对于保证土壤养分的生物有效性具有重要意义;根系分泌物还可抑制或促进它种植物的生长。

(9)土壤水分亏缺的传感器。根系对水分亏缺的敏感性远远高于地上部。当根感受到土壤水分胁迫后,根合成的脱落酸(ABA)信号会很快传导到茎与叶,使气孔在植物大量失水前就先行关闭,防止水分过度蒸腾。

3.1.2　根及根系的类型

(1)定根与不定根。按照根发生的部位是否固定,可将根分为定根(主根和侧根)和不定根(图 3-1)。种子萌发后,由胚根发育成主根(tap root 或 main root),主根长到一定长度时,在其一定部位上产生分枝,分枝上继续产生分枝,这些分枝都称为侧根(lateral root)。由于主根和侧根都是从植物体的固定部位产生,所以称为定根;许多园艺植物除产生定根外,由茎、叶或胚轴上也能产生根,因这些根的发生位置不固定,故称为不定根(adventitious root)。不定根的发生对于园艺植物的繁殖至关重要,扦插、压条繁殖正是利用了植物可以形成不定根的特性。

(2)直根系与须根系。根据主根、不定根发达与否及根系的构成,可将根系分为直根系与须根系两个类型(图 3-2)。

直根系(tap root system)由主根和侧根构成。一般双子叶植物如番茄、茄子、萝卜及果树实生苗的根系都属这种根系。直根系有发达的主根,主根在植物一生中始终保持生长优势,但主根若受到损伤,侧根能迅速生长,代替主根的作用,因此

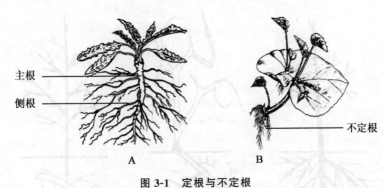

主根

侧根

不定根

A   B

图 3-1　定根与不定根

A.蒲公英的主根与侧根（定根）；B.秋海棠的不定根

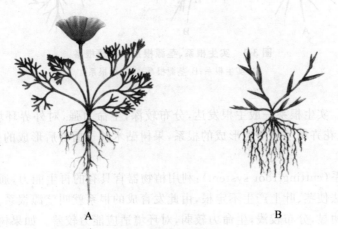

A   B

图 3-2　直根系与须根系

A.直根系；B.须根系

在移栽中,切断主根,可促进侧根的生长。

　　须根系(fibrous root system)主要由多条陆续从胚轴和茎上长出的不定根组成。一些园艺植物主根伸出不久即停止生长或存活时间很短,其自茎基的节上又可生长出长短相近、粗细相似的根来,这就是须根(fibrous root),如葱蒜类蔬菜、草坪草等的根就属于须根。

　　(3)实生根系、茎源根系和根蘖根系。按根系发生的来源和植株繁殖方式可将根系分为实生根系、茎源根系和根蘖根系(图3-3)。

　　实生根系(seedling root system):根来源于种子,由种子繁殖而产生的根系称

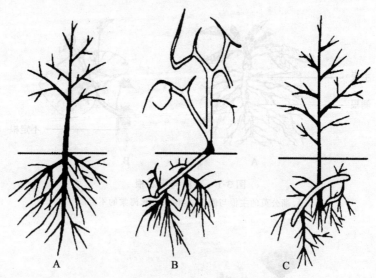

图 3-3　实生根系、茎源根系和根蘖根系

A.实生根系;B.茎源根系;C.根蘖根系

为实生根系。实生根系一般主根发达,分布较深,生命力强,对外界环境的适应力强。如蔬菜、花卉种子直播后形成的根系,果树砧木种子播种后形成的根系都是实生根系。

茎源根系(cutting root system):利用植物器官具有的再生能力,通过扦插、压条等繁殖方法使茎、叶上产生不定根,由此发育成的根系就叫茎源根系。茎源根系一般主根不明显,分布较浅,生命力较弱,对环境适应能力较差。如果树中的葡萄、无花果、龙眼,花卉中的月季、橡皮树、山茶花等常采用扦插繁殖,其所形成的根系即为茎源根系。

根蘖根系(root shoot root system):由根段扦插或根蘖产生的根系叫作根蘖根系。例如果树中的山楂、枣及部分宿根花卉的根系通过产生不定芽可以形成植株,其根系就是根蘖根系。根蘖根系分布浅,生命力较弱,类似于茎源根系。

3.1.3　根的变态

(1)肥大直根(fleshy tap root)。是由主根肥大发育而成的,如萝卜、胡萝卜、根甜菜、根芥菜等。从外部形态上来看,肥大直根可分为根头(顶部)、根颈(轴部)和根部(原生根)三部分(图 3-4);从内部结构上来说,萝卜的肉质根主要部分是次生木质部,胡萝卜的肉质根主要部分是次生韧皮部,而甜菜的肉质根内具多轮形成层,形成维管束环,环与环之间充满薄壁细胞(图3-5)。

(2)块根(root tuber)。是由植物的侧根或不定根膨大而成,外形多不规则,富含淀粉,可供食用,也可用于繁殖。例如大丽花的块根,葛,豆薯及甘薯的块根等(图3-6)。

(3)气生根(air root)。生长在空气中的根称为气生根。如榕树的气生根能形成强大的支柱,又叫

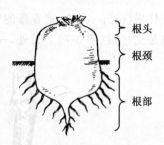

图 3-4　肥大直根的组成

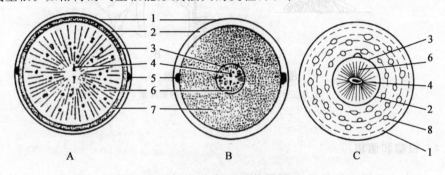

图 3-5　肥大直根的横切面

A.萝卜;B.胡萝卜;C.根甜菜

1.皮层;2.初生韧皮部;3.次生韧皮部;4.初生木质部;
5.形成层;6.次生木质部;7.导管;8.维管束

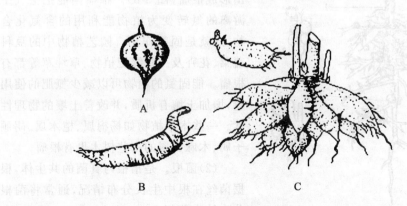

图 3-6　一些植物的块根

A.豆薯;B.葛;C.大丽花

支柱根(prop root);常春藤的气生根又叫攀缘根(climbing root);甜玉米的气生根也是支柱根(图3-7)。另外,一些水生植物的气生根还有呼吸作用。

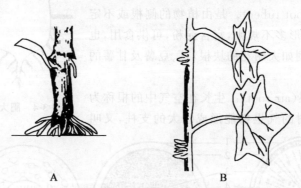

图3-7　一些植物的气生根

A.甜玉米的支柱根;B.常春藤上的攀缘根

3.1.4　根瘤和菌根

土壤中有些微生物能进入到根的组织中与根共生相互依赖,各自获益,这种共生现象有两种类型,即根瘤(root nodule)和菌根(mycorrhiza)。

(1)根瘤。是由有益细菌侵入根部组织所致,这种细菌称为根瘤菌(root nodule bacterium)。根瘤菌在根皮层中繁殖,刺激皮层细胞分裂,导致根组织膨大突出形成根瘤(图3-8)。根瘤菌能把空气中游离的氮转变为植物能利用的含氮化合物,这就是固氮作用。园艺植物中的豆科蔬菜、花卉及一些绿肥植物、草坪草等都有根瘤。能固氮的植物可以减少氮肥的使用量,增加土壤有机质,并改善土壤的物理性状。一些木本植物如杨梅属、桤木属、胡颓子属、木麻黄属的一些树木也有根瘤。

(2)菌根。是指根与真菌的共生体,根据菌丝在根中生长分布情况,通常将菌根分为外生菌根(ectotrophic mycorrhiza)和内生菌根(endotrophic mycorrhiza)两种类型。外生菌根的菌丝包在幼根外面或只进

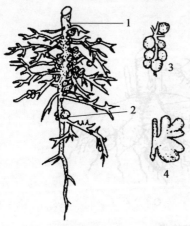

图3-8　豆类蔬菜的根系和根瘤

1.根系;2.根瘤;3.蚕豆根瘤;4.豌豆根瘤

入皮层细胞间隙,而不进入细胞内部。如松、板栗、山毛榉、鹅耳枥等树木的根有外生菌根;内生菌根的菌丝可侵入到细胞内部,如杜鹃、兰科植物、苜蓿、鸢尾、葱、核桃、葡萄、桑、李、柑橘、苹果、海棠等多有内生菌根(图 3-9);此外,还有具内生和外生菌根特点的内外生菌根,或称过渡菌根(transitional mycorrhiza)或兼生菌根(facultative mycorrhiza),如草莓等植物就具有内外生菌根。菌根对有些植物的生长是有益的。与植物共生的真菌从植物中吸收营养物质的同时,在土壤含水量低于萎蔫系数时,菌根的菌丝体能从土壤中吸收水分并分解腐殖质,分泌生长素和酶,促进根系活动,活化植物体生理机能,促进植株对氮、磷的吸收与利用等。菌根的作用有:扩大根系吸收范围,增强吸收能力;提高树体的激素水平;促进果树的糖代谢;提高果树的抗病力;在生产中,使用菌根可减少化肥施用量,提高肥料利用率,提高果树的适应力,解决果树重茬障碍,以及用于防控病虫害等。

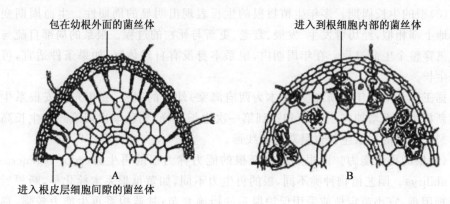

包在幼根外面的菌丝体

进入到根细胞内部的菌丝体

进入根皮层细胞间隙的菌丝体

A   B

图 3-9 菌根
A.外生菌根;B.内生菌根

3.1.5 根的生长发育特点

(1)根的生长特点。种子萌发时,由胚根形成的主根通常垂直向下生长,这种垂直向下生长的根叫作垂直根;垂直根在向下生长的同时,分生出侧根,侧根的生长角度较大,接近水平方向生长,这样的根统称为水平根。垂直根可将植物固定于土壤中,并从较深的土层中吸收水分和养分,从而提高植物抗逆性;水平根分布浅,分枝多,对追肥反应迅速,但不耐旱。

一般直根系,垂直向下的主根较发达,常分布在较深的土层;而须根系则没有发达的主根,通常分布于较浅的土层。

根形成初期以加长生长为主,根冠内细胞分裂区的持续分裂,使根不断伸长。根形成的中后期,根形成层细胞进行分裂、分化和增大,根进入加粗生长。

(2)根的伸长条件。根的生长、新根的发生及地下肉质根的形成,都受环境条件的影响和制约。环境因子中最主要的是土壤温度和水分,其次是土壤中的氧气含量。通常,根生长的最适土壤温度为 $20\sim25℃$;$8℃$ 以下和 $36℃$ 以上时,其生长受抑制,甚至停止生长,吸收功能基本停顿;根生长的最佳土壤湿度是田间最大持水量的 $60\%\sim70\%$,土壤含水量过高或过低都不利于其生长。肉质根的形成对温、湿度的要求更为严格,适宜的范围更窄。根生长对光照没有直接要求,但适当的光照有利于叶片光合作用的进行,从而为根生长提供更多的碳水化合物。根对土壤深度的要求因植物种类不同而异。土层深厚、质地疏松的土壤有利于根的生长,而黏土和地下水位高的土壤则对根的生长不利。

(3)根的生长周期。多年生植物根的生长表现出明显的周期性。生命周期变化与地上部相似,经历着发生、发展、衰老、更新与死亡的过程。根系的局部自疏与更新贯穿整个生命过程。在年周期内,根系本身没有自然休眠,如果条件适宜,可不停生长。

据王丽琴对二年生新红星(砧木为西府海棠)幼树的观察,在山东泰安根系生长随新梢生长而增加,5月中下旬达到第一次生长高峰,到秋季出现第二次生长高峰。梨与葡萄的根系生长也呈双峰曲线形。

(4)根的再生能力。断根后长出新根的能力称为根的再生力(root regeneration ability)。园艺植物种类不同,根的再生力不同,如黄瓜根系木栓化早,断根后发新根困难,宜小苗定植或采用保护根系的措施育苗;甘蓝根系再生能力较强,移栽后发育良好。春季和秋季是根系生长最快的两个时期,此时根的再生力较强,是果树、花卉苗木出圃和定植的最佳季节。生态条件中,土壤的通透性对根的再生力影响较大,通气状况良好,根的再生能力强。另外,适宜的土壤温度和水分条件有利于根的再生。移栽或进行根系修剪,适当断根后可促发新根。

3.2 茎的基本形态和生长发育

茎(stem)由胚芽发育而成,是根和叶之间起连接和支持作用的轴状结构,它下接根部,上承叶、花和果实。茎上着生叶和芽的部位叫节(node);两节之间的部分称为节间(internode);茎顶端和节都有芽(buds)着生;叶脱落后,节上留有叶痕(leaf scar)。习惯上,多年生树木的茎被称为枝条(branch);藤本植物的茎被称为蔓或藤(cane or rattan)。

3.2.1　茎的功能

（1）支撑作用。茎是植株地上部的支架，主茎和各级分枝支持着叶、芽、花和果实，使它们合理地在空间展布，以利于叶片行使功能，利于花的传粉、果实形成和种子的传播。

（2）输导作用。茎承担着植物体内水分、无机盐、有机营养和一些激素物质等上下及横向运输的任务。由木质部导管向上运输水分、矿质营养和根部提供的有机物；由韧皮部筛管向下运输各种有机化合物。

（3）繁殖作用。园艺植物的茎可产生不定根和不定芽，具有营养繁殖作用。普通茎用于繁殖多见于果树和观赏植物，如葡萄、月季和菊花等的扦插繁殖，苹果、桃等的嫁接繁殖。

（4）贮藏功能。茎具有贮藏功能，特别是多年生植物，茎内贮藏物质可为翌年春季的萌芽、开花等提供营养。马铃薯的块茎、莲的根状茎等都是营养物质集中贮藏的部位。

（5）其他功能。绿色的幼茎可进行光合作用；有些园艺植物茎的分枝变态为刺，具有保护作用；还有的茎分枝变态为茎卷须或吸盘，具攀缘作用。

3.2.2　芽的类型和特点

芽是枝（茎）、叶、花的原始体，芽萌发后可形成枝条（茎）、叶片和花。依据芽着生的位置、性质、构造和生理状态等，可对芽进行分类。

（1）依据芽在枝条上的位置，芽可分为顶芽、侧芽和不定芽。着生在茎（枝）顶端的芽叫顶芽（terminal bud）；着生在叶腋处的芽叫腋芽或侧芽（axillary bud）；顶芽、侧芽因其位置固定，所以又统称为定芽。另有一些植物的根（如甘薯）、老茎（如柳树）或叶（如秋海棠）上也可以产生芽，但没有固定的生长部位，这类芽叫作不定芽（adventitious bud）。在同一节位上仅有一个芽的称为单芽；有两个以上芽的称为复芽，复芽有 2～4 个或更多的芽。葡萄、枣等的复芽有主芽和副芽之分。山楂、板栗、核桃等顶芽为花芽的，开花结果后自枯，最先端的腋芽称为假顶芽或伪顶芽。同一枝条不同部位的芽，由于其形成过程中，所处的营养状况、激素供应及外界环境不同，造成了它们质量上的差异，称为芽的异质性（bud heterogeneity），许多木本植物都有这种现象（图 3-10）。

（2）依据芽的性质，芽可分为叶芽、纯花芽和混合芽。芽萌发后只抽枝长叶的芽，称为叶芽（leaf bud），叶芽一般多瘦小；花芽（flower bud）萌发后形成花或花序，一般较肥大。还有些芽，萌发后既抽枝长叶，还开花结果，这类芽叫作混合芽（mixed bud），如苹果、梨的花芽（图 3-11）。

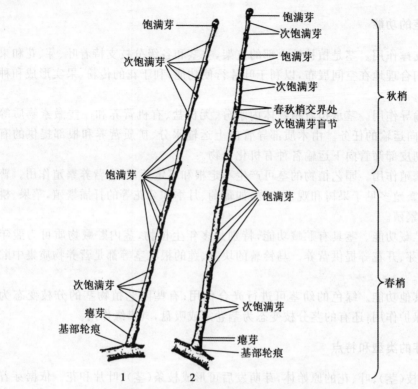

图 3-10　芽的异质性示意图（张玉星，2011）

1.无秋梢的新梢；2.有秋梢的新梢

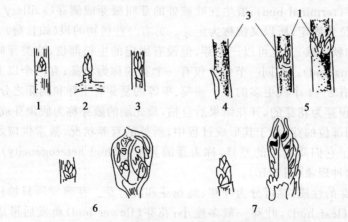

图 3-11　各种类型的芽

1.花芽；2.中间芽；3.叶芽；4.单芽；5.复芽；6.纯花芽；7.混合花芽

(3)依据芽鳞的有无,芽可分为鳞芽和裸芽。外部有鳞片包被的芽称为鳞芽(scaly bud),一些木本植物的芽多属鳞芽;外面没有鳞片包被的芽称为裸芽(naked bud),一般草本植物和少数木本植物的芽为裸芽。

(4)依据不同生理状态,芽可分为活动芽和潜伏芽。活动芽又称活性芽(active bud),一般当年形成、当年萌发(早熟性芽)或第二年萌发(晚熟性芽),枝条上的芽抽生叶枝的能力叫作萌发力,以萌发芽占总芽数的百分比表示;芽萌发后能长成长枝的能力称为成枝力,以长枝占总萌发芽的百分比表示。潜伏芽又叫休眠芽(dormant bud),形成后经一年或多年潜伏,受刺激后才能萌发。未受刺激的潜伏芽,可能始终处于休眠状态,也可能渐渐死去。树体衰老后,能由潜伏芽萌发新梢的能力称为芽的潜伏力,芽潜伏力强的树种,如柑橘、核桃、枣等树冠容易更新复壮;芽潜伏力弱的树种,如桃、李等树冠更新困难。

3.2.3　茎的基本形态和枝的类型

(1)茎的形态。依生长习性,园艺植物的茎可分为直立茎、攀缘茎、缠绕茎、匍匐茎和短缩茎(图 3-12)。

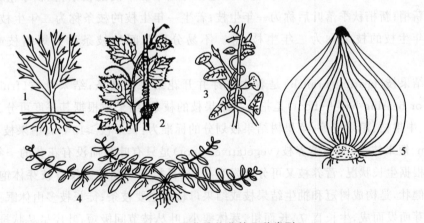

图 3-12　园艺植物茎的几种类型

1.直立茎;2.攀缘茎;3.缠绕茎;4.匍匐茎;5.洋葱的短缩茎

直立茎:主茎直立或基本直立,其上长出侧枝。如多数木本果树和观赏树木、木本花卉,许多草本花卉及蔬菜中的辣椒、茄子、秋葵、菜用大豆,多年生蔬菜石刁柏(芦笋)和香椿等的茎都是直立茎(erect stem)。

　　攀缘茎：以卷须攀缘它物或以卷须的吸盘附着它物而延伸生长。如瓜类中的黄瓜、丝瓜、葡萄、地锦、爬山虎、豌豆等的茎属攀缘茎(climbing stem)。

　　缠绕茎：以缠绕它物的方式向上生长。有左旋、右旋之分。如豆类中的菜豆、长豇豆、四棱豆，还有山药、牵牛、紫藤、啤酒花、葎草等的茎为缠绕茎(twining stem)。

　　匍匐茎(stolon stem)：茎匍匐生长，大多茎节处可生不定根。如草莓、甘薯。还有一些植物，例如马铃薯、荸荠、水芹等有地下匍匐茎，其茎端可以积累养分形成球茎或块茎。

　　短缩茎：实际上也是直立茎，由于节间非常短而成为短缩茎，其上长叶，呈簇状。如白菜类、甘蓝类、芥菜类、葱蒜类及绿叶菜中的菠菜、莴苣、芹菜等的茎都是短缩茎。

　　(2)枝条类型。枝条类型的划分主要是针对果树进行的。依抽梢的季节可分为春梢、夏梢、秋梢和冬梢；依枝条的年龄可分为新梢、一年生枝、二年生枝和多年生枝；依枝梢的性质可分为结果枝和营养枝。

　　凡是当年抽生，带有叶片，并能明显地区分出节和节间的枝条，在秋季落叶前称为新梢；新梢秋季落叶后称为一年生枝；着生一年生枝的枝条称为二年生枝，着生二年生枝的枝条称为三年生枝，等。不易分辨节间的枝条称为短缩枝或叶丛枝。

　　结果枝(bearing branch)是着生花芽并开花结果的枝条；结果母枝(fruiting cane or bearing basal shoot)是指着生结果枝的枝条；结果枝根据其长度可分为长果枝、中果枝、短果枝等，苹果树结果枝划分的标准为：长果枝≥15 cm、中果枝 5～15 cm、短果枝≤5 cm；营养枝(vegetative shoot)是只有叶芽而没有花芽的一年生枝。根据生长状况，营养枝又可分为发育枝、徒长枝和叶丛枝。发育枝芽体饱满、生长健壮，是构成树冠和抽生结果枝或结果母枝的主要枝条；徒长枝多由休眠芽或不定芽萌发而成，生长直立，长而粗，芽体瘦小；叶丛枝节间极短，叶序呈丛状排列，没有明显的腋芽。

　　一些果树的短果枝结果后，着生果实的部位会膨大，这个膨大的部位叫作果台；在果台上多有 1～2 个新梢发出，该新梢叫作果台副梢(落叶后称为果台枝)。如果果台枝顶芽为花芽，则在下一年会继续开花结果，并产生新的果台枝，依此进行几年，果台上就能连续形成较短的果台枝，几年后多个短果枝就会聚成枝群，这样就形成了短果枝群(图 3-13)。

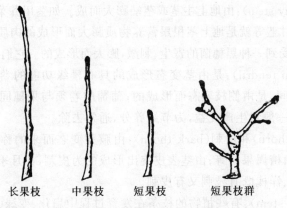

长果枝　　　中果枝　　　短果枝　　　短果枝群

图 3-13　苹果的结果枝类型

3.2.4　茎的变态

（1）地上茎变态。地上茎变态有多种类型（图 3-14），有些为食用器官。

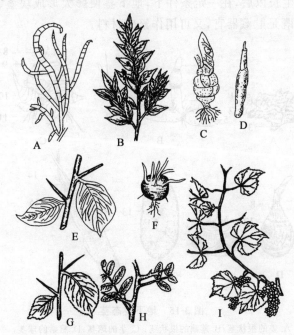

图 3-14　地上茎变态

A. 竹节蓼的叶状枝；B. 假叶树的叶状枝；C. 茎用芥菜的肉质茎；D. 茭白的肉质茎；E. 枝刺；

F. 球茎甘蓝的肉质茎；G. 山楂的茎刺；H. 皂荚的茎刺；I. 葡萄的茎卷须

肉质茎(fleshy stem):由地上主茎或茎端膨大而成。如茎用芥菜(榨菜)、茎用莴苣(莴笋)和球茎甘蓝等就是地上茎积累营养物质膨大而形成的肉质茎;茭白的肉质茎是由于其花茎受到一种黑穗菌的寄生、刺激、膨大而形成的。它们都是食用器官。

茎卷须(stem tendril):是由茎变态形成的具有攀缘功能的卷须。南瓜、黄瓜的卷须生于叶腋间,是由侧枝变态而形成的;葡萄的卷须与果穗同源,是由顶芽转变而来。茎卷须一般对生产无益,为节约养分,通常去除。

枝刺(stem thorn)和皮刺(bark thorn):由腋芽变态而来的称为枝刺(茎刺),如柑橘类果树、山楂属果树等;由茎表皮突出形成的为皮刺,如月季、蔷薇的刺。观赏植物红花刺槐、洋槐既有枝刺又有皮刺。

叶状茎(leaf stem):有些植物的枝条在发育过程中扁化、变绿、呈叶状,如竹节蓼、假叶树。这些变态茎也可以进行光合作用,常作为观赏植物栽培。

(2)地下茎变态。在地下水平生长的粗壮的茎称为地下茎。地下茎生在地下,具有节、节间和芽,但在形态、结构上与地上部的茎差别很大,属变态茎。当植株地上部的茎叶旺盛生长以后,在一定条件下,地下茎便膨大形成块茎、根茎和球茎等(图 3-15)。它们既是贮藏器官,又可用作繁殖材料。

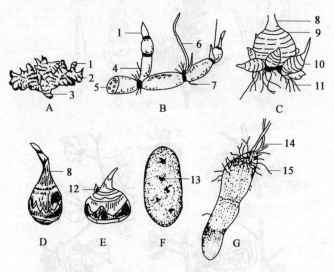

图 3-15 地下变态茎

A.姜的根状茎;B.莲藕的根状茎;C.芋的球茎;D.慈姑的球茎;

E.荸荠的球茎;F 马铃薯的块茎;G.山药的块茎

1.芽;2.子姜;3.姜母;4.子藕;5.母藕;6.叶柄;7.须根;8.顶芽;

9.母芽;10.子芋;11.须根;12.侧芽;13.芽眼;14.茎;15.须根

　　块茎(tuber)：常见的如马铃薯、山药。马铃薯的块茎上有许多芽眼，切下一块带芽眼的薯块即可繁殖；山药的块茎主要在顶端发芽和生根。

　　根茎(rhizome)：其外形像根，但有明显的节和节间，节上有芽，可长出不定根，如莲藕、姜、萱草、玉竹等都能形成地下根状茎。

　　球茎(corm)：是膨大成球形的地下茎，如慈姑、荸荠、芋等。球茎上有顶芽和若干节，节上有腋芽，并可长出不定根。

3.2.5　茎的生长特性

　　(1)顶端优势与层性。顶端优势(apical dominance)是指活跃的顶端分生组织(顶芽或顶端的腋芽)抑制下部侧芽发育的现象。植物界顶端优势现象是普遍存在的，而一般乔化树种表现明显。顶端优势强的植株，枝条上部的芽萌发后能形成长的新梢，而着生部位越靠下的芽萌发后形成的新梢长势越弱，最下部的芽则处于休眠状态。多年生木本植物由于顶端优势和芽异质性的共同作用，中心干上部的芽萌发为强壮的枝梢，中部的芽抽生较短的枝梢，基部的芽则不萌发而成为隐芽。随着树龄的增长，强枝越强，弱枝越弱，使得树冠中的大枝呈层状分布，这就是层性(tier disposition)。层性与树种、品种有关，如苹果、梨、核桃的顶端优势强，层性明显；柑橘、桃、李等顶端优势弱，层性不明显；而椰子树因顶端优势极强，甚至不能发出侧枝，而形成单一树干。

　　顶端优势的形成与植物体内激素的合成、积累与分布有关。一般认为顶端组织生长素浓度较高，因而影响来自根的细胞分裂素的分配，从而抑制下部侧芽的萌发与生长。摘掉顶芽或给侧芽施予外源细胞分裂素，则可促进侧芽萌发。

　　(2)茎的分枝。随着茎顶端芽的萌发与生长，侧芽也会萌发形成新的枝条，这一过程称为分枝。由于植物的遗传特性不同，每种植物都有一定的分枝方式。在园艺植物中主要有以下三种分枝方式(图 3-16)。

　　单轴分枝(总状分枝)：从幼苗开始，主茎顶芽的活动始终占优势，形成一个明显的直立主轴，而侧枝较不发达，这种分枝方式称为单轴分枝。如松、杉、杨、苹果、梨、柿、瓜类、豆类等。

　　合轴分枝：这种分枝的特点是主茎的顶芽生长到一定时期，失去生长能力或分化为花芽，继而由其下部的侧芽萌发形成新枝，并取代主茎的位置；不久，新枝的顶芽又停止生长，再由其旁侧腋芽萌发的新枝所代替，如此循环往复向上生长。如番茄就是典型的合轴分枝，葡萄、枣、柑橘也有合轴分枝的特性。

　　假二叉分枝：顶芽生长到一定程度后，停止生长或形成花芽，然后由顶芽下部的两个对生侧芽同时发出新枝，形成二叉状分枝。新枝顶芽的生长活动也与母枝

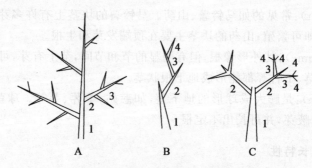

图 3-16　园艺植物的分枝方式

A. 单轴分枝；B. 合轴分枝；C. 假二叉分枝(同级分枝以相同数字表示)

相同,并再生出一对新枝,如此不断重复。这种分枝方式称为假二叉分枝,如辣椒、茄子等。

分蘖:园艺植物中的大部分草坪草为禾本科植物,分蘖是禾本科植物所特有的一种分枝方式。禾本科植物在生长初期,茎的节间很短,几个节密集于植株基部,称为分蘖节,每个节都有一个腋芽。当幼苗出现4～5片幼叶时,有些腋芽开始活动,生长为新枝,并在节位上产生不定根,这种分枝方式称为分蘖。分蘖形成新枝后,在新枝的基部又形成新的分蘖节,进行分蘖活动,依次产生各级分枝和不定根(图 3-17)。

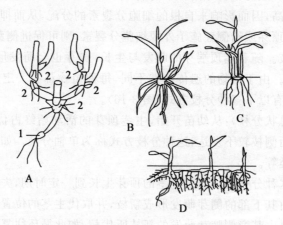

图 3-17　禾本科植物的分蘖

A. 禾本科作物的分蘖图解:1.具初生根的谷粒;2.生有不定根群(蘖根)

B～D.分蘖类型:B.疏蘖型,各分蘖节之间的距离较远;C.密蘖型,各分蘖节密集;

D.根茎型,分蘖从横卧的地下茎上长出

（3）茎的成熟与衰老。一、二年生草本植物,秋末或在果实成熟后茎就趋于衰老与枯萎。随着茎的衰老,茎的生理功能逐渐降低或全部丧失。二年生植物,茎衰老时将营养物质转移到地下或地上的贮藏器官;多年生木本植物,枝的木质化标志着枝开始走向成熟,而枝的成熟度与其能否安全越冬关系重大。成熟的枝条皮层厚,抗寒性强,可安全越冬。没有充分成熟的枝条,严冬来临时易被冻死,果树上叫作“抽条”。生产上,秋季采取控水,增施磷、钾肥等措施,可促进枝条成熟,利于安全越冬。茎衰老时一般不会自行脱落,但是枣树的脱落性二次枝(枣吊)可以在基部形成离层,秋季像叶片一样脱落。

3.3　叶的基本形态和生长发育

叶是由叶原基发育而来,是园艺植物体最重要的器官之一。许多园艺产品就是以叶作为收获对象的,如大白菜、菠菜和韭菜等,还有许多园艺植物的叶具有观赏价值和药用价值,如草坪草、枫叶、紫叶李等可以观赏,银杏、枇杷、薄荷的叶可以入药。此外,其他园艺产品如花与果实等都是直接或间接地来自于叶片的光合作用。

3.3.1　叶的功能

（1）光合作用(photosynthesis)。叶是绿色植物的主要光合器官,它可在阳光下利用二氧化碳和水合成有机物质,并将光能转变为化学能贮存起来,同时释放出氧气。植物叶片的光合能力除因植物种类不同而异外,主要受光照强度、光照时间、光质及二氧化碳浓度的影响。

（2）蒸腾作用(transpiration)。植物根部吸收的水分,90%以上是通过叶片蒸腾散失的,水分以气体状态从活的叶片散失到大气中的过程就是蒸腾作用。蒸腾作用产生的水势差是植物根系吸收水分和矿质元素的主要动力之一。蒸腾还有调节植物体温度的作用。

（3）吸收功能。叶片除可以吸收二氧化碳合成有机物质外,还能吸收其他物质,如喷施一定浓度的肥料或农药,可通过叶表面吸收到植物体内。

（4）合成作用。除光合作用外,叶片还可以合成其他一些物质,如成花物质、赤霉素、细胞分裂素、脱落酸的前体及一些次生代谢物质。

（5）贮藏作用。普通叶片只贮存当天合成的部分营养,而具有特殊贮藏功能的叶片,如肉质叶则能贮藏许多养分和水分,使植物体具有很强的抗旱和耐瘠薄的能力,这类植物有玉树花、虎尾兰和君子兰等。

　　(6)繁殖功能。有少数园艺植物的叶具有繁殖能
力,如秋海棠、落地生根和景天等。

3.3.2　叶的形态

　　(1)叶的组成。叶一般由叶片(leaf blade)、叶柄
(petiole)和托叶(stipule)组成(图 3-18),这 3 部分都
具备的称为完全叶(complete leaf),如梨、桃和豌豆等
的叶;缺少任何一部分或两部分的叶称为不完全叶
(incomplete leaf),如菠菜、油菜、向日葵等的叶缺少
托叶;莴苣等的叶缺少托叶和叶柄。台湾相思树的叶
片则完全退化,叶柄呈扁平状,称为叶状柄。

　　(2)叶的类型。根据叶柄上着生叶片的数量,可
将叶分为单叶和复叶两大类型。单叶(simple leaf)的
每个叶柄上只着生一个叶片,如苹果、南瓜、一品红
等;复叶(compound leaf)的每个总叶柄上有两个以上
小叶片,如核桃、荔枝、月季、豆类植物等(图 3-19)。

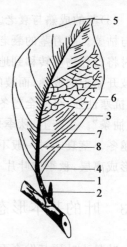

图 3-18　叶的构成
1.叶柄;2.托叶;3.叶片;
4.叶基;5.叶尖;6.叶缘;
7.主叶脉;8.侧叶脉

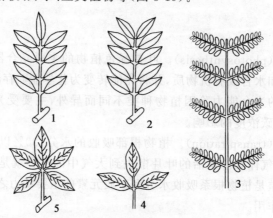

图 3-19　各种类型的复叶
1.单数羽状复叶;2.双数羽状复叶;3.二回羽状复叶;
4.羽状三出复叶;5.掌状复叶

　　(3)叶的形状。依叶尖、叶基和叶缘等的不同,园艺植物的叶可以有多种形状,
千姿百态。叶片的形状有线形、披针形、卵圆形、倒卵圆形、椭圆形、剑形、菱形、匙
形、扁形、肾形、三角形、心形、倒心形、镰形、楔形、矢形、矛形、盾形等;叶尖又有长

尖、短尖、圆钝、截状、急尖等；而根据叶缘不同又可分为全缘、细锯齿、粗锯齿、钝锯齿、波纹、深裂、全裂等。

(4)叶的大小。植物种类不同，叶片大小差异很大。大的如棕榈、香蕉的叶长有 1 m 以上，王莲叶的直径有 2～3 m；小的如松柏、天门冬、茴香、文竹、石刁柏的叶子，只有几毫米宽，几厘米长。

(5)叶的色泽。园艺植物特别是观赏园艺植物的叶色非常丰富，在正常生长季节里，叶片除绿色外，还呈现如黄色、橙色、红色、紫色、蓝色及由多种叶色组成的混合色(复色叶)，这些拥有除绿色之外，其他各种色彩的植物统称为彩叶植物。彩叶植物通常可根据叶片观赏季节、色彩分布进行分类。

①依叶片观赏季节分类，彩叶植物可分为春色叶、秋色叶和常色叶植物 3 种类型。

春色叶类植物：这类植物春季新长出的嫩叶具有艳丽色彩，如臭椿、五角枫的春叶呈红色，黄连木春叶为紫红色等。这类植物一般是落叶植物，在秋天叶色会发生变化，也属于秋色叶类植物。

秋色叶类植物：这类植物大多为落叶植物，在秋天落叶前叶色常发生显著变化，主要有红、黄两种叶色，如元宝枫、五角枫、三角枫、盐肤木、漆树、石楠、黄栌、鸡爪槭、黄连木等呈红色或紫红色；梧桐、悬铃木、金钱松、水杉、银杏等呈黄色或黄褐色。

常色叶类植物：这类植物叶片在生长季节内常年保持彩色，具有各种颜色。如红叶类的有红花檵木、红乌桕、紫红鸡爪槭、红羽毛枫等；黄叶类的有黄金槐、金叶女贞、金叶小檗、金线柏等；紫叶类的有紫叶李、紫叶桃、紫叶小檗等。

②依叶片色彩分类，彩叶植物可分为单色叶类、双色叶类、斑色叶类 3 种类型。

单色叶类：这类植物的叶片仅呈现一种色彩，如红花檵木、紫叶李等。

双色叶类：这类植物的叶背面为彩色或密被彩色茸毛、蜡层，与叶面颜色明显不同，如紫背桂 (叶背为红紫色)、银白杨 (叶背密被银白色茸毛)、石栎 (叶背有灰白色蜡层)、金叶含笑 (叶背密被锈褐色绢质茸毛，如金光闪烁)等。

斑色叶类：斑色叶类植物又可分为嵌色、洒金、镶边 3 种类型，变叶木是斑叶类的代表植物，叶片绿色杂以黄、红或白色的斑块、斑点和条纹。"嵌色"是指绿色叶镶嵌彩色斑块，如金心大叶黄杨、银斑大叶黄杨、金心胡颓子等；"洒金"是指绿色叶上散布彩色斑点，如洒金东瀛珊瑚、洒金千头柏等；"镶边"是指叶片边缘呈黄色或白色，如金边黄杨、银边黄杨、玉边胡颓子等。

彩叶植物是由自然选择，或经人工育种、栽培选育而来。引起植物叶片色彩变化的原因有很多,遗传的、生理的、环境的、栽培管理的,甚至病虫危害都有可能造成植物叶色的改变,但只有叶片非绿色的变化稳定而有规律,才是形成彩叶植物的必要条件。例如,有些植物的彩斑和条纹是由病毒引起的,但只要这些病毒不影响正常生长,且彩斑和条纹能够稳定出现,并通过繁殖使彩叶性状持续保持,就可人为地加以诱导和利用。目前,这种方法是彩叶植物育种的一条重要途径。有选择地对一些彩叶突变加以保留和固定,也是培育彩叶植物的方法之一。

　　影响彩叶植物叶色变化的因子主要是光照。如红叶小檗,光照越强,叶片色彩越鲜艳;而金叶连翘的叶色则随光强的降低而逐渐复绿;紫叶李早春色彩鲜艳,但在夏季的强光下,原来鲜艳的色彩明显变浅。此外,温度、季节也会因影响色素的合成而影响叶片呈现的颜色。

　　秋季的黄色叶主要是由叶绿体中类胡萝卜素的变化所致。入秋后,随着温度的降低,叶绿素的合成速度逐渐减缓,但分解速度加快;而类胡萝卜素的分解速度则较为缓慢,使其相对含量增加。随着类胡萝卜素与叶绿素种类及含量的相对变化,叶片呈现出从绿色到黄色的不同色泽。秋季的红色叶是花青素增加与叶绿素减少的结果。秋季温度的降低、叶片的老化,导致叶绿素逐渐分解,而低温又利于花青素的合成,花青素的增加才使得叶片呈现红色。

　　(6)叶序(phyllotaxy)。即叶片在茎上的排列方式。通常有 4 种(图 3-20)。

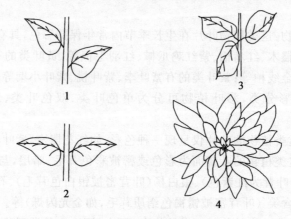

图 3-20　蔬菜的主要叶序

1.互生;2.对生;3.轮生;4.莲座式

　　互生叶序(alternate phyllotaxy):在茎枝的每个节上交互着生 1 片叶,称为互生,如桃、梨、向日葵。叶通常在茎上呈螺旋状分布,因此,这种叶序又称为旋生叶序。

对生叶序(opposite phyllotaxy)：每节上相对着生 2 枚叶，如女贞、芝麻、薄荷等。在对生叶序中，一个节上的 2 枚叶常与上下相邻的 2 对叶交叉成"十"字形，称为交互对生。

轮生叶序(whorled phyllotaxy)：每节上着生 3 枚或 3 枚以上的叶，如夹竹桃、桔梗等。

莲座叶序(rosette phyllotaxy)：每节生 1 枚或 2 枚以上的叶，节间极度缩短，好像许多叶簇生在一起，如金钱松、银杏等。

3.3.3　叶的变态

叶的变态种类也较多，它们有的包成叶球(leafy head)，有的肥厚成鳞茎(bulb)，有的变成苞叶(bracteal leaf)，还有的变成叶卷须(leaf tendril)或针刺(thorn)(图 3-21)。另外，有些植物的叶还可以随不同发育阶段呈现不同的叶形，如水毛茛沉在水中的叶是丝状全裂的，而露在水面的叶是深裂的。这种同株上具有不同形状叶子的特性称为异形叶性(heterophylly)。

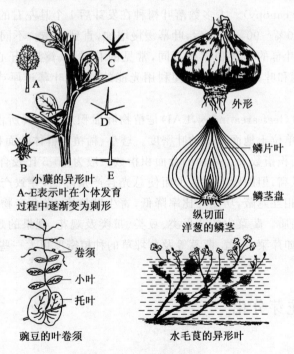

小檗的异形叶
A~E表示叶在个体发育
过程中逐渐变为刺形

外形

鳞片叶

鳞茎盘

纵切面
洋葱的鳞茎

卷须

小叶

托叶

豌豆的叶卷须

水毛茛的异形叶

图 3-21　各种叶的变态

3.3.4 叶的生长和叶幕的形成

(1)叶的寿命与脱落。不同植物种类、同一植物不同枝类、同一枝条不同部位的叶片,从展叶至停止生长所需天数不同,梨需 16～28 d,苹果 20～30 d,猕猴桃 20～35 d,葡萄 15～30 d。叶成熟后不再扩大,在相当长一段时间内维持正常生理功能。一、二年生植物叶的寿命较短;多年生落叶植物从春季展叶到秋季落叶有半年左右的时间;而常绿树木叶的寿命要长得多,如柑橘叶可在树上存活 17～24 个月,松树的叶生活期长达 3～5 年。

叶片正常脱落时,一般先将叶内的大部分营养物质降解回流到植物体内,然后在叶柄基部分化形成离层(abscission layer)。在外力作用下,叶柄在离层处断裂,叶片脱落。叶的寿命也受环境的影响,低温、高温、水涝、干旱及弱光条件等都会使叶片提前脱落,功能叶的提前脱落对生产十分有害。部分叶片在秋冬霜冻来临前未能形成离层,干死在树枝上无法正常脱落,造成宿叶,也对生产不利。

(2)叶幕的形成及意义。在树冠内集中分布,并形成一定形状和体积的叶群体称为叶幕(foliar canopy)。大多数落叶树种在发芽后 1 个月左右的时间里,其叶幕已完成总量的 80%～90%。此后,叶幕缓慢增加,直到秋季。不同的栽植密度、整形方式和树龄,叶幕的形状和体积不同,常见的有层形、篱形、开心形、半圆形等。适当的叶幕厚度和叶幕间距,是合理利用光能的基础,叶幕过厚或过薄对生产都不利。

叶面积指数(leaf area index,LAI)是植物叶面积总和与其所占土地面积的比值,它反映的是单位土地面积上的叶密度。矮小、稀植的群体叶面积指数小;高大、密植的群体叶面积指数大。果树的叶面积指数一般为 4～5 比较合适。指数过低,单叶光合强度虽高,但因叶片数量少而使总光合产量降低,导致产量下降;叶面积指数过高,叶片相互遮蔽,功能叶比率降低,寄生叶增多,光合产物积累少,同样也会影响产量与品质。蔬菜中的茄果类、豆类、瓜类及观花、观果的观赏植物与果树相似,绿叶蔬菜如芹菜、莴苣、茼蒿等及草坪草的种植密度可大一些,叶面积指数可以大于 8。

3.4 花和花芽分化

3.4.1 花的形态构造

花是植物的繁殖器官,大多数植物只有经历花芽分化、花器发育、开花和授粉受精、坐果和果实生长等过程才能繁衍后代。花一般由花梗、花托、花萼、花冠、雌蕊和雄蕊组成（图3-22）。

（1）花梗（pedicel）。是连接花和茎的长轴状结构。是茎向花输送养料、水分的通道。

（2）花托（receptacle）。是花梗顶端着生花萼、花冠、雌蕊、雄蕊的部分。多数植物的花托只起支持作用，而有些植物的花托却膨大成果实的主要部分，如草莓、苹果、梨等，这类果实的食用部分实际上是花托。莲蓬是莲的花托。

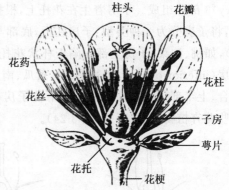

图 3-22　花的基本组成部分

（引自 H. von Guttenberg）

（3）花萼（calyx）。位于花的最外轮，由若干萼片（sepals）组成。多数植物开花后萼片脱落，如桃、柑橘等；有些植物开花后萼片一直宿存，有的在果实顶部如石榴、山楂、月季等；有的在果实底部如番茄、茄子、柿子等。果实成熟后宿存萼片可与果实分离；而蒲公英的萼片变成冠毛，帮助果实传播。

（4）花冠（corolla）。由若干花瓣（petals）组成。花瓣因含有花青素或有色体而呈现各种颜色，并因植物种类不同有各种各样的形状（图 3-23），它们是花卉的主要观赏部分。

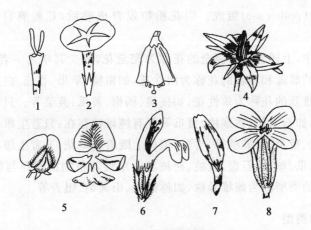

图 3-23　花冠的类型

1.筒状；2.漏斗状；3.钟状；4.轮状；5.唇形；6.舌状；7.蝶状；8.“十”字形

　　(5)雌蕊(pistil)。雌蕊位于花的中央,由柱头(stigma)、花柱(style)和子房(o-vary)3部分组成。子房着生在花托上,根据子房着生位置和子房与花托的愈合程度,将子房分为3种类型:子房在上,底部与花托相连的称上位子房(superior ova-ry),如桃、油菜;子房全部深陷于杯状花托中,并与花托内侧愈合在一起的称下位子房(inferior ovary),如苹果、梨、黄瓜、南瓜;介于两者之间的,子房下半部和花托愈合、上半部仍露在外面的叫半下位子房(half-inferior ovary),如石楠、绣球属的一些花卉植物、虎耳草等(图3-24)。

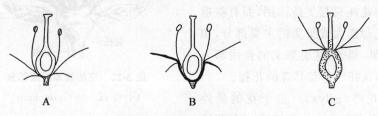

图 3-24　雌蕊的各种情况
A.上位子房;B.半下位子房;C.下位子房

　　(6)雄蕊群(androecium)。是一朵花中全部雄蕊的总称,雄蕊的数目常因植物不同而异,如苹果、桃、莲、玉兰、月季等的雄蕊数量较多,少则4～6个,多则20～30个;而番茄、蚕豆、油菜、西瓜等的雄蕊数较少。每一雄蕊(stamen)又由花丝(filament)和花药(anther)两部分组成。花药是产生花粉粒的器官,一般由2～4个花粉囊(pollen sac)组成。当花粉粒发育成熟后,花粉囊自行开裂,散出花粉。

　　同一朵花中,上述各部分俱全的花称为完全花,缺少其中之一者为不完全花。具有发育健全的雌蕊和雄蕊的花称为两性花,如柑橘、苹果、番茄、白菜、牡丹等;只有雌蕊或只有雄蕊的花称为单性花,如核桃、杨梅、黄瓜、菠菜等。只着生雄花的植株称为纯雄株,如石刁柏、猕猴桃、黄瓜等都有纯雄株存在;只着生雌花的植株称为纯雌株,如黄瓜、菠菜、猕猴桃等。同一植株上既着生雌花,又着生雄花的称为雌雄同株异花,如南瓜、丝瓜、石榴、核桃、松树等。单性花植物的雌花与雄花分别生长在不同植株上的类型称为雌雄异株,如猕猴桃、山葡萄、银杏等。

3.4.2　花序的类型

　　有些植物,如玉兰、桃、月季、西瓜、甜瓜、莲花等的花,是单独生在茎上的,称为单花;而多数植物的花不是单花,是几朵甚至数百朵花按一定的顺序排列在花枝

上,这样的花枝就叫花序(inflorescence)。园艺植物有各种各样的花序(图 3-25),
这些花序又可分为两大类:一类是有限花序(definite inflorescence),如伞形花序、
头状花序、聚伞花序等;另一类是无限花序(indefinite inflorescence),如总状花序、
穗状花序、圆锥花序等。还有的雌花序、雄花序单生,如核桃、栗、杨、柳树等。

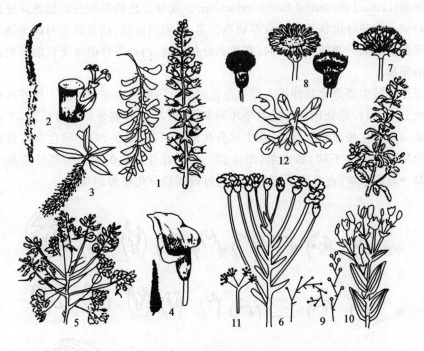

图 3-25　花序的各种类型

1.总状花序;2.穗状花序;3.葇荑花序;4.肉穗花序;5.圆锥花序;6.伞房花序;7.伞形花序;
8.头状花序;9.单歧聚伞花序;10.二歧聚伞花序;11.多歧聚伞花序;12.轮伞花序

　　蔬菜中有些种类,如花椰菜和青花菜,其花序变态、花茎肉质化短缩形成花球;
芥蓝、菜心、紫菜薹等的食用器官——菜薹也是肥嫩的花茎和花序。

3.4.3　花芽分化的概念

　　花芽分化(flower bud differentiation)是指叶芽的生理和组织状态向花芽的生
理和组织状态转化的过程。是植物从营养生长向生殖生长过渡的标志。花芽分化
分两个阶段,一是芽内部花器官出现,称为形态分化(morphological differentia-
tion);二是在花芽形态分化前,生长点内部由叶芽的生理状态转向花芽的生理状

态的过程,称为生理分化(physiological differentiation)。全部花器官分化完成称为花芽形成(flower bud formation);外部或内部一些条件对花芽分化的促进称为花诱导(floral induction)。花诱导期也就是生理分化期,生长点易受内外条件的影响而改变代谢方向,或形成花芽,或形成叶芽。因此,生理分化期也称为花芽分化临界期(critical period of floral induction)。花芽分化临界期是调控花芽分化的关键时期。花芽分化临界期的营养物质积累、基因的活化、信息传递与调节物质的变化等都会影响到芽的代谢方向;在形态分化期间,内外条件的改变仅能影响花芽发育的质量。

花芽经过生理分化后即进入形态分化时期。一般是在花芽原基上由外向内进行顺次分化,即首先分化最外层的萼片原基,然后在其内侧分化花瓣原基,又在花瓣原基内侧分化雄蕊原基,最后在中央分化雌蕊原基(图 3-26)。但也有些植物形态分化的顺序略有不同,如白菜(图 3-27)、甘蓝花芽分化的顺序为萼片原基→雄蕊原基→雌蕊原基,在雌蕊原基分化的同时或其后分化花瓣原基。

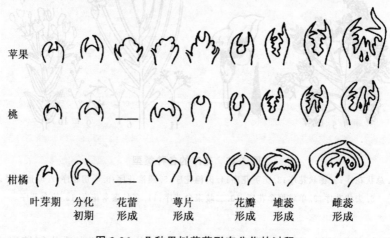

苹果

桃

柑橘

| 叶芽期 | 分化初期 | 花蕾形成 | 萼片形成 | 花瓣形成 | 雄蕊形成 | 雌蕊形成 |

图 3-26　几种果树花芽形态分化的过程

3.4.4　花芽分化的机制

关于花芽分化的机理虽然有很多科学工作者做了大量的生理生化方面的研究,但仍没有定论,目前有几种假说,其中比较经典的一种假说是碳氮比学说,认为植物体内碳水化合物含量与含氮化合物含量的比例,即 C/N 对花芽分化起决定性作用,C/N 较高时利于花芽分化,C/N 低时,花芽分化少或不能进行。乌苏连科指

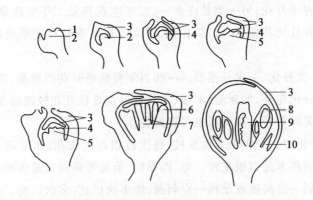

图 3-27　大白菜花芽分化的过程

1. 萼片原基;2. 花原基;3. 萼片;4. 雄蕊原基;5. 雌蕊原基;
6. 未分化的雄蕊;7. 未分化的雌蕊;8. 雄蕊;9. 雌蕊;10. 花瓣

出,当糖丰富时,氮代谢趋向蛋白质合成,对花芽分化有利。事实上,许多植物的花芽分化都是以一定量的茎叶生长为前提;生产上因施氮肥过量而导致茎叶徒长使成花量减少的现象也是对碳氮比学说的有力支持。另外,有关花芽分化的机理还有内源激素平衡说、能量物质说、基因启动说等多种学说。

关于花芽分化的机理目前了解得还很少,但仍可大致勾勒出花芽分化的基本过程:即生长点是由具有遗传全能性的原分生组织同质细胞群构成。只有在外界条件(日照、温度、水分等)和内部因素(激素比例、结构和能量物质)的共同作用下,产生一种或几种物质(成花激素),启动成花基因,引起酶活性和激素的变化,并高强度吸收养分,最终导致花芽的形态分化。

3.4.5　花芽分化的类型与时期

花芽分化从开始至完成所需的时间,因植物种类、品种、生态条件及栽培技术的不同而异。园艺植物花芽分化的类型可分为以下几种。

(1)夏秋分化型。花芽分化一年一次,在 6~9 月份进行。夏秋分化,翌年春季开花。这类植物的花芽多数在秋末已分化出花的器官,而性细胞的分化则在冬春完成。许多落叶果树、观赏树木、木本花卉均属此类。如苹果、桃、梅花、牡丹、丁香等。常绿果树如枇杷、杨梅等的花芽分化也属夏秋分化型。

(2)冬春分化型。这种分化类型的植物一类是原产温暖地区的常绿果树、观赏树木,如柑橘类的许多种类通常在 12 月份至翌年 3 月份进行花芽分化,分化时间短,连续进行,春季开花;另一类是许多一、二年生花卉及二年生蔬菜,还有一些宿根花卉也是冬春分化花芽,如白菜、甘蓝、芹菜等在冬季贮存期里或越冬时进行花芽分化。

(3)当年一次分化、一次开花型。一些当年夏秋季开花的蔬菜、花卉种类,在当年生茎的顶端分化花芽,如紫薇、木槿、木芙蓉以及夏秋开花较晚的部分宿根花卉,如菊花、萱草、芙蓉葵等。草坪草也多属此类。

(4)多次分化型。一年中多次发枝,每次枝顶均能成花,如茉莉、月季、倒挂金钟等四季开花的花木及宿根花卉。枣、四季橘、葡萄等果树也是多次分化型。这些植物主茎生长到一定高度或受到一定刺激,能多次成花,多次结实。但后结的果往往不能成熟,一般不保留。

(5)不定期分化型。每年只分化一次花芽,但因栽培季节不同而无一定时期,播种后只要植株达到一定叶面积就能成花和开花。如果树中的凤梨科、芭蕉科的一些植物,蔬菜中的瓜类、茄果类、豆类,花卉中的万寿菊、百日草、三角梅等。

无论哪种分化类型,就某一种植物、某一特定环境条件下,其花芽分化时期既有相对集中性、相对稳定性,又有一定的时间伸缩性。形成一个花芽所需时间和全株花芽形成的时间是两个概念,通常所说花芽分化时期的长短指的是后者。

3.4.6　影响花芽分化的环境因素

(1)温度。如表 3-1 所示,不同园艺植物花芽分化的最适温度不同,但总的来看,花芽分化的最适温度比枝叶生长的要高。通常,枝叶停止生长或缓慢生长时,花芽开始分化。许多越冬性植物和多年生木本植物,冬季低温是必需的,这种必须经历低温过程才能完成花芽分化并导致开花的现象,称为春化作用(vernalization)。根据植物春化作用对低温的要求,把植物分成以下 3 类。

冬性植物(winter plant):一般需要 1~10℃ 的低温,经 30~70 d 才能完成春化。有些冬性植物需在低温过后才能开始花芽分化,如白菜类、甘蓝类、萝卜、胡萝卜、大葱、芹菜等一些二年生蔬菜;还有些冬性植物,例如月见草等花卉,苹果、桃等许多落叶果树,虽然在夏秋季花芽已经开始生理分化和形态分化,但完成性细胞分化仍需要一定的低温。

春性植物(spring plant):通过春化要求的低温比冬性植物高,一般在 5~12℃,经 5~10 d 即可完成春化。一年生花卉、夏秋季开花的多年生花卉及其他草本植物都属此类。

表 3-1 一些果树、花卉、蔬菜花芽分化的适温范围 ℃

种类	花芽分化适温	花芽生长适温	其 他 条 件
果树			
苹果	10~28	12~15	冬季一定低温
柑橘	10~15	20	
山楂	20~25	15~20	
葡萄	20~30	20~25	光照好
柿	20~25	15~20	光照好
枇杷	15~30	15	多日照、少雨
香蕉	15~30	25	
菠萝	20~20	30	半荫蔽
花卉			
郁金香	20	9	
风信子	25~26	13	
唐菖蒲	>10		较强光照
小苍兰	5~20	15	分化时要求温度范围广
旱金莲	17~18	17~18	长日照;超过 20℃不开花
菊花	①>13~15 ②8~10		短日照
蔬菜			
黄瓜	15~25	20	高温雌花少
番茄	15~20	20	
辣椒	15~25	20	
菜豆	15~25	18~25	

半冬性植物(semiwinter):半冬性植物介于上述两者之间,这类植物在 15℃的温度下也能完成春化,但最低温不能少于 3℃,所需春化时间一般为 15~20 d。还有许多半冬性植物种类通过春化时,对低温的要求不甚严格。

(2)光照。光照对花芽分化的影响主要是光周期的作用。所谓光周期,是指一天中从日出到日落的理论日照时数。而光周期现象是指光周期长短对植物生长发育的影响。各种植物成花对日照长短要求不一,根据这种特性把植物分成长日照植物(long-day plant)、短日照植物(short-day plant)和日中性植物(middle-day plant)。长日照植物成花要求日照长度超过临界日长,一般在 14 h 以上;短日照植物成花要求日照长度短于其临界日长时才能开花,日中性植物对日照长短不敏感,在长日照或短日照下均能成花和正常生长发育。

从光照强度上看,主要是通过影响光合作用来影响花芽分化。强光下光合作用旺盛,制造的营养物质多,有利于花芽分化;弱光下或栽植密度较大时,影响光合作用,不利于花芽分化。从光质上看,紫外光可促进花芽分化,因此高海拔地区的果树一般结果早、产量高。

(3)水分。通常,土壤水分状况较好时,植物营养生长则较旺盛,对花芽分化不利;而土壤较干旱时,营养生长则较为缓慢,对花芽分化有利。因此,在植株进入花芽分化期后,通常要控水,保持适度干旱,以促进花芽分化。蔬菜和花卉生产中的"蹲苗"利用的就是这一原理。

3.5　种子和果实

3.5.1　种子的类型及构造

(1)种子的类型。狭义的种子是指由胚珠发育而成的繁殖器官,常称其为真种子。广义的种子是指可直接用作播种和繁殖的植物器官,包括种植材料或繁殖材料,如子粒、果实和根、茎、苗、芽、叶等。由于园艺植物的播种材料种类繁多,大体上可分为以下 3 类。

①真种子:植物学上的种子,包括白菜类、根菜类、瓜类、豆类、茄果类等蔬菜,一二年生花卉、部分草坪草,果树的各种砧木如海棠、山定子、杜梨等常用种子繁殖。根据有、无胚乳分为有胚乳种子和无胚乳种子,根据胚中子叶的数目分为单子叶植物种子和双子叶植物种子。

②果实:有些植物的果实,成熟后不开裂,可以直接用果实作为播种材料,如菠菜、芹菜、胡萝卜、芫荽等;蔷薇科的桃、杏、李等的种子外面包被有坚硬的内果皮。

③无性繁殖材料:许多根茎类园艺植物具有无性繁殖器官,如薯芋类、多年生蔬菜类、水生蔬菜类等蔬菜;大部分的果树,多年生木本观赏植物,球根类、宿根类、兰科花卉、水生花卉等多以营养器官繁殖。

(2)种子的构造。真种子是由受精胚珠发育而来的,一般由胚、胚乳和种皮 3 部分构成(图 3-28)。

 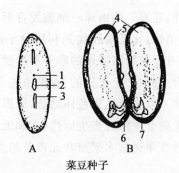

番茄种子　　　　　　　　　　　　　菜豆种子

1.毛;2.种皮;3.胚乳;4.胚轴;5.子叶　　　A.外部边缘;1.种孔;2.种脐;3.种脊

B.张开的种子;4.子叶;5.种皮;6.胚根;7.胚芽

图 3-28　种子构造

①胚:是新生植物的雏体,由胚根、胚芽、胚轴和子叶 4 部分构成。胚根和胚芽的顶端为生长点,种子萌发后,胚根形成根,而胚芽则形成茎和叶;胚轴介于胚根和胚芽之间,同时又与子叶相连。不同种类植物种子的子叶数目不完全相同,有两片子叶的植物,称为双子叶植物(dicotyledons),如瓜类、番茄等;有一片子叶的植物,称为单子叶植物(monocotyledons),如葱、蒜、韭菜、洋葱、黄花菜、百合、郁金香和万年青等。裸子植物有两片子叶的如桧柏、银杏;也有数片子叶的如松、云杉、冷杉等。

②胚乳:位于种皮和胚之间,是种子中营养物质贮藏的场所,由贮藏组织构成,供种子萌发时利用。大部分果树种子胚乳的养分在形成过程中被胚吸收,转入子叶中贮存,所以成熟时,种子中无胚乳存在。

③种皮:是种子外面的保护层,具有保护种子不受机械损伤和防止病虫入侵的作用。种皮的厚薄、色泽和层数,因植物种类不同而异,有些植物种子成熟后一直在果实内,有坚韧的果皮保护,种皮较薄,为薄膜状或纸状,如桃、花生等的种子;有些植物果实成熟后自行开裂,种子散出,其种子通常具有坚厚的种皮,有的革质,如大豆、蚕豆。在种皮上经常看到的种脐、种孔、种脊等结构,都是种子发育过程中残留下来的痕迹。

有些植物有假种皮,如荔枝、龙眼果实中可食用的肉质部分即为假种皮,它是由珠柄或胎座发育而成的,包于种皮之外。在大多数被子植物中,当种子成熟时种皮为干种皮。

一个种子通常只有一个胚,但有些植物种子具有多胚性,如柑橘,除含有一个受精胚外,还有一些由珠心细胞发育形成的无性胚,这些胚称为珠心胚。珠心胚无休眠,出苗快,比受精胚优先利用种子的营养物质,因此长出的珠心苗也很健壮。像这样,有些植物胚囊里的卵子不经受精作用,助细胞、反足细胞乃至珠心和珠被直接发育成胚,产生正常的、有繁殖能力种子的现象叫无融合生殖(apomixis)。无融合生殖不发生两性染色体结合,因而在遗传上能最大限度地保持其单源亲系的性状。无融合生殖的实生后代,也和无性繁殖系一样,其遗传性状是比较稳定的,这种特性在果树砧木繁殖和无毒苗的生产上都具有重要意义。

3.5.2　果实的类型及构造

(1)果实的类型。果实是植物开花授粉后由子房或子房与花的其他部分一起发育形成的,园艺植物种类繁多,果实也多种多样。依据不同,类型也不一样。

①依发育来源,果实可分为真果和假果两类。真果(true fruit)是单纯由子房发育而来的果实,如桃、油菜、木兰、落葵等的果实;也有些植物的果实,除子房外还有其他部分如花托或花被也参与果实形成,这样的果实叫假果(spurious fruit),如苹果、梨、石榴、向日葵和许多瓜类的果实。花器官与果实各部分的关系见图3-29。

②根据果实是由单花或花序形成,以及雌蕊的类型,果实的质地,成熟果皮是否开裂和开裂方式等,将果实分为单果、聚合果和复果。单果(simple fruit)是一朵花中的一个单雌蕊或复雌蕊形成的果实;如苹果、枣、荔枝、柚、柠檬、西瓜、冬瓜等;聚合果(aggregate fruit)是由一朵花的许多离生单雌蕊聚集生长在花托上,并与花托共同发育成果实,如树莓、草莓、悬钩子、莲、玉兰等的果实;复果(multiple fruit)是由一个花序的许多花及其他花器一起发育形成的果实,又叫花序果、聚花果(collective fruit),如桑葚、无花果、菠萝等。菠萝的果实就是由许多花聚生在肉质花轴上发育而成的。

(2)肉果和干果。果实由果皮和种子构成,果皮(peel)分为3层:外果皮(exocarp)、中果皮(mesocarp)和内果皮(endocarp)。果皮的结构、色泽以及各层次的发达程度因植物种类不同而变化很大。根据果实的果皮是否肉质化将其分为两大类,即肉果(fleshy fruit)和干果(dry fruit)。

肉果:成熟时果皮肉质化,果肉肥厚多汁。按果肉结构又可进一步分为:核果(drupe fruit),如桃、李、杏、樱桃、梅等,食用部分是中果皮;仁果(pome fruit),如苹果、梨、山楂,食用的主要是花托、花被部分;浆果(berry fruit),如葡萄、猕猴桃、柿、番茄、茄子、西瓜、甜瓜等;柑果(hesperidium),如橙、柑、柚、柠檬等,食用的主

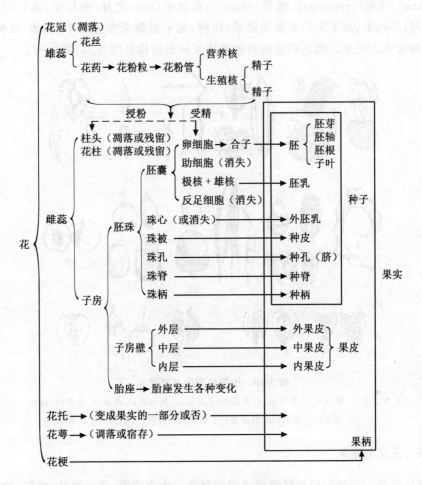

图 3-29 花器官与果实形成的关系

要是内果皮;荔果(litchi fruit),如荔枝、龙眼、红毛丹等,食用部分是肥大肉质的假种皮。

干果:果实成熟时果皮干燥、裂开(裂果)或不裂开(闭果),食用或可用的部分为种子,种子外面多有坚硬的外壳。裂果(dehiscent fruit)因果实不同的开裂方式分为蓇葖果(follicle)、荚果(legume)、长角果(silique)和短角果(silicle)。如梧桐、芍药、牡丹、八角茴香的果实为蓇葖果;豆类植物的果实为荚果;白菜、甘蓝的果实为长角果;荠菜、独行菜的果实为短角果。闭果(indehiscent fruit)中又有瘦果

（achene）、颖果（caryopsis）、翅果（samara）和坚果（nut）之分，向日葵、莴苣的果实为瘦果；早熟禾、甜玉米的果实为颖果；榆树、元宝槭的果实为翅果；板栗、核桃、银杏等的果实为坚果。园艺植物的各种果实及解剖结构见图 3-30、图 3-31。

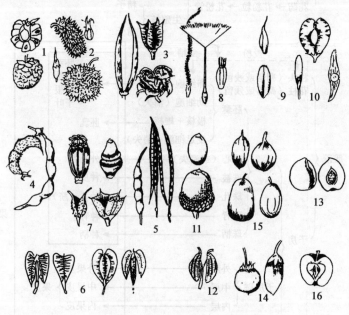

图 3-30　园艺植物的各种果实

1.聚合果；2.聚花果；3.蓇葖果；4.荚果；5.长角果；6.短角果；7.蒴果；8.瘦果；9.颖果；
10.翅果；11.坚果；12.双悬果；13.核果；14.浆果；15.瓠果；16.仁果

3.5.3　开花与坐果

（1）开花。当花粉粒和胚囊两者或两者之一发育成熟、花被展开、雌蕊、雄蕊裸露出的现象称为开花（anthesis）。不同植物的开花年龄不完全相同，一、二年生植物生长数日至数月就能开花，花后植株死亡；多年生植物达到性成熟年龄后，可年年开花，一生中能开花多次。原产于美洲被称为"世纪植物"的龙舌兰，要生长十年或几十年才能开花，花后植株即枯死。

各种植物每年的开花期虽受气候影响而有一定变化，但大体上是相对固定的。同一种春季开花植物，在南方开花较早，在北方则较晚。影响开花期的主要环境条件是温度，特别是开花前 10～20 d 的日平均温度。所以，在设施栽培中可通过调节温度、光照等提前或延迟开花，在观赏植物的栽培中花期控制更为重要。

一株植物从第一朵花开放到最后一朵花开花结束所经历的时间，叫作开花期。

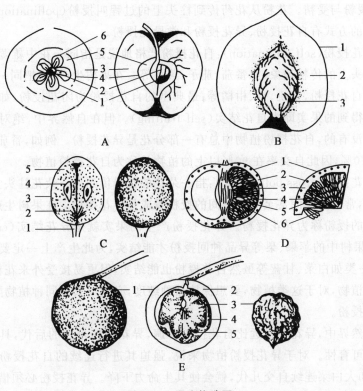

图 3-31　果实构造图

A.仁果的构造(苹果);1.内果皮;2.种子;3.花托;4.果心线;

5.花托的髓部;6.外果皮和中果皮

B.核果的构造(桃);1.外果皮;2.中果皮;3.内果皮

C.浆果的构造(葡萄);1.果蒂;2.维管束;3.外果皮;4.种子;5.内中果皮

D.柑果的构造(甜橙);1.外果皮;2.油腺;3.中果皮;4.内果皮;5.汁囊;6.种子

E.坚果的构造(核桃);1.外果皮;2.中果皮;3.内果皮;4.种皮;5.子叶

开花期的长短随植物种类不同而异。有的开花期仅数日,如桃、杏、紫荆等;有的可达1月至数月,如番茄、南瓜、枣等;而热带植物椰子、香蕉可终年不断地开花。就一朵花而言,开放时间的长短也不一样,南瓜、黄瓜不过1 d,番茄3~4 d,而热带兰属植物可长达1~2个月。开花期也受气候的影响,晴朗高温的天气,花朵开放整齐,花期较短、集中;而低温阴雨天气,花开放参差不齐,花期相对较长。另外,树体营养好时,每朵花维持开放的时间长,但就群体而言,开放整齐,花期则较短。了解花期长短,有助于选择适当的授粉时机,对采种尤为重要。

　　(2)授粉与受精。花粉从花药传到柱头上的过程叫授粉(pollination),也称传粉。授粉的方式有自花授粉、异花授粉和常异花授粉。

　　①自花授粉(self pollination):自花授粉严格地说是指同一花中雄蕊的花粉落到自己柱头上的传粉现象,如番茄、茄子、菜豆等。在果树生产中,把同一品种内的授粉称为自花授粉,如桃、杏、柑橘等;最典型的自花授粉为闭花授粉,如葡萄。自花授粉后得到的果实即为自花结实(self fruiting)。但在自然界中,绝对的自花授粉植物是没有的,自花授粉植物中总有一部分花是异花授粉。例如,番茄的异交率在 4%~10%,因此自交率在 90% 以上的植物就称为自花授粉植物。

　　②异花授粉(cross pollination):指一朵花的花粉传到另一朵花柱头上的过程。在生产上,常将异株间甚至异品种间的授粉看成是异花授粉。在果树生产中,把不同品种间的授粉称为异花授粉。异花授粉产生的果实就是异花结实(cross fruiting)。如果树中的苹果、梨等异品种间授粉才能结实,为此生产上一定要配置授粉品种;另一类如白菜、甘蓝等虽然自花授粉也能结实,但更易接受外来花粉,也称为异花授粉植物,对于这类植物,要想保持品种纯度,必须与其他同种植物隔开,以免发生异花授粉。

　　在自然界中,异花授粉远比自花授粉普遍,异花授粉得到的后代,具有强大的生命力和可育性。对于异花授粉植物来说,强迫其进行连续的自花授粉对植物是有害的,如大白菜连续自交几代,就会使其生命力下降。异花授粉必须借助外力帮助才能把花粉传送到其他花的柱头上,传送花粉的媒介有风、昆虫、鸟和水,最为普遍的是风和昆虫。

　　③常异花授粉(often cross pollination):在天然授粉情况下,以自花授粉为主,但天然异交率达到 5%~20%。如辣椒、蚕豆、黄秋葵等。由于异交率较高,所以植株的基因型比较复杂,纯化时需要的时间比自花授粉植物要长。采种时也需要较大的隔离距离。

　　④受精过程:花粉落到柱头上后萌发出花粉管,花粉管沿花柱进入胚囊,释出精核并与胚囊中的卵细胞结合,这一过程就叫受精(fertilization)。实现受精这一过程所需要的时间因植物种类不同而有很大差异,短的十几分钟,长的几个月甚至一年。如菜豆 8~9 h,辣椒 6~12 h,南瓜 9~12 h,桃 20~24 h,苹果 3~5 d,番木瓜 10 d。一般来讲,受精较快的种类,其花粉的寿命较短;受精过程较长的种类,花粉的寿命也相对较长。如黄瓜花粉只能存活几小时,枣 1~2 d,苹果可保存 7 d左右。

　　(3)坐果(fruit setting)。植物开花后的幼果能正常生长发育而不脱落的现象称为坐果。大部分坐果需要授粉受精。受精后,子房内大量产生生长素、赤霉素和细胞分裂素,果肉细胞加速分裂,幼果体积迅速膨大,并最终发育成熟。子房壁发育成果皮,进而分化成外果皮、中果皮和内果皮。而那些未经受精或内源生长激素含量较低的果实,有时也能依赖自身的营养继续存在,但生长缓慢,甚至停长和脱落。但有些植物的果实,不经受精作用也能形成,这种现象称为单性结实(parthenocarpy)。单性结实的果实因未受精而没有种子(香蕉、柿子等)或形成无胚的种子(无花果)。单性结实又分为自发性单性结实和刺激性单性结实两种,自发性单性结实是指不经授粉受精,也不需其他任何刺激,完全是自身生理活动造成的单性结实,如香蕉、菠萝、无核柿、无核柑橘等;番茄、黄瓜、西洋梨有时也有这种现象,但番茄、茄子、辣椒未经受精结的果实很小,无食用价值。刺激性单性结实是指由于花粉或其他代替物的刺激而使果实发育的现象,也叫被动单性结实,这类果实虽经授粉但未完成受精过程,或受精后胚珠在发育过程中败育。刺激性单性结实的原因是因为花粉中含有激素,用不亲和花粉或无发芽力花粉授粉,都可以刺激果实膨大。某些物理因素,如梨遇高温、祝光苹果遇到 $-0.5℃$ 的轻霜时,也会发生单性结实。生产上,人们常使用植物生长调节剂代替植物内源激素刺激子房,形成无籽果实。如番茄用 2,4-D 或防落素,葡萄用赤霉素等诱导单性结实。

(4)不结实现象。某些情况下植物往往只开花而不结实。造成不结实的原因很多,主要是因为两性生殖器官发育不完全或授粉不亲和造成的。

①雌、雄性器官败育:花粉或胚囊在发育过程中出现组织退化,从而发生花粉或胚囊败育的现象,称为雄性不育或雌性不育。它们受遗传、生理或环境因素的影响。雄性不育是植物界中十分普遍的现象,如甘蓝、白菜、苹果、梨、桃、柑橘、百合、杜鹃和石竹等都存在雄性不育类型,这在杂种优势的利用上有非常重要的价值。雌性器官败育的现象也十分普遍,如柿子、葡萄等常有一些败育的花。还有些植物的花雌蕊正常,但胚囊发育异常,也会造成雌性不育。

②交配不亲和性:是指具有正常功能的雌、雄配子在特定的组合下不能受精的现象。这种现象可能发生在属间、种间,也可能发生在品种间及品种内。在园艺植物上,通常把品种内的不亲和性称为自交不亲和性,而把品种间的不亲和性称为异交不亲和性。大白菜、甘蓝、萝卜、苹果、梨、甜樱桃、杏等都具有自交不亲和性。因此,生产上自交不亲和的果树需要配置授粉品种才能正常结果;甘蓝、大白菜等常利用具有自交不亲和性的品种配制杂种一代。

3.5.4　果实的生长发育

(1)果实的生长发育特点。果实的体积增大与重量的增长大体同步。多数果实有两个分裂时期,即花前子房期和花后幼果期。子房细胞分裂一般在开花时停止,受精后再次迅速分裂。果实增长的原因主要是细胞的分裂与膨大,其次是细胞间隙的扩大。

①细胞分裂:细胞数量的多少是果实增大的基础,而细胞数目的多少与细胞分裂时期的长短和分裂速度有关。果实细胞分裂开始于花原体形成后,到开花时暂停,经授粉受精后继续分裂。如苹果开花时,细胞数仅有 200 万个,到收获时可达4 000 万个,其中花前需要分裂21 次,花后的1 个月内再分裂4~5 次;葡萄果实的细胞数目花前增加17 倍,花后仅增加1.5 倍。而草莓和鳄梨果实的细胞分裂活动一直持续到果实成熟时为止。但也有些种类,如树莓和葡萄的一些品种只有开花前分裂。因此,开花前改变细胞分裂数目的机会多于开花后。

细胞分裂主要是原生质体的增长过程,需及时补充氮、磷和碳水化合物等营养物质,对于开花较早的多年生树木来说,主要依靠树体贮藏营养,所以在前一年的夏秋季就应做好管理工作;对于开花较晚的一年生植物,要在早春或花芽发育期供足养分,这样才能促进细胞多分裂,增加果实细胞的数目。

②细胞膨大:随着果实细胞的旺盛分裂,细胞体积也开始膨大。从细胞分裂后到果实成熟时细胞体积可增大几十倍、数百倍、甚至近万倍。如葡萄花后细胞体积增大 300 倍以上,石榴外种皮细胞长度可达 2 mm,体积增大约 1 万倍。这一时期碳水化合物的积累、充足的水分供给都有利于细胞体积的增大。

果实的大小和形状也与子房不同部位的细胞分裂和膨大有关,如小果形南瓜果实细胞分裂停止较早,大果形南瓜果实细胞分裂停止较晚。黄瓜、茄子等的长形果实是由于子房近花柄一端伸长较快,近花萼一端生长较慢造成的。

③细胞间隙:细胞间隙也影响果实大小。细胞间隙大,空隙增多,果实体积变大,但果肉会疏松。通常情况下,细胞间隙对果实大小的影响是很有限的。

(2)果实生长动态。果实的生长不是匀速的,也不是直线上升的,而是以一定的快慢节律进行的。果实生长动态常用果实生长图形来描绘,它是以果实体积、纵径、横径或鲜重的增长为纵坐标,时间为横坐标绘制的曲线。果实生长曲线有两种:一种是单 S 形(single sigmoid pattern);另一种是双 S 形(double sigmoid pattern)。

①单 S 形:只在果实发育中期出现一个快速生长期,发育初期和后期生长较

慢。这种果实生长的特点可概括为慢→
快→慢,如苹果、梨、菠萝、甜橙、番茄、茄子、
甜椒、西瓜、菜豆等的果实生长(图 3-32)。

②双 S 形:在果实发育期间出现两个快
速增长期,在两个快速生长期之间存在一个
缓慢生长期(图 3-32)。这种果实的生长特
点可概括为快→慢→快,如桃、杏、李、樱桃、
山楂、枣、油橄榄等。呈双 S 形生长曲线的
果实,为什么有一个缓慢生长期,目前还不
十分清楚。过去曾认为该期的缓慢生长与
胚发育竞争养分有关,这对核果类或许如
此,如阿月浑子单性结实的果实为单 S 形,
有籽果实为双 S 形;但有的单性结实果实和
有籽果实一样都呈双 S 形,如葡萄的 Hani-
sa 及 Ribier 品种;无花果无论授粉与否,其
果实生长曲线都呈双 S 形,迄今尚不能完全
解释这种现象。

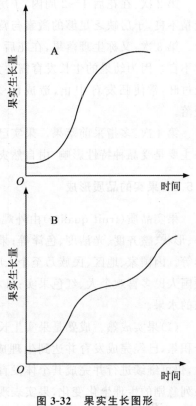

图 3-32 果实生长图形
A. 单 S 形(苹果);B. 双 S 形(樱桃)

果实体积的快速增大一般是先纵径,后
横径,因此多数果实发育前期都呈细长形。
果实膨大期间若前期水分充足,温度适宜,
而后期水肥跟不上时,就易形成长形果;相
反,如前期干旱,且温度较低,但后期营养充足,环境条件又好时,就易形成扁圆形
的果实。

(3)落花落果。是指从花芽开绽、果实生成到果实成熟前,花或果实非正常脱
落的现象。落花落果是园艺植物栽培中经常遇到的问题,蔬菜植物的落果多在开
花前后,一旦坐住果就不易脱落(病虫害和机械损伤除外);果树开花多、坐果少,即
使充分授粉受精,落花落果依然存在,例如苹果和梨最终坐果率为 8%～15%;桃、
杏为 5%～10%;柑橘、枣、荔枝、龙眼等果树只有 0.5%～5%。果树落花落果呈多
峰现象,例如苹果通常有 4 次脱落高峰。

第 1 次:在开花前后子房尚未膨大时,以落蕾、落花为主。主要原因是花芽发
育不良或开花前后环境条件恶劣(低温、大风、干旱等),使花没有授粉或授粉不良
造成脱落。

第2次：在花后1~2周内，子房开始膨大而后脱落。主要原因是没有受精或受精不良，子房缺乏足够的激素与营养（受精刺激）。

第3次：又称生理落果，在花后4~6周，也称6月落果。落果的主要原因是营养不良。因为幼果的生长发育需要大量的养分，这时如果氮素供应不足或营养生长过旺，常使胚发育中止，造成已受精的子房甚至已长到一定大小的幼果萎缩脱落。

第4次：多指采前落果。果实已接近成熟，采前1个月左右开始落果。这次落果主要是受品种特性影响、由自然灾害（风、雹、高温等）或栽培管理不当等造成的。

3.5.5　果实的品质形成

果实品质（fruit quality）由外观品质和内在品质构成。果实的外观品质，如大小、形状、整齐度、光洁度、色泽等；果实内在品质，如风味、汁液、糖酸比、香气和营养等。因国家、地区、民族乃至个人嗜好等的差异，常对果实品质有不同的要求，如我国人民多喜欢个大、红色果实；日本人喜欢甜味较浓的水果；欧洲人喜欢酸味较浓的水果。

（1）果实成熟。成熟是果实生长的最后阶段，在此阶段，果实充分长大，养分充分积累，已经完成发育并达到生理成熟（maturation）。生理成熟的果实脱离母株后，仍可继续进行并完成其个体发育。完熟（ripening）是生理成熟后的果实，经一系列急剧的生理生化变化，果实表现出特有的颜色、风味、质地，达到最适于食用的阶段。一般水果和番茄、西瓜、甜瓜等要等到完熟才能食用。但对于很多食用果实的蔬菜来说其生理成熟的果实已不能食用，而食用的是其幼果，这样的果实就是商品成熟的果实，如菜豆、豇豆、茄子、西葫芦、苦瓜、丝瓜等。还有一些种类蔬菜其幼果和成熟果都能食用，如辣椒、南瓜、豌豆等。

（2）果实色泽。果实色泽（fruit color）因植物种类、品种而异，是由遗传基因决定的。但色泽的浓淡和分布则受环境影响较大。决定果实色泽的主要物质有叶绿素、类胡萝卜素和酚类色素（主要有花青素、黄酮和黄酮醇等）。

果实成熟时，开始合成积累类胡萝卜素，其含量的高低与果实颜色关系密切。幼果一般都呈现绿色，是因为幼果中的色素以叶绿素占主导地位。随着果实成熟，果皮外层中的叶绿素逐渐分解，花青素、类胡萝卜素等的色彩便显现出来。花青素是极不稳定的水溶性色素，它只存在于活细胞中，其形成需要糖的积累。因此，充足的光照，适宜的温度，昼夜温差大、强紫外线照射等的环境因素，都有利于糖的积累，利于果实上色。所以，我国西北和西南高原地区生产的果实色泽艳丽、品质优良,深受消费者的欢迎。

（3）果实形状与大小。果实的形状常用果形指数（纵径与横径的比值）来表示,其比值越大,果实越长。幼果的果形指数较高,随着果实发育成熟,果形指数下降,果形变扁。有些果实特有的形状是识别某一特殊品种的标志,如元帅系苹果果实其顶端有五棱高桩突起;鸭梨果梗的近处有鸭头状突起等。这些标志虽然在食用上没有任何价值,但却影响着消费者的消费欲望。此外,果面茸毛、果点、果粉等也成为识别某一品种的标志。果实大小主要由遗传特性决定,其他生理、营养激素、环境和栽培措施等都可以对果实大小产生影响。

（4）果实内在品质。

①果实硬度:果实硬度（fruit firmness）是指果肉单位面积可承受的压力。它的大小主要取决于细胞间的结合力、细胞结构物质的机械强度和细胞膨压。果实细胞的结合力受果胶的影响。随着果实的成熟可溶性果胶增多,原果胶减少,细胞间失去结合力,果肉变软。不同种类果实果胶分解速度差异很大,以浆果最快,其次是核果,最慢的是苹果和梨。此外,细胞壁中纤维素、木质素和其他多糖类等物质的含量和组成均与细胞的机械强度有关;果肉细胞失水,膨压降低,果实硬度也会发生明显变化。影响果实硬度变化的因素很多,研究表明,叶片中氮、磷、钾含量常与果肉硬度呈负相关;水分多,果个儿虽大,但硬度会下降;干旱年份,旱地园果实比灌溉园果实硬度大。用 NAA 防止采前落果,会导致元帅果实硬度降低;使用硼与多效唑在防止采前落果的同时,还可增加果实的硬度。

②果实风味:风味是许多物质综合影响的结果,其中最重要的是糖酸比。果实中的糖主要有葡萄糖（glucose）、果糖（fructose）和蔗糖（sucrose）。不同种类的果实所含糖的总量不一样,糖的种类也不同。桃、杏、西番莲、柑橘等果实成熟时含大量的蔗糖;苹果含的果糖多于葡萄糖;而葡萄含的葡萄糖多于果糖,不含蔗糖;樱桃和猕猴桃主要含有葡萄糖和果糖。在糖类中,以果糖的甜度较高,蔗糖次之,葡萄糖的甜度最低。成熟果实的糖含量一般在 10% 左右,也有些可达到 20% 以上。

不同种类、品种其果实有机酸含量差异很大,苹果含酸量 0.2%~0.6%,杏 0.8%~1.5%,黑醋栗 4%,柠檬高达 7%。果实中的可溶性有机酸主要是二羧酸与三羧酸。仁果类含苹果酸（malic acid）多;柑橘、菠萝、杧果含柠檬酸（citric acid）多;葡萄含酒石酸（tartaric acid）多;猕猴桃含有柠檬酸、苹果酸和奎尼酸（quinate）;柿几乎不含有机酸。

幼果中的有机酸含量较高,随着果实成熟,有机酸逐渐分解,含量下降;而糖的含量却是幼果中较少,成熟果中较高。所以,果实的糖酸比随着果实成熟度的增加而加大。优良苹果果实的糖酸比一般在 20～60;柑橘、杏等的糖酸比值较小,口感略酸,而柠檬的糖酸比更小。对于同一种果实来讲,成熟时昼夜温差比较大、光照充足、土壤营养好,可以增加果实糖分积累,增大糖酸比;相反,施氮肥较多,连续阴雨低温,则糖酸比降低。

③果实香气:果实中芳香物质含量虽然极少,在苹果、柑橘、杧果等香味较浓的果实中也只占干物质的 0.1%～0.2%,但对果实品质影响极大。正是由于芳香物质的存在,才使果实具有其他食品无可比拟的风味,因此香气是一个重要的特征性品质指标。果实香气主要包括醛类、醇类、酯类、酮类、醚类和萜烯类等挥发性化合物,目前已鉴定出 1 000 多种香气物质。不同种类果实这些成分所占的比例不同,如苹果的芳香物质中,醇类含量占 92%,醛酮类含量占 5%,酯类含量占 3%;香蕉香味的主要成分是醋酸和戊醇合成的酯;杧果的主要芳香物质是牻牛儿醇;猕猴桃的芳香物质是乙基丁二醇和己醇;柑橘则主要是萜类精油。

④果实生物活性物质:果实中富含多种维生素,特别是维生素 C。但不同果实维生素 C 含量相差较大,一般每 100 g 鲜重果肉中含几毫克至几十毫克,苹果含 5～10 mg;柑橘 30～40 mg;含量较高的果实有猕猴桃、枣和刺梨等,每 100 g 鲜重果肉维生素 C 达 100～3 000 mg;蔬菜中的果实以辣椒维生素 C 含量较高,每 100 g 鲜重含 80 多毫克。果皮和向阳面果肉维生素 C 含量高。含胡萝卜素的果实(柑橘、杏、柿)维生素 A 含量较高。

果实中富含植物活性物质,这些物质大多是植物次生代谢途径的中间产物或终产物,主要有酚类物质、类胡萝卜素、皂苷、三萜类化合物、植物甾醇、有机硫化合物、植物雌激素以及一些生物碱等。近年来的研究结果表明,果实生物活性物质可调节人体机能,有效抵抗癌症、心脑血管和高血压等多种疾病的发生。此外,果实中的矿物质也非常丰富,含钙、磷、钾、镁、铁等多种元素。

⑤脂肪:一般水果和蔬菜的果实脂肪(lipid)含量很低,每 100 g 鲜重只含有零点几毫克。但也有些果实脂肪含量比较高,如椰子的胚乳、鳄梨的果肉和核桃等的种子,脂肪含量可达 50% 以上,还有腰果、开心果及榛子等的种子脂肪含量也在 30% 以上。

⑥涩味和苦味:不少果实未成熟时有涩味(astringency),也有些果实成熟时仍然有涩味,如柿子。随着果实进入完熟,涩味才逐渐减轻和消失。果实的涩味是因为果肉单宁细胞含有大量的单宁(tannin),果实脱涩就是使单宁固定成为不溶性的聚合物。有些果实含有苦味(bitterness),夏橙和葡萄柚果实中特殊的苦味主要因为果肉中含有柚皮苷所致,通过品种和砧木的选择可以减少其含量,使苦味减

轻;有时黄瓜、瓠瓜等的一些品种也出现苦味,是由于产生西洋苦瓜素(elaterin)的生物碱所致。

(5)影响果实生长发育的因素。

①种子的数量和分布:种子的多少和分布影响果实的大小和形状。同一葡萄品种,没有种子的比有种子的果粒要小;苹果果实内没有种子的一侧生长发育不良,而有种子的一侧则发育较好,从而形成不对称果实。由于种子可为果实生长发育提供激素类物质,所以,外用植物生长调节物质可促进无籽果实膨大。但无核柑橘类,同一品种有籽果实和无籽果实在大小和形状上并无明显差异,这是因为无核柑橘类品种的子房壁含有较多的生长素或经花粉刺激能产生较多的生长素,故而其子房不经受精也能膨大。

②贮藏养分和叶果比:多年生植物开花、坐果和幼果生长前期所需的营养物质主要依赖于树体内上年的贮藏养分。贮藏养分不足时,子房和幼果的细胞分裂速率及持续时间都会受到影响,进而影响到单果细胞数量,最终影响单果的重量。果实发育的中后期是体积增大和重量形成的重要时期,这时的叶果比(leaf-fruit ratio)起着重要作用。据研究,叶果比小,为每个果实提供营养的叶片数量少,果实营养供应不足,果实难以充分增大,果实品质也较差。例如富士苹果每个果实要求60~65片叶提供营养,其单果重才能达到 320 g,且含糖量在 15%左右。

③温度:果实的生长发育需要一定量的有效活动积温。有效活动积温是指植物器官发育期间,高于器官开始生长发育下限温度的日平均温度的总和。耐寒植物开始生长的下限温度一般为 5℃,喜温植物开始生长的下限温度为 10℃左右,而热带植物生长的下限温度是 15~20℃。依此推算,苹果果实发育需要积温1 500~3 000℃,柑橘需要 3 500℃,葡萄早熟种需要 2 260℃,晚熟品种要超过3 700℃,而椰子要超过 5 000℃。过高或过低的温度都会使果实呼吸强度上升,影响果实生长。由于果实生长主要在夜间进行,所以夜温对果实生长影响更大,如夜温过高,则不利于营养物质的积累。

④光照:光照通过叶片的光合作用为果实生长发育提供营养物质。强烈的直射阳光可使果实受到伤害,出现日灼斑。但光照不足,果实着色较差,干物质积累少。这主要是因为其周围叶片光合作用弱,制造养分少所致。

⑤无机营养和水分:矿物元素在果实中的含量不到 1%。其中 N、P_2O_5、K_2O的比例大体为 10:(0.6~3.1):(12.1~32.8)。磷可促进细胞分裂与增大;钾对果实增大和果肉干重的增加也有促进作用;氮则对钾的效应有促进作用。果实中钙也是很重要的元素,它与果实细胞结构的稳定和降低呼吸强度有关,缺钙会引起

果实生理病害。果实中 80％～90％是水分,水分又是一切生理活动的基础。因此,缺水干旱将严重影响果实的膨大,但果实发育后期,为了提高品质,水分不可过多。

3.6 园艺植物的生长发育周期

植物的生长发育存在着明显的周期现象,植物经历萌芽、生长、开花、结实到衰老和死亡的过程,称为生命周期(life cycle)。根据生命周期的长短,可将园艺植物分成一年生、二年生和多年生。在多年生植物的生命周期中又包含着许多个年生长周期。多年生植物在一年中随气候变化而表现出的一系列生理与形态的变化过程称为年生长周期(annual growth cycle)。例如,北方落叶果树随一年四季变化有萌芽、开花、结果、落叶和休眠的过程,这一过程年复一年,周而复始,呈规律性变化。无性繁殖植物是由营养器官如根、茎、叶、芽等繁殖而来,其生命周期是指繁殖的新个体从成活到死亡的全过程,这与有性繁殖植物有着本质的不同。

3.6.1 生命周期

3.6.1.1 一年生园艺植物的生命周期

一年生植物在一个生长季内完成生长发育的全过程,也就是由种子萌动至开花结籽、新种子成熟在一年内完成,许多蔬菜植物如茄果类、瓜类、豆类、部分绿叶菜类,还有许多一年生花卉植物如鸡冠花、一串红、万寿菊、凤仙花、百日草等。它们的整个生长发育过程可分为 4 个阶段。

(1)种子发芽期。从种子萌动至子叶充分展开或真叶露出为种子发芽期。种子发芽时所需能量靠种子本身的贮藏物质,所以种子的大小、饱满与否对种子发芽快慢及幼苗生长影响很大。

(2)幼苗期。从子叶或第一片真叶展开,到 4～5 片真叶为幼苗期,也是营养生长的初期。幼苗期植株生长迅速,代谢旺盛,光合作用合成的营养物质,除了呼吸消耗外,几乎全部供新生的根、茎、叶的需要。此时,幼苗对土壤水分及养分吸收的绝对量虽然不多,但要求严格,对环境的抗性也弱。在这一时期,发育较早的种类如茄果类、瓜类、豆类等已开始进行花芽分化,所以要尽量提供适宜的环境条件,使幼苗发育健壮,否则对花芽分化将产生不良影响。

(3)发棵期(或抽蔓期)。从幼苗期结束到第 1 个花蕾出现为发棵期。这一时期根、茎、叶等器官加速生长,花芽进一步分化发育,豆类和瓜类节间伸长,瓜类开始出现卷须并从直立生长转变为攀缘生长;豆类转变为缠绕生长。有些种类或早熟品种发棵期较短或没有发棵期。

(4)开花结果期。从植株开花结果到生长结束。这一时期根、茎、叶等器官继续迅速生长,同时又不断地进行花芽分化与开花结果。因此,生殖生长和营养生长的矛盾比较突出。由于开花结果期较长,又将其分为开花结果前期、开花结果中期和开花结果后期。

一年生园艺植物虽然被人为地划分成上述 4 个生长时期,但其生长发育是连续的,有些种类各生长时期的转换不是很明显。在生产中,还需要根据不同植物种类、不同产品器官采取相应措施,延长或缩短某一生长时期。如叶菜类生产,一般应加强肥水管理,尽量延长幼苗期,促进叶的分生,延迟花芽分化的时间;以花或花薹为产品时,一方面要适当控制营养生长,促进抽薹开花;另一方面又要及时采收,以免结果消耗养分,提高花和花薹的产量;以果实为产品时,前期应促进花芽分化,保证有足够的花果,坐果后又要根据具体情况适当留果,避免果实过多或过少;以采种为目的时,更要少留果实,使种子饱满并充分成熟。

3.6.1.2　二年生园艺植物的生命周期

二年生植物是在两个生长季内完成其整个生命过程,一般播种或栽种后当年长出根、茎、叶及贮藏器官,然后越冬,翌年春天抽薹开花和结籽后生命结束。这类园艺植物以蔬菜居多,如白菜类、甘蓝类、根菜类、葱蒜类,还有菠菜、芹菜、莴苣等。一部分草本花卉也属二年生,如大花三色堇、桂竹香等。

二年生园艺植物大多比较喜冷凉,不耐热。其生命过程可分为明显的两个阶段,第一年夏秋季完成营养生长,第二年春季完成生殖生长。

(1)营养生长。营养生长阶段又分为发芽期、幼苗期、叶簇生长期、贮藏器官形成期和贮藏器官休眠期。

①发芽期:二年生园艺植物大多是用种子繁殖,其发芽期的生育特点和临界形态标志与一年生植物相同。有些以鳞茎、块茎、球茎、块根等繁殖的种类其发芽期不尽相同,有些发芽较快;有些因种球休眠等原因,发芽期会较长。

②幼苗期:其临界形态标志与一年生植物相同,但其生育特点则有不同。很多一年生植物如茄果类、瓜类、豆类在幼苗期即开始进行花芽分化,而二年生植物的幼苗期是纯粹的营养生长。不过,若栽培或管理不当,花芽分化也有提早到苗期进行的可能。

③叶簇生长期:幼苗期以后至贮藏器官形成前的这段时期。随着根系的不断发展,多数种类在短缩茎上连续分化叶片,增加叶片数,因此将这一时期叫作叶簇

生长期。叶簇生长期的长短因植物种类、品种和气候条件的不同而异。因其是为贮藏器官打基础的时期,所以这一时期的长短与产量形成有直接关系。一般早熟品种较短,分化的叶片较少、叶面积较小,形成的贮藏器官较小,产量也较低;中、晚熟品种这一时期较长,分化的叶片数多、叶面积较大,形成的贮藏器官较大,产量也比较高。

④贮藏器官形成期:这个时期是二年生园艺植物如白菜、萝卜等所特有的一个时期。在贮藏器官形成的前期和中期,根系和叶片快速生长,而到了后期根和叶的生长则转为缓慢,养分不断积累并向贮藏器官转移,如结球的白菜类,养分积累在叶球中,根菜类积累在肉质根中,葱蒜类则积累在鳞茎中。因此,在栽培上要将这一时期安排在气候最适宜的季节里,同时做好肥水管理,以利于贮藏器官的形成。

⑤贮藏器官休眠期:一些块茎、鳞茎、球茎、根茎类园艺植物,在生长结束时,贮藏器官积累了大量的营养物质,其内部发生了一系列生理变化,新陈代谢明显降低,生命活动进入相对静止状态,这就是休眠,休眠是植物在长期进化过程中形成的一种适应逆境条件而继续生存的特性,用以度过严寒、酷暑、干旱等不良环境,并保持其生命力和繁殖力。

(2)生殖生长。二年生园艺植物的营养生长经过一系列变化之后,在茎的生长点上开始花芽分化,即进入生殖生长期。此期又可分为以下三个时期。

①花芽分化期:花芽分化是营养生长转向生殖生长的形态标志。二年生园艺植物诱导花芽分化要求低温条件,但对低温的具体要求和感应时间的长短因植物种类不同而异,感受低温的时期也不相同。在栽培上,要具有满足花芽分化的环境,使花芽及时发育。

②开花结籽期:从植株上最早的花或花序开花开始,直至所有果实发育结束,是许多根、茎、叶类园艺植物繁殖器官——种子形成和发育的时期。此期先后经历开花、授粉受精、胚胎发育等过程,胚珠最后发育成为种子。这一时期受外界环境条件的影响很大,在栽培上应加强田间管理,以保证获得健壮的种子。

③种子休眠期:多数园艺植物种子成熟后,都有不同程度的休眠期,有的休眠期较长,有的较短,有的则几乎不休眠。

3.6.1.3　多年生园艺植物的生命周期

多年生园艺植物种类很多,又可将其分成两种类型,即多年生木本植物和多年生草本植物。多年生木本植物因繁殖方式不同,生命周期也存在一定的差异。

(1)有性繁殖的多年生木本植物。有性繁殖的多年生木本植物是由胚珠受精(雌、雄配子结合)产生的种子萌发而长成的个体,其生命周期一般分为童期、成年期和衰老期 3 个阶段。

①童期(juvenile phase):是指从种子萌发起,经历一定生长阶段,到具备开花潜能的这段时期。童期是一种遗传属性,是有性繁殖木本植物个体发育中所必须经历的一个阶段,处于童期的植株,只有营养生长,任何措施都不能使其开花结果。其特点是根系和树冠生长快,光合能力和吸收面积迅速增大。这一时期的主要任务是加速树冠骨干枝的形成,积累营养以便提早进入结果期。

童期的长短在树种间有很大差异,通常以播种到实生苗开花所需的年数来计算。在常见果树中桃、杏、葡萄等的童期较短,3~4 年生的实生树就能开花结果;而山核桃、荔枝、银杏等,实生树开花需要 9~10 年或更长的时间。为了使果树提早结果,栽培上常采取改善环境条件,加强培育管理,使用植物生长调节剂,矮化砧高接和环剥等技术措施,促进营养积累并使之合理分配,使实生树获得最快的营养生长速度,进而提早开花结果。

②成年期(adult phase):是指实生树在具备开花潜能后,在适宜的外界条件下可以随时开花结果的这个阶段。多年生木本植物这一时期一般连续多年自然开花结果,产生种子繁衍后代。此期树体生命活动旺盛,新生枝条生长健壮,已形成基本稳定的树形结构。根据结果状况,这一时期通常又分为结果初期、结果盛期和结果后期三个阶段。

结果初期:从第一次结果到开始有一定经济产量为止。这时营养生长仍然旺盛,树冠、根系继续扩展,有较快的离心生长。但芽体较小,质量较差,部分花芽发育不全,坐果率低。形成的果实一般较大,但果皮厚,肉质粗,品质较差。随着树体的逐年增大,结果量逐年增多,产量不断上升。

结果盛期:从有一定经济产量开始,经过高产、稳产,到产量开始显著下降之前为止,是果树经济效益最高的时期。其特点是树冠分枝级数增多,树冠体积达到最大限度,年生长量逐渐稳定;正常情况下,树体营养器官和生殖器官的特征趋于稳定,叶、芽和花等表现出树种的固有特征。结果部位扩大,叶果比适当,在生理成熟部位容易成花结果;产量逐年增加并达到最高水平。此时,果树所生产的果实大小、形状及风味等品质达到最佳状态,并能保持相对稳定。这一时期应加强管理,保持树体旺盛的生命力;注意均衡施肥,合理修剪,适当疏花疏果,使每年结果稳定;并注意防治病虫害和其他自然灾害。

结果后期:从高产、稳产状态到产量显著下降,甚至无经济效益为止。这一时期树体营养生长减弱,新梢生长量小,先端枝条和根系开始枯死,出现自然向心生长并逐渐增强,整个树体吸收和同化机能日益减退,结果能力、抗性也随之降低;果实产量不稳定,大小年结果现象明显,果实变小,品质变差。这一时期更应增施肥水,更新根系,适当重剪回缩,更新枝条,控制花芽形成数量,以延缓树体衰老。

③衰老期(senescence phase):指从树势明显衰退开始到树体最终死亡为止。经过多年生长后,新梢生长量明显减少,结果枝越来越少;骨干枝、骨干根逐步枯死,树体生命活动逐渐衰弱,抵抗能力降低,易受病虫危害;树体无力更新复壮,逐步走向生命终点。此时,当确定已无经济价值时,应立即砍伐清园。

多年生木本植物从成年期开始,多次开花结果,孕育种子繁衍后代,不断形成新的生命个体。所以它的生命周期不同于从种子到种子的一、二年生植物,而是可以产生多代种子,但生命并不因种子成熟而结束。树木的寿命从十几年到几十年,甚至上百、上千年。

(2)无性繁殖的多年生木本植物。无性繁殖的木本植物是利用营养器官的再生能力培养成的植株,其生命周期中不需要度过较长的童期,因为从母株上采集的繁殖材料已经具备开花结果的能力。但刚刚栽植的小树,树体矮小,没有营养积累,所以一般短时间内不会开花结果,必须经过一段时间的旺盛生长,并积累足够多的养分,才能正常开花结果。即使幼树期有少量花芽形成,也往往将其疏除。因为结果过早,会影响树形的养成和树体的寿命。无性繁殖的木本植物的生命周期分为营养生长期(幼树期)、结果期和衰老期三个阶段。后两个阶段的特点基本与有性繁殖的木本植物相同。

多年生无性繁殖木本植物的营养生长期(vegetative growth phase)通常指无性繁殖苗木从定植后到开花结果前的这一段生长时期。从生理年龄来说,栽种的幼树已处于成年期,采用适当的栽培技术措施即可使其开花结果,而有性繁殖的木本植物则必须完成童期的生长发育阶段才能开花结果,这是有性繁殖和无性繁殖木本植物之间生命周期的本质区别。

无性繁殖木本植物营养生长期的长短,一般用定植后到开花结果前所需要的时间来表示,不同树种或品种长短不一。树莓、醋栗1年后开花;枣、桃、杏、板栗等开花需要2~3年;柑橘、苹果、梨等需3~5年;荔枝需3~4年。

在营养生长期,树体长势强,树冠迅速扩大,树体骨架逐渐形成。营养生长期的长短既受遗传因子控制,又受环境条件影响。所以可通过采用如矮化砧、环剥、轻修剪、植物生长调节剂处理、加强营养供应等技术措施来缩短营养生长期。

(3)多年生草本植物。多年生草本植物指播种或栽植后生长两年以上的草本植物,一般多为宿根性的,如草莓、香蕉、石刁柏、黄花菜、韭菜、菊花、芍药、草坪植物等。它们播种或栽植后一般当年就可开花结果或形成产品,当冬季来临时,地上部枯死,完成一个生长周期。从这点上说,它的特点与一年生植物相似,在一年内完成从发芽到开花结果的全过程;但它又不同于一年生植物,冬季来临只地上部枯死,地下部分却以休眠形式越过冬季,翌年春暖之时,重新发芽生长,进入下一周期的生命活动。由此不断重复,年复一年。从这一点来说,它又与多年生木本植物相似,栽种一年可以连续生长、采收多年。但多年生草本植物一般没有多年生木本植物的寿命长,通常生长几年即开始衰老,产量下降,需要重新种植,如韭菜、石刁柏等。

植物的生命周期一般来说是相对稳定的,但有些植物会随生长环境的变化而改变,如结球白菜、萝卜等,秋播时是典型的二年生植物,但春播较早时,低温会使其完成春化作用,在叶球或肉质根尚未充分发育甚至未形成时即抽薹开花(先期抽薹),导致植株在一年内完成整个生命过程;还有如番茄、茄子等在北方是典型的一年生植物,而在其原产地热带地区却是多年生植物,呈灌木或小乔木状;同样金鱼草、瓜叶菊、石竹、一串红等花卉原本为多年生植物,而在北方却常作一、二年生栽培。

3.6.2 年生长周期

年生长周期中,植物生长发育的规律性变化,都是通过根、茎、叶、花和果实等器官的动态变化(dynamic change)反映出来的,这种与季节性气候变化相适应的植物器官的动态变化时期称为生物气候学时期(phenological phase),简称物候期(phenophase)。年生长周期中植物器官的动态变化时期可以是范围较大的时期,如落叶果树可根据叶片的有、无分为生长期和休眠期两个大物候期。根据生产与科研的需要,一个大物候期又常常可以分为若干个范围较窄的小物候期,如开花期可分为初花期、盛花期和落花期等。不同园艺植物种类、品种的物候期及进程有明显的差异,这与其自身的遗传特性和当地的气候条件有关。如温带落叶果树和热带、亚热带常绿果树,其萌芽或开花期有很大差别;在同一栽培地区的苹果,有的品种盛夏果实即可成熟,有的品种则要到秋季才能成熟。

园艺植物各物候期的表现都与其所处的环境息息相关。如果环境条件发生了变化,物候期的进程也会发生相应的改变。所以,在同一地区,同一植物(甚至品种)的物候期可能会因不同年份的气候变化而出现提前或延后;同理,同一植物、同一品种栽种在不同的地方,其物候期也会因各地气候和地理条件的不同而不同。通常认为,地理条件通过气候变化起作用,如纬度越高,温度越低,春季物候期会相应推迟。海拔低,温度高,春季物候期就会相应提前。受海洋气候影响的地区,春季气温变化缓慢,相应的物候期也会来得较晚。

年生长周期的变化在多年生植物中比较明显,特别是落叶果树和落叶观赏树木有明显的生长期和休眠期;常绿树木则没有明显的休眠期;二年生植物中有些有明显的休眠期,有些则没有;而一年生植物的一生只有生长期。下面以多年生木本植物为例介绍一下园艺植物的年生长周期。

3.6.2.1 生长期

生长期(growth period)是植物各器官表现出显著形态特征和生理功能的时期。落叶树木的生长期是从春季萌芽开始,至秋季落叶结束。在生长期内有萌芽、营养生长、开花坐果、果实发育与成熟、花芽分化和落叶等物候期;常绿树木的叶片寿命较长,新叶发生与落叶交替进行,看不到明显的萌芽和落叶,但其新梢生长在一年内却可进行多次,春、夏、秋、冬都可萌发新梢,有些树种一年内也可多次进行花芽分化,多次开花结果。

(1)萌芽与开花期。萌芽期是指从叶芽开始膨大至第1片幼叶形成为止的时期。开花期则从花蕾膨大开始到花瓣脱落结束。萌芽与开花是树体由休眠期转入生长期的标志,但不同植物种类萌芽与开花的顺序却是不同的。有的先开花后萌芽;有的先萌芽后开花或萌芽与开花同时进行。但同一树种的萌芽与开花顺序是不变的。

开花期的早晚也与环境条件,特别是温度条件密切相关。一般温带果树的开花适温是 15～20℃,而热带、亚热带果树的开花适温则为 18～25℃。一些多年生草本果树如香蕉、菠萝的开花期还与植株大小和营养基础有关,需具备一定数量的叶片才能开花。

(2)营养生长期。包括地下部的根系生长和地上部的枝梢生长。春季温度回暖后根便开始生长,一年中根系的长势随土壤条件(温度、水分、养分和通气性)与地上部物候而异,一般呈现 2～3 次生长高峰。新梢开始生长时,主要靠上年积累的贮藏养分。因受气温较低等因素的制约,新梢生长较为缓慢;之后,随着气温的升高,与根系活力的增强,新梢进入旺盛生长期,枝条生长迅速,总叶面积增大,光合作用增强,为果实膨大与花芽分化打下基础;进入秋季后,随着日照长度变短与气温的降低,枝条生长逐渐缓慢并停止、形成顶芽。枝条内部蛋白质合成加强,淀粉、半纤维素等有机养分积累,使组织充实,逐渐木质化而趋于成熟,为越冬做好准备。

(3)花芽分化期。从芽分化出现开始到芽内形成雄蕊和雌蕊原基为止(见本章第4节)。

(4)果实发育期与成熟期。从卵细胞受精开始到果实成熟采收时为止。它又可分为授粉受精期、果实发育期、果实成熟期和落果期。果实发育及成熟期的长短,因树种、品种不同而异,如荔枝 11～13 周,桃、李 12～15 周,香蕉、菠萝、柿约 20 周,柑橘类一般 20～30 周,而香榧可达 74 周。

(5)落叶期。从开始落叶起到叶片全部脱落为止,是落叶树木所特有的时期。落叶标志着树木由生长期转入休眠期。落叶期是相对稳定的,如遇不良环境或栽培管理措施不当,会造成提前落叶或延迟落叶,这两种现象均对果树生产不利。

3.6.2.2　休眠期

休眠期(dormancy period)是植物的芽、种子或其他器官生命活动微弱,生长发育表现停滞的时期。休眠是植物为适应不良环境(低温、高温、干旱等)在长期的进化过程中形成的一种特性。如落叶果树、宿根花卉、二年生以上的蔬菜和芳香植物落叶后的冬季休眠,就是对冬季低温形成的一种适应性。

(1)休眠的类型。休眠期是植物相对不生长的时期,根据其生长表现和生理活动特性,可分为两个阶段,即自然休眠和被迫休眠。自然休眠(natural dormancy)是指植物进入休眠后即使给予适宜生长的环境条件仍不能萌芽生长,需要经过一定的低温过程,解除休眠后才能正常萌芽生长的休眠。北方落叶果树的冬季休眠属于这种休眠。被迫休眠(enforced dormancy)是指植物由于不利的外界环境条件(低温、干旱等)的胁迫而暂时停止生长的现象,逆境消除即恢复生长。果树根系的休眠属于被迫休眠。北方落叶果树的芽在自然休眠结束后,由于外界环境温度较低而不能萌发生长,处于被迫休眠状态,一旦环境温度升高,就会萌发生长。落叶果树的设施栽培就是利用这一特性,进行早期加温,实现果品提早上市的。不过,被迫休眠与自然休眠从外观难以辨别,解除休眠通常是以芽开始活动作为标志。

(2)休眠器官。植物的休眠器官主要是种子和芽。

①种子休眠:许多类园艺植物,特别是落叶果树的种子都有休眠特性,其休眠一般属于自然休眠。造成种子休眠的主要原因有:种胚发育不全(如银杏、桃、油棕);种皮或果皮的结构障碍(如山楂、桃、橄榄、葡萄、刺槐、皂角、合欢);种胚尚未通过后熟过程(苹果、梨)等。北方果树种子在休眠期间,经过外部条件作用,使种子内部发生一系列生理、生化变化,从而进入萌发状态,这一过程称为种子的后熟(after-ripening)。需要后熟的种子,在较低的温度和一定的湿度下,经层积处理(stratification),即可通过后熟阶段,进入萌发状态。通过后熟的种子如遇不良环境条件还会被迫休眠。另有一些园艺植物如番茄、瓜类的种子在果实内一般不发芽,这是由于果肉中含有一种属于非饱和内酯类的抑制物,一旦除去果肉,洗净后的种子就很容易发芽。

有些植物的种子休眠程度非常深,如牡丹种子的发芽就非常困难。一般要先将种子置于低温下层积打破胚根休眠;再置于温暖处,使胚根发育;当胚根露出后再次置于低温中层积以打破胚轴休眠。经过两次层积后,放温暖处才能正常发芽生长。层积的主要作用是减少了发芽抑制物质的含量,同时增加了萌发促进物质赤霉素的含量。因此,根据这一原理,人们常采用赤霉素处理来部分代替层积处理,打破种子休眠。这样既操作简便,又大大地缩短了打破休眠的时间。

②芽休眠:如北方落叶树木越冬时的休眠,大蒜、马铃薯等的鳞茎、块茎休眠。北方落叶树木在休眠期,从外表上看不出树体有任何生长迹象,但其仍进行着各种生命活动如呼吸、蒸腾、物质的合成与转化、根系的吸收、芽的分化等,因此北方落叶树木冬季落叶休眠的实质是芽休眠(bud dormancy)。一般认为,芽休眠可被长期非冰冻低温所解除,解除休眠的最佳温度范围是5～7℃。但也有其他最佳温度的报道,如美洲山核桃为 3.9℃,李树 8℃,梨树 7～10℃等。解除自然休眠所需的有效低温时数称为树木的需冷量(chilling requirement),又称低温需求量或需冷积温。但不同果树的低温需求量不同,通常在低于 7.2℃条件下 200～1 500 h,多数果树可以通过自然休眠。同一树种不同品种对低温量的要求也不同,如在美国加利福尼亚州暖地桃区,Sunlite 油桃要求至少有 450 h 低温才能正常开花(Sharpe and Scherman,1975),而 Flordagold 桃只需 300 h(Sherman and Sharpe,1976)。如果低温需求量得不到满足,树体则不能完成自然休眠,这必然会导致生长发育障碍,即使条件适宜,也不能按期萌发,或萌发不整齐,同时会引起花器官畸形或败育。为此,Childers(1983)提出了不同果树通过自然休眠的需冷量(表 3-2)。

表 3-2 主要落叶果树通过自然休眠的需冷量(Childers,1983)

果树种类	需低于 7.2℃的小时数/h	果树种类	需低于 7.2℃的小时数/h
美洲李	700～1 700	梅	300～1 200
苹果	250～1 700	长山核桃	300～1 000
树莓	800～1 700	杏	300～900
欧洲榛	800～1 700	扁桃	100～400
酸樱桃	600～1 400	猕猴桃	600～800
甜樱桃	500～1 300	葡萄	100～1 500
核桃	400～1 500	柿	100～400
欧洲越橘	150～1 200	黑莓	200～400
梨	200～1 500	桃	50～1 500
穗醋栗和醋栗	800～1 500	无花果	0～300
草莓	200～300		

马铃薯的自然休眠实际上始于块茎开始膨大的时刻,但其长短通常用从收获到幼芽萌发所需的天数来计算。在25℃左右的温度条件下,马铃薯的自然休眠可持续1～3个月或更长时间。自然休眠结束后,需将其放在0～4℃下才能继续处于被迫休眠状态。洋葱、大蒜的休眠与马铃薯相似。

马铃薯、洋葱等由高温引起的休眠,主要是受块茎内部一些抑制芽细胞分裂和生长的多元酚类物质(如脱落酸、β-抑制剂、咖啡酸等)所抑制。它们的存在使α-淀粉酶、蛋白酶和核糖核酸酶的活性受到抑制,从而限制萌芽需要的营养物质和能量的供应。

(3)休眠机制与休眠控制。落叶果树进入休眠期后,虽然光合作用停止进行,芽、茎尖、根尖和形成层等分生组织暂时停止活动,生命活动微弱,但树体内仍然进行着一系列的最低限度生理生化活动。整个休眠期间,果树体内碳水化合物发生显著变化。在自然休眠前期,芽中可溶性糖含量较低,但在自然休眠后期,可溶性糖浓度迅速提高。与可溶性糖含量变化相反,自然休眠前期芽中淀粉含量呈增加趋势,自然休眠后期则下降。因此,有学者认为:通过碳水化合物的变化可以判断芽的休眠进程。当总糖含量下降,淀粉含量增加的时候,自然休眠开始;当淀粉达最高含量的时候,自然休眠最深;淀粉含量急剧降低,可溶性糖含量迅速增加的时期正是自然休眠结束的时间。

果树休眠期间树体内各种内源激素(endogenous hormone)也在发生变化。在低温积累过程中,芽体内脱落酸(ABA)含量上升,至深休眠期达最高,萌发前开始下降;赤霉素(GA)、生长素(IAA)和细胞分裂素(CTK)则相反,在自然休眠的解除过程中逐渐增多。由于赤霉素可诱导α-淀粉酶、蛋白酶和其他水解酶的合成,所以随着休眠的解除,赤霉素含量升高,一些降解酶类合成增多,树体内贮藏物质如淀粉、蛋白质等的降解加速,糖及氨基酸等小分子物质含量提高。糖和氨基酸的增加为果树各种生命活动提供了能量和物质保证,也为果树进入生长期做好了准备。此外,赤霉素还可以拮抗脱落酸对生长素的抑制作用,加强生长素对养分的动员效应等。应该注意的是:休眠及休眠解除与激素平衡(hormonal balance)有关,不是某一种激素在单独起作用。落叶果树的休眠及解除是一个十分复杂的过程,尚有许多问题搞不清楚,很有必要进行深入研究。

落叶果树休眠的调控包括促进休眠、推迟进入休眠、打破休眠和延迟休眠四个方面。

①促进休眠:对幼年树或生长旺盛树,需促其正常进入休眠。可在生长后期限制灌水,少施氮肥,也可使用生长抑制剂或其他药剂,以抑制其营养生长。经常使

用的药剂有抑芽丹、多效唑、烯效唑、矮壮素、整形素等。

②推迟进入休眠:对花期早的树种、品种。适当推迟进入休眠期,不仅可以延长营养生长期,还可以延迟翌年萌芽和开花的物候期,避免早春的冻害。主要的方法是采取适当的夏季重修剪,后期加施氮肥或加强灌水等。

③延长休眠期:对一些萌芽、开花较早的树种或品种适当延长休眠,可以有效地避开"倒春寒"危害,避免花、芽冻害发生,在果树生产上具有一定的实践意义。可采用树干涂白、早春灌水等办法防止春天树体增温过快,推迟花期,减少早春冻害。

④打破休眠:打破休眠的目的是促进果树提早萌芽,实现果实提早成熟上市,在果树设施栽培上应用较多。打破休眠常用的措施有物理措施和化学措施。物理措施包括低温、高温和变温处理等。在热带地区,采果后摘除叶片可使温带落叶果树不经过休眠而直接萌芽,这在苹果和葡萄上都有成功的报道。另外,也有人认为,在休眠的早期,去除鳞片有促进萌芽的作用。化学措施就是使用化学药剂打破休眠,常用的有:氰胺类化合物,GA_3,6-BA,噻苯隆(TDZ),硝酸盐类(如 KNO_3、NH_4NO_3)和尿素等药剂。

常绿果树一般无明显的自然休眠期,但外界环境条件不好时也可引起常绿果树短暂的休眠,如低温、高温、干旱等使树体进入被迫休眠状态。不良环境一旦解除,便可迅速恢复生长。

3.6.3　昼夜周期

园艺植物生长随昼、夜交替而呈现的有规律变化称为昼夜周期性(daily periodicity)。影响园艺植物昼夜生长的因素主要是温度、水分和光照。一天中,由于昼夜的光照强度和温度高低不同,植物体内的含水量也不相同,因此就使植物的生长表现出昼夜周期性。

(1)根的昼夜生长变化。根系在夜间的生长量与发根量都多于白天。这是因为夜晚地上部营养物质向地下部运送较多,夜间的土壤水分、温度变化小,利于根系的吸收、合成及生长。浅根性植物或昼夜温差较大时,根系的昼夜生长周期更明显。

(2)新梢生长的日变化。新梢的加长生长在一天中不是匀速的,生长高峰发生在 18～19 时,而 14 时左右是一天中生长最慢的时候,这主要是由于土壤水分及养分供应不足引起的。树干直径日增长量有时也会出现负值。

(3)果实生长的昼夜变化。果实生长曲线基本上由昼缩夜胀的起伏波组成,净增长是两者的差值。如苹果,在黎明之后开始缩小,到 12 时降到最低值,然后恢复生长,15~16 时完全恢复。如土壤干旱,要延长到 18 时才能恢复。

一天中,果实的净增长量不完全取决于水分供应状况,还要看营养物质流向果实的情况。叶面积大小、光合产物的多少,对果实的增大起着重要作用。据对二十世纪梨的观察,光合产物在果实内的积累主要是前半夜,后半夜果实的增大主要是吸水。一昼夜内果实生长的节奏,因不同树种、品种及果实的不同生长阶段而异,环境因子如大气湿度、温度、光照也会影响这种节奏。

3.7 园艺植物对环境条件的要求

3.7.1 温度

(1)三基点温度。温度是影响园艺植物生长发育的最重要的环境因子。园艺植物在生长发育过程中所要求的最适温度以及能够忍耐的最低和最高温度总称为三基点温度。在最适温度下,植物生命活力最强,生长发育正常,生长速率最快。最低温度与最高温度是植物生命活动与生长发育终止时的下限与上限温度,超过时,会对植物产生不同程度的危害,甚至死亡。三基点温度因植物种类、品种、器官、发育时期等不同而异。植物对三基点温度的要求通常与其原产地关系密切,原产于温带的植物,生长基点温度较低,一般在 10℃左右开始生长;起源于亚热带的植物在 15~16℃开始生长;起源于热带的植物,其生长则要求更高的温度。因此,可根据对温度的不同要求,将植物分为耐寒性植物、半耐寒性植物和不耐寒性植物三种类型。

①耐寒性植物:一般原产于温带和寒带,抗寒力强,在我国寒冷地区可以露地越冬。耐寒性果树包括寒带和温带果树,寒带果树如山葡萄、秋子梨、榛子、醋栗、越橘、树莓等,冬季能抗-40~-30℃的低温;温带果树如苹果、梨、山楂、桃、李、杏、樱桃、板栗、核桃、枣、柿等,秋冬落叶,能在露地越冬。

耐寒性蔬菜包括耐寒性多年生蔬菜和耐寒性叶菜两类,金针菜、韭菜、石刁柏等为耐寒性多年生蔬菜,其生长适温是 12~24℃,冬季地上部枯死,地下部以宿根越冬,能耐-15~-10℃的低温;耐寒性叶菜如菠菜、葱、蒜和白菜的部分耐寒品种,生长最适温为 15~20℃,生长期间能耐较长时间-2~-1℃的低温,短期能耐-10~-5℃的低温。

原产于温带和寒带地区的露地二年生花卉、部分宿根及球根花卉一般能耐

0℃以上的低温,其中一部分能忍受−10～−5℃的低温,在华北和东北南部地区可露地安全越冬,如玉簪、萱草、蜀葵、玫瑰、丁香、迎春、海棠、榆叶梅等。

②半耐寒性植物:半耐寒性蔬菜包括萝卜、芹菜、结球白菜、甘蓝类、莴苣、豌豆、蚕豆等,其生长最适温度为17～20℃,不能长期耐受−2～−1℃的低温。半耐寒花卉通常要求冬季温度在0℃以上,一般在长江以南可露地越冬,在北方需加以保护(冷床、小拱棚等)方可越冬,如紫罗兰、金盏菊、牡丹、芍药、月季、梅花、桂花等。亚热带果树如柑橘、荔枝、龙眼、枇杷、橄榄、杨梅、阳桃等,能耐0℃左右低温。

③不耐寒植物:多产于热带及亚热带,在生长期间要求较高的温度,多为一年生植物或多年生喜温植物。这类植物还可细分为喜温植物和耐热植物。喜温植物如报春花、瓜叶菊、茶花、黄瓜、番茄、茄子、菜豆等,其生长适温为20～30℃,当温度超过40℃时几乎停止生长,而当温度在10～15℃时,也会生长较差或授粉受精不良。所以,这类植物在北方以春播或秋播为主,以便躲过炎热的夏季和寒冷的冬季;耐热植物一般原产热带,最低温度到10℃时就会生长不良,如冬瓜、丝瓜、甜瓜、豇豆、刀豆等。它们在30℃时生长最好,40℃高温下仍能正常生长。因此,其生长期多安排在一年中温度最高的季节。热带果树终年常绿,适宜在热带地区栽培,常见的有香蕉、菠萝、鸡蛋果、人心果、槟榔、杧果、椰子等。

(2)生长期积温(growing degree day)。植物在达到一定的温度总量时才能完成其生育周期,通常把高于一定温度的日平均温度的总和叫作积温。积温表明了园艺植物在年生育周期或某一生育期内对热量的总要求。

积温又分为活动积温和有效积温两种,两者都以生物学下限温度为起点温度(界限温度)。生物学下限温度又称生物学零度(biological zero degree of temperature),一般就是三基点温度中的最低温度。活动积温是指园艺植物全生育期内或某一生育时期内活动温度的总和,其中活动温度是指高于生物学零度的日平均温度;在生长期内或某一生育时期内有效温度的总和称为有效积温(biological degree day),其中有效温度是指活动温度与生物学零度之差。

园艺植物不同种类、不同品种、不同器官和生育期,都要求一定的积温。因此积温常被作为品种特性的重要指标,以及物候期预报、产量品质研究、生态分析和区划的重要依据。

(3)年平均温度。年平均温度是影响园艺植物分布的重要原因,各种园艺植物都有其适宜栽培的年平均温度适应范围(表3-3)。

表 3-3　主要果树适宜栽培的年平均温度

树种	年平均温度/℃	树种	年平均温度/℃
苹果	7～14	李	3～22
秋子梨	5～7	柑橘	16～18
白梨	7～15	枣(北枣)	10～15
沙梨	15～20	枣(南枣)	15～20
桃(北方品种群)	8～14	枇杷	16～17
桃(南方品种群)	12～17	柿(北柿)	9～15
杏	6～14	柿(南柿)	16～20
中国樱桃	15～16	核桃	8～15
西洋樱桃	7～12	葡萄	5～18

注:引自张玉星主编,中国农业出版社 2011 年出版的《果树栽培学总论》。

（4）冬季最低温度。多年生木本植物需在露地越冬,其是否能抵抗某地冬季最低温度的危害,是决定该木本植物能否在该地区生存或进行商品栽培的重要条件。因此,引种或栽培某一木本园艺植物时,除了必须了解其适宜的年平均温度外,还要充分考虑其是否能够安全越冬,否则,会造成引种或栽培的失败。

3.7.2　光照

（1）光照强度。是指单位时间单位面积上所接受的光通量,单位是 lx。光照强度（light intensity）因地理位置、地势高低以及大气中的云量、烟尘的多少而不同。在光饱和点以内,光照越强,光合作用越强。当超过光饱和点后,光照强度再增加,其光合能力也不会随之增强。根据对光照强度的要求,通常可将植物分为阳性植物（或叫喜光植物）、阴性植物和耐阴植物。

　　①阳性植物（heliophyte）:这类植物必须在完全的光照下生长,不能忍受长期荫蔽的环境。一般原产于热带或高原阳面,如桃、杏、枣、阿月浑子等果树,多数一、二年生花卉及宿根花卉,仙人掌科、景天科和番杏科等多浆植物,蔬菜中的西瓜、甜瓜、番茄、茄子、芋、豆薯等都需在较强的光照下,才能很好地生长。光照不足,会严重影响产量和品质。

　　②阴性植物（sciophyte）:这类植物不能忍受强烈的直射光照,在适度荫蔽下才能生长良好,它们多产于热带雨林或阴坡,如兰科、凤梨科、姜科、天南星科及秋海棠科的植物,以及一些绿叶菜如莴苣、菠菜、茼蒿等均为阴性植物。

　　③耐阴植物（mesophyte）:这类植物对光照强度的要求介于上述两者之间。

一般喜欢阳光充足,但在微荫下生长也较好。如萱草、耧斗菜、桔梗、白菜类、萝卜、胡萝卜等。

光照强弱除对植物生长有影响外,对花色、果实颜色亦有影响,如紫红色的花是由于花青素的存在而形成的,而花青素必须在强光下才能产生,散射光下不易形成。

(2)光质。光质(light quality)又称光的组成,是指具有不同波长的太阳光谱成分,其中波长为 380～760 nm 的光(即红、橙、黄、绿、青、蓝、紫)是太阳辐射光中具有生理活性的波段,称为光合有效辐射。植物同化作用吸收最多的是红光,其次是黄光,蓝紫光的同化作用效率仅为红光的 14%。红光利于植物碳水化合物的合成,蓝光能促进蛋白质和有机酸的合成,较短波光则能抑制茎的伸长,还能促进花青素和其他色素的形成。高原地区紫外线较强,所以那里生产的果实十分艳丽;高山上生产的花卉,其色彩也非常鲜艳。

一年四季,光的组成因气候改变而有明显的变化,如紫外光的成分以夏季最多,秋季次之,春季较少,冬季则最少。紫外光的成分夏季是冬季的 20 倍,而蓝紫光夏季比冬季仅多 4 倍。因此,光质的变化也对植物不同生产季节的产量和品质产生影响。

3.7.3　水分

水是植物体的主要组成部分,一般园艺植物的含水量达 85%～95%。水是植物光合作用的重要原料,是养分进入植物体的载体,是植物体内生理生化反应的底物和介质;水可使植物细胞保持膨压,以维护其固有姿态;水分子的高汽化热和比热,还能使植物维持相对稳定的体温和适应多变的环境。

(1)植物对水分的要求。不同园艺植物或同一园艺植物的不同品种以及同一品种的不同发育阶段对水分的要求都不一样。根据园艺植物对水分的要求,可将其分为旱生植物、湿生植物和中生植物三类。

①旱生植物(xerophyte):抗旱能力较强,能忍受较长期的空气和土壤干燥而继续生活。这类植物一般具有较强大的根系,叶片较小、革质化或较厚,具有贮水能力;或叶表面有厚茸毛、气孔少并下陷,具有较高的渗透压等。因此,它们需水较少或吸水能力较强,如果树中的石榴、无花果、阿月浑子、葡萄、杏、枣等,花卉中的仙人掌科、景天科的植物等。

②湿生植物(hygrophyte):这类植物的耐旱性弱,生长期间要求有大量的水分存在,或生长在水中。其根、茎、叶内多有通气组织与外界相通,一般原产于热带沼泽或阴湿地带,如花卉中的热带兰类、蕨类和凤梨科植物及荷花、睡莲等;蔬菜中的

菱、芡实、莼菜、慈姑、茭白、水芹、蒲菜、豆瓣菜、水蕹菜等。

③中生植物(mesophyte):这类植物对水分的要求属于中等,既不耐旱,也不耐涝。一般旱地栽培,但要求经常保持土壤湿润。这类植物种类最多,例如果树中的苹果、梨、樱桃、柿、柑橘、草莓等;花卉中的大多数花卉;蔬菜中的茄果类、瓜类、豆类、根菜类、叶菜类、葱蒜类和薯芋类等。

(2)园艺植物最重要的需水时期。园艺植物种类、类型及品种有很多,最重要的需水时期也各不相同。种子萌发阶段需水较多;幼苗期根系弱,扎根浅,土壤需保持湿润状态,若水分过多常发生烂根;营养生长期是植物需水最多的时期,一般应使土壤含水量保持在田间最大持水量的 60%~80%;在开花期和幼果期要保持一定的土壤水分。但对于以果实为产品器官的园艺植物,在果实膨大阶段需有充足的水分供应,在果实成熟后期及种子发育期对水分的需求则降低。另外,果树、宿根花卉都需在冬前灌足"冻水",以保证其安全越冬和翌年春季的生长。

3.7.4 土壤与营养

土壤是由矿物质(mineral matter)、有机质(organic matter)、土壤水分(溶液)(soil moisture,soil solution)、空气(air)和生物(organism)等所组成的能够生长植物的陆地疏松表层,具有生命力、生产力和环境净化力,是一个动态生态系统。其本质特征是土壤肥力(soil fertility),可为园艺植物提供机械支撑、水分、养分和空气等生长发育条件,是园艺植物栽培的基础。

(1)园艺植物对土壤性状的要求。园艺植物对土壤性状(soil regime)的要求包括土壤物理性状(physical properties of soil)和土壤化学性状(chemical properties of soil)。土壤物理性状是指那些凭外貌和触感就可知的土壤性质,如土层厚度、土壤质地、土壤通透性等;土壤化学性状是指那些进行化学反应才会显示的土壤性质和对植物提供营养物质的能力,如土壤有机质和土壤酸碱度等。

①土层厚度(soil thickness):具有一定厚度的土层可为植物根系提供一个固定、吸收的空间。一般来说,土层越厚越好,越有利于根系的伸展。但土层厚度常常受到山根、胶泥层、沙砾层和地下水位等因素的影响,往往不能满足根系生长的需要。为保证园艺植物的正常生长,多年生果树和观赏树木的土层厚度应在 80~120 cm 或以上;一年生植物应有 20~40 cm 的耕作层。另外,地下水位也不能太高,如蔬菜园要求地下水位在 80 cm 以下。

②土壤质地(soil texture):土壤是由不同粒级的石砾(gravel)、沙粒(sand)、黏粒(clay)和粉粒(silt)的土粒(soil grain)所组成,不同土壤各粒级土粒含量不同,土壤中各粒级土粒的配合比例叫作土壤质地。土壤质地与土壤肥力关系非常密切,

土壤质地类型决定着土壤蓄水、导水性，保肥、供肥性，保温、导温性，土壤呼吸，通气性和土壤耕性(soil tilth)等。不同质地的土壤具有不同的肥力特点，对园艺植物生长发育有不同的影响。

沙质土(sandy soil)：泛指与沙土性状相近的一类土壤。含沙多，黏粒少，保水性差，通气透水性强，吸附、保持养分能力低；有机质分解快而含量较少；热容量小，昼夜温差大，俗称"热性土"。沙土地耕作方便，在有肥水保证的条件下适宜栽植果树和瓜类，果品品质好。也可以栽植较耐旱、耐瘠薄的蔬菜或花卉。针对沙质土的缺点，要注意防旱、防冻、防土壤过热，基肥与追肥并重，强化肥水管理；可采取营造防风固沙林，客土压沙，生草，覆盖，深翻压绿肥等措施加以改良。

黏质土(clay soil)：土壤中沙粒含量少，黏粒和粉粒较多(黏粒含量常超过30%)。黏质土颗粒细小，质地黏重，保水保肥性好，供肥比较平稳，但养分转化速度较慢；通气透水性较差，易积水，湿时泥泞干时硬，宜耕范围较窄。土壤热容量大，温度稳定，但春季土温上升慢，俗称"冷性土"。不适宜精耕细作，但高大树木可以生长，如栽培板栗、柿子、酸樱桃、李、柑橘等果树。生长在黏质土的树木根系入土不深，易受环境胁迫的影响，在生产上常采取掺沙、深翻、种植绿肥、增施有机肥等措施改良土壤。

壤质土(loamy soil)：壤质土是介于沙质土和黏质土之间的一种土壤质地类型，兼有沙质土和黏质土的优点。沙黏适中，通气透水性好，土温稳定，养分丰富，有机质分解速度适当，既有较好的保水保肥能力，又有较强的供水供肥能力，且耕性表现良好，适种范围较广，是菜园、花圃的首选地。

砾质土(gravelly soil)：在山地林区比较常见。含石砾较多，土层较薄，保水肥能力较低。应根据砾质程度不同进行性质分析和处理：如少砾石土，对机具虽有一定磨损，但不影响对土壤的管理，高大树木可以正常生长；中砾石土，应将土壤中粗石块除去；多砾石土则需要调剂和改良。闻名于世的新疆吐鲁番葡萄沟的优质葡萄就是在砾质土上栽培成功的。

③土壤有机质(soil organic matter)：土壤有机质是土壤养分的重要来源，是土壤肥力的重要指标。一般菜园、花圃的土壤有机质含量应在2%以上，果园有机质含量应在1.5%以上，盆栽果树、盆景的盆土有机质含量还要高些。除了依靠人工施入厩肥、堆肥和种植绿肥外，还可通过覆盖秸秆、木屑、树皮以及实施生草制等措施提高土壤有机质的含量。

④土壤酸碱度(soil pH)：不同园艺植物对土壤酸碱性的要求不同(表3-4)。柑橘类果树、凤梨科果树、仙人掌类花卉、黄瓜等蔬菜喜微酸性土壤；豌豆类蔬菜、葡萄和枣等果树、紫罗兰与风信子、郁金香等花卉喜微碱性土壤。总的来说，大多

数园艺植物喜中性土壤(pH 7.0左右)。果树上利用耐盐碱砧木,可提高栽培品种的耐盐碱能力,如用耐盐碱八棱海棠砧木嫁接苹果,可扩大苹果栽培范围。盆栽花卉,尤其对喜酸性土壤的花卉,如杜鹃、苏铁、南洋杉等在北方地区栽培,常因 pH 过高而产生生理性黄化病。此外,土壤酸碱度还影响土壤中各种矿质营养成分的有效性,进而影响植物体的吸收和利用。

表 3-4   一些园艺植物最适宜的土壤酸碱度

观赏植物	pH	蔬菜植物	pH	果树植物	pH
凤梨科植物	4.0	韭菜	5.5~7.0	菠萝	4.5~5.5
紫鸭趾草	4.0~5.0	洋葱	6.0~6.5	香蕉	4.5~7.5
兰科植物	4.5~5.0	大蒜	6.0~7.0	枣	5.0~8.0
百合	5.0~6.5	莴苣	6.0~7.0	苹果	5.4~8.0
大岩桐	5.0~6.5	冬瓜	6.0~7.5	枇杷	5.5~6.5
仙客来	5.5~6.5	番茄	6.0~7.5	板栗	5.5~6.8
桂竹香	5.5~7.0	萝卜	6.0~7.5	杧果	5.5~7.0
雏菊	5.5~7.0	大葱	6.0~7.5	桃	5.5~7.0
金鱼草	6.0~7.0	芹菜	6.0~7.5	梨	5.5~8.5
香豌豆	6.0~7.5	黄瓜	6.3~7.0	柑橘	6.0~6.5
水仙	6.5~7.5	菜豆	6.5~7.0	樱桃	6.0~7.5
郁金香	6.5~7.5	花椰菜	6.5~7.0	山定子	6.5~7.5
风信子	6.5~7.5	茄子	6.5~7.3	柿	6.5~7.5
石竹	7.0~8.0	大白菜	6.8~7.5	西府海棠	6.5~8.5
香堇菜	7.0~8.0	马铃薯	7.0~7.5	葡萄	7.5~8.5

(2)园艺植物对土壤营养的要求。营养是植物生长与结果的物质基础。不同植物、同一植物在不同生长发育阶段对所需营养元素的种类和量都不相同。施肥就是为植物生长发育及结果提供必需的营养元素。所以对于高产的园艺植物来说,必须根据土壤肥力、植物生长发育状况进行科学施肥。

①园艺植物必需的营养元素:园艺植物所必需的元素有 16 种,即碳(C)、氢(H)、氧(O)、氮(N)、磷(P)、钾(K)、钙(Ca)、镁(Mg)、硫(S)、铁(Fe)、硼(B)、锰(Mn)、锌(Zn)、钼(Mo)、铜(Cu)和氯(Cl)。其中,前 9 种是大量元素,后 7 种是微量元素。必需元素中碳、氢、氧从空气和水中获得,氮从土壤有机物和空气中淋溶

下的氮化合物中获得,其他12种元素通常从土壤矿质中获得,故称矿质营养元素。

②主要营养元素的生理功能:

氮:氮是植物最基本的生命物质,植物的新生组织,最有活力的组织如嫩梢尖、幼叶、根尖等含氮量高。根系吸收氮素以硝态氮和铵态氮为主。氮充足,植物生长旺盛;氮不足,叶失绿,生长弱。若氮肥过多,植物徒长,果实味淡、品质差。

磷:磷也是植物重要组成成分,多分布于幼嫩与活力强的组织中。根系吸收磷以磷酸离子(HPO_4^{2-} 和 $H_2PO_4^-$)为主。磷对植物成花与开花有促进作用,并增加新根量。缺磷开花迟,成枝少,叶小并显紫色,果实品质差;磷过多影响对氮、钾、铁、锌和铜的吸收。生产中磷与有机肥混用效果较好。

钾:钾促使茎干坚韧、增强植株抗性;促进成花、坐果,增进产品器官品质,尤其是花和果实的品质。缺钾时嫩茎细弱,叶片皱缩易破裂,叶尖、叶缘焦枯,果实偏小;钾过量时,植株矮小,节间缩短,还会产生拮抗,造成镁、钙、锌、铁的缺素症。

钙:钙是细胞壁胞间层中果胶钙的成分;钙具有稳定生物膜和解毒作用;Ca^{2+} 可作为第二信使,在植物生长发育中起重要的调节作用。缺钙叶片小,新根粗短、弯曲、尖端很快死亡;严重时枝条枯死、花朵萎缩,幼嫩器官溃烂;缺钙常使核果类果树发生根癌病、流胶病。苹果苦痘病、番茄蒂腐病、大白菜干心病、芹菜裂茎病、菠菜黑心病等都为缺钙所致。

铁:铁是细胞色素和叶绿体的结构成分。缺铁时幼叶叶肉失绿,叶脉仍为绿色;严重时,叶小而薄,叶肉呈黄绿、黄白甚至乳白色,引起叶片枯死、早落;铁过量时,植物根周围出现铁结壳,影响磷等的吸收。

锌:锌参与植物生长素等的合成。植物缺锌表现小叶病;锌过量也影响其他元素如磷的吸收。

硼:硼可促进糖的运输、花粉萌发、花粉管伸长及受精过程的进行。缺硼时,根、茎生长点枯萎;花授粉受精不良;易发生落果或畸形果,如番茄、苹果的缩果病。缺硼植株叶厚薄不均,黄化,脱落早。

③营养元素供应与植物生长的关系:营养元素是园艺植物生存的必需条件。但植物生长发育对营养元素的需求都有一个适宜范围(图3-33)。如果超过这个范围,植物就会出现生长发育异常。

不同园艺植物,甚至同种园艺植物的不同类型对各种营养元素要求的适宜范围不同。如苹果砧木幼苗,在营养液栽培条件下,要求铁的供应浓度,小金海棠为10～40 mg/L,八棱海棠为20～60 mg/L,而易出现缺铁黄叶病的山定子则要求40～80 mg/L。

④各营养元素之间的相互关系:土壤中的营养元素在各元素比例关系失调时,

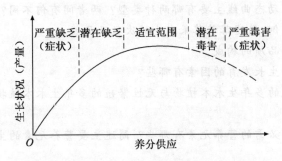

图 3-33　营养元素的供应与植物生长之间的关系

常会发生拮抗和增效作用。

拮抗作用(antagonism)是指一种元素抵消或抑制另一种元素的效应。拮抗可以是相互的,也可以是单向的。如氮抑制钾(相互)、硼、铜、锌、磷和镁的吸收;铵态氮抑制钙的吸收和运输,硝态氮促进钙的吸收和运输;磷抑制钾、镁、铁和钙的吸收和利用;钾抑制氮、镁、钙的吸收,钾与钙也相互拮抗;钙减少铜和钾的吸收;铁与锌相互拮抗。

增效作用(enhancement effect)是指一种元素的增加,能提高另一种元素的含量或增进其吸收、运输和利用的效应,如铜、硼、锌和锰都能增加钙的吸收、运输和利用等。生产中要注意利用营养元素的拮抗作用和增效作用,讲究科学施肥。

思　考　题

1. 基本概念。
2. 简述园艺植物根、茎、叶的功能。
3. 简述园艺植物根、茎、叶的变态类型及其特点。
4. 园艺植物的芽是如何分类的?有哪些类型?
5. 园艺植物茎的分枝方式有哪些?各有何特点?
6. 什么是抽条?如何预防抽条的发生?
7. 彩叶植物是如何分类的?影响彩叶植物叶色变化的因素有哪些?
8. 叶幕对园艺植物的生产有什么指导意义?
9. 园艺植物花芽分化的类型有哪些?各类型间有何区别?
10. 影响花芽分化的因素有哪些?
11. 种子的基本构造是怎样的?
12. 果实增长的原因是什么?

13. 果实生长动态曲线主要有哪两种类型？两者间有何不同？

14. 以苹果为例，简述落花落果发生的次数及原因。

15. 试述果实品质的构成。

16. 影响果实生长发育的因素有哪些？

17. 有性繁殖的多年生木本植物与无性繁殖的多年生木本植物，其生命周期有何不同？

18. 园艺植物必需的营养元素有哪些？简述主要营养元素的生理功能。

4 园艺植物的繁殖

【内容提要】
● 种子繁殖、播前处理与播种技术
● 嫁接繁殖原理、嫁接时期与嫁接方法
● 扦插繁殖种类、方法与扦插技术
● 压条繁殖的方式与方法
● 分生繁殖的方式与方法
● 组培快繁及无病毒种苗的繁育

　　生物都有繁殖的本能,这是生物重要的生命现象之一。繁育简言之,即是繁衍产生子代,包括有性繁殖和无性繁殖两大类。有性繁殖(sexual propagation)即种子繁殖(seed propagation)或称实生繁殖;无性繁殖(asexual propagation)又称营养器官繁殖(nutritiveorgan propagation),即利用植物营养体的再生能力,用根、茎、叶等营养器官,培育成独立的新个体的繁殖方式,包括通过扦插、压条、分株、组织培养等方法繁育成扦插苗、压条苗、分株苗和组培苗。绝大多数的果树和观赏树木,除了上述这几种营养繁殖方式以外,主要是采用嫁接繁殖。本章重点介绍各种园艺植物优质种苗培育方法的特点、原理及其关键技术环节。

4.1　种子繁殖

4.1.1　种子繁殖的概念

　　种子繁殖是利用种子或果实进行园艺植物繁殖的一种繁殖方式。这类植物在营养生长后期转为生殖生长期,通过有性过程形成种子。凡是由种子播种长成的苗称实生苗(seedling)。

4.1.2　种子繁殖的特点与应用

　　(1)种子繁殖的优点。
　　①种子体积小,重量轻;在采收、运输及长期贮藏等工作上简便易行。

②种子来源广,播种方法简便,易于掌握,便于大量繁殖。

③实生苗根系发达,生长旺盛,寿命较长。

④对环境适应性强,并且种子不携带和传播病毒病。

(2)种子繁殖的缺点。

①木本的果树、花卉及某些多年生草本植物采用种子繁殖开花结实较晚。

②后代易出现变异,从而失去原有的优良性状,在蔬菜、花卉生产上常出现品种退化问题。

③不能用于繁殖自花不孕植物及无籽植物,如无核葡萄、无核柑橘类、香蕉及许多重瓣花卉植物。

(3)种子繁殖在生产上的主要用途。

①大部分蔬菜、一二年生花卉及地被植物用种子繁殖。

②实生苗常用作果树及某些木本花卉的砧木。

③杂交育种必须使用播种来繁殖,并且可以利用杂交优势获得比父母本更优良的性状。

(4)种子繁殖的一般程序。采种→贮藏→种子活力测定→播种→播后管理。每一个环节都有其具体的管理要求。

4.1.3 影响种子萌发因素

(1)环境因子。

①水分:种子吸水使种皮变软开裂,胚与胚乳吸胀,启动和保证了胚的生长发育,最后胚根突破种皮,种子萌发生长。为保持一定湿度,可采用覆盖(盖草、盖纸、盖塑料薄膜或玻璃)、遮阳等办法,直到幼苗出土,再逐步去除覆盖物。

②温度:适宜的温度能够促进种子迅速萌发。一般而言,温带植物以 15～20℃为最适,亚热带与热带植物则以 25～30℃为宜。变温处理,有利于种子的萌发和幼苗的生长,昼夜温差 3～5℃为好。

③氧气:种子发芽时要摄取空气中的 O_2 并放出 CO_2,假如播后覆土过深,压土太紧,或土壤中水分过多,种子会因缺氧而腐烂。

④光照:光照条件对种子发芽的影响因植物种类而异,就大多数植物种子来说,影响很小或不起作用。但有些植物的种子有喜光性,如莴苣、芹菜种子发芽需要光照,所以它们播种后在温度、水分充足时,不覆土或覆薄土,则发芽较快。也有另一类植物种子的发芽会被光抑制,如水芹、飞燕草、葱、苋等。

(2)休眠因素。种子有生命力,但即使给予适宜的环境条件仍不能发芽,此现象称种子的休眠。种子休眠是长期自然选择的结果。在温带,春季成熟的种子可以立即发芽,幼苗当年可以成长。但是,秋季成熟的种子则要度过寒冷的冬季,到翌年春季才会发芽,否则幼苗在冬季将会被冻死,如许多落叶果树的种子具有自然休眠的特性。种子的休眠有利于植物适应外界自然环境以保持物种繁衍,但是这种特性对播种育苗会带来一定的困难。造成种子休眠的主要原因有种皮或果皮结构的障碍、种胚发育不全、化学物质抑制和植物激素抑制等。休眠种子需要在低温潮湿的环境中通过后熟过程才能萌发。

4.1.4　播前处理

(1)机械破皮。破皮是开裂、擦伤或改变种皮的过程。用于使坚硬和不透水的果皮或种皮(如山楂、樱桃、山杏等)透水透气,从而促进发芽。砂纸磨、锉刀锉或锤砸、碾子碾及老虎钳夹开种皮等适用于少量大粒种子。对于大量种子,则需要用特殊的机械破皮机。

(2)化学处理。果皮及种皮坚硬或种皮有蜡质的种子(如山楂、酸枣及花椒等),亦可浸入具腐蚀性的浓硫酸(95%)或氢氧化钠(10%)溶液中,经过短时间的处理,使种皮变薄、蜡质消除、透性增加,以利于萌芽。浸后的种子必须用清水冲洗干净;用赤霉素(5~10 mg/L)处理可以打破种子休眠,代替某些种子的低温处理;大量元素肥料如硫酸铵、尿素、磷酸二氢钾等,可用于拌种。硼酸、钼酸铵、硫酸铜、过锰酸钾等微肥和稀土,可用来浸种,使用浓度一般为0.1%~0.2%。用0.3%碳酸钠和0.3%溴化钾浸种,也可促进种子萌发。

(3)清水浸种。浸泡种子可软化种皮,除去发芽抑制物,促进种子萌发。浸种时的水温和浸泡时间是重要条件,有凉水(25~30℃)浸种、温水(55℃)浸种、热水(70~75℃)浸种和变温(90~100℃,20℃以下)浸种等。后两种适宜有厚硬壳的种子,如核桃、山桃、山杏、山楂、油松等,可将种子在开水中浸泡数秒钟,再在流水中浸泡2~3 d,待种壳一半裂口时播种,但切勿烫伤种胚。

(4)层积处理。将种子与潮湿的介质(通常为河沙)一起贮放在低温条件下(0~5℃),以保证其顺利通过后熟作用叫层积,也称沙藏处理。春播种子常用该法来促进萌芽。层积前先浸泡种子5~24 h,待种子充分吸水后,取出晾干表皮,再与洁净河沙混匀。沙的用量是:中小粒种子一般为种子容积的3~5倍,大粒种子为5~10倍。沙的湿度以手捏成团不滴水即可,约为沙最大持水量的50%。种子量大时用沟藏法,选择背阴高燥不渍水处挖沟,深50~100 cm,宽40~50 cm,长度视种子多少而定,沟底先铺5 cm厚的湿沙,然后将已拌好的种子放入沟内,到距地面10 cm处为止,其上用河沙覆盖,一般要高出地面,并呈屋脊状,上面再用草或草垫盖好(图4-1)。种子量小时可用花盆或木箱层积。层积日数因种类而异,如八棱海棠 40～60 d，毛桃 80～100 d，山楂 200～300 d。层积期间要注意检查温度、湿度，特别是春节以后更要注意防止霉烂、过干或过早发芽，春季大部分种子露白时及时播种。

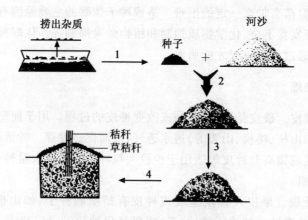

图 4-1　种子层积处理过程
1.水浸；2.混合；3.拌匀；4.入坑

（5）催芽。播种前催芽的技术关键是保持充足的氧气和饱和空气相对湿度，以及为各类种子的发芽提供适宜温度。保水可采用多层潮湿的纱布、麻袋布、毛巾等包裹种子。可用火炕、地热线和电热毯等维持所需的温度，一般要求 20～30℃。

（6）种子消毒。种子消毒可杀死种子所带病虫，并保护种子在土壤中不受病虫危害。方法有药剂浸种和药粉拌种。药剂浸种用福尔马林 100 倍水溶液浸种 15～20 min、1％硫酸铜 5 min、10％磷酸三钠或 2％氢氧化钠 15 min。药粉拌种用 70％敌克松、50％退菌特、90％敌百虫，用量占种子重量的 0.3％。

4.1.5　播种技术

（1）播种时期。园艺植物的播种期可分为春播和秋播两种，春播从土壤解冻后开始，以 2～4 月份为宜，秋播多在八九月份，至初冬土壤封冻前为止。果树一般早春播种，冬季温暖地带可晚秋播。露地蔬菜和花卉主要是春、秋两季。温室蔬菜和花卉没有严格季节限制，常随需要而定。亚热带和热带可全年播种，以幼苗避开暴雨与台风季节为宜。

（2）播种方式。种子播种可分为大田直播和畦床播种两种方式。大田直播可以平畦播，也可以垄播，播后不进行移栽，就地长成苗或供作砧木进行嫁接培养成嫁接苗出圃。畦床播一般在露地苗床或室内浅盆集中育苗，经分苗培养后定植田间。苗圃地不能重茬连作,繁殖同一树种苗木一般需 2～3 年轮作。

(3)播种地选择。播种地应选择有机质较为丰富、疏松肥沃、排水良好的沙质壤土。播前要施足基肥,整地做畦、耙平。

(4)播种方法。有撒播、条播、点播(穴播)等。

①撒播:海棠、山定子、韭菜、菠菜、小葱等小粒种子多用撒播。撒播要均匀,不可过密,撒播后用耙轻耙或用筛过的土覆盖,稍埋住种子为度。此法比较省工,而且出苗量多。但是,出苗稀密不均,管理不便,苗子生长细弱。

②条播:用条播器在苗床上按一定距离开沟,沟底宜平,沟内播种,覆土填平。条播适宜大多数种子,如苹果、梨、白菜等。

③点播(穴播):多用于大粒种子,如核桃、板栗、桃、杏、龙眼、荔枝及豆类蔬菜等的播种。先将床地整好,开穴,每穴播种 2～4 粒,待出苗后根据需要确定留苗株数。该方法苗分布均匀,营养面积大,生长快,成苗质量好,但产苗量少。

(5)播种量。单位面积内所用种子的数量称播种量。播前必须确定适宜的播种量,其算式为:

$$播种量(kg/hm^2) = \frac{每公顷计划育苗数}{每千克种子粒数×种子纯净度×种子发芽率}$$

在生产实际中播种量应视土壤质地、气候冷暖、病虫草害、雨量多少、播种方式(直播或育苗)、播种方法等情况,适当增加 0.5～4 倍。

(6)播种深度。播种深度依种子大小、气候条件和土壤性质而定,一般为种子横径的 2～5 倍,如核桃等大粒种子播种深度为 4～6 cm,海棠、杜梨 2～3 cm,甘蓝、石竹、香椿 0.5 cm 为宜。总之,在不妨碍种子发芽的前提下,以较浅为宜。土壤干燥,可适当加深。秋、冬播种要比春季播种稍深,沙土比黏土要适当深播。

4.1.6　播后管理

(1)出苗期的管理。种子发芽期要求水分足、温度高,可于播种后立即覆盖农用塑料薄膜,以增温保湿,当大部分幼芽出土后,应及时划膜或揭膜放苗。出苗前若土壤干旱,应适时喷水或渗灌,切勿大水漫灌,以防表土板结闷苗。

(2)间苗移栽。出苗后,如果苗量大,应于幼苗长到 2～4 片真叶时间苗、分苗或移入大田。移栽太晚缓苗期长,太早则成活力低。移植前要采取通风降温和减少土壤湿度来炼苗。移植前一两天浇透水以利起苗带土,同时喷一次防病农药。

(3)松土除草。为保持育苗地土壤疏松,减少水分蒸发,并防止杂草滋生,需要勤浅耕、早除草。可用人工除草,也可机械除草,还可化学除草。除草剂的最适使用时间,以杂草刚刚露出地面时效果最好。一般苗圃1年用2次除草剂即可,第一次在播种后出苗前喷施,第二次可根据除草剂残效长短和苗圃地杂草生长情况而定。

(4)施肥灌水。幼苗生长过程中,要适时适量补肥、浇水。迅速生长期以追施或喷施速效氮肥(尿素、腐熟人粪尿)为主,后期增施速效磷、钾肥,以促进苗木组织充实。

此外,苗圃病虫害较多,应及时进行防治。

4.2　嫁接繁殖

4.2.1　嫁接的概念及优点

(1)嫁接的概念。嫁接(grafting)即人们有目的地将一株植物上的枝或芽,接到另一株植物的枝、干或根上,使之愈合,生长在一起,形成一个新的植株。通过嫁接培育出的苗木称嫁接苗。用来嫁接的枝或芽叫接穗(scion)或接芽(grafting bud),承受接穗的植株叫砧木(stock)。嫁接用"＋"表示,即砧木＋接穗,也可用"/"表示,接穗放在"/"之前。如山桃＋桃,或桃/山桃。

(2)嫁接繁殖的优点。

①嫁接苗能保持优良品种接穗的性状,且生长快,树势强,结果早,因此,利于加速新品种的推广应用。

②可以利用砧木的某些性状如抗旱、抗寒、耐涝、耐盐碱、抗病虫等,增强栽培品种的适应性和抗逆性,以扩大栽培范围或降低生产成本,如黄瓜/黑籽西瓜、月季/蔷薇。

③在果树和花木生产中,可利用砧木调节树势,使树体矮化或乔化,以满足栽培上或消费上的不同需求,如苹果品种嫁接在矮化砧上,悬崖菊嫁接在独本菊上。

④多数砧木可用种子繁殖,故繁殖系数大,便于在生产上大面积推广种植。

4.2.2　嫁接成活的原理与影响因素

(1)嫁接成活的过程。当接穗嫁接到砧木上后,在砧木和接穗伤口的表面,死细胞的残留物形成一层褐色的薄膜,覆盖着伤口。随后在愈伤激素的刺激下,伤口周围细胞及形成层细胞旺盛分裂,并使褐色的薄膜破裂,形成愈伤组织(callus)。愈伤组织不断增加,接穗和砧木间的空隙被填满后,砧木和接穗的愈伤组织薄壁细胞便互相连接,将两者的形成层连接起来。愈伤组织不断分化,向内形成新的木质部,向外形成新的韧皮部,进而使导管和筛管也相互沟通,这样砧穗就结合为统一体,形成一个新的植株。

(2)影响嫁接成活的因子。

①砧木与接穗的亲和力:嫁接亲和力(grafting affinity)即指砧木和接穗经嫁接能愈合并正常生长的能力。具体地讲,指砧木和接穗内部组织结构、遗传和生理特性的相似性,通过嫁接能够成活以及成活后生理上相互适应。嫁接能否成功,亲和力是最基本的条件。亲和力越强,嫁接愈合性越好,成活率越高,生长发育越正常。而亲和力的强弱,取决于砧、穗之间亲缘关系的远近。一般亲缘关系越近,亲和力越强。

②嫁接时期和环境条件:嫁接成败与气温、土温及砧木与接穗的活跃状态有密切关系。不同嫁接方法,选择不同的嫁接适期。雨季、大风天气都不适于嫁接。接口保持较高的湿度,有利于愈伤组织形成,但不要浸入水中。

③砧穗质量和嫁接技术:接穗和砧木发育充实,贮藏营养物质较多时,嫁接易于成活。草本植物或木本植物的未木质化嫩梢也可以嫁接,要求较高的技术。嫁接时,要求砧木和接穗削面平滑,形成层密接,操作迅速准确,接口包扎紧密。

4.2.3　砧木与接穗的相互影响

(1)砧木对接穗的影响。砧木对地上部的生长有较大的影响。有些砧木可使嫁接苗生长旺盛高大,称乔化砧,如海棠、山定子是苹果的乔化砧;豆梨、杜梨是梨的乔化砧。有些砧木使嫁接苗生长势变弱,树体矮小,称矮化砧,如 M_{26}、MM_{106} 等为苹果的矮化砧。砧木对接穗品种进入结果期的早晚、产量高低、质量优劣、成熟迟早及耐贮性等都有一定的影响。一般嫁接在矮化砧上的果树比乔化砧上的树结果早、品质好。目前生产上所用的砧木,多系野生或半野生的种类或类型,具有较强而广泛的适应能力,如抗寒、抗旱、抗涝、耐盐碱、抗病虫等。因此,可以相应地提高地上部的抗逆性。如黑籽南瓜作砧木嫁接黄瓜和西瓜能防治枯萎病、疫病等病害,并耐重茬,还有促进早熟和增产的作用。

(2)接穗对砧木的影响。接穗对砧木根系的形态、结构及生理功能等亦会产生很大的影响。如杜梨嫁接上鸭梨后,其根系分布浅,且易发生根蘖。以短枝型苹果为接穗比以普通型为接穗的 MM_{106} 砧木的根系分布稀疏。

(3)中间砧的影响。在乔化实生砧(基砧)上嫁接某些矮化砧木(或某些品种)的茎段,然后在该茎段上再嫁接所需要的栽培品种,该茎段称为矮化中间砧。矮化中间砧的矮化效果和中间砧的长度呈正相关,一般使用长度为 $20\sim25$ cm。也有抗病或其他用途的中间砧。

4.2.4 砧木的选择及接穗的采集和贮运

（1）砧木选择。不同类型的砧木对气候、土壤环境条件的适应能力，以及对接穗的影响都有明显差异。选择砧木需要依据下列条件。

①与接穗有良好的亲和力。

②对接穗生长、结果有良好影响，如生长健壮、早结果、丰产、优质、长寿等。

③对栽培地区的环境条件适应能力强，如抗寒、抗旱、抗涝、耐盐碱等。

④能满足特殊要求，如矮化、乔化、抗病。

⑤资源丰富，易于大量繁殖。

（2）接穗采集。为保证品种纯正，应从良种母本园或经鉴定的营养繁殖系的成年母树上采集接穗。果树生产上还要求从正在结果的树上采取。采穗树应生长健壮，具备丰产、稳产、优质的性状，并无检疫对象（如苹果锈病、花叶病、枣疯病、柑橘的黄龙病、裂皮病、溃疡病等）。接穗本身必须生长健壮充实，芽体饱满；秋季芽接，用当年生的发育枝，应能"离皮"，便于取接芽；春季枝接多用一年生的枝条。

（3）接穗贮藏。春季嫁接用的接穗，可结合冬季修剪工作采集，采下后要立即修整成捆，挂上标签标明品种、数量，用沟藏法埋于湿沙中贮存起来，温度以 $0\sim10℃$ 为宜。少量的接穗可蜡封后放在冰箱中。采用蜡封接穗的方法，操作简便，接穗保湿性好，可显著提高嫁接成活率。生长季进行嫁接（芽接或绿枝接）用的接穗，采下后要立即剪除叶片和梢端幼嫩部分，保留叶柄，以减少水分蒸发。每百枝打捆，挂标签，写明品种与采集日期，用湿草、湿麻袋或湿布包好，外裹塑料薄膜保湿更好，但要注意通气。一般随用随采为好，提前采的或接穗数量多，一时用不完的，可悬吊在较深的井内水面上（注意不要沾水），或插在湿沙中。短时间存放的接穗，可以插泡在水盆里。

（4）接穗运输。异地引种的接穗必须做好贮运工作。蜡封接穗，可直接运输，不必经特殊包装。未蜡封的接穗及芽接、绿枝接的接穗或常绿果树接穗要保湿运输，应严防日晒、雨淋。夏秋高温期最好能冷藏运输，途中要注意检查湿度和通气状况。接穗运到后，要立即打开检查，安排嫁接或贮藏。

4.2.5 嫁接时期

（1）枝接的时期。枝接一般在早春树液开始流动、芽尚未萌动时为宜。北方落叶树在 3 月下旬至 5 月上旬，南方落叶树在 2～4 月份；常绿树在早春发芽前及每次枝梢老熟后均可进行。北方落叶树在夏季也可用嫩枝进行枝接。冬季也可在室内进行根接。

（2）芽接的时期。芽接可在春、夏、秋 3 季进行,以夏、秋季为主。一般芽接要求砧木和接穗离皮(指木质部与韧皮部易分离),且接穗芽体充实饱满时进行为宜。落叶树在 7～9 月份,常绿树 9～11 月份进行。当砧木和接穗都不离皮时采用嵌芽接法。

4.2.6 嫁接方法

嫁接按所取材料不同可分为芽接、枝接、根接 3 大类。

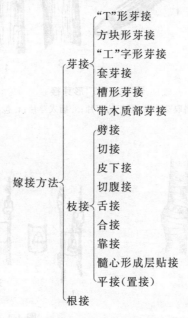

（1）芽接(bud grafting)。凡是用一个芽片作接穗的嫁接方法通称芽接。优点是操作方法简便,嫁接速度快,砧木和接穗的利用经济,当年生砧木苗即可嫁接,而且容易愈合,接合牢固,成活率高,成苗快,适合于大量繁殖苗木。芽接的适宜时期长,且嫁接当时不剪断砧木,一次接不活,还可进行补接。下面介绍几种主要芽接方法。

①"T"形芽接:因砧木的切口很像"丁"字形,也叫"丁"字形芽接。又因削取的芽片呈盾形,故又称盾形芽接,是育苗上应用广泛的嫁接方法(图 4-2)。

②嵌芽接:对于枝梢具有棱角或沟纹的园艺植物,如板栗、枣、柑橘、月季等,或砧木和接穗均不离皮时,可用嵌芽接法(图 4-3)。

③其他芽接方法:方块形芽接、套芽接、"工"字形芽接等,见图 4-4、图 4-5 和图 4-6。

（2）枝接(scion grafting)。把带有数芽或一芽的枝条接到砧木上称枝接。枝接的优点是成活率高,嫁接苗生长快。在砧木较粗、砧穗均不离皮的条件下多用枝接,

图 4-2　"T"形芽接

1.削取芽片；2.取下的芽片；3.插入芽片；4.包扎

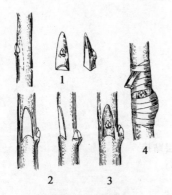

图 4-3　嵌芽接

1.削接芽；2.削砧木接口；
3.插入接芽；4.绑缚

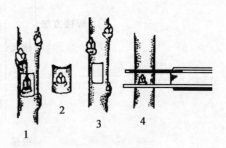

图 4-4　方块形芽接

1.削芽片；2.取下的芽片；
3.砧木切口；4.双刃刀取芽片

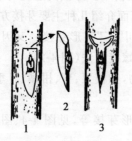

图 4-5　套芽接

1.削接穗；2.带木质芽片；3.插入

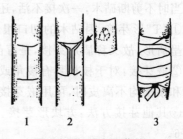

图 4-6　"工"字形芽接

1.砧木切口；2.插入；3.绑缚

如春季对去年秋季芽接未成活的砧木进行补接。根接和室内嫁接,也多采用枝接法。枝接的缺点是操作技术不如芽接容易掌握,而且用的接穗多,对砧木要求有一定的粗度。常见的枝接方法有切接、劈接、插皮接、腹接、舌接和靠接等,仙人掌类植物没有形成层,只要沟通部分维管束就能成活,可用平接方法,瓜类可采用劈接或插接(图 4-7 至图 4-15)。

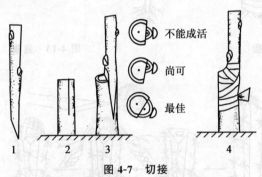

图 4-7 切接
1.削接穗;2.劈砧木;3.形成层对齐;4.包扎

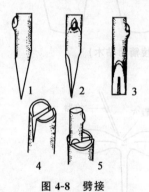

图 4-8 劈接
1.接穗正面;2.反面;3.侧面;4.砧木劈口;5.插入

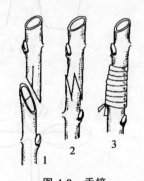

图 4-9 舌接
1.削接穗和砧木;2.接合;3.绑缚

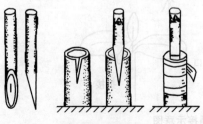

图 4-10 插皮接

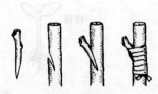

图 4-11 切腹接

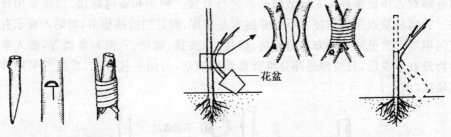

图 4-12　皮下腹接　　　　　　　　　　　图 4-13　靠接

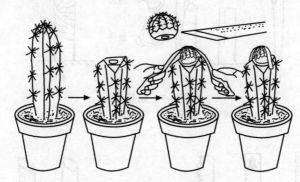

图 4-14　平接(以三棱箭为砧木)

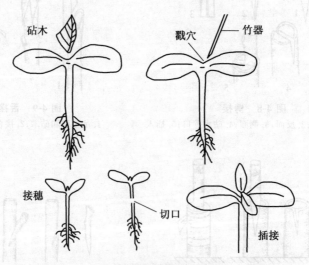

图 4-15　瓜类插接示意图

　　(3)根接法(root grafting)。以根系作砧木,在其上嫁接接穗。用作砧木的根可以是完整的根系,也可以是一个根段。如果是露地嫁接,可选生长粗壮的根在平滑处剪断,用劈接、插皮接等方法。也可将粗度 0.5 cm 以上的根系,截成 8～10 cm 长的根段,移入室内,在冬闲时用劈接、切接、插皮接、腹接等方法嫁接。若砧根比接穗粗,可把接穗削好插入砧根内,若砧根比接穗细,可把砧根插入接穗。接好绑缚后,用湿沙分层沟藏;早春植于苗圃(图 4-16)。

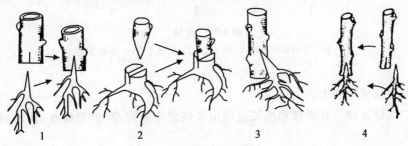

图 4-16　根接法
1.劈接倒接;2.劈接正接;3.倒腹接;4.皮下接

4.2.7　嫁接苗的管理

　　(1)检查成活、解绑及补接。嫁接后 7～15 d,即可检查成活情况,芽接接芽新鲜,叶柄一触即落者为已成活;枝接者需待接穗萌芽后有一定的生长量时才能确定是否成活。成活的要及时解除绑缚物,未成活的要予以补接。

　　(2)剪砧。夏末和秋季芽接的在翌春发芽前及时剪去接芽以上砧木,以促进接芽萌发,春季芽接的随即剪砧,夏季芽接的一般 10 d 之后解绑剪砧。剪砧时,修枝剪的刀刃应迎向接芽的一面,在芽片上 0.3～0.4 cm 处剪下。剪口向芽背面稍微倾斜,有利于剪口愈合和接芽萌发生长,但剪口不可过低,以防伤害接芽(图 4-17)。

　　(3)除萌。剪砧后砧木基部会发生许多萌蘖,须及时除去,以减少水分和养分的消耗。

　　(4)设立支柱。接穗成活萌发后,遇有大风易被吹折或吹歪,从而影响正常生长。需将接穗用绳捆在立于其旁的支柱上,直至生长牢固为止。一般在新梢长到5～8 cm 时,紧贴砧木立一支棍,将新梢绑于支棍上,不要过紧或过松。

　　(5)圃内整形。某些树种和品种的半成苗,发芽后在生长期间,会萌发副梢即二次梢或多次梢,如桃树可在当年萌发 2～4 次副梢。可以利用副梢进行圃内整

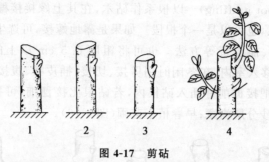

图 4-17　剪砧

1.剪口倾斜方向不对;2.剪口过高;3.剪砧正确;4.除萌、抹芽

形,培养优质成形的大苗。

(6)其他管理。在嫁接苗生长过程中要注意中耕除草、追肥灌水、防治病虫等工作。

4.3　扦插繁殖

扦插繁殖(cutting propagation)是切取植物的枝条、叶片或根的一部分,插入基质中,使其生根、萌芽、抽枝,长成为新植株的繁殖方法。扦插与压条、分株等无性繁殖方法统称自根繁殖。由自根繁殖方法培育的苗木统称自根苗,其特点是:变异性较小,能保持母株的优良性状和特性;幼苗期短,结果早,投产快;繁殖方法简单,成苗迅速。故是园艺植物育苗的重要途径。

4.3.1　扦插的种类及方法

(1)叶插(leaf cutting)。用于能在叶上发生不定芽及不定根的园艺植物,以花卉居多,大多具有粗壮的叶柄、叶脉或肥厚的叶片。如球兰、虎尾兰、千岁兰、象牙兰、大岩桐、秋海棠、落地生根等。叶插须选取发育充实的叶片,在设备良好的繁殖床内进行,维持适宜的温度及湿度,从而得到壮苗。

①全叶插：以完整叶片为插条（图4-18）。一是平置法，即将去叶柄的叶片平铺沙面上，加金属针或竹针固定，使叶片下面与沙面密接。落地生根和秋海棠等常用此法繁殖。二是直插法，将叶柄插入基质中，叶片直立于沙面上，从叶柄基部发生不定芽及不定根。

图4-18　全叶插

如大岩桐从叶柄基部发生小球茎之后再发生根及芽。非洲紫罗兰、豆瓣绿、球兰、海角樱草等均可用此法繁殖。

②片叶插：将叶片分切为数块，分别进行扦插，每块叶片上形成不定芽，如蟆叶秋海棠、大岩桐、豆瓣绿、千岁兰等。

（2）茎插（stem cutting）。

①硬枝扦插：指使用已经木质化的成熟枝条进行的扦插。果树、园林树木常用此法繁殖。如葡萄、石榴、无花果等（图4-19）。

②嫩枝扦插：又称绿枝扦插。以当年新梢为插条，通常5～10 cm长，组织以老熟适中为宜（木本类多用半木质化枝梢），过于幼嫩易腐烂，过老则生根缓慢。嫩枝扦插必须保留一部分叶片，若全部去掉叶片则难以生根，叶片较大的种类，为避免水分过度蒸腾可将叶片剪掉一部分。切口位置应靠近节下方，切面光滑。多数植物宜于扦插之前剪取插条，但多浆植物务必使切口干燥半天至数天后扦插，以防腐烂。无花果、柑橘，花卉中的杜鹃、一品红、虎刺梅、橡皮树等可采用此法繁殖。

③芽叶插：插条仅有一芽附一片叶，芽下部带有盾形茎部一片，或一小段茎，插入沙床中，仅露芽尖即可，插后盖上薄膜，防止水分过量蒸发。叶插不易产生不定芽的种类，宜采用此法，如菊花、八仙花、山茶花、橡皮树、桂花、天竺葵、宿根福禄考等（图4-20）。

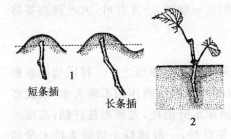

1
短条插　　长条插

2

图4-19　硬、嫩枝扦插
1.硬枝扦插；2.嫩枝扦插

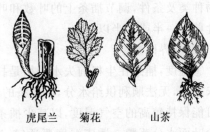

虎尾兰　　菊花　　山茶

图4-20　芽叶插

（3）根插（root cutting）。利用根上能形成不定芽的能力扦插繁殖苗木的方法。在少数果树和宿根花卉上可采用此法，如枣、山楂、梨、李等果树，薯草、牛舌草、秋牡丹、肥皂草、毛恋花、剪秋罗、宿根福禄考、芍药、补血草、荷包牡丹、博落迴等花卉。一般选取粗 2 mm 以上，长 5～15 cm 的根段进行沙藏，也可在秋季掘起母株，贮藏根系过冬，翌年春季扦插。冬季也可在温床或温室内进行扦插；根系抗逆性弱的，要特别注意防旱。

4.3.2　影响插条生根的因素

（1）内在因素。

①植物种和品种：不同园艺植物插条生根的能力有较大的差异。极易生根的有木槿、常青藤、南天竹、连翘、番茄、月季等。较易生根的植物有悬铃木、石榴、无花果、葡萄、柑橘、夹竹桃、绣线菊、石楠等。较难生根的植物有君迁子、赤杨、苦楝等。极难生根的植物有核桃、板栗、柿树、马尾松等。同一种植物不同品种枝插发根难易也不同。

②树龄、枝龄和枝条的部位：插条的年龄以一年生枝的再生能力最强，一般枝龄越小，扦插越易成活。从一个枝条不同部位剪截的插条，其生根情况不一。常绿树种，春、夏、秋、冬四季均可扦插。落叶树种夏秋扦插，以树体中上部枝条为宜；冬、春扦插以枝条的中下部为好。

③枝条的发育状况：凡发育充实的枝条，扦插容易成活，生长也较良好。嫩枝扦插应在插条刚开始木质化即半木质化时采取；硬枝扦插多在秋末冬初，营养状况较好的情况下采条；草本植物应在植株生长旺盛时采取。

④激素水平：生长素和维生素对生根和根的生长有促进作用。由于内源激素与生长调节剂的运输方向具有极性运输的特点，扦插时应特别注意不要倒插。

⑤插穗的叶面积：为有效地保持吸水与蒸腾间的平衡关系，实际扦插时，要依植物种类及条件，调节插条上的叶数和叶面积。一般留 2～4 片叶，大叶种类要将叶片剪去一半或一半以上。

（2）外界因素。

①湿度：插条在生根前失水干枯是扦插失败的主要原因之一。扦插初期新根尚未生成，无法顺利供给水分，而插条的枝段和叶片因蒸腾作用不断失水，因此要尽可能保持较高的空气湿度，以减少插条和插床水分消耗，尤其嫩枝扦插，高湿可减少叶面水分蒸腾。插床湿度要适宜，透气要良好，一般维持土壤最大持水量的 60%～80% 为宜。利用自动控制的间歇性喷雾装置，可维持空气的高湿度而使叶面保持一层水膜，降低叶面温度。其他如遮阳、塑料薄膜覆盖等方法，也能维持一

定的空气湿度。

②温度：一般树种扦插时，白天气温达到 21～25℃，夜间 15℃，就能满足生根需要。插条在土温 10～12℃ 条件下可以萌芽，但生根则要求土温 18～25℃ 或略高于平均气温 3～5℃。如果土温偏低，或气温高于土温，扦插虽能萌芽但不能生根。在我国北方，春季气温高于土温，扦插时要采取措施提高土壤温度，使插条先发根，如用火炕加热，或马粪酿热，有条件的还可用电热温床，以提供最适的温度。南方早春土温回升快于气温，要掌握时期抓紧扦插。

③光照：光对根系的发生有抑制作用，因此，必须使枝条基部埋于土中避光，才可刺激生根。同时，扦插后适当遮阳，可以减少圃地水分蒸发和插条水分蒸腾，使插条保持水分平衡。嫩枝带叶扦插需要有适当的光照，以利于光合制造养分，促进生根。夏季采用全光照弥雾嫩枝带叶扦插，可兼顾温、光、水、气的最适条件，有效提高生根率，一般在高温期晴天 9 时开始喷水，17 时停止喷水。

④氧气：扦插生根需要氧气。插床中水分、温度、氧气三者是相互依存、相互制约的。一般土壤气体中以含 15% 以上的氧气并保有适当水分为宜。

⑤生根基质：理想的生根基质要求保水性、透气性良好，pH 适宜，可提供营养元素，既能保持适当的湿度，又能在浇水或大雨后不积水，而且不带有害的微生物。

4.3.3　扦插技术

(1)促进生根的方法。

①机械处理：扦插材料剥皮、纵伤、环剥、刻伤等，可以提高生根率，促进成活。

②黄化处理：对不易生根的枝条在其生长初期用黑纸等材料包扎基部，能使组织黄化，皮层增厚，有利于生根。

③浸水处理：休眠期扦插，插前将插条置于清水中浸泡 12 h 左右，使之充分吸水，插后可促进根原始体形成，提高扦插成活率。

④加温催根处理：人为地提高插条下端生根部位的温度，降低上端发芽部位的温度，使插条先发根后发芽。常用的方法有：阳畦催根、酿热温床催根、火炕催根、电热温床催根。

⑤药物处理：应用人工合成的各种植物生长调节剂对插条进行扦插前处理，不仅生根率、生根数和根的粗度、长度都有显著提高，而且苗木生根期缩短，生根整齐。如吲哚丁酸(IBA)和萘乙酸(NAA)，可以用涂粉法或液剂浸渍法。ABT 生根粉、HL-43 生根剂都是多种生长调节剂的混合物，为高效、广谱性促根剂，可应用于多种园艺植物扦插促根。其他化学药剂，如维生素 B_1 和维生素 C 对某些种类的插条生根有促进作用；硼可促进插条生根，与植物生长调节剂合用效果显著，

IBA 50 mg/L 加硼 10～200 mg/L,处理插条 12 h,生根率可显著提高;2%～5% 蔗糖液及 0.1%～0.5%高锰酸钾溶液浸泡 12～24 h,亦有促进生根和成活的效果。

(2)插条贮藏。硬枝插条若不立即扦插,可按 60～70 cm 长剪截,每 50 根或 100 根打捆,并标明品种、采集日期及地点。选地势高燥、排水良好地方挖沟或建窖以湿沙贮藏,短期贮藏置阴凉处湿沙埋藏。

(3)扦插时期。不同种类的植物扦插适期不一。一般落叶阔叶树硬枝插在 3 月份,嫩枝插在 6～8 月份,常绿阔叶树多夏季扦插(7～8 月份);常绿针叶树以早春为好,草本类一年四季均可。

(4)扦插方式。常规用露地扦插分畦插与垄插。全光照弥雾扦插是近来发展快、应用广泛的育苗新技术。采用先进的自动弥雾装置,于高温季节,在室外带叶嫩枝扦插,使插条的光合作用与生根同时进行,由自己的叶片制造营养,供本身生根和生长需要,明显地提高了扦插的生根率和成活率,尤其是对难生根的果树效果更为明显。

(5)插床基质。易于生根的树种如葡萄等对基质要求不严,一般壤土即可。生根慢的种类及嫩枝扦插,对基质有严格的要求,常用蛭石、珍珠岩、泥炭、河沙、苔藓、林下腐殖土、炉渣灰、火山灰、木炭粉等。用过的基质应在火烧、熏蒸或杀菌剂消毒后再用。

(6)插条剪截。在扦插繁殖中,插条剪截的长短对成活率及生长量有一定的作用。一般来讲,草本插条长 7～10 cm,落叶休眠枝长 15～20 cm,常绿阔叶树枝长 10～15 cm。插条的切口,下端可剪削成双面楔形或单面马耳形,一般要求靠近节部。剪口整齐,不带毛刺。扦插时特别要注意插条的极性,切勿上下颠倒。

(7)扦插深度与角度。扦插深度要适宜,露地硬枝插过深,地温低,氧气供应不足;过浅易使插条失水。一般硬枝春时上顶芽与地面平;夏插或盐碱地插时顶芽露出地表;干旱地区扦插,插条顶芽与地面平或稍低于地面。嫩枝插时,插条插入基质中 1/3 或 1/2。扦插角度一般为直插,插条长者,可斜插,但角度不宜超过 45°。扦插时,如果土质松软可将插条直接插入。如土质较硬,可先用木棒按株行距打孔,然后将插条顺孔插入并用土封严实。

4.3.4　插后管理

扦插后插条下部生根,上部发芽、展叶,直到新生的扦插苗能独立生长时为成活期。此阶段关键是水分管理,尤其绿枝扦插最好有喷雾条件。苗圃地扦插要灌足底水,成活期根据墒情及时补水。浇水后及时中耕松土。插后覆膜是一项有效的保水措施。苗木独立生长后,除继续保证水分外,还要追肥,中耕除草。在苗木进入苗干木质化时要停止浇水施肥,以免苗木徒长。

4.4　压条繁殖

压条(layerage)繁殖是在枝条不与母株分离的情况下,将枝梢部分埋于土中,或包裹在能发根的基质中,促进枝梢生根,然后再与母株分离成独立植株的繁殖方法。这种方法不仅适用于扦插易于成活的园艺植物,对于扦插难以生根的树种、品种也可采用;因为新植株在生根前,其养分、水分和激素等均可由母株提供,且新梢埋入土中又有黄化作用,故较易生根。其缺点是繁殖系数低。压条繁殖在果树上应用较多,而花卉中仅有一些温室花木类采用高压繁殖。采用刻伤、环剥、绑缚、扭枝、黄化处理、生长调节剂处理等方法可以促进压条生根。压条方法有直立压条、曲枝压条和空中压条。

4.4.1　直立压条

直立压条又称垂直压条或培土压条(图 4-21)。苹果和梨的矮化砧、石榴、无花果、木槿、玉兰、夹竹桃、樱花等均可采用直立压条法繁殖。

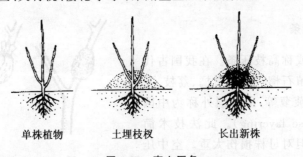

单株植物　　　　　　土埋枝杈　　　　　　长出新株

图 4-21　直立压条

4.4.2　曲枝压条

葡萄、猕猴桃、醋栗、穗状醋栗、树莓、苹果、梨和樱桃等果树以及西府海棠、丁香等观赏树木均可采用此法繁殖。可在春季萌芽前进行,也可在生长季节枝条已半木质化时进行。由于曲枝方法不同又分水平压条法(图 4-22)、普通压条法(图 4-23)和先端压条法(图 4-24)。

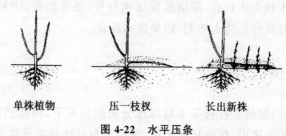

单株植物　　　压一枝杈　　　长出新株

图 4-22　水平压条

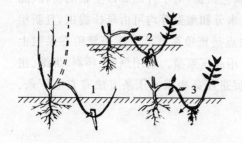

图 4-23　普通压条

1.刻伤曲枝;2.压条;3.分株

图 4-24　先端压条

4.4.3　空中压条

空中压条或称高枝压条。在我国古代早已用此法繁殖石榴、葡萄、柑橘、荔枝、龙眼、人心果、树菠萝等,所以国外称为中国压条法（Chinese layering）。此法技术简单,成活率高,但对母株损伤太重。空中压条在整个生长季节都可进行,但以春季和雨季为好（图4-25）。

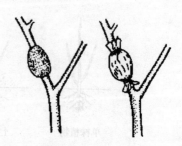

图 4-25　空中压条

左:用"基质"包扎后的情形;

右:包扎塑料薄膜

4.5　分生繁殖

分生繁殖（propagation by division）是利用植株的营养器官来完成的,即人为地将植物体分生出来的吸芽、珠芽、根蘖等,或者植物营养器官的一部分（变态茎或变态根等）进行分离或分割,脱离母体而形成若干独立植株的方法。新的植株自然和母株分开的,称作分离(分株);凡人为将其与母株割开的,称为分割。分生繁殖的新植株,容易成活,成苗较快,繁殖简便,但繁殖系数低。分生繁殖中最常见的是变态茎繁殖。

(1)匍匐茎与走茎。由短缩的茎部或由叶轴的基部长出长蔓,蔓上有节,节部可以生根发芽,产生幼小植株。节间较短,横走地面的为匍匐茎(stolon),多见于草坪植物如狗牙根、野牛草等。草莓是典型的以匍匐茎繁殖的果树。节间较长不贴地面的为走茎(runner),如虎耳草、吊兰等(图4-26)。

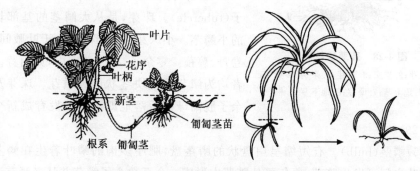

图 4-26 草莓的匍匐茎和吊兰的走茎繁殖

(2)蘖枝(offshoot)。许多植物的侧枝由主茎(或根)上长出,当侧枝生根时即形成新的植株。在园艺植物上,这些侧枝依种类不同分别称为短匍茎(offset)、冠芽(crown bud)、裔芽(slip)、根蘖(ratoon)。根蘖,有些植物根上可以产生不定芽,萌发成根蘖,与母株分开后可形成新植株(根蘖苗)。如山楂、枣、杜梨、海棠、树莓、石榴、樱桃、萱草、玉簪、蜀葵、一枝黄花等。生产上通常在春、秋季节,利用自然根蘖进行分株繁殖(图4-27)。

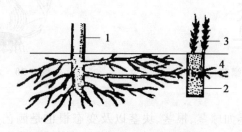

图 4-27 梨树断根繁殖根蘖苗
1.母株;2.开沟断根后填入土;3.切断口发生根蘖;4.根蘖发根状况

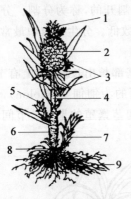

图 4-28　菠萝植株形态

1.冠芽；2.果实；3.裔芽；4.果柄；5.吸芽；
6.地上茎；7.蘖芽；8.地下茎；9.根

（图 4-29）。

（3）吸芽（sucker）。吸芽是某些植物地下茎的节上或地上茎叶腋间发生的一种芽状体，吸芽的下部可自然生根，故可形成新株。菠萝的地上茎叶腋间能抽生吸芽（图 4-28）；香蕉的地下茎上及多浆植物中的芦荟、景天、拟石莲花等常在根际处着生吸芽。

（4）珠芽（bulbil）、小珠芽（bulblet）及零余子（tubercle）。珠芽，是从大鳞茎的基部长出的小鳞茎。小珠芽，亦称珠芽，生于叶腋间，如卷丹、薯蓣。零余子，生于花序中，如山蒜。二者均为鳞茎状或块茎状的肉质芽。珠芽及零余子脱离母株后落地即可生根发育成新个体

（5）鳞茎（bulb）。有短缩呈扁盘状的鳞茎盘，肥厚多肉的鳞叶着生在鳞茎盘上，鳞叶之间可发生腋芽，每年可从腋芽中形成一个至数个子鳞茎并从老鳞茎旁分离开。百合、水仙、风信子、郁金香、大蒜、韭菜等可用此法繁殖（图 4-30）。

图 4-29　卷丹的鳞茎与珠芽

图 4-30　水仙的鳞茎

另外，地下变态茎如球茎、根茎、块茎以及变态根也是园艺植物分生繁殖的主要器官（见第 3 章）。唐菖蒲的球茎（图 4-31）、虎尾兰的根状茎（图 4-32）等常用于繁殖。

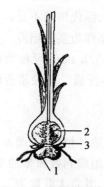

图 4-31 唐菖蒲的球茎

1. 老球；2. 新球；3. 子球

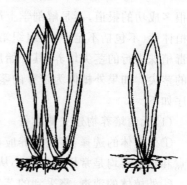

图 4-32 虎尾兰的根状茎

4.6 组织培养

4.6.1 组织培养的应用

近年来,随着组织培养技术的不断发展,其应用的范围日益广泛,主要是以下几方面。

①无性系的快速大量繁殖:如采用茎尖培养的方法,1 个兰花的茎尖 1 年内可育成 400 万个原球茎,1 个草莓茎尖 1 年内可育出成苗 3 000 万株。目前,兰花、马铃薯、柑橘、香蕉、菠萝、香石竹、马蹄莲、玉簪等多种园艺植物,均已采用组织培养进行快速繁殖。

②培育无病毒苗木。

③繁殖材料的长距离寄送和无性系材料的长期贮存。

④细胞次生代谢物的生产,并应用于生物制药工业。

⑤细胞工程和基因工程等生物技术育种。

⑥遗传学和生物学基础理论的研究。尤其是在离体快速繁殖和无病毒苗木繁育方面为园艺植物的繁殖拓宽了途径。

4.6.2 茎尖培养

茎尖(shoot tip)是园艺植物离体培养中最常采用的材料之一,是由茎端分生组织和几枚叶原基所构成的部分。茎尖培养是器官培养的一种,器官培养还包括块茎、球茎、叶片、子叶、花序、花瓣、子房、花托、果实、种子等的培养。目前茎尖培养很多成功的报道,不是解剖学上严格的茎尖或开始是、继代培养不是。一般把由外植体芽(不包括不定芽)在组织培养下直接诱发生长都称为茎尖培养。为获得无病毒植株进行的茎尖培养,其开始所取外植体仅 0.1～0.5 mm,可称为严格意义上的茎尖。如果外植体为带芽的茎段,则也可称为微体扦插。茎尖培养的方法和程序如下。

(1)无菌培养物建立的准备。

①外植体的选择:茎尖培养应在旺盛生长的植株上取外植体,未萌发的侧芽生长点和顶端芽均是常用的。大小从 1～5 mm 茎端分生组织到数厘米的茎尖。

②外植体的消毒:将采到的茎尖切成 0.5～1 cm 长,并将大叶除去。休眠芽先剥除鳞片。一般将材料冲洗干净后,先放入 70% 酒精中数秒钟,取出后放入氯酸钠消毒 10～30 min,即可达到灭菌目的(不同植物材料消毒时间和浓度有所不同)。

③组织的分离:在剖取茎尖时,要把茎芽置于解剖镜下,左手用镊子将其按住,右手用解剖针将叶片的叶原基去掉,使生长点露出来,通常切下顶端 0.1～0.2 mm(含一个两个叶原基)长的部分作培养材料,切口向下接种在培养基上,切取分生组织的大小,由培养的目的来决定。要除去病毒,最好尽量小些。如果不考虑去除病毒,只注重快速繁殖,则可取 0.5～1 cm 长的茎尖,也可以取整个芽。

(2)培养技术。

①培养基制备:物种不同,适用的培养基也不同。近年来,多数茎尖培养均用 MS 作为基本培养基,或修改,或补加其他物质。

②培养条件:接种于琼脂培养基上的茎尖,应置于有光的恒温箱或照明的培养室中进行培养,每天照光 12～16 h,光照强度 1 000～5 000 lx,培养室的温度是 (25 ± 2)℃。但是有些植物的离体培养需要低温处理以打破休眠,使外植体启动萌发。如天竺葵经 16℃低温处理可以显著提高茎尖培养的诱导率及其增殖率。

③接种:外植体经过严格的消毒,培养基经过高压灭菌后,在超净台或接种箱内进行无菌操作。无菌接种外植体要求迅速、准确,暴露的时间尽可能短,防止外植体变干。

④继代培养:茎长至 1 cm 以上的可以切下,转入生根培养基中诱导生根,余下的新梢,切成若干小段,转入增殖培养基中培养 30 d 左右,或当新梢高 1～2 cm 时,又可把较大的切下生根,较小的再切成小段转入新培养基,这样一代一代继续培养下去,既可得到较多新梢以诱导生根,又可维持茎尖的无性系。

⑤诱导生根并形成完整植株:这一过程培养的目的是促进生根,逐步使试管植株的生理类型由异养型向自养型转变,以适应移栽和最后定植的温室或露地环境

条件。有 3 种基本的方法诱导生根：(a)将新梢基部浸入 50 mg/L 或 100 mg/L IBA 溶液中处理 4～8 h,然后转移至无激素的生根培养基中；(b)直接移入含有生长素的培养基中培养 4～6 d 后转入无激素的生根培养基中；(c)直接移入含有生长素的生根培养基中。上述 3 种方法均能诱导新梢生根,但第 3 种方法对幼根的进一步生长似有抑制作用。

⑥小植株移栽入土：试管苗的移栽应在植株生根后不久,细小根系尚未停止生长之前及时移植。移植前一两天,要加强光照,打开瓶盖进行炼苗,使小苗逐渐适应外界环境。

4.6.3　无病毒苗的培育

近年来,病毒病的危害给园艺生产带来巨大损失,草莓病毒曾使日本草莓严重减产,几乎使草莓生产遭到灭顶之灾；柑橘衰退病曾经毁灭了巴西大部分柑橘园,圣保罗州 80% 的甜橙因病毒死亡。迄今尚无有效药剂和处理可以治愈受侵染的植物,所以通过各种措施来培育无病毒苗木是预防病毒病的重要途径。

(1)获得无病毒苗的技术。

①通过热处理法获得无病毒苗木：热处理之所以能脱除病毒的依据是病毒和寄主细胞对高温的忍耐性不同,利用这个差异,选择一定的温度和时间,就能使寄主体内病毒的浓度降低,运行速度减缓或失活,而寄主细胞仍能正常存活,从而达到治疗的目的。热处理可通过热水浸泡或置于湿热空气中进行,在 35～40℃ 下处理一段时间即可,处理时间的长短,可由几分钟到数月不等。

②茎尖培养脱毒：据研究,植物体内某一部分组织器官不带病毒的原因是分生组织的细胞生长速度快,病毒在植物体内繁殖的速度相对较慢,而且病毒的传播是靠筛管组织进行转移或通过胞间连丝传递给其他细胞,因此病毒的传递扩散也受到一定限制,这样便造成植物体的分生组织细胞没有病毒。根据这个原理,可以利用茎尖培养来培育无病毒苗木。

③茎尖嫁接脱毒：茎尖嫁接(shoot tip grafting,STG)是组织培养与嫁接方法相结合,用以获得无病毒苗木的一种新技术,也称为微体嫁接(micrografting)或微芽嫁接。它是将 0.1～0.2 mm 的茎尖(常经过热处理之后采集)作为接穗,在解剖镜下嫁接到试管中培养出来的无病毒实生砧木上,并移栽到有滤纸桥的液体培养基中,茎尖愈合后开始生长,然后切除砧木上发生的萌蘖。生长 1 个月左右,再移栽到培养土中。这种方法脱毒效果好,遗传变异小,无生根难问题,已成为木本果树植物的主要脱毒方法。

④珠心胚脱毒：柑橘的珠心胚一般不带病毒,用组织培养的方法培养其珠心

胚,可得到无病毒的植株。培养出来的幼苗先在温室内栽培两年,观察其形态上的变异。没有发生遗传变异的苗木可作为母本,嫁接繁殖无病毒植株。珠心胚培养无病毒苗木简单易行,其缺点是有 20%～30% 的变异,童期长,要 6～8 年才能结果。

⑤愈伤组织培养脱毒法:通过植物器官或组织诱导产生愈伤组织,然后从愈伤组织再诱导分化芽和根,长成植株,可以获得脱毒苗,这在天竺葵、马铃薯、大蒜、草莓、枸杞等植物上已先后获得成功。

(2)无病毒苗的鉴定。

①指示植物法:用嫁接或摩擦等方法接种于敏感的指示植物上,观察是否发病,不发病者为无病毒苗。此法简便,不需贵重的仪器设备。

②电子显微镜鉴定法。

③酶联免疫吸附法(ELISA)。

思 考 题

1.园艺植物繁殖的主要方式有哪些? 简述它们的特点与应用。

2.影响种子发芽的因素有哪些?

3.简述园艺植物种子播前处理的主要措施。

4.影响嫁接成活率的因素有哪些?

5.简述促进插条生根的技术措施。

6.什么是压条繁殖? 简述直立压条的方法。

7.什么是分生繁殖? 变态茎繁殖的类型有几种?

8.简述园艺植物茎尖培养的方法和程序。

9.简述获得无病毒种苗的几种主要措施。

5 园艺植物品种改良

【内容提要】

- 园艺植物品种改良的途径、任务和目标
- 种质资源的概念、类别及主要工作内容
- 引种的原理和程序
- 选择育种的基本方法和程序
- 有性杂交育种:常规杂交育种、远缘杂交育种、杂种优势利用
- 其他育种途径:辐射育种、化学诱变育种、倍性育种、生物技术育种、航天育种
- 良种繁育和种子、种苗检验

优良品种是园艺植物生产的基础。所谓品种(cultivar),是对栽培植物和饲养动物而言的,即"具有在特定条件下表现为不妨碍利用的优良、适应、整齐、稳定和特异性的家养动植物群体"。优良性、适应性、整齐性、稳定性和特异性是园艺植物品种的 5 大属性。对于园艺植物,"优良"(elite)指群体作为品种时,其主要性状或综合经济性状符合市场要求,有较高的经济效益;"适应"(adaptability)包含对一定地区气候、土壤、病虫害和不时出现的逆境的适应和对--定的栽培管理和利用方式等的适应;"整齐"(uniformity)包括品种内个体间在株型、生长习性、物候期等方面的相对整齐一致和产品主要经济性状的相对整齐一致;"稳定"(stability)指采用适于该类品种的繁殖方式的情况下保持前后代遗传的稳定;"特异"(distinctness)指作为一个品种至少有一个以上明显不同于其他品种的可辨认的标志性状。

品种是人工进化和人工选择的产物,是重要的生产资料,有其在植物分类上的归属,往往属于植物学上的一个种、亚种、变种及变型,但又不同于植物学上的变种、变型;植物学上的变种、变型是自然选择、自然进化的产物,一般不具有品种的上述特性和作用。

园艺植物种类很多,栽培品种也有很多。因此,每个品种都有一定的适应地

区和适宜的栽培条件,即品种的"地区性"(regionality)。但是,每个品种都有一定的时效性,随着其本身性状的退化和人类新的需求的增加,品种被不断地淘汰、更新、再淘汰、再更新,即品种的"时效性"(timeliness)。因此,任何园艺植物都需要不断地进行着品种改良。而品种改良的目标也随历史的发展不断变化着。现阶段园艺植物品种改良的目标主要包括以下几个方面:(a)提高产量。(b)改善品质。(c)提高抗病虫能力。(d)提高抗逆性和适应性。(e)适宜机械化栽培。(f)适宜设施栽培等。

品种改良的途径主要有引种、选种、育种(包括杂交育种、倍性育种、诱变育种、生物工程育种等);其次,种质资源工作及良种繁育工作也是品种改良的一部分。因此,品种改良的任务是:(a)利用自然变异、品种间杂交、远缘杂交、杂种优势和人工诱变等变异途径,按照一定目标选择培育新品种。(b)采用多、快、好、省的新技术和新方法繁育量多质优的种苗材料。(c)在新品种推广过程中,还要注意防止品种混杂和退化,保持良种的优良特性。

5.1　种质资源与引种

5.1.1　种质资源

种质(germplasm)是指决定生物遗传性,并将遗传信息从亲代传递给子代的遗传物质的总称,在遗传学上称为基因(gene)。遗传育种上把一切具有一定种质(基因)的生物类型统称为种质资源(germplasm resources),也称为基因资源(gene resources)或遗传资源(genetic resources)。园艺植物种质资源包括栽培种、野生种、野生和半野生近缘种,以及人工创造的新种质材料等,品种也是种质资源。就某一种园艺植物而言,还常常将其形形色色的基因总和称作基因库(gene pool)。

种质资源已经被人们视为与土壤、水和空气同样重要的第四个重要自然资源。园艺植物种质资源是发展园艺生产和开展园艺作物品种改良的物质基础。园艺植物品种改良的突破性成就决定于关键性基因资源的开发和利用。现代园艺植物生产和消费的需求日益增高,迫使园艺育种工作者在品种改良方面投入更多的工作,从而使园艺植物品种在丰产性、抗病性、适应性及品质性状方面有进一步的提高。而这些目标的实现,首先决定于所掌握的各种基因资源。种质资源的拥有量及研究水平是衡量一个国家或育种单位育种工作发展水平的重要指标之一。

5.1.1.1 种质资源的类别

(1)本地品种资源。包括古老的地方品种和当前推广的改良品种。地方品种俗称"农家品种",是长期人工选择和自然淘汰的产物,对本地气候、土壤条件及群众消费习惯有高度的适应性。因其基因型丰富,是一种重要的育种原始材料。当前推广的新品种在适应新的环境上优于地方品种,但它对本地区的一些特殊不利的自然条件的抗性和耐性有时不及地方品种。

(2)外来品种资源。是指引自外地区或外国的品种或材料,因其来自不同起源中心或生态环境,集中体现了遗传的多样性。育种上可有目的地选用某些具有有利基因的品种,通过有性杂交等手段,将有利用价值的基因导入要改良的品种中。有些来自生态型相近地区的优良品种,经试验适宜本地者也可直接推广利用。

(3)野生植物资源。栽培植物的近缘野生种和有潜在利用价值的野生植物是严酷的自然条件下长期自然选择形成的,具有广泛的适应性和较强的抗逆性(抗寒、抗热、抗旱、耐涝、抗盐碱和抗病虫害等),通过与栽培类型的远缘杂交,可将其优良的抗病虫和抗逆基因转移到栽培植物中。

(4)人工创造的种质资源。是指人工诱变产生的各种突变体、杂交创造的新类型、基因工程创造的新种质等。这些材料虽然不一定能够具有生产上直接利用的价值,但都是新品种培育或育种理论研究的珍贵遗传资源。

5.1.1.2 种质资源工作任务

种质资源工作任务包括种质资源的搜集、保存、研究和利用4个方面。

(1)种质资源的搜集。种质资源的搜集途径主要有:征集、交换、转引和考察等。

①搜集的原则:(a)明确目的和要求。搜集种质资源必须根据搜集的目的和要求,确定搜集对象、类别等,有针对性地搜集。(b)多途径搜集。通过各种途径,如采用征集、考察、转引、交换等进行搜集。(c)严格种质质量。种、苗的搜集应该遵守植物检疫制度的规定。材料要求典型、质量高、可靠,必须具有正常的生命力,有利于繁殖和保存。(d)由近及远。搜集的范围应该由近及远,根据需要先后进行。首先把本地资源中最优良的加以保存,特别是濒临灭绝的珍稀地方资源;其次从外地引种,逐步搜集到一些有价值、能直接用于生产以及特殊的遗传种质。(e)工作细致无误。搜集工作必须细致周到、清楚无误,尽量避免材料的重复和遗漏,在搜集材料时就应该很清楚地进行分门别类,对于新的类型应

不断予以补充。

②搜集的方法:为了更好地研究和利用搜集的资源材料,在搜集时必须了解种质的来源、产地的自然条件、适应性、抗逆性、栽培特点以及经济特性。所有这些都是今后制定农业技术措施的重要依据。

资源材料的主要记载项目包括编号、种类、品种、征集地点、原产地、品种来历、征集地点的自然条件、海拔高度、温度、雨量、纬度、无霜期(始霜期、终霜期)、土壤、地势、栽培特点,主要的生物学特性和经济特性(植株性状、适应性、抗逆性、产量、品质、成熟期、贮藏性、适宜用途等),主要优缺点、在原产地和征集地应用情况以及市场情况等,做好全面明确的记录和统一登记编号。

(2)种质资源保存。种质资源搜集整理后,应妥善保存,以供研究利用。保存资源实质上是保存那些携带种质植物体。它可以是一个群体、一个植株、一部分器官(如根、茎、花粉、合子或细胞)。保存过程中应保持这些材料的生命力和原有的遗传特性。种质的保存方法可分为以下 4 大类。

①种植保存:适用于各种园艺植物,最适宜多年生园艺植物,尤其是长期无性繁殖和基因高度杂合的果树。种植保存又可分为产地就地保存、自然保护区保存、植物园保存和种质资源圃保持等。

②种子保存:多采用"种质资源库"(简称"种质库")保存,最适宜以种子为繁殖材料的园艺植物。贮藏保存时间长短与作物种类及贮藏条件有关。降低种子含水量和环境湿度、降低环境温度和氧气含量、控制环境微生物和鼠虫危害均可延长贮藏时间。种质库根据贮藏年限可分为 3 类:一是短期库,温度 15~20℃,相对湿度 45%,一般种子可保存 3~5 年;二是中期库,温度 1~3℃,相对湿度 45%,贮期 25 年;三是长期库,温度−15℃,相对湿度 30%,贮期 70~100 年。隶属于中国农业科学院的国家作物种质库长期保存 150 余种作物,36 万份种质资源。中国农业科学院蔬菜花卉所的国家蔬菜中期库保存蔬菜 2.8 万份;中国农业科学院郑州果树所的国家西甜瓜中期库保存西瓜、甜瓜 1 500 份。

③试管离体保存:最适合保存突变材料、单倍体、多倍体和雄性不育材料等,分生组织或茎尖也是较为理想的保存材料,通过试管离体保存,可以产生和维持无病毒材料,繁殖潜力大。从理论上讲,保存材料能够通过有规律地补充营养而无限地维持着,需要时,再利用它来大量繁殖,是组织培养技术在育种上的应用。

④基因文库保存:基因文库保存是利用 DNA 重组技术,将种质材料的总DNA 或染色体所有片段随机连接到载体(如质粒、病毒等)上,然后转移到寄主细胞(如大肠杆菌、农杆菌)中,通过细胞增殖,构成各个 DNA 片段的克隆系。在超

低温下保持各无性繁殖系的生命,即可保存该种质的 DNA。

(3)种质资源研究。收集、保存种质资源是为了有效地利用它们。要做到这一点,就必须对所收集的资源材料进行性状鉴定和应用基础理论研究,建立起完备的种质资源档案。种质资源的研究一般包括以下几个方面。

①一般特征、特性的观察和鉴定:在一般的田间试验条件下,系统考察各种资源的物候期、生物学特性、对病虫害及逆境的反应等。为了真实地反应各种资源的特点,田间种植条件及栽培管理措施应相对一致,同时每种性状都应有明确且统一的考察记载标准。对于在一般田间条件下难以准确鉴别的某些形态特征、生理特性或抗逆性,必须在特别控制的条件下进行鉴定。

②性状遗传规律研究:深入研究主要经济性状的遗传规律、性状相关以及控制某一性状的基因类型等。要注意不同植物、不同品种同一性状的遗传特点不尽相同。同时还要注意潜在基因资源的研究。

③分类学及亲缘关系研究:从植物形态、解剖结构、生理生化及细胞学和分子生物学等方面进行分类学研究。研究栽培植物与野生近缘种在植物分类上和进化上的关系,确定种间、亚种间、变种间及品种间的亲缘关系,这对于制订育种计划和计划的实施都有密切关系。

④种质分析与标记:在研究清楚种质资源的亲缘关系后,要对每一种种质资源进行分析,搞清楚种质的特性,对重要的性状要进行标记。

(4)种质资源利用。通过对种质资源进行充分研究后可有针对性地加以利用。利用方法大致有以下 3 种。

①直接利用:那些经济性状优良又适应当地气候条件,满足生产和消费需要的资源材料,可直接利用。

②间接利用:从外地或外国搜集的资源材料,对当地环境及气候条件不适应,但它们可能含有一些当地品种所不具备的优良性状,可采用有性杂交途径用于改良当地的品种。

③潜在利用:对于一些暂时不能直接或间接利用的材料也不可忽视,随着育种工作研究的深入和鉴定技术的提高,可以发现其潜在基因资源而发挥其独特的利用价值。

5.1.2 引种

引种(introduction)是指通过从外国或外地区搜集、引进栽培品种或种质材料,通过试验鉴定,选择具有优良性状的品种或品系繁育推广,成为本地的品种或种质材料的过程。在这个过程中,植物对新的生态环境的反应大致有两种类型:一种类型是由于植物本身适应性广,以致不改变遗传性也能适应新的环境条件,或者是原分布区与引入地的自然条件相差较小,或引入地的生态条件更适合该植物生长,这就是"简单引种"(introduction);另一种类型是植物本身的适应性很窄,或引入地的生态条件与原产地的差异太大,植物生长不正常甚至死亡,但是经过精细的栽培管理或结合杂交、诱变、选择等改良植物的措施,逐步改变其遗传性以适应新的环境,使引进的植物正常生长,这就是"驯化引种"(domestication)。生产性引种则是从当前生产需要出发,从外地区或外国引进新的品种或类型,经适应性试验,直接推广应用于本地。我们通常说的引种多指生产性引种。

引种是对现有资源的选择利用,对解决生产上、消费上对品种的需求来说,具有简单易行、迅速见效的特点,是实现良种化的一个重要手段。引种也是短期内丰富品种类型的捷径,如果树中,日本的"红富士"苹果、美国的"凯特"杏、乌克兰的大樱桃等;蔬菜中,日本"蜜世界"洋香瓜、瑞士"雪球"菜花以及樱桃番茄、西洋芹菜、石刁柏等;花卉中,荷兰的郁金香、法国的高山杜鹃等,都是直接从国外引种的。

5.1.2.1 引种原理

生态环境相似论是引种的基本理论。植物的生长环境包括了其生存空间里的一切条件。而构成这些条件中对植物生长发育有明显影响的因素称为生态因子,如气候、土壤、生物、地理及人文环境等。这些因子相互影响、相互制约,共同对植物起作用,这样的复合体就构成了生态环境。在相似的生态环境下长期种植的植物易形成相似的生态类型。

在诸多生态因子中,气候是影响引种的最重要因子,因此,引种中也有气候相似论之说。从引种地区所处地理位置来考虑,不同地理纬度(南、北差别)的气候差异要比不同地理经度(东、西差别)要大。地理纬度不同造成的气候差异主要有日照时数不同、温度不同、降雨量和湿度不同,这三大要素直接关系到引种工作的成败。

5.1.2.2 引种程序

引种程序包括引种目标的确定、引种材料的搜集、引种材料的检疫、引种材料的驯化及选择和引种试验5个方面。

(1)引种目标的确定。引种应坚持"既积极又慎重"的原则,首先建立在对当地生产和消费需要的充分调查和了解的基础上,针对当前生产和消费的需求,有目的地引进急需的品种。

(2)引种材料的搜集。在对所引材料的育种历史及研究现状、生态类型及生产水平充分了解的基础上,借鉴前人引种的经验教训,应尽量实地考察,掌握第一手资料。从生育期、主要生态因子及分布范围等方面综合估计哪些品种类型能适应本地区的生态环境和生产要求,从而确定收集的品种类型。

(3)引种材料的检疫。为了避免外国或外地园艺植物病、虫、杂草检疫对象随引种材料进入本地,应严格执行中国政府颁布的动植物材料检疫法规,依法对材料进行必要检疫,并在专设的检疫圃内隔离种植观察,发现问题应及时进行处理,不得随意向外扩散。

(4)引种材料的驯化及选择。生态环境的改变会促进变异的产生,异地类型在当地种植驯化过程中,有的会提高品质或改进其他性状,野生园艺植物通过驯化也能提高其栽培的利用价值。选择的方法主要有:提纯复壮,在保持原品种典型性基础上去杂去劣;通过单株选择,不断改进提高,加强典型性状。如山东从广东的节瓜中选出了适合当地生长的新品系;上海把野生荠菜驯化成碎叶和阔叶两个栽培新类型。

(5)引种试验。引种能否成功,需经引种试验的检验才能下结论。在保证生产条件一致、管理相同的基本前提下按 3 个步骤进行。

①观察试验:以当地主栽品种为对照,对引进品种进行小面积试种观察,初步鉴定其对本地区生态条件的适应性和在当地生产上应用的可行性。

②品种比较和区域试验:参加面积较大且有重复的品种比较试验和多点试验,所谓多点,即点与点之间应有相当距离或生态条件差异性,以做出更精确的比较鉴定,筛选出最优品种及适宜推广的地区范围。

③栽培试验:在通过上述两类试验后,根据所掌握的品种特性,制定出相应栽培技术措施,推广应用。

5.1.2.3 生物入侵

某种生物由原生存地自然传入或者人为引种后变成野生状态,并且对入侵地的生物多样性、农林牧渔业生产及人类健康造成一定危害的现象称为生物入侵(biological invasion)。

中国已成为外来生物入侵最严重的国家之一,中国生态环境部发布的《2019中国生态环境状况公报》显示,全国已发现 660 多种外来入侵物种,其中 215 种已入侵国家级自然保护区。71 种对自然生态系统已造成或具有潜在威胁并被列入《中国外来入侵物种名单》。

危害最严重的植物有凤眼莲、一枝黄花、紫茎泽兰、大米草、薇甘菊、空心莲子草、豚草、毒麦、假高粱等;危害最严重的害虫有美国白蛾、松材线虫、马铃薯甲虫、松突圆蚧、稻水象甲等;危害严重的病害有马铃薯癌肿病、甘薯黑斑病、大豆病、棉花黄萎病;危害严重的动物有福寿螺、非洲大蜗牛等。

5.2　选种

选择育种(selection breeding)也常简称选种(selection)。就是利用现有种类、品种在繁殖或栽培生产过程中产生的自然变异,通过人工选择的方法培育成稳定新品种的育种途径。选种方法简便有效,多用于本地或引入品种的进一步改良提高。我国绝大多数古老地方品种及一部分近代育出品种都是通过选种育成的。

5.2.1　选种的遗传学基础

遗传中的变异及变异后的遗传是选择育种得以成功的基础。首先是变异的客观存在决定了生物体进化提高的可能性。生物在有性繁殖过程中常因自然杂交发生染色体组分的改变;在无性繁殖过程中,体细胞中遗传物质也会发生基因的点突变(芽变),均可导致子代与亲代某些性状上的不同,这和自然界生物的总体进化是密切相关的。由于发生的突变多在遗传物质中,具有可复制和可遗传的特征,使有益突变得以保持。选择育种就是利用了生物体在长期生长繁殖过程中绝对的变异和相对的遗传这一矛盾对立统一体,达到培育新品种的目的。

5.2.2　选种的方法

5.2.2.1　两种基本选择法

(1)混合选择法(mass selection)。又称表型选择法。是根据植株的表型性状,从原始群体中选取符合选择标准的优良单株混合留种,下一代混合播种在混选区内,相邻栽植对照品种(当地同类优良品种)及原始群体的小区进行比较鉴定的选择法。

①一次混合选择法:是对原始群体进行一次混合选择。当选择的群体表现优于原群体和对照品种时即可进入品种预备试验圃。

②多次混合选择法:在第一次混合选择的群体中继续进行第二次混合选择,或在以后几代连续进行混合选择,直至产量比较稳定、性状表现比较一致并胜过原群体和对照品种为止。

（2）单株选择法（individual selection）。是个体选择和后代鉴定相结合的选择法，故又称系谱选择法或基因型选择法，是按照选择标准从原始群体中选出一些优良的单株，分别编号，分别留种，下一代单独种植成一个小区形成株系（一个单株的后代），根据各株系的表现，鉴定各入选单株基因型优劣的选择法。

①一次单株选择法：单株选择只进行一次，在株系圃内不再进行单株选择。通常隔一定株系种植一个小区的对照品种。株系圃通常设二次重复。根据各株系的表现淘汰不良株系，从当选株系内选择优良植株混合采种，然后参加品种预备试验。

②多次单株选择法：在第一次株系圃选留的株系内，继续单株选择，分别编号、分别采种，播种成第二次株系圃，比较株系的优劣。如此反复进行。实践中究竟进行几次单株选择，主要根据株系内株间的一致性程度而定。

5.2.2.2　园艺植物的繁殖方式与常用选择方法

园艺植物的繁殖方式不同对后代遗传变异的影响不同，采用的选择方法也有所差别。园艺植物的繁殖方式总的可分为有性繁殖和无性繁殖两大类。

（1）有性繁殖植物的选择方法。根据园艺植物有性繁殖过程中授粉方式的不同，可将其分为自花授粉、常异花授粉和异花授粉植物。

①自花授粉植物的选择方法：自花授粉植物的天然杂交率小于5%，如花卉中的凤仙花、紫罗兰、金盏菊、香豌豆和蔬菜中的大多数豆类及番茄、茄子等。这类植物大多为纯合基因型个体，在栽培或繁殖过程中发生的变异类型通过少数几次单株选择即可纯合稳定，因此，自花授粉植物多用1~3次单株选择即可。

②常异花授粉植物的选择方法：常异花授粉植物是指以自花授粉为主，但又伴随相当高异花授粉比率（5%~20%自然异交）的植物，如蚕豆、辣椒和芥菜等。这类植物虽以自花授粉为主，但伴有相当比例的异交，其基因型杂合度比自花授粉作物高得多。由于多代自交不会发生生命力衰退，为提高选择效果，最适宜多次单株选择法。

③异花授粉植物的选择方法：异花授粉植物（自然异交率大于50%）是一类开花结实习性差异较大的植物群体。视混杂退化的程度及是否多代自交会发生生命力衰退，常采用混合与单株选择结合进行，有时也用一些派生选择法，如母系选择法、集团选择法等。

单株-混合选择法：先进行一次单株选择，淘汰劣系和优系中的劣株，使选留植株自由授粉，混合采种，以后再进行一次或多次混合选择。

混合-单株选择法：先进行几次混合选择后，再进行一次单株选择。进行单株选择时,株系间要隔离,株系内去杂去劣后任其自由授粉混合采种。

母系选择法:是对异花授粉植物不进行隔离的单株选择法,该方法是依据母本的性状进行的,而对花粉来源未加选择控制,常用于甘蓝、大白菜等蔬菜。

集团选择法:从原始群体内根据不同的特征特性(如植株高矮,花的大小、颜色,果实性状、颜色,成熟期等)选出优良单株,把性状相似的优良单株归并到一起,形成几个集团。集团内混合采种,集团间分别播种成小区,集团内自由授粉,集团间隔离,与标准品种进行比较鉴定,淘汰不良集团。当选集团在下一代继续进行比较时,仍按上述原则进行,直至选出新品种。

(2)无性繁殖植物的选种方法。无性繁殖植物的无性系群体中可能出现的芽变及其有性后代所存在的分离和变异均为选择优良品种提供了机会。无性繁殖园艺植物的选种方法主要有芽变选种和实生选种。

①芽变选种:芽变选种是指对由芽变发生的变异进行选择,从而育成新品种的选择育种法。无性繁殖植物的变异多以体细胞自然突变发生。变异的体细胞发生于芽的分生组织或经分裂、发育进入芽的分生组织,就形成变异芽,只有当变异的芽萌发成枝,乃至开花结果以后,表现出与原品种的性状有明显差异时,才易被发现。所以芽变总是以枝变的形式出现。这种变异的枝芽有时在被人们发现前,已被无意识地用于无性繁殖,当长成新的植株时才被首次发现的这种变异植株称为株变。

芽变具有嵌合性、多样性、同源平行性及性状的局限性和多效性的特点。

芽变经常发生以及变异的多样性,使芽变成为无性繁殖植物产生新变异的丰富源泉。芽变产生的新变异,既可直接从中选育出新的优良品种,又可不断丰富原有的种质库,给杂交育种提供新的资源。芽变选种的突出优点是可对优良品种的个别缺点进行修缮,同时基本保持其原有综合优良性状。所以一经选出即可进行无性繁殖提供生产利用。

判断芽变的依据:在木本园艺植物芽变选种中,选择对象常常是单枝或单株。当发现一个变异后首先要分析它是芽变还是环境变化而引起的非遗传变异(饰变)。分析一般依据以下几个方面:(a)变异性状的性质。质量性状一般不会因环境条件的影响而表现出明显的质的差别,所以典型的质量性状发生变异其芽变的可能性就比较大。(b)变异体的范围。变异体常表现出枝变、株变和多株变异三种情况,如果是枝变,且表现出典型的扇形嵌合体的特征,即可肯定为芽变;如果是多株变异,且发生在不同立地、不同技术条件下,也可肯定为芽变。(c)变异的方向和变异性状的稳定性。非遗传性的变异常常与环境条件的变化相一致,而芽变一般看不出与环境条件有明显的关系。(d)变异性状的变异程度。环境条件引起的非遗传变异具有一定的限度和范围,超出这一范围,就有可能是芽变。对于以嵌合体形式存在的优良芽变还需对嵌合体进行分离,以得到稳定的芽变类型。通过芽变选种培育出新的优良品种、品系,例如福建农林大学的红绵蜜柚、三红蜜柚等都是从琯溪蜜柚芽变单株中选出来的。

②实生选种:实生选种是指对园艺植物的实生繁殖群体进行选择,从中选出优良个体并建成营养系新品种的选择育种法。

与营养系相比,实生群体具有变异普遍、变异性状多而且变异幅度大的特点,在选育新品种方面有很大潜力。由于其变异类型是在当地条件下形成,一般来说它们对当地环境具有较好的适应能力,选出的新类型易于在当地推广,投资少而见效快。

实生选种对具有珠心多胚现象的柑橘类植物更具有特殊的应用价值,因为多胚的柑橘实生后代中既存在着有性系的变异,也存在着珠心胚实生系的变异。此外珠心胚实生苗还具有生理上的复壮作用。因此,对多胚性的柑橘进行实生选种,有可能获得:(a)利用有性系变异选育出优良的自然杂种,例如温州蜜柑、葡萄柚、日本夏橙等都源出于自然杂种。(b)利用珠心系中发生的变异选育出新的优良品种、品系,例如四川的锦橙、先锋橙,华中农业大学的抗寒本地早 16 号等都是从珠心苗中选出来的。(c)利用珠心胚实生苗的生理复壮作用选育出该品种的新生系,例如美国从华盛顿脐橙、伏令夏橙、柠檬中选育出的新生系均比老系表现树势旺盛、丰产稳产、适应性增强,而又保持原品种的优良品质。

5.2.3 选种的程序

和其他育种方法一样,选种也是从制定选择目标开始的,然后是围绕目标要求进行原始材料的搜集整理工作,以后则要依据选择育种的方法特点,按一定步骤,逐渐开展选种工作。由于这些工作均是在一定专门圃地中进行的,为了使程序有层次感和先后次序,以单株选择法为例(图 5-1),选种程序一般要设置原始材料圃、选种圃、品种比较试验圃、生产试验与区域试验等圃地。

(1)原始材料圃。将各种原始材料种植在代表本地区气候条件的环境中,在适当的生长发育时期,按选择标准选择优良单株或群体供株系比较圃使用。有时也直接在生产田中留意选择,不需专门设置原始材料圃。

(2)选种圃。种植从原始材料圃或当地生产田中入选的单株后代或优良群体的混合选择留种后代,并种植原始群体和对照品种。按育种目标要求进行比

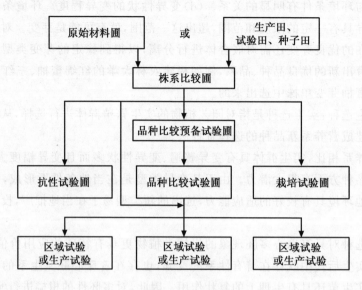

图 5-1　选种程序

较、鉴定、选择与淘汰工作,所选育的材料只有达到目标要求且遗传性稳定后,才能出圃,进入下一级工作。选种圃的工作根据选择次数的不同,可进行 1 年至几年。

(3)品种比较试验圃。种植从选种圃内入选的优良株系或混合系,按育种目标要求进行全面比较鉴定,并写出品种说明。品种比较试验必须按照正规田间试验要求进行。经 1～2 个生育周期严格筛选后入选的优良品系,可申请参加由省级以上品种审定委员会组织的区域试验。果树和观赏树木要 3 年或更长时间,以便能获得连年开花结果情况的资料。以嫁接法繁殖的果树等园艺作物,品种比较试验中都应同时进行不同砧木的比较试验。在进行正式品种比较试验前,也可根据情况提前进行品种比较预备试验,先行淘汰一些入选株系。

(4)品种区域试验和生产试验。通过品种比较试验后入选的优质品系,送往不同生态环境地区进行种植,以评价其适应性和适宜推广的地区。多年生果树品种区域试验中,应考虑到不同地区的适宜砧木问题。较大面积的生产性试验是进一步观察入选优良品种在生产条件下的综合表现,在进行生产试验的同时应进行主要栽培技术的研究与总结,以便良种良法一起推广。

5.3　有性杂交育种

有性杂交育种(sexual cross breeding)是根据品种选育目标选配亲本,通过人工杂交的手段,把分散在不同亲本上的优良性状组合到新品种中。若对杂交后的杂交种进行自交分离,选出性状优良、遗传稳定的纯合品种,则又称为组合育种(combination breeding);若杂交的目的是育成优势显著、性状整齐一致的杂种品种,则称为杂种优势利用(heterosis utilization)。

根据有性杂交育种亲本选配方式和亲缘关系远近及对杂交后代处理方式不同,可分为4种育种途径:常规杂交育种、远缘杂交育种、回交育种和杂种优势利用等。

5.3.1　常规杂交育种

因组合育种在园艺植物品种改良中普遍应用故称常规杂交育种(conventional cross breeding)。

(1)杂交亲本的选择与选配。亲本选择和选配得当,可以获得较多符合选育目标的变异类型,从而提高育种效率,事半功倍。

①亲本选择原则:明确选择亲本的目标性状,掌握目标要求的大量原始材料,亲本应具有尽可能多的优良性状,重视选用地方品种,亲本优良性状的遗传力要强。

②亲本选配原则:亲本主要经济性状互补,不同类型亲本相配组,优良性状多者做母本,质量性状至少存在于双亲之一中,用普通配合力高的亲本相配组。

(2)有性杂交方式。按参加杂交的亲本数量、次数及先后次序不同,有性杂交的方式主要有以下几种。

①单交(single cross):这是园艺植物有性杂交采用最多的方式。A×B式中,前者代表母本,后者为父本。若A×B为正交,则B×A为反交。单交只需进行一次杂交,方法简便,变异容易控制,育种时间较短。

②回交(back cross):杂交后代与亲本之一再进行杂交称为回交。在回交中,多次参加杂交的亲本称为轮回亲本(recurrent parent),只参加一次杂交的亲本称非轮回亲本(non-recurrent parent)。其回交程序见图5-2。

③多亲杂交(multiple cross):3个或3个以上亲本进行2次以上的杂交称为多亲杂交(或复交)。多亲杂交常见的有2种形式:(a)添加杂交。以2个亲本的杂

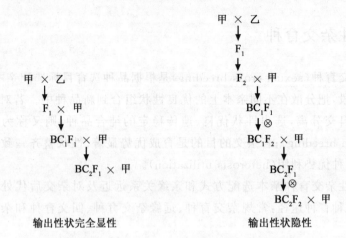

输出性状完全显性　　　　　　　　输出性状隐性

图 5-2　回交程序

交种与第 3 个亲本再杂交。它们的杂交种还可分别与第 4,5,…个亲本分别再杂交(图 5-3)。(b)合成杂交。4 个亲本分别两两相杂交后形成的两个单交种再相杂交称为合成杂交(图 5-4)。

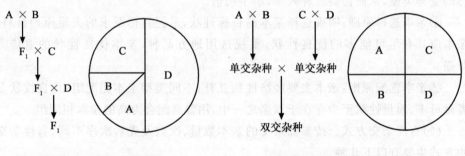

图 5-3　添加杂交示意图　　　　　　　图 5-4　合成杂交示意图
(四亲添加杂交 F_1 的核遗传组成比率)　　　(四亲合成杂交 F_1 的核遗传组成比率)

(3)有性杂交技术。对育种工作者来说,掌握熟练的有性杂交技术是最起码的要求。主要从以下几个方面注意。

①了解育种对象的基本知识:花器结构、开花习性、授粉方式、传粉媒介和雌雄蕊成熟进程等。

②培育亲本种株,选择杂交用花:种株培育的三项基本要求是生长健壮、典型

性及无病虫危害,同时采取各种措施调整亲本花期,使父母本花期相遇。选择杂交用花应根据不同园艺植物选择适当开花节位或花序,选留数量适中、健壮饱满的花蕾。

③隔离措施:为防止非目的性杂交,应采取适当的隔离措施。通常用半透明羊皮纸或硫酸纸进行花序或单花套袋隔离。

④父本花粉采集:父本花粉应从隔离条件下当天盛开花朵上取得。也可在开花前一天取回父本花蕾,取出花药干燥后取粉。

⑤母本去雄授粉:两性花园艺植物的母本在授粉前必须去除雄蕊以防自交。去雄一般在开花前一天下午进行。去雄后可以马上进行授粉,也可在第二天花开时再授粉。

⑥标记和登记:杂交后的花应挂牌标记,并建立有性杂交登记表(表5-1)。

表 5-1　有性杂交登记表

母本株号	去雄日期	授粉花数	去袋日期	果实成熟日期	结果数	结果率(%)	有效种子数	平均每果种子数	备注

⑦杂交后的管理:当柱头完全枯萎后,可除去隔离袋,以免妨碍果实生长。要加强杂交母株的管理,适时摘心、整枝,合理施肥,及时进行病虫害防治,以利杂交种子的发育,并注意观察记载。

⑧杂交种子收获贮存:为了使种子能充分成熟,杂交果实宜适当晚采。果实采收后,应放在冷凉的地方后熟,这样可提高种子的生命力。

(4)杂种后代的选择。杂种后代的选择方法有多种,在选择育种中介绍的选择方法几乎都能用。有性繁殖园艺植物的杂交后代选择常用系谱法(pedigree method)和混合选择法。究竟采用哪种方法可根据植物种类、繁殖习性、育种目标和 F_2 的分离情况灵活掌握。当 F_2 分离很大时,最好用系谱法;分离小时,用单子传代法也可取得较好的选择效果。对异花授粉植物,不宜采用系谱法,不宜连续多代自交,可以采用母系选择法或单株选择和混合选择交叉进行。

为了加快育种进程,在杂种后代的选择过程中,应用现代生物技术,利用已有的分子标记或通过试验找出目标性状的分子标记,在表型尚未充分表现出来的早期世代进行选择。

如果在 F_1 发现了杂种优势很强的组合,也可改变育种方式,采用优势杂交育种。

5.3.2　远缘杂交育种

远缘杂交(distant hybridization)是指生物分类单位种以上植物材料之间的杂交。

5.3.2.1　远缘杂交的作用

(1)提高园艺植物的抗性。利用远缘植物的野生或半野生类型对病虫和不良环境(高温、低温、干旱、洪涝、盐碱和风沙等)的抵抗能力,来改良栽培品种。

(2)提高园艺植物的品质。许多园艺植物的野生类型在某些营养物质含量上显著高于栽培类型,如干物质含量高和维生素丰富等,如枣育种中利用酸枣。

(3)创造园艺作物新类型。日本蔬菜育种学家用大白菜和甘蓝杂交育成"白蓝";德国育种学家用中国南瓜与多年生南瓜杂交获得多年生南瓜新类型。

(4)创造雄性不育新类型。有些园艺植物的栽培类型中很难找到不育株,而通过远缘杂交则容易实现。

(5)利用杂种优势。日本人发现并利用了印度南瓜与中国南瓜远缘杂交的优势;果树和花卉中可以采用无性繁殖的种类也有很多成功的实例。

5.3.2.2　远缘杂交的困难及克服

(1)杂交不亲和性。由于父母本的性器官不亲和所造成的远缘类型之间杂交不能受精结籽或结籽不正常。克服方法通常有:适当选择、选配亲和性好的亲本,染色体加倍,用介于两者亲缘关系之间的类型做杂交媒介,混合多品种花粉授粉和重复授粉,花柱短截和激素处理等。

(2)杂种不育性。远缘杂交后,虽产生受精胚,但由于受精胚与胚乳或母本的生理机能不协调而无法发育成正常种子。克服方法有:幼胚的离体培养,改善发芽和生长条件,嫁接等。如兰花、天麻的种子成熟时,胚只有 6～7 个细胞,多数胚不能成活。如在种子接近成熟时,把胚分离出来进行培养,就能生长发育成正常植株。

(3)杂种不稔性。得到的远缘杂种植株由于生理上的不协调,不能形成正常生殖器官,或虽能开花但不能结籽的现象。克服方法有:染色体加倍,与栽培类型亲本回交,蒙导嫁接,延长杂种个体寿命和多代选择提高等。柑橘类都存在大量的珠心胚,杂交后的杂种胚生命力低,而珠心胚生命力很强,从而影响合子胚的正常生长而得不到后代。

5.3.2.3　远缘杂交的分离与选择

远缘杂交的后代比种内杂交的后代具有更为复杂的分离,一般来说其分离世代更早,往往在 F_1 就出现分离现象,且性状的分离世代更长。后代中不仅出现具有双亲综合性状类型,还可出现与亲本或亲本的祖先类型相似的类型,也可能出现新物种类型。鉴于远缘杂种后代分离复杂的特点,在杂种后代的选育中,应注意扩大杂种群体的数量,增加杂种的繁殖世代,注意采用再杂交和回交等措施,以保证育种目标所期望的杂种个体出现。

5.3.3　杂种优势利用

两个基因型不同的亲本杂交所产生的杂种一代(F_1)在某一方面或多方面优于双亲或某一亲本的现象称为杂种优势(heterosis)。杂种优势是 20 世纪植物育种的一个重要成果,由于它在促进植物高产、优质、抗逆等方面的作用,这一技术很快在植物育种中广泛应用,如杂交水稻、杂交甘蓝、杂交番茄等。

(1)杂种优势的度量方法。杂种优势的表现是多方面的,为了便于研究和利用杂种优势,通常采用下列方法度量杂种优势的强弱。

①超中优势:用双亲某一性状上的平均值(中亲值)作为度量单位,用以度量 F_1 平均值与中亲值之差的度量方法。

$$H=[F_1-(P_1+P_2)/2]/[(P_1+P_2)/2]$$

式中,H 为杂种优势;F_1 为杂种一代的平均值;P_1 为第一个亲本的平均值;P_2 为第二个亲本的平均值。

②超亲优势:用双亲中较优良的一个亲本在某性状上的平均值(P_h)作为度量单位,用以度量 F_1 平均值与高亲平均值之差的度量方法。

$$H=(F_1-P_h)/P_h$$

③超标优势:以标准品种(生产上现在栽培的最优品种)的平均值(CK)作为度量单位,用以度量 F_1 与标准品种数值之差的度量方法。

$$H=(F_1-CK)/CK$$

④离中优势(平均显性度):以双亲平均数之差作为度量单位,用以度量 F_1 和中亲值之差的度量方法。

$$H=[F_1-(P_1+P_2)/2]/[(P_1-P_2)/2]$$

（2）选育杂交种品种的程序。

①自交系选育：杂种优势育种一般应首先选育自交系。所谓自交系（inbred line），是指一个单株经过连续数代自交和严格选择而产生的性状整齐一致、基因型纯合、遗传稳定的自交后代系统。自交系选育的一般方法是系谱选择法，即从优良的基本材料中选择优良单株，经过多代的连续自交和严格的单株选择获得自交系，其基本程序是：原始材料的收集、鉴定和选择；优良单株的选择与自交；逐代自交选择淘汰。优良自交系应具备配合力高、抗病性强、产量高等性状，多数优良性状是可遗传的。

②配合力测定：所谓配合力是指作为亲本杂交后 F_1 表现优良与否的能力。配合力分一般配合力（general combining ability，gca）和特殊配合力（specific combining ability，sca）两种。gca 是指一个自交系在一系列杂交组合中的平均表现，sca是指某特定组合某性状的观测值与根据双亲的 gca 所预测的值之差。用通式表示为：

$$S_{ij} = X_{ij} - u - g_i - g_j$$

式中，S_{ij} 为第 i 个亲本与第 j 亲本的杂交组合的 sca 效应；X_{ij} 为第 i 个亲本与第 j 个亲本的杂交组合 F_1 的某一性状的观测值；u 为群体的总平均；g_i（g_j）为第 i（j）个亲本的 gca。

杂交一代的杂种优势的非加性效应，只有在基因型处于杂合状态才能表现出来。因此，有些亲本本身表现很好，其杂交一代的表现不一定优良。相反，有些亲本并不特别优良，但与另一亲本杂交后代却非常优良，这是由于亲本的配合力差异所致。当 gca 高而 sca 低时，宜用于常规杂交育种；当 gca 低而 sca 高或 gca 和 sca均高时，宜用于优势育种；gca 和 sca 均低时，这样的株系和组合就应淘汰。

③配组方式的确定：配组方式是指杂交组合父母本的确定和参与配组的亲本数。根据参与杂交的亲本数可分为单交种、双交种、三交种和综合品种四种配组方式。单交种是指用两个自交系杂交配成的杂种一代，是目前应用最多的一种配组方式。其他方式的杂种优势和群体的整齐性不如单交种。因此，较少采用。

④品种比较试验、生产试验和区域试验：选出优良组合并确定配组方式后，需配制出选定组合的杂种种子，认真进行品种比较试验、区域试验和生产试验，根据其各方面的表现确定其应用价值。一般而言产量比对照（标准品种）增产 10％以上，或产量增加不明显，但其他主要经济性状有 1～2 个显著优于对照者均可认定该品种有推广价值，否则就应予以否定。

（3）杂种种子生产。选育出优良 F_1 组合后，便需每年生产供应 F_1 种子。其主要工作内容有两方面:一是亲本繁殖与保纯;二是在设置的隔离区内生产 F_1 种子。提高 F_1 杂交率是确保质量的关键,而降低生产成本是经营之本。F_1 代种子生产的方法有人工去雄制种法、利用苗期标记性状制种法、化学去雄制种法、利用雌性系制种法、利用自交不亲和系制种法以及利用雄性不育系制种法等。

5.3.4　优势育种与常规育种的异同

从遗传角度来说,优势育种利用的是目标性状基因的加性效应、上位性效应和不能固定遗传的显性效应;而常规育种则主要利用基因的加性效应和部分上位性效应,是可以固定遗传的部分。

两者的共同点是都需要选择、选配亲本并进行有性杂交。不同点是优势育种先纯化亲本基因成为自交系,再相互杂交成杂合品种;杂交一代只能在生产上使用一年,每年都需繁殖亲本,配制 F_1 种子。而常规育种则是先进行杂交,再进行基因分离重组纯合,育成定型品种;杂交后的定型品种主要搞好自繁过程中的保纯防杂工作,逐代繁殖,逐代利用。

5.4　其他育种途径

5.4.1　辐射诱变育种

辐射诱变育种(radiation breeding)是用电离射线照射生物,引起生物遗传物质的变异,通过选择和培育,从中创造出优良新品种的育种途径。

辐射诱变育种中最常用的电离射线是 X 射线、β 射线、α 射线、中子射线、紫外线和激光等。当射线通过生物体时,能引起染色体上某些构成原子的电离,当电离能量较大时,形成离子对进而导致染色体片段位移重组,产生基因突变,新产生的突变基因被复制,遗传给子代。如果这种突变是有益的,则会被选留下来,培育成新品种;突变是无益的则舍弃掉。有益突变率一般为 0.1%～0.3%。

近年来,在园艺植物上利用辐射与其他育种方法相结合得到了不少优新类型,如早熟大白菜、加工型番茄、短枝型苹果及樱桃等。

辐射诱变中应注意的问题:诱变材料必须是综合性状优良而个别性状需要改良的品种类型,处理的材料可以是种子、花粉或枝条。选择适宜的辐射剂量,适宜的剂量常因植物种类、照射器官、植物生长期和所处的生理状态以及其他许多内外因素的不同而不同。一般随着剂量的增加变异率增加,死亡率也增加。实践中多以临界剂量(被照射材料的成活率为 40% 的剂量)作为选择适宜剂量的标准。

5.4.2　化学诱变育种

采用某些特殊的"化学诱变剂"处理植物材料,诱发其遗传物质的突变,根据育种目标对这些变异进行鉴定、选择和培育,最后育成新品种,这种育种方法称化学诱变育种(chemical mutation breeding)。常用化学诱变剂有芥子气、环氧乙烷、烷基磺酸盐、5-溴尿嘧啶、2-氨基嘌呤和亚硝酸等。

诱变处理方法有种子浸渍、枝条浸渍、生长点处理等,结合组织培养技术也可处理愈伤组织、组织培养的继代苗等。

化学诱变注意事项:一般化学诱变剂都有剧毒,当诱变完成后,应及时中止药物作用,常用清水多次冲洗。正确地应用剂量和处理时间。另外,在处理环境条件中,要特别注意温度的影响。

5.4.3　倍性育种

植物细胞的染色体是遗传物质的载体,通过改变染色体组的数量或结构,产生不同的变异个体,进而选择优良变异个体培育成新品种的方法,称倍性育种(ploidy breeding)或倍数性育种,包括多倍体育种和单倍体育种。

5.4.3.1　多倍体育种

生物体细胞含有 3 个或 3 个以上染色体组的生物体称为多倍体(polyploid)。按染色体组来源不同,多倍体又可分为两类,即"同源多倍体"(autopolyploid)和"异源多倍体"(allopolyploid)。

自然界中广泛存在生物多倍体现象,园艺植物也是如此。马铃薯、菊花、草莓和香蕉等都是自然条件下形成的多倍体,三倍体无籽西瓜则是人工诱变的多倍体。和二倍体植物比较,由于多倍体染色体数目增加,使新陈代谢加快,酶活性增强,生命力提高,变异性增加,表现为更广泛的适应性;此外,多倍体植物还表现为相对的"巨大性",这类植物的组织、器官甚至整个植株都较二倍体增大,如三倍体、四倍体葡萄果粒大,四倍体萝卜主根粗大、生长旺盛、产量高;但多倍体植物的可稔性显著降低,花粉生命力下降。

目前,培育多倍体的方法主要有秋水仙素诱变多倍体、有性杂交培育多倍体、组织培养获得多倍体等,其中应用最广且效果最好的是秋水仙素诱变。

(1)多倍体诱变原理及试剂。人工诱变多倍体的方法较多,目前育种上最常用的诱变剂为秋水仙碱,是从秋水仙属花卉植物的鳞茎或种子中提出的一种生物碱。其诱变机制是:在细胞有丝分裂过程中,能阻止纺锤丝形成和赤道板的产生,从而使复制后应分配于两个新细胞中的 DNA 仍保留于一个细胞中,从而产生染色体加倍的核。

(2)多倍体诱变技术。

①处理试材选择:选材必须是植物组织细胞分裂最活跃和最旺盛的部分才有效,如萌动的种子、膨大中的芽、根尖、生长点和花蕾等。

②处理浓度与时间:植物多倍体诱变的浓度报道范围很广,这跟植物和试材发育时期有关。果树及木本观赏园艺植物多采用较高浓度(1%~1.5%),蔬菜以0.2%左右为宜。处理时间取决于试材细胞的分裂周期长短,一般12~48 h。

③诱变方法:常用水溶液处理法(种子浸渍、腋芽及生长点浸渍、滴液法、喷雾法和注射法等)和羊毛脂软膏涂芽法。

5.4.3.2 单倍体育种

凡具有配子体染色体数的植物便称为单倍体植物(haploid plant)。单倍体育种(haploid breeding)是通过单倍体培育形成纯系的植物育种方法。

单倍体在植物育种上的意义:(a)单倍体通过染色体加倍可获得纯合的二倍体和多倍体,这样可快速获得自交系,也可克服杂种性状分离。(b)有利于远缘杂种新类型的培育和稳定。(c)单倍体育种与诱变育种相结合,可以加速诱变育种的进程。

单倍体一般不能繁殖,在生产上直接利用者甚少,一般要进行染色体加倍,育成基因型纯合的二倍体(或多倍体)。其育种程序如下。

(1)花药或花粉培养。两者的培养目的都是在人工控制的温度、光照及无菌条件下,利用培养基内提供的各种营养及水分,将花药或花粉含有的单粒小孢子(含有配子体染色体数)培育成完整的单倍体植株。不同园艺植物、不同品种类型的基因型在形成单倍体植株的能力上是有差异的,因此应多选些基因类型,有助于提高成功率。

(2)单倍体植株的染色体加倍。一是自然加倍,正常情况下,在诱导单倍体花粉植株的过程中,会有少量植株自然加倍,自然加倍的植株比人工加倍者的核畸变率低。二是人工诱导加倍,用0.5%秋水仙碱液处理处在细胞分裂中的分生组织,使其新生器官的染色体加倍。

5.4.4 生物技术育种

生物技术(biotechnology)或称生物工程(biological engineering)。它是以生命科学为基础,利用生物体(或者生物组织、细胞或其组分)的特性和功能,设计构建具有预期性状的新物种或新品系,并与工程原理相结合进行加工生产,为社会提供商品和服务的一个综合性科学技术体系。由于它们在创造植物新的基因型方面有其独特的作用,因而已经成为传统育种技术的重要补充和发展。

5.4.4.1　植物组织培养

(1)植物组织培养(plant tissue culture)。植物组织培养是指通过无菌操作,将植物的组织、器官、细胞以及原生质体等接种于人工配制的培养基上,在人工控制的条件下进行培养,以获得再生的完整植株或生产具有经济价值的其他生物产品的技术。根据外植体的不同,常分为组织培养、器官培养、花药培养、小孢子培养、原生质体培养等。

细胞的全能性是细胞和组织培养的理论基础。即植物离体的体细胞或性细胞,在离体培养下能被诱导发生器官分化和再生植株的能力,而且再生植株具有与母体植株基本相同的一套遗传信息。同样,如果是已经突变的细胞组织,其再生植株则具有与已突变细胞组织相同的遗传信息。

1958 年,Stewart 和 Shautz 利用悬浮细胞从胡萝卜根中诱导分化出完整小植株,对细胞全能性假说首次得到科学验证,加速了植物组织培养的发展。1964 年,Guha 等从曼陀罗花药培养出单倍体植株。1970 年,Kameya 等利用花粉培养获得单倍体植株。1971 年,Takebe 等首次从烟草原生质体获得再生植株。1972 年,Carlson 等获得第一个烟草种间体细胞杂种植株。在愈伤组织水平、单个细胞水平、单个生殖细胞水平、原生质体水平和体细胞杂种水平都获得了完整植株,至此,充分证实了植物细胞的全能性。

植物组织培养可有效克服远缘杂交的一些障碍,获得体细胞杂种,扩大变异范围,加速亲本材料的纯化。此外,组织培养还可快速进行无性繁殖而获得脱毒苗,将种质资源放在试管中保存,作为外源基因转化的受体系统。

(2)植物组织培养的应用。

①抗病育种上的应用:利用病菌毒素作为筛选剂进行抗病突变体的筛选是一种有效的抗病育种方法。Behnke 等在含有马铃薯晚疫病(Phytophthora infestans)的培养滤液的培养基上进行多次筛选,获得的抗病再生植株病斑面积缩小25％。Sacristan(1982)、Hammesschlag(1984)分别对油菜黑脚病菌和桃穿孔病菌进行了抗病突变体筛选,获得了较好效果。

②抗除草剂:该方面研究的主要目的是使作物抗除草剂,便于除草剂在田间的应用。

③耐旱:人们早就认识到节水是未来农业发展中的一大要求,抗旱育种也显得十分重要。

④其他方面的应用:在耐低温、抗氨基酸或氨基酸类似物、抗重金属、耐盐等突变体筛选方面也有大量的应用。

5.4.4.2 基因工程

基因工程(gene engineering)就是按照预先设计的生物施工蓝图,把人们需要的某种基因(目的基因),转移到需要改造的植物细胞中去,使目的基因在那里整合和表达,从而获得新性状,形成新类型。这项技术使不同种类生物体的目标性状能互相交换。传统杂交亲本可供选择的范围有限,而基因工程能使 DNA 重组在更为广阔的范围内进行,可望创造出划时代的新品种。而且,传统的杂交育种在以野生种为亲本时,在导入有利性状的同时也会导入某些不利基因,而基因工程只导入必要的性状。此外,基因工程可望使作物品种改良的周期缩短。由于基因工程的这些特点,它已经成为生物技术中最有吸引力的领域。

植物基因工程的基本步骤包括:目的基因克隆;目的基因的改造及改造基因型基因与载体 DNA 分子的体外重组;将重组 DNA 分子引入受体细胞,转化细胞的筛选与转基因植株的再生,转基因植株鉴定。

目前,植物基因工程品种不断涌现。如耐贮番茄、抗除草剂油菜和大豆、抗虫甘薯、玉米和棉花、多色康乃馨等已经开始大田试验。

5.4.4.3 分子标记

(1)分子标记(molecular marker)。分子标记是指可以明确反映遗传多态性的生物特征,是一种通过遗传物质 DNA 序列的差异来进行标记的遗传标记形式。分子标记可以帮助人们更好地研究生物的遗传和变异规律。在园艺植物育种中通常将与育种目标性状紧密连锁的分子标记用来对目标性状进行追踪选择,以提高选择效率。近 10 多年来,直接检测 DNA 的分子标记技术得以迅速发展和应用。与其他遗传标记相比,分子标记具有如下优点:(a)直接以 DNA 的形式表现,不受组织类别、发育时期、环境条件等干扰。(b)数量极多,可遍及整个基因组。(c)多态性高。(d)不影响目标性状的表达,与不良性状无必然的连锁遗传现象,表现为中性。

目前较广泛应用的分子标记技术有 RFLP(restriction fragment length polymorphism,限制性酶切片段长度多态性)、RAPD(randomly amplified polymorphic DNA,随机扩增多态性 DNA)、AFLP(amplified fragment length polymorphism,扩增片段长度多态性)、SSR(simple sequence repeats,简单重复序列)、VNTR(variable number of tandem repeats,数目可变串联重复多态性)、AP-PCR(arbitrarily primed polymerase chain reaction,任意引物 PCR)、DAF(DNA amplification fingerprinting,DNA 扩增指纹印迹)、STS(sequence tagged sites,序列标志位点)、SCAR(sequence-characterized amplified region,序列特异性扩增区)、SNP(single nucleotide polymorphism,核苷酸多态性)等。分子标记技术在杂种

鉴定、遗传多样性检测、系谱解析和亲缘关系分析、遗传图谱构建等领域有广阔的应用前景。

（2）分子标记辅助育种。以 DNA 多态性为基础的分子标记，目前已在作物遗传图谱构建、重要农艺性状基因的标记定位、种质资源的遗传多样性分析与品种指纹图谱及纯度鉴定等方面得到广泛应用。分子标记辅助育种更受到人们的重视。

分子标记选择育种可利用分子标记跟踪新的有利基因导入，将超过观测阈值外的有利基因高效地累积起来，为培育含有多抗、优质基因的品种提供了重要的途径。利用分子标记选择育种技术在快速累积基因方面表现出巨大的优越性。农作物有许多基因的表现型是相同的，通过经典遗传育种研究无法区分不同基因效应，从而也就不易鉴定一个性状的产生是由于一个基因还是多个具有相同表型的基因的共同作用。借助分子标记，可以先在不同亲本中将基因定位，然后通过杂交或回交将不同的基因转移到一个品种中去，通过检测与不同基因连锁的分子标记有无来推断该个体是否含有相应的基因，以达到聚合选择的目的。

随着育种目标的多样性，为了选育出集高产、优质、抗病虫等优良性状于一身的作物新品种，应考虑目标性状标记筛选时亲本选择的代表性，即最好选择与育种直接有关的亲本材料，所构建群体也最好既是遗传研究群体，又是育种群体，在此基础上，多个目标性状的聚合需通过群体改良的方法实现。不容置疑，分子标记技术赋予了群体改良新的内涵，借助于分子标记技术可快速获得集多个目标农艺性状于一身的作物新品种。

5.4.5　航天育种

通过航天飞机或宇宙飞船搭载，将植物育种材料置于地球外围空间，在失重、无氧和宇宙射线作用下，使植物遗传物质产生变异，按育种目标要求对变异株进行选择淘汰，选育成优良新品种的育种方法称为航天育种（space breeding），亦称太空育种。

航天诱变育种具有变异频率高、变异幅度大、有益变异多、变异稳定快等优点，因而在过去的几十年里一直受到国内外研究者的广泛关注。航天育种方法在有效创造罕见突变基因资源和培育植物新品种方面已发挥出越来越重要的作用，并凸显出良好的产业发展优势，目前已有"航天辣椒"和"航天西红柿"等许多园艺植物新品种育成的报道。但是，任何夸大航天育种的作用，抛弃常规育种和其他生物技术育种方法的做法都是很偏颇的，任何时候航天育种都只能是一种育种途径而已。

5.5　良种繁育和种子、种苗检验

所谓良种,是指用适合的栽培技术繁殖出的优良品种的种子。所以,良种包含两方面的含义:首先它是优良品种,再者它是优良种子,两者缺一不可,优良品种保证优良性状及其遗传稳定性,优良种子保证优良品种能充分发挥高产、优质潜力。良种繁育(seed production)就是迅速扩大新品种种子的数量和提高种子质量以满足生产需要的过程。而种子种苗的检验制度则是保证良种质量的有力措施。

5.5.1　品种退化及原因

品种退化(cultivar degeneration)是指品种在生产和繁殖过程中由于种种原因逐渐丧失其优良性状和典型性状的现象。导致品种退化的主要原因是种子或种苗在生产、加工、贮藏和运输中的机械混杂,繁育过程中不完善的隔离条件引起的生物学混杂(天然杂交),品种本身的遗传退化,自然突变,不正确的选择与留种方式等。

5.5.2　品种保纯和防止退化的方法

(1)严格执行种子收获调制的操作规程。这是防止机械混杂的主要措施。种子收获时,不同品种要分别堆放,在更换品种时,必须彻底清除前一品种残留的种子。在种株后熟、脱粒、清选、晾晒、消毒、贮藏过程中,事先都应对场所和用具进行清洁,并认真检查,清除以前残留的种子。

(2)严格繁殖隔离条件。防止天然杂交对于异花授粉的园艺植物品种特别重要。其方法是在留种时对易于相互杂交的变种、品种或类型进行隔离。隔离的方式有以下 3 种。

①机械隔离:主要应用于繁殖少量的原种种子或原始材料的保存。其方法是在开花期采取花序套袋,网罩隔离或温室隔离留种等。

②花期隔离:采用分期播种、定植、春化和光照处理等措施,使不同品种的开花期前后错开,以避免天然杂交。

③空间隔离:将容易发生杂交的品种、变种、类型之间相互隔开适当的距离进行留种即可。

(3)采用合理的选择和留种方法。对有性繁殖的园艺作物要连续定向每代进行选择,须在不同的生育阶段针对品种的典型性状进行选优汰劣,原种的繁殖宜采用株选,生产用种的繁殖可以进行片选,但必须认真去杂、去劣。对以无性繁殖为主的果树和大部分木本观赏植物,主要是淘汰母本圃内的劣变个体或枝芽。

(4)利用和创造适合品种种性表现的生育条件。我国地域辽阔,温度、光照资源及土壤条件均有很大不同,利用这一特点,可以选择最适宜的种苗繁育地点繁种。在具体的农事操作中首先应选择繁种适宜的播种期,其次是合理运用肥水管理技术、植株调整技术、病虫害防治技术等措施,以保持和加强种性。

5.5.3　品种的提纯复壮

提纯复壮(purifying and rejuvenate)还称复纯复优、选纯复优及复壮更新等,是指以某退化品种为试材,针对退化原因通过一系列的选择措施,使其恢复种性和生命力的方法。

(1)品种提纯。提纯是指将已发生混杂的品种种子,采用一定选择方法,按品种原有的典型性状加以选优去劣,从而提高品种纯度。采用合适的选择方法是提纯的关键。常用方法有以下几种。

①多次单株选择法:较适宜于自花授粉的园艺植物提纯。

②双亲系法:双株成对授粉,即从入选的优良单株中进一步选出性状更为相似的成对单株相互授粉,适宜异花授粉园艺植物提纯。

③母系选择法:适合于多代自交会使生命力衰退的异花园艺植物提纯。

④混合-单株选择法:适合于混杂群体内株间差异大的异花授粉园艺植物提纯。

⑤单株-混合选择法:适合于混杂群体内株间差异小的异花授粉园艺植物提纯。

(2)品种复壮。指通过异地繁殖、品种内交配、人工辅助混合授粉及选择等措施,使生命力和抗逆性衰退的品种得以恢复。其解决的关键是选用合适的繁殖技术措施。

①利用同品种但地区来源不同的种子和不同年份的种子等,进行品种内交配繁殖。

②利用异地采种。

③株间授粉。

④选用种株最佳部位留种。

⑤从品种选育或原种繁育单位引进未退化种子。

5.5.4　良种繁育制度

建立良种繁育制度的目的是解决繁殖用种的生产与生产用种的扩大繁殖问

题,保证当生产上发生品种退化时,能有高纯度原种提供,进行品种更新。

为保证种子数量与质量,必须建立分级繁育的制度,设置专门的采种田,按原原种、原种和良种的不同级别分别繁殖,以确保种子质量。

我国已颁布《种子法》,严格执行《种子法》是实现良种良繁、确保种子质量的保证。《种子法》中"种子"的概念包含了种子、常规无性繁殖的材料及组织培养繁殖材料等,以及木本果树和观赏树木的苗木等。

加速良种种苗的繁殖,从数量上满足推广应用的需要,是良种能尽快地在生产上发挥作用的重要环节。尤其是品种刚育成而种苗尚少时,应尽可能提高其繁殖系数。

(1)提高种子繁殖系数的措施。

①避免直播:尽可能采用育苗移栽,可节约用种量,提高繁殖系数。

②宽行稀植:可增大单株营养面积,使种株能更好地生长发育,不仅可提高单株产种量,而且可提高种子质量。

③栽培技术方面:进行植株摘心处理可促发侧枝提高产种量,进行人工辅助授粉、合理施肥,都可提高种子的产量和品质。

④利用设施栽培或特殊处理(如春化、光照处理):利用中国各地自然条件的差异,采用南种北繁,均可增加一年内的繁殖代数,从而提高繁殖系数。

⑤结合运用无性繁殖的各种方法:如茄果类、瓜类的侧枝扦插,甘蓝、结球白菜的侧芽扦插,韭菜、石刁柏、金针菜等的分株法,组织培养法等都能大大地提高繁殖系数。

(2)提高营养器官繁殖系数的措施。

①在采用其常规的营养繁殖方法的同时,充分利用器官的再生能力来扩大繁殖数量。如常规下采用嫁接繁殖的桃可同时采用嫩枝扦插法,扦插繁殖的茶花、月季可采用单芽扦插提高繁殖系数。

②以球茎、鳞茎、块茎等特化器官进行繁殖的园艺植物,通过提高这些用于繁殖的变态器官的数量以提高繁殖系数。

③组织培养技术在园艺植物快速繁殖上的成功应用,使无性繁殖植物的良种繁育能在较短时期内实现几十倍、几百倍的增殖。

5.5.5 种子、种苗检验

种子、种苗检验又叫种子、种苗鉴定,就是用科学的方法,对作物种子、种苗通过田间和室内综合分析鉴定,从而判断种子优劣,确定有无使用价值。

5.5.5.1　检验意义

(1)对不符合标准的种子限制使用。

(2)掌握种子质量状况,有利于制订种子生产与贮存计划。

(3)保证种子运输与贮藏安全。

(4)防止病虫及杂草传播。

(5)正确确定划分种子等级。

5.5.5.2　检验指标及分级标准

(1)检验指标。包括品种真实性和纯度,种子净度,发芽率和发芽势,水分含量,病虫、杂草情况等。

(2)分级标准。根据种子纯度、发芽率、水分、健康度和其他植物种子数等的检验结果,对种子批的质量进行分级,如四项指标中有一项不符合最低标准,即为不合格种子。不同作物种子分级标准有所不同(番茄种子质量分级标准见表 5-2)。

表 5-2　番茄种子质量分级标准　　　　　　　　　　　　%

类别	级别	纯度不低于	净度不低于	发芽率不低于	水分含量不高于
亲本	原种	99.9	98.0	75	8.0
	良种	99.0			
杂交种	一级	98.0	98.0	85	8.0
	二级	95.0			
常规种	原种	99.0	98.0	75	8.0
	良种	96.0			

5.5.5.3　检验方法

种子种苗的检验方法有田间检验和室内检验两种。

田间检验主要检验品种的真实性与纯度,同时对病虫害、杂草、异种作物混入程度进行调查。检验纯度应有标准样本品种做对照。

室内检验是针对播种品质,对种子、种苗的形态、解剖、物理和化学等方面进行检验,对净度、千粒重、含水量、发芽率与发芽势等进行鉴定。

(1)种子含水量测定。种子含水量是指种子中所含水分含量(100～105℃所消除的水分含量)与种子重量的百分比。它是种子安全贮藏、运输及分级的指标之一。

(2)种子净度和千粒重测定。种子净度又称种子纯净度,指纯净种子的重量占供检种子总重量的百分比。千粒重是指 1 000 粒种子的重量(g/千粒)。根据千粒重可以衡量种子的大小与饱满程度,也是计算播种量的依据之一。

(3)种子发芽力测定。种子发芽力用发芽率和发芽势两个指标衡量,可由发芽试验来测定。种子发芽率是在最适宜发芽的环境条件下,在规定的时间内(延续时间依不同植物种类而异),正常发芽的种子占供检种子总数的百分比,反映种子的生命力。发芽势是指种子自开始发芽至发芽最高峰时发芽粒数占供试种子总数的百分率,发芽势高即说明种子萌发快,萌发整齐。

(4)种子生命力测定。种子生命力是指种子发芽的潜在能力。主要测定方法如下。

①目测法:直接观察种子的外部形态,凡种粒饱满、沉实、种皮有光泽,剥皮后胚及子叶乳白色、不透明,并具弹性的为有活力的种子。若种子皮皱、发暗、粒小,剥皮后胚呈透明状甚至变为褐色是失去活力的种子。

②TTC(氯化三苯基四氮唑)法:将种子浸胀后剥皮,剖为两半,取胚完整的一半放在器皿中,倒入 TTC 溶液淹没种子,置 15~40℃黑暗条件下 3~5 h。具有生命力的种子、胚芽及子叶背面均能染色,子叶腹面染色较轻,周缘部分色深;无发芽力的种子腹面、周缘不着色,或腹面中心部分染成不规则交错的斑块。

③靛蓝染色法:先将种子用水浸泡数小时,待种子吸胀后,小心剥去种皮,浸入 0.1%~0.2%的靛蓝溶液(亦可用 0.1%曙红或 5%红墨水)中染色 2~4 h,取出用清水洗净。然后观察种子上色情况,凡不上色者为有生命力,凡全部上色或胚已着色者,则表明失去生命力。

5.6 品种登记及新品种保护

5.6.1 品种登记

为了规范非主要农作物品种管理,根据《中华人民共和国种子法》制定的《非主要农作物品种登记办法》(中华人民共和国农业部令 2017 年第 1 号文件),列入了非主要农作物登记目录的品种,在推广前应当登记。

农业农村部主管全国非主要农作物品种登记工作,制定、调整非主要农作物登记目录和品种登记指南,建立全国非主要农作物品种登记信息平台(以下简称品种登记平台),具体工作由全国农业技术推广服务中心承担。

申请者申请品种登记,应当对申请文件和种子样品的合法性、真实性负责,保证可追溯,接受监督检查。给种子使用者和其他种子生产经营者造成损失的,依法承担赔偿责任。

品种登记申请实行属地管理。一个品种只需要在一个省份申请登记。两个以上申请者分别就同一个品种申请品种登记的,优先受理最先提出的申请;同时申请的,优先受理该品种育种者的申请。

(1)品种要求。申请登记的品种应当具备下列条件:

①人工选育或发现并经过改良。

②具备特异性、一致性、稳定性。

③具有符合《农业植物品种命名规定》的品种名称。

(2)要求申请者提供的材料。申请者应当按照品种登记指南的要求提交以下材料:

①申请表。

②品种特性、育种过程等的说明材料。

③特异性、一致性、稳定性测试报告。

④种子、植株及果实等实物彩色照片。

⑤品种权人的书面同意材料。

⑥品种和申请材料合法性、真实性承诺书。

(3)登记与公告。农业农村部对符合规定并按规定提交种子样品的,予以登记,颁发登记证书;不予登记的,书面通知申请者并说明理由。登记证书内容包括:登记编号、作物种类、品种名称、申请者、育种者、品种来源、适宜种植区域及季节等。

5.6.2　新品种保护

(1)品种权。是由国家植物新品种保护审批机关依照法律、法规的规定,赋予品种权人对其新品种的经济权益和精神权益的总称。经济权益是指完成新品种的培育人依法对其品种享有的独占权,以及自己实施或许可他人生产、销售、使用并获得报酬的权利等。

(2)新品种保护。精神权益是指培育人享有该品种完成者这一身份的权利以及因完成该品种而获得相应的奖励和荣誉的权利。品种权是知识产权的重要组成部分,是植物新品种保护的核心。国际上一般对品种权的保护期限是15～20年,我国将品种权的保护期限规定为"自授权之日起藤本植物、林木、果树和观赏树木为20年,其他植物为15年"。

除利用授权品种进行育种及其他科研活动,以及农民自繁自育授权品种的繁殖材料外,未经品种权人许可,以商业目的生产或者销售授权品种的繁殖材料的,品种权人或利害关系人可以请求省级以上人民政府农业、林业行政部门依据各自的职权进行处理,也可以直接向人民法院提起诉讼。

思 考 题

1.品种的概念是什么?
2.种质资源的工作任务是什么?
3.引种与地理位置的关系如何?
4.选择育种的基本方法是什么?
5.常规育种亲本选择选配的原则有哪些?
6.杂种优势度量方法有哪些?
7.秋水仙碱诱导多倍体的机理是什么?
8.品种退化的主要原因有哪些?
9.种子、种苗的检验指标有哪些?

6 园艺植物的种植及土肥水管理

【内容提要】
- 园艺植物种植园规划
- 园艺植物种植制度
- 园艺植物栽植方式与定植
- 种植园土肥水管理

6.1 园艺植物种植园规划

园艺植物种植园在生产上通常包括果园、菜园、花圃和草坪圃等。园艺植物种类、品种繁多,栽培管理技术上各有特点,但共同之处也很多。我国许多地区的种植园是以农户种植地块延续过来的,既没有规模,也没有小区、道路、排灌系统、防护林网的规划设计。近年来,随着农业产业的发展,特别是产业基地建设和观光农业基地建设,规划设计就显得十分重要。

(1)种植园园址选择。园艺植物种植园园址选择最主要的是依据气候、土壤、水源和社会因素等,其中又以气候为优先考虑的重要条件。园址选择必须以较大范围的生态区划为依据,选择园艺植物最适生长的气候区域,在灾害性天气频繁发生而目前又无有效办法防止的地区不宜选择建园。

蔬菜和花卉都是对肥水需求比较迫切的植物,需选择肥沃的平地建园,有水源条件。同时,平地建园时应考虑地下水位的高低,如果一年中有 0.5 个月以上时间地下水位高于 0.5 m,不宜建园。易内涝的地块更不宜建园。

根据我国"人多耕地少"的国情,在沿海滩涂地、河滩沙荒地建立果园时,注意改土治盐(碱),使土壤含盐量在 0.2% 以下,土壤有机质含量达到 1% 以上再建园;丘陵、山地建园,需了解丘陵、山地的自然资源状况,如海拔高度、坡向、坡度。高海拔地区,坡度大的山地或局部丘陵地块不宜建园。具备建园条件的山地、丘陵地首先要做好水土保持工程。

(2)种植园小区规划。种植园小区又称作业区,为种植园的基本单位,是为方便生产而设置的。基本要求是:小区内气候和土地条件应基本一致,山地、丘陵地有利于防止水土流失,有利于防止风害,有利于机械作业等。小区的面积应因地制宜,大小适当。平地或气候条件较为一致的园地,每小区面积可设计 10 hm² 左右;山地、丘陵地形切割明显、地形复杂、气候、土壤差异较大的地区,每小区可缩小到 1~2 hm²;低洼盐碱地,可以每一方田或条田为一小区。小区形状主要考虑作业方便和防风效果等,以长方形为好,长边与短边之比为(1.5~3):1,小区长边应与当地主风向垂直。山地、丘陵地果园小区可呈带状长方形,小区长边还应与等高线走向一致。保持小区内气候、土壤条件一致,提高水土保持工程效益。由于等高线并非直线,因此,小区形状也不完全为长方形,两个长边也不可能平行(图 6-1)。

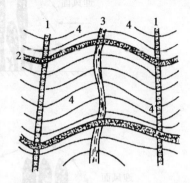

图 6-1　山地果园小区的规划
1.顺坡路;2.横坡路;3.总排水沟;4.小区

　　(3)种植园防护林规划。无论是果园、菜园或花圃都需要建立防护林。防护林具有给种植园提高良好稳定的生态环境,降低风速,减少风、沙、寒和旱等的危害,调节温度,提高湿度,保持水土,防止风蚀,有利蜜蜂活动,提高授粉受精效果等优点。

　　合理设计的防护林带,才能发挥最大防护效果。防护林有紧密型和疏透型之分。紧密型防护林带由高大乔木、中等乔木和较矮小的小灌木树种组成,乔木树种 3~5 行[图 6-2(a)]。这种林带防风范围较小,有效防护距离为防护林高的 10~15 倍,在这个范围之内防护效果好,调温增湿显著。但因透风能力低,冷空气流下沉易形成辐射霜冻,易积雪、积沙,所以平原种植园少采用或部分段落采用为好。疏透型林带由高大乔木和灌木组成[图 6-2(b)],或只有高大乔木树种。这种林带防护范围大,林带背后通气良好,其有效防护距离为防护林高的 20~30 倍。风沙危害严重的地区,种植园应采用疏透型林带;而水蚀严重的地区,种植园应采用紧密型林带。通常情况下,园艺种植园宜采用疏透型防护林。

　　防护林所选用的树种应具备:适应当地环境条件,生长迅速,枝叶繁茂,乔木树冠高但不一定大,抗逆性强,尤其抗风力强,与栽培的园艺植物无共同病虫害,根系不串走很远,容易间伐等特点。我国北方较好的防护林树种有杨树、苦楝、臭椿、枫杨、沙枣、麻栎、梧桐、刺槐和柳树等;果树的砧木树种,如山定子、杜梨、黑枣、山杏、山桃和海棠等也可选用。但尽量避开同属果树的树种,如苹果园不用海棠、山定

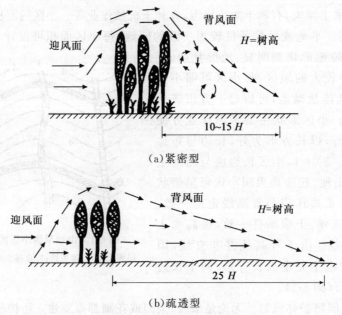

图 6-2　结构林带的防护效果

子,桃园不用山桃,梨园不用杜梨等,以免防治病虫害的麻烦。南方防护林树种以选用杉树、华山松、石楠、樟树、桉树、喜树(千丈)、女贞和油茶等为宜。

在生产中,与主风向垂直的林带(主林带)通常由 4～8 行树构成。与主风向平行,与主林带一起构成林网的林带(副林带)由 2～4 行树构成,林内自然生草或种植少量灌木。

(4)种植园道路系统规划。种植园中良好而合理的道路系统,是现代化种植园的重要标志之一。各级道路应与小区、防护林、排灌系统等统筹规划。例如,生产上通常采用高大的防护林,直接遮阳的树冠下可以是道路的一部分;大的灌溉渠道堤(或"帮"),也可以植树或行路等(图 6-3)。

平地种植园的道路规划设计,主路、干路、支路依次按 6～8 m、4～6 m 和 2.5～3 m 的宽度设计,应达到任何天气下各种交通车辆都通行无阻的要求。山地种植园的道路规划设计上,主要应按车辆功能的要求、水土保持要求,结合地形地势变化,既有一定坡度,又尽量减少复杂的工程。小型种植园,为减少非生产占地,只设支路即可。

(5)种植园排灌系统规划。种植园排灌系统,或称排灌工程,无论山地果园,还

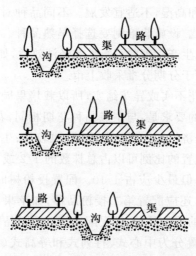

图 6-3　果园道路、防护林与排灌渠道合理布置的 3 种情形

是平地果园、菜园或花圃,都需要进行排灌系统规划设计,它是规划设计中的一项重要内容。在可持续农业发展中,排灌系统设计更应注意水土保持和节水问题。

排水不仅有排洪、防淤、防涝作用,还是治理盐碱地的最好方法。在种植园规划设计上,千万不可忽视排水系统。生产中通常规划设计明渠排水;有条件的种植园可规划暗渠排水,这样可节省土地。

道路系统和排灌系统的设计施工中,可将排灌渠道设在道路之下(管道),或道路一侧的地下(管道),省地,也能减少灌溉水的损失。这样施工,初建园的费用高些,但从长远看是经济实用的,管理也方便。

(6)种植园建筑物规划。一定规模的种植园都应有一定的建筑物配置,主要指管理用房和生产用房,如工具、农药、化肥仓库,选果场或包装棚等,规模较大的种植园还要考虑贮藏加工设施建造。园艺设施栽培已很普遍,标准的种植园还应有一定数量的温室和塑料大棚,提高园艺产品档次,延长园艺产品的供应期。

(7)树种、品种选择和授粉树配置。中国地域辽阔,果树资源极其丰富。一个地区发展什么树种或一个树种主要在哪些地区发展,应严格按树种的适应性、地区气候、土壤生态条件而定,遵守区域化原则栽培。在选择树种时,一定要清楚了解本地自然资源和市场情况,做到因地制宜,适应市场发展需要。选择的树种应具备:适应当地气候土壤条件,树种优良,适应市场需要等优点。

品种选择同树种的选择一样,首先要适地适树,严格按品种的环境适应性和地区的气候、土壤生态条件而定。比如长江流域可发展柑橘生产,应尽量是早熟品种,中、晚熟品种不耐热和高湿,不适宜发展。不同品种对土壤酸碱性的反应也有差异,选择品种时要注意。设施栽培则要选择早熟品种。品种选择和配置除按市场需要发展外,还应考虑生产管理的可行性和经济效益,如桃、葡萄、草莓等早、中、晚熟品种应搭配种植,便于分期分批采收上市。

　　果树多数品种是自花不实或异花结实,所以栽培果园中要分主栽品种和授粉品种。授粉品种应达到的要求是:与主栽品种花期相同,花粉量大;进入结果年限和丰产年限相近;果实经济性状(产量、品质等)也较好;生长习性与主栽品种相近等。好的授粉品种,其配置的比例可以占总株数的 1/2 或 1/3,经济效益不如主栽品种的授粉树可以少些,但最少应占 1/10。配置授粉树时还应考虑,如主栽品种不能给授粉品种授粉时,还应配置第二授粉品种,如苹果的主栽品种为三倍体品种,没有花粉,给它配置的授粉品种,还要配置第二授粉品种,这两个授粉品种应互为授粉品种。授粉树配置分为中心式、行列式和等高式(图 6-4)。中心式适合小型果园正方形栽植,即一株授粉品种在中心,周围栽 8 株主栽品种;行列式适宜大中型果园,即按树行的方向成行栽植。山地果园可按等高成行配置。

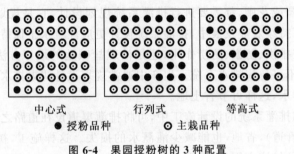

中心式　　　　　行列式　　　　　等高式

● 授粉品种　　◉ 主栽品种

图 6-4　果园授粉树的 3 种配置

　　砧木的选择主要由地区土壤和气候条件而定,现代果树生产中采用矮化、集约化栽培方式,还应考虑易于繁殖和应用的矮化砧、抗病砧。果树苗木的脱毒苗、营养系苗木,主要是砧木苗的脱毒化。

6.2　园艺植物种植制度

　　(1)园艺植物连作。连作(continuous cropping),即在同一块土地上连续种几次同一作物的种植制度。有的园艺植物连作没有不良影响,而有的园艺植物不能连作,连作影响产量、质量和寿命。

　　果树中的桃、樱桃、葡萄、果桑、草莓、杨梅和番木瓜等不适宜连作,尤其是桃树,最忌重茬连作,重茬连作影响幼树生长发育,甚至死亡。主要原因是重茬园土壤中很多残腐的根含有扁桃甙,水解时产生氢氰酸和苯甲醛,抑制新植树的根系生长,杀死新根。另外,老树根周围线虫密度增大,也为害新植树的根。桃园更新应在老桃树刨除4~6年后栽种新桃树,要立即栽种果树时则应更换非核果类树种,如苹果、葡萄等。

蔬菜中的韭菜、花椰菜、结球甘蓝、番茄、甜椒、黄瓜和苦瓜等不宜连作;西瓜和甜瓜也不宜连作;白菜、萝卜、洋葱和豇豆连作略有影响,在大量施用有机肥的情况下,影响可以忽略,但最好不再继续连作。蔬菜和瓜果连作的弊端,其原因可能与同种作物吸收营养上有"偏好"有关,连作土壤中有些营养较缺乏而得不到补充,也与土壤有害生物量增加有关。

花卉中的翠菊、郁金香、金鱼草和香石竹等不宜在同一土地上连续栽几茬。草坪也不提倡重茬,主要原因与蔬菜相似。

即使有的园艺植物连作没有明显的不利影响,但也没有明显优点,所以,不管是可以连作的园艺作植物,还是不可以连作的园艺植物,生产上都不提倡连作。

(2)园艺植物轮作。轮作(rotation),即在同一块土地上轮流种植不同种类的作物,其循环期短则一年,在这一年内种几茬不同作物;循环期长则3~7年或更长时间。蔬菜、花卉生产上较普遍采用轮作,轮作是克服连作弊端的最好方法。

轮作的优点有以下几方面。

①减轻病虫害:一些作物有其特有的病虫害,换一种作物这种病虫害就不会大发生,甚至根本消除。

②培肥地力:一种植物吸收某种矿质营养多些,而吸收另一种可能少些。轮作有利于纠正连作中某种矿质营养"贫化"现象,提高土壤肥力。

③充分利用季节:有的园艺植物生长期短,一年内再种一茬其他作物可以提高土地的复种指数。

轮作要有一定的顺序性,安排这个顺序的原则是:轮作相邻近茬不同类,种植方式、病虫害类型和喜肥水特点上差异要大些。轮作茬口相接的植物应尽量在季节利用上合理。轮作的植物种类,也不限于园艺植物之间,如有的地区采用马铃薯—玉米—小麦—白菜的轮作制。从生态学观点出发,园艺植物、粮食作物、牧草、油料作物等多种作物轮作效果更好。

轮作季节性很强,育苗及各项栽培管理措施要及时。蔬菜、花卉会利用设施栽培,其种类和形式安排会更丰富些,如蔬菜栽培上的一年三收、二年五收等茬口安排。

(3)园艺作物间作。间作(intercropping),指在一块土地上有次序地种植两种或几种作物,其中以一种为主,其他为间作物。间作能充分利用空间,高矮不同作物间作能各自发挥优势,上下空间光照利用充分;间作还具有充分利用土地,充分利用水分、养分,有较良好的生态环境等优点。生产上间作形式很多,果树与粮食作物间作,如枣粮间作、幼年果树行间间作豆类,绿肥与果树间作更是普遍应用;菜菜间作,如菜豆与甜椒间作、番茄与甘蓝间作等;菜粮间作,如甜椒与玉米间作等。

(4)园艺植物混作。混作(mixed cropping),指在一块土地上无次序(而有一定比例)地将两种或两种以上作物混合种植,利用生长速度、株形之不同,不同时间收获(蔬菜),或混作后取得更好的观赏效果(花卉),草坪为充分发挥各自优势也可以混作。庭院经济中,小面积种植蔬菜、花卉,为了充分占有空间和土地,为了更好地利用生长季节,可以多种作物混作。观赏园艺园、旅游景点周边,为突出其观赏性,可以采用多种作物混作。

(5)园艺植物套作。套作(interplanting),指一种作物生长期结束前,种植上另一作物,前者收获后,后者很快长起来。蔬菜栽培上有冬瓜架下播芫荽、架豆下栽芹菜等形式,也有玉米套种白菜、萝卜,小麦套种菠菜等。生产上采用套作,也是为了更充分地利用生长季节,提高复种指数。

6.3　园艺植物栽植方式与定植

6.3.1　园艺植物栽植方式

园艺植物栽植方式指相邻 4 株或 3 株植物间的平面图。通常分为正方形、长方形、三角形、带状和计划密植栽植方式(图 6-5)。

(1)正方形栽植方式。正方形栽植方式就是株间与行间相等,如黄瓜、西瓜育苗点播的 4 cm×4 cm,桃、苹果栽植的 5 m×5 m。正方形栽植一般不适宜密植。

(2)长方形栽植方式。长方形栽植方式就是行距大于株距,相邻 4 株间构成的图形是长方形。这种栽植较适宜密植和行间作业。生产上苹果、柑橘等果园多采用的是 3 m×5 m 的栽植方式。长方形栽植的果园便于果园作业,也有利于果实着色。蔬菜生产上菜豆、茄子、黄瓜等按畦或沟栽植,实际上也多是采用长方形栽植方式。

(3)三角形栽植方式。三角形栽植方式就是相邻两行的单株错开栽植,或正三角形,或等腰三角形,这种栽植方式也适宜密植。

(4)带状栽植方式。带状栽植方式一般是指两行一带,这两行内可以是长方形

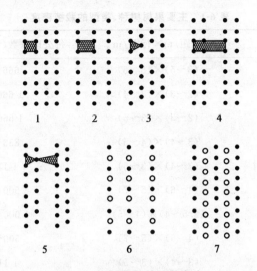

图 6-5 果树栽植的几种方式

1.正方形栽植;2.长方形栽植;3.三角形栽植;4,5.带状栽植

6,7.计划式栽植: ● 永久株;○ 间伐株(临时株)

栽植,也可以是正方形或三角形栽植,带间距离大于带内的行间距离,这是最适宜密植的方式,带间作业方便、透光、通气状况也好。许多花卉、蔬菜的按畦或垄栽植,实际上多采用带状栽植方式。

　(5)计划栽植方式。计划栽植方式是指开始时密度大,以取得较高的经济效益,而后随植株冠幅增大,再移走或间伐一部分。例如,栽植的油菜,先是长方形栽植 30 cm×5 cm,当叶片长到长 15～20 cm 后,行内隔一株间去一株,上市出售,留下的 30 cm×10 cm 继续生长。果树生产中也有采用计划密植方式栽植的,这种栽植方式前期产量高,当树冠长到一定大小,过于密集时移走或间伐一部分,这种间伐可以是一次或几次进行。

6.3.2 园艺植物栽植密度

　园艺植物栽植要有合理的栽植密度,过密、过稀的栽植密度都不利于产量、品质和经济效益的提高。确定栽植密度要从植物种类、品种和砧木特性,地势和土壤条件,气候条件和栽培技术等方面综合考虑。一些代表性的园艺植物的栽植密度见表 6-1 和表 6-2。

表 6-1　主要果树树种、类型的栽植密度

树种	类型	株距/m×行距/m	每公顷株数(每 667 m^2 株数)/株
苹果	乔化砧	(3～5)×(5～6)	666～333(44.4～22.2)
	矮化砧	(2～3)×(3～4)	1 666～833(111～55.5)
	短枝型	(2～3)×(3～5)	1 666～666(111～44.4)
柑橘	甜橙	(3～4)×(4～5)	833～500(55.5～33.3)
	温州蜜柑	(3～4)×(3～5)	1 111～500(74～33.3)
	柚	(4～6)×(5～7)	500～238(33.3～15.8)
	柠檬	(2.5～4)×(4～5)	1 000～500(66.6～33.3)
梨	普通型	(4～6)×(5～7)	500～238(33.3～15.8)
	短枝型	(3～4)×(3～5)	1 111～500(74～33.3)
	西洋梨	(3～4)×(4～5)	833～500(55.5～33.3)
桃	普通砧	(4～5)×(5～7)	500～285(33.3～19.7)
	矮化砧	(3～4)×(4～5)	833～400(55.5～26.6)
葡萄	篱架	(1.5～2)×(2～3)	3 333～1 666(222～111)
	小棚架	(1.5～3)×(3～5)	2 222～666(148～44.4)
	大棚架	(3～5)×(4～8)	833～250(55.5～16.6)
香蕉		(2.3～2.7)×(2.5～3)	1 740～1 235(116～82)
菠萝		(5～6)×(8～10)	250～166.6(16.6～11.1)
枣		(2～5)×(6～15)	833～133(55.5～8.8)
板栗		(3～6)×(5～7)	666～238(44.4～15.8)
核桃		(5～6)×(6～8)	333～208(22.2～13.8)
杧果		(4～6)×(6～8)	416～208(27.7～13.8)
荔枝		(4～6)×(6～8)	416～208(27.7～13.8)
杏		(4～5)×(5～7)	500～285(33.3～19.7)
李		(3～5)×(4～7)	833～285(55.5～19.7)
草莓		(0.20～0.40)×(0.40～0.60)	125 000～41 670(8 300～2 800)

表 6-2　部分蔬菜和花卉的栽植密度

作物种类	普通栽植			密植			备注
	行距/m×株距/m		每公顷株数/株	行距/m×株距/m		每公顷株数/株	
大白菜	0.66×0.50		30 000	0.66×0.33		45 000	
番茄	1.00×0.33		30 000	0.50×0.33		60 000	
甜椒	0.33×0.33		90 000	0.33×0.20		150 000	
芹菜(移栽)	0.20×0.16		300 000	0.16×0.10		600 000	普通品种
菜豆	0.40×0.33		75 000	0.33×0.20		150 000	矮生
菜豆	1.00×0.30		30 000	1.50×0.11		60 000	蔓生
郁金香	0.16×0.10		60 000	0.12×0.10		900 000	
小苍兰	0.16×0.10		60 000	0.12×0.05		1 400 000	
麝香百合	0.20×0.16		300 000	0.16×0.10		600 000	
朝鲜山丹	0.50×0.40		51 000	0.33×0.20		150 000	
球根鸢尾	0.16×0.10		600 000	0.12×0.10		900 000	
水仙	0.25×0.10		450 000	0.12×0.10		900 000	
牡丹	1.00×1.00		9 900	1.00×0.50		19 800	

6.3.3　园艺植物播种时期和栽植时期

园艺植物生物学特性、各地自然条件、市场需求是决定园艺植物栽培季节及播种时期的主要依据。一年生喜温蔬菜如茄果类、瓜类、薯芋类、水生蔬菜及喜温性豆类等,都需在晚霜过后于露地种植或出苗。在生长期较长地区,番茄、黄瓜、菜豆和马铃薯等可一年春、秋栽培两茬;豆类中耐寒的豌豆和蚕豆的适宜播期在初冬(长江流域)或春季化冻后(东北地区)。二年生耐寒性蔬菜如白菜类、甘蓝类、根菜类等主要在秋季播种;而早生甘蓝、小白菜、水萝卜和葱蒜类等都以春播为主;在冬季温暖地区,葱蒜类及甘蓝、白菜等蔬菜均可秋播后越冬生长。

果树和观赏树木的栽植时期视当地气候条件与树种而异。落叶树种多在落叶后至萌芽前栽植;冬季严寒地区,秋栽苗木易于受冻或抽条,以春栽效果好。

6.3.4　园艺植物定植方法

(1)果树和观赏树木定植方法。

①定植穴(沟)准备:定植穴(沟)是果树和观赏树木根系最初生存的基本环境,

它关系到树木栽植的成活,也关系到以后根系的生长发育,是树木健壮生长、早结果、早丰产的关键措施之一。定植穴直径和深度通常要求 80 cm 左右(密植园挖宽、深各 80 cm 左右的定植沟)。浅根性园艺植物树穴可浅些,深根性园艺植物树穴可深些,土层深厚、土质疏松土壤定植穴可浅些,而下层有胶泥层、石块多或土壤板结土壤定植穴应深些,定植穴的准备实际是种植园土壤的局部改良。因此,越是土壤条件差,定植穴的大小、质量要求越严格,尤其深度应达到要求。

挖穴时应以定植点为中心,穴土按表土和心土分别堆在穴两侧。挖穴的时间尽量提前,以便穴土充分晾晒、熟化,并能积蓄较多的雨雪,提高土壤墒情。春栽则秋挖,秋栽则夏挖。干旱缺水地区应边挖穴边栽植,有利保墒成活。填穴先填表土,后填心土,基肥与土充分掺匀施入穴中,边填边踏实,并覆盖一层无肥料的土壤,灌足水使松土落实,以免苗木栽植后随土下陷,使栽植过深。

②苗木准备:果树和观赏树木栽植的关键是要有好的苗木,苗木要按质量分级。定植时不仅要按规划设计保证苗木种类、品种,还应当分级(质量)栽植。选用的苗木要生长健壮、根系发达,芽子饱满且无检疫病虫害;剔除弱苗、病苗、杂苗;剪除苗木的根蘖和折伤枝,并修剪根系,杀菌剂沾根消毒;栽前用泥浆沾根保湿,有利于根系与土壤密接,提高成活率。

③树木栽植:在已挖好的并已回土、灌水、落实的定植穴中部,再挖一小穴,在中间堆一小土堆;把苗置小土堆上,前、后、左、右对直,使根系舒展,并均匀分布四周,避免根系相互交叉、盘结;然后将苗木扶正,纵、横对准填土,边填土边踏,边提苗,并轻轻抖动苗木,使根系与土壤密接。栽植后通常使苗木原有地面痕迹与地面相平,过高、过低均不适宜。栽植后及时平地、做畦、灌水,待水渗下,土壤稍干后扶正苗并培小土堆,目的在于保湿、防风。北方寒冷地区秋季定植苗木,为防止苗木越冬"抽条",可采用苗木弯倒埋土越冬措施。

(2)蔬菜定植。

①定植前准备:春季露地定植的秧苗,需提前在温室中培育好,同时在定植前要经过充分锻炼,以适宜外界大气候的变化,定植前 1 周左右停止灌水。如果未行容器育苗,为保护根系,可进行割苗块处理,即定植前 3～4 d 浇透水,次日用刀按苗距切成一个个苗块,拉开距离晾晒,以保证秧苗健壮。定植后缓苗快,生长好。

春季定植的整地工作,应以提高地温为中心,要施入一定数量腐熟基肥。定植前,可提前 1～2 d 开定植沟或定植穴,晒沟晒穴。栽培果菜类蔬菜可在定植前沟施或穴施一定数量的磷肥,栽培叶菜可局部施些优质有机肥。

②定植方法:蔬菜秧苗栽植方法,一般是开沟或开穴后,按预定距离栽苗,覆一

部分土,浇水,待水渗下后,再覆以干土。这种栽植法,既保证土壤湿度,又利于土表温度的提高。也可采用"坐水栽"(随水栽)的方法,即在开沟或开穴后,先引水灌溉,随水将苗栽上,水渗后覆土封苗。这种栽苗法速度快,根系能够散开,成活率也较高。栽植深度依蔬菜种类不同而异,黄瓜、洋葱浅栽,番茄、茄子可适当深栽,大葱深栽有利于葱的加长。在春季,温暖、天晴、无风时栽苗容易成活,缓苗期也短;夏季栽苗时,在阴天和无风的下午定植易于成活;越冬前栽苗,必须在越冬时已发出一定数量的新根,否则易遭冻害。

③定植后的管理:蔬菜定植后 3～5 d 应注意保温,促进缓苗。缓苗后浇缓苗水,中耕疏土,促进根系发育。对于果菜类而言,缓苗后至产品器官进入迅速生长期前的一段时间,应控制浇水,中耕后蹲苗,蹲苗时间一般 10～15 d,根据不同蔬菜种类、栽培季节及生长状况等灵活掌握。

6.4　园艺植物种植园土肥水管理

6.4.1　种植园土壤管理

土壤管理(soil management)一般指土壤表面的管理,即土壤耕作方法或制度。广义的土壤管理指土壤改良、土壤表面的管理和施肥、灌溉与排水等诸方面的内容。

(1)土壤改良。广义地讲,土壤改良(soil amendment)包括水土保持工程、营造防风林、改进排灌水系统和劣质土壤的改良。这里仅介绍劣质土壤改良。

①沙荒地、盐碱地土壤改良:主要针对土壤保肥保水能力差、有机质含量低、有害盐分含量高等缺点。采取土壤增施有机肥和大力种植绿肥,提高土壤有机质含量;对沙荒地采用塘泥和河泥等黏重的土壤培(压)土,改善土壤团粒结构;对盐碱地采用排水沟渠,灌溉办法洗盐压碱。有条件的种植园可以施用土壤改良剂,提高土壤团粒结构性能和保水能力。

②黏重土壤的改良:主要针对土壤通气性差、排水不良和土壤板结等缺点。在采取增施有机肥和种植绿肥措施外,还可采取土壤掺沙,改善土壤团粒结构,减少耕作次数,减小犁底层的厚度和硬度,实施免耕和生草法土壤管理。

(2)种植园土壤管理制度。土壤管理制度(soil management regime)又称土壤管理方法,主要指土壤表面的耕作技术。

①清耕法:清耕法(clean tillage)是指生长季内多次浅耕耘,松土除草,一般灌

溉后或杂草长到一定高度即中耕。

　　清耕法使春季土壤温度上升较快,经常中耕除草,植物间通风透光性好,采收产品较干净(叶菜类蔬菜等)。但同时也有较多的缺点:水土流失严重,尤其是有坡度的种植园更为严重;长期清耕,土壤有机质含量降低快,增加了对人工施肥的依赖;犁底层坚硬,不利于土壤透气与渗水,影响植物根系生长;种植园无草化,生态条件恶化,植物害虫的天敌减少;多次中耕除草,劳动强度大,费工。

　　目前菜园和花圃的土壤管理多数还是采用清耕法,今后应尽量减少土壤耕作次数,提倡种植园长期实施免耕法、生草法,而后短期性清耕。

　　②免耕法:免耕法(non-tillage)就是对土壤表面不耕作或极少耕作,利用化学除草剂来控制杂草生长的土壤管理方法。

　　免耕法的优点有:由于土壤不耕作,保持了土壤的自然结构,通气性好,有利于水分渗透,并减少了地面径流和水分的蒸发。土层较坚硬,吸热、放热快,能减轻辐射霜冻危害。同时便于人工操作和机械作业。用除草剂 $1\sim2$ 次/年,不用锄草,节省劳力,提高工效。无杂草竞争,根系分布在疏松的层次内,根系发育好,营养供应强,产量高,品质好。

　　土壤免耕法也存在着除草剂污染、浓度和种类选择限制、土壤有机质降低快和依赖人工施肥等缺点,所以一般不应很多年连续免耕。

　　土壤肥力和土壤有机质含量较高的种植园适宜实施免耕法。果树多种植在山地、荒地等比较贫瘠的土壤上,可推广使用改良免耕法效果更好。所谓改良免耕法,就是对杂草不采取全杀全灭除策略,以除草剂控制杂草的害处,而利用其有利的一面,提高土壤有机质含量。

　　③生草法:生草法(sod culture)就是用种植多年生草(经过筛选的),不再有草刈割以外耕作的土壤管理方法。

　　生草法具有以下优点:防止或减少水土流失,保肥、保水、保土,尤其是山坡易冲刷地和沙荒易风蚀地效果更好。生草保持水土,一是因为草在土表层中盘根错节,固土能力很强;二是因为生草条件下土壤团粒结构发育得好,大粒径的团粒多,土壤的“凝聚力”大大增强。增加土壤有机质含量,改进土壤结构性能,提高土壤肥力。生草后,土壤中植物所需的一些营养元素有效性提高,和这些元素有关的缺素症得到克服。如果园生草缺磷、缺钙的症状减少,且很少或根本看不到缺铁的黄叶病、缺锌的小叶病和缺硼的缩果病。生草有利于种植园有良好的生态平衡,作物害虫的天敌有良好生存环境,天敌种群数量大,增强了天敌控制虫害发生的能力,从而减少农药的投入及农药对环境的污染。

生草法同时也存在着多年连作使土表有板结层,影响透气与渗水,生草第一年灭除杂草较费工,有的病害有加重情况等缺点。

较干旱地区不宜实施生草法,密度较大的蔬菜和花卉园地不宜实施生草法。果园和风景园林可推广应用,优势明显。生草园也要有一定管理,如刈割,也应给一定肥水管理,生草果园的果实产量和品质一般都高于清耕果园。在国外,生草法的土壤管理方法已普遍应用,我国果园实行行间生草、株间覆盖的管理办法已开始应用,应积极推广。

生草法要购买草种子、播种或移栽,初期需一定物力和人力投入,也可以实施自然生草法,即种植园有自然生草,只个别铲除高大的杂草,常进行刈割和肥水管理。

④覆盖法:覆盖法(mulch)就是采用塑料薄膜、秸秆和砂石等覆盖材料对土壤进行覆盖的土壤管理方法。生产上应用得比较广泛。

园艺植物通常采用的有塑料薄膜覆盖、秸秆覆盖和砂石覆盖。

塑料薄膜覆盖:塑料薄膜覆盖具有提高地温、控制杂草、提高肥效和减少水分蒸发等优点。同时也存在土壤需肥量增加、对降雨利用率低等缺点。塑料薄膜覆盖在园艺植物上已普遍应用,尤其是蔬菜和园林育苗上应用得更为广泛。

秸秆覆盖:秸秆(包括农副产品)覆盖具有增加土壤有机质含量、保肥保水、改善土壤结构性能等优点。同时秸秆覆盖易招鼠害和火灾、植物天敌数量少、春季地温上升慢等缺点。秸秆覆盖主要在果树上应用,生产中不采用全园覆盖,采用株间覆盖效果更好。这种方法适宜于干旱地区果园应用。秸秆覆盖又可分粉碎性秸秆覆盖和整段性秸秆覆盖两种。

砂石覆盖:砂石覆盖具有增温保墒、提高土壤肥力、防水土流失和减轻病虫害等优点。我国西北地区历史上就有在果树、西瓜及其他经济作物上应用的经验。砂石覆盖适宜于取材容易的山地和干旱及半干旱地区应用。

6.4.2 种植园施肥

营养是植物生长与结果的物质基础。施肥就是供给植物生长发育和结果所必需的营养元素。如果某种元素过量或不足,就会影响园艺植物生长发育或出现缺素症。所以对于高产的园艺植物来说,必须根据土壤肥力状况、植物生长发育的需要和生长发育状况科学施肥。

(1)园艺植物营养诊断。园艺植物种植园做到科学施肥必须依靠营养诊断(nutritional diagnosis),通常采用的营养诊断方法为土壤分析、形态诊断、叶分析和生化诊断等。

①土壤分析:土壤分析就是在种植园中挖取有代表性的土样进行土壤分析。分析的项目有土壤质地、有机质含量、pH、全氮和硝态氮含量以及矿质营养含量等。所得数据与常规数据比较,判断土壤中营养元素的丰缺状况和肥力水平。

②形态诊断:形态诊断就是一种根据植物生长发育的外观形态,如叶面积、叶色、新梢长势和果个等外观长相来确定植物营养状况的方法。植物缺素症状就属于形态诊断的范畴。

下面简介以叶片特征为主的植物缺素症检索表。

　1.病症限于老叶,或由老叶起始

　　2.叶局部出现杂色斑或黄色,有或无坏死斑

　　　3.叶缘向上卷曲,叶色黄,叶面有黄或褐色斑,有坏死——缺钾

　　　3.叶淡绿或白,叶脉间黄化或淡色斑,无坏死——缺镁

　　2.叶全部黄化,呈干燥或烧焦状,叶小,早脱落

　　　4.叶淡绿至黄化,叶柄、叶脉褐红色,小叶紫红色——缺氮

　　　4.叶暗绿至青铜色,叶柄叶脉紫红色——缺磷

　　　4.小簇叶,轮生,有花斑——缺锌

　1.病症限于幼叶,或由生长点、幼叶起始

　　5.幼叶失绿,卷曲,顶芽有的枯死

　　　6.叶尖钩状,叶缘皱缩,叶易碎裂——缺钙

　　　6.叶皱缩、厚薄不均,叶脉扭曲,小簇叶后光秃——缺硼

　　5.幼叶黄化,顶芽活着

　　　7.幼叶有坏死斑,小叶脉绿色,似网状——缺锰

　　　7.幼叶无坏死斑,黄化

　　　　8.叶脉浅绿色与叶脉间组织同色,无黄白色——缺硫

　　　　8.叶脉绿色,叶片黄化至漂白色,严重者全叶漂白——缺铁

③叶分析:叶分析就是取植株的叶片进行化学分析,得到各种营养元素的含量,用标准含量衡量,判断植物的营养状况。结合种植园土壤、气候、灌溉管理等特点提出合理施肥量。叶分析方法在许多国家已普遍应用,我国近些年来也开始应用,中国农业大学园艺系果树矿质研究室多年来进行了大量果树叶分析研究工作,1988 年提出了苹果、梨、桃和葡萄等树种的叶分析标准值。

④生化诊断:当植物某些营养元素失调时,将影响到体内一些生化过程的速度

和方向,引起体内酶活性的变化,通过对各种酶活性的测定来确定缺素类型,是一个有前途的诊断方法,但测试技术还有待完善。

⑤田间实验诊断:田间实验诊断是根据营养诊断初步判断出营养的亏缺状况之后在田间的实验验证方法。按可能缺失的营养在田间作施肥实验,如缺氮,可以追施氮肥,效果明显,可以验证诊断的正确性。缺氮、磷、钾、铁、硼、锌等元素,以叶面喷施或涂抹见效最快。

(2)园艺植物施肥时期。园艺植物的需肥时期和最佳吸收期一般在开花前和枝叶迅速生长期,及时施肥对增产和改进品质最有效。如:大白菜施肥关键时期为莲座期和包心初期,此时决定重量和品质。园艺植物不同物候期营养需要有不同特点,一般一年内生长前期需较多的氮肥,生长后期需较多的磷、钾、钙肥。生产中根据肥料性质,速效肥可在植株需要时稍前施,而迟效肥则需要早施。

园艺植物主要施肥时期如下。

①早春或晚秋施基肥:主要为有机肥,如一、二年生草花以基肥为主,果树提倡秋施基肥。

②花前追肥:一年生植物多在"蹲苗"同时或之后,以氮肥为主,如茄果类蔬菜和西(甜)瓜幼苗期施肥促花芽分化;多年生果树和观赏树木在萌芽开花前追肥促进萌芽开花。

③花后追肥:为促进坐果,除氮肥外应重视磷、钾、钙和其他需要的营养元素肥料,如茄果类蔬菜和西(甜)瓜开花坐果后,对钾、钙、镁的需要量增加。

④果实膨大期:果树在果实膨大期追肥除促进果实膨大外也有利于花芽分化,球根花卉和根菜类蔬菜应注意球茎和块根膨大期追肥。

⑤采前追肥:果实采收前追肥以磷、钾、钙为主,增进采摘产品的产量和品质。

⑥采后恢复树势的追肥:主要针对多年生果树和观赏树木,增加树体贮藏营养,提高越冬能力。

(3)园艺植物的施肥种类和数量。园艺植物无论是果实、叶类蔬菜还是花卉,产品产量都很高,需要多种肥料和大量肥料,施肥种类和数量应主要依据营养诊断而定。施肥种类,应以有机肥为主,有机肥来源主要是厩肥、堆肥和绿肥等。有机肥在总肥量中应占到 $70\%\sim90\%$。一年二茬的菜地、瓜田,优质有机肥 1 hm^2 应有 $75\sim105$ t;多年生果树(盛果期),优质有机肥 1 hm^2 应有 $60\sim75$ t。无机肥主要用作追肥,补充基肥中营养元素的不足。不同植物对施肥种类和数量有所区别。一些园艺植物氮、磷、钾三要素施用量及比例见表6-3。

表 6-3　一些园艺作物氮、磷、钾三要素施用量及比例

作物种类	施用量/(kg/hm²)			比 例		
	N	P₂O₅	K₂O	N ：	P₂O₅ ：	K₂O
果树						
柑橘	300~375	210~255	210~255	1	0.7	0.7
苹果	150~300	75~150	150~300	1	0.5	1.0
葡萄	120~150	84~150	108~187.5	1	0.7~1.0	0.9~1.25
桃	150	90	150~180	1	0.6	1~1.2
梨	150	75	150~165	1	0.5	1~1.7
核桃	60~90	90~135	90~150	1	1.5	1~1.7
观赏植物						
草花类	90~225	75~225	75~120	1	0.8~1.0	0.6~0.8
球根类	150~225	105~225	180~300	1	0.7~1.0	1.2~1.4
蔬菜						
番茄	150~225	75~90	225~390	1	0.5	1.5
辣椒	120	60	150	1	0.5	1.3
黄瓜	450	180	720	1	0.4	1.6
莴苣	180	67.5	360	1	0.4	2.0
芜菁	60	18	50	1	0.3	2.5
茄子	240	120	600	1	0.5	2.5
瓜类						
网纹甜瓜	270	135	405	1	0.5	1.5
西瓜	270	135	360	1	0.5	1.3

　　园艺植物的设施栽培已非常普遍。在设施条件下的园艺植物产量高,消耗也多,土壤中肥料也分解快,应注意增施肥料。

　　(4)园艺植物施肥方法。施肥方法有两类:一类是土壤施肥,植物根系从土壤中吸收施入的肥料;另一类是根外施肥,有叶面喷施、枝干涂抹或注射和产品采后浸泡等多种。生产上常用的是土施和叶面喷施。

　　①全园铺施:实施全园铺施,施后翻入土中,多用于作基肥或底肥,如一年生的园艺植物播种前作底肥。密度很大的蔬菜等也可采用全园撒施追肥。

　　②条施或沟施:密植果园可行间开沟施基肥,株、行距稍大的果园和观赏树木采用环状或辐射状沟施基肥如图 6-6 所示。

③穴施或浅沟施:密植园追肥采用浅沟施,株、行距稍大的种植园追肥采用穴施。

④随地面灌溉施肥:适宜施易溶于水或随水渗入土壤中无机肥等,蔬菜栽培中常采用。

⑤叶面喷施:叶面喷肥具有肥效发挥快和直接增强叶片光合作用等优点。但施用浓度有限,施肥量也小,只能作为土施的补充和应时调剂用。生产上常用的肥料种类有尿素、磷酸二氢钾、硼酸、亚硫酸铁和硝酸钙等。

另外,果树等多年生树木,缺铁、锌、硼等微量元素时,可用强力注射的方法将肥料施入树干中,效果明显。

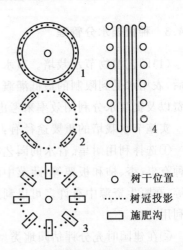

图6-6　果树和观赏树木的施肥方法
1,2.环状施肥;3.辐射沟施肥;4.条沟施肥

(5)园艺植物平衡施肥。平衡施肥是在弄清园艺植物需肥和土壤供肥的同时,根据植物的目标产量、肥料的利用率和肥料本身的养分状况来计算施肥量。施肥量应该是植物需肥量与土壤供肥之差。平衡施肥已成为国内外施肥管理的重要内容,也是合理施肥的重要内容。当前最常见的方式是营养配方施肥,重点需要考虑以下几方面。

①目标产量:目标产量的确定,需要充分考虑树种、品种、树龄、树势、气候、栽培管理等因素。

②土壤供肥量:由于土壤中的矿质元素大多数处于不可给态,根系不能利用。譬如,土壤中的氮供给量约为植物氮吸收量的1/3,磷供给量约为磷吸收量的1/2,钾供给量约为吸收量的1/2。

③肥料利用率:实际上,施入土壤中的肥料,由于受到土壤的吸附和固定等作用,以及随水流失等的影响,不能完全被植物吸收利用,大多数情况下只能吸收到1/3~1/2。当然,肥料的利用率会因种类、品种、肥料类型、土壤状况及施肥方式而改变。譬如,采后喷灌式施肥,绝大多数氮和钾可被吸收,氮的利用率可达95%,钾也可在80%以上。一般而言,磷的利用率低,常在30%~45%;而氮和钾的利用率常在50%左右。

此外,平衡施肥还能有效地解决植物缺素问题。在施肥种类选择时,积极使用有机肥,不仅能提高产品品质,还是实现土壤可持续利用的重要手段。

6.4.3　种植园水分管理

（1）园艺植物节水栽培。节水栽培属于灌溉农业的范围，是在全球水资源危机之后，农用水受到限制的最低灌溉方法。节水栽培应从减少有限水资源的损失和浪费以及提高水分利用效率来考虑。

实施节水栽培的重要途径有：

①选择利用耐旱、省水的园艺植物种类品种和砧木：多年生落叶果树中耐旱的树种有枣、杏、柿和板栗等；蔬菜中耐旱的有黄花菜、马铃薯、豌豆、大葱、南瓜和香椿等；在野生资源中有许多可以利用的耐旱植物种类，从育种上和栽培上应充分开发利用。

②在建园时充分评估园地类型：设置防风林，做好水土保持工程，山地修梯田、撩壕、鱼鳞坑等，拦水蓄水。

③实施节水灌溉措施：采用滴灌、喷灌（微喷）、地下灌溉、地面实行小畦和塑料管灌溉等措施。同时，要掌握好各种植物的需水关键时期。

④采用保墒措施：如地膜覆盖、少耕或免耕等措施。

⑤植株管理：果树采用矮化密植和树形紧凑的修剪技术以及喷施抗蒸腾剂等措施。

⑥发展设施园艺和无土栽培节约用水：常规土栽茄子，茄果产量：耗水量＝1：400，而水培为1：93，气培为1：29。

我国是世界上严重缺水的国家和地区之一，要提倡节水灌溉，特别是干旱或半干旱地区落叶果树栽培，更应提倡旱作栽培和节水栽培。

（2）种植园灌溉方式。

①地面灌溉（ground irrigation）：就是指将水引入种植园地表，借助于重力的作用，湿润土壤的一种方式，故又称为重力灌溉。根据其灌溉方式，地面灌溉又分为全园漫灌、细流沟灌、畦灌、盘灌（树盘灌水）和穴灌等。地面灌溉是目前我国种植园中采用的重要灌溉方式。蔬菜、花卉按畦田种植的植物多采用畦式灌溉，由于存在用水量大和土壤易板结等突出缺点，有些地区采用塑料软管（俗称"小白龙"）移动灌溉，可节约用水，效果好。种植园中漫灌害处很多，既浪费水又造成土壤冲刷，肥力降低等，应禁止使用。

②喷灌（spray irrigation）：又称人工降雨，它模拟自然降雨状态，利用机械和动力设备将水射到空中，形成细小水滴来灌溉的技术。喷灌具有适合各种地势、节省土地、不产生地表径流、节约用水、不破坏土壤结构等优点。目前果树、蔬菜和花

卉植物上应用比较普遍,效果好。病害严重的果园,喷灌有助病害传播,应引起注意。喷灌有多种形式,如喷头高于树冠、喷头在树冠中部、喷头在树冠以下,即微喷(图 6-7)。

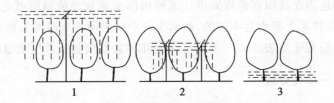

图 6-7 喷灌的几种形式

1.喷头高于树冠;2.喷头在树冠中部;3.喷头在树冠以下,即微喷

③滴灌(trickle irrigation):即以水滴和小水流形式将水慢慢灌入植物根部土壤中,使土壤经常保持湿润,是一种直接供给过滤水(和肥料)到种植园土壤表层或深层的灌溉方式。滴灌可给根系连续供水,还可结合施肥,不破坏土壤结构,土壤水分状况稳定,湿润密度均匀(图 6-8)。适宜各种地势,节约土地,省水、省工等优点。园艺植物中果树、观赏树木、茄果类蔬菜、西(甜)瓜类都适合采用滴灌。设施园艺栽培,滴灌应用更为普遍,效果更好,对节水、保温、减轻病害有重要作用。新式滴灌系统连接电脑已完全自动化。

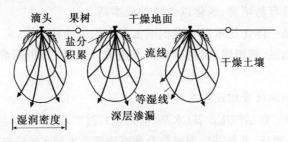

图 6-8 滴灌下的土壤典型湿润模式

④地下灌溉(underground irrigation):就是土表层以下一定深度敷设有渗漏能力的管道供水灌溉。这种灌溉是最理想的灌溉方式,对土壤结构最有益,无土表层以上的水损失,对植物根系的吸收、植物的生长发育最好,但目前应用较少。

(3)种植园排水。园艺植物种植园的积水包括雨涝、上游地区泄洪、地下水异常上升与灌溉不当淹水等情况。种植园积水就要及时排水,如不及时排水就会出现涝害。不同植物耐涝性有所不同。

涝害对植物的危害主要是积水时土壤中长时间缺氧和土壤条件变为嫌气性带来的一系列问题造成的,所以黏土地涝害尤为严重,生产中要引起注意。种植园排水非常重要,应当在建园前的规划设计或种植园实施栽培措施前就把排水问题解决好。排水只排地上积水是不够的,通常生产中采用明沟和暗沟的排水方式,明沟排水的"沟",应低于地表 0.60~1.0 m 才能排除栽培植物根系层土壤的积水。

6.4.4　水肥一体化管理

6.4.4.1　水肥一体化管理的概念及类别

水肥一体化也叫作灌溉施肥,它是将施肥与灌溉相结合的一项农业技术措施。借助压力灌溉系统(或地形自然落差),根据土壤养分含量和作物需肥规律,在灌溉的同时将固体或液体肥料配成肥液,加入安装有过滤装置的注肥泵吸肥管内,然后将水肥一起输入到作物根部土壤的一种灌溉施肥方法。有以下两大类。

(1)标准水肥一体化技术。包括滴灌系统及配套施肥系统,灌溉方式可以采用泵加压滴灌、微喷、渗灌等。以泵加压滴灌为例,泵注施肥路线是机井→泵房(电动活塞泵将溶解好的肥液输入输水管道)→施肥系统→过滤系统→量水装置→主管道→支管道→毛细管→喷头。肥水一体化施肥,水肥均匀、节水节肥节电、省时省工。但灌溉系统一次性投资较大,对种植园规模及水利设施要求严格,肥料要求水溶性高,配套设备容易堵塞、老化以及维护成本高。

(2)简易水肥一体化技术。小面积或无电力供应的种植园,采用移动式灌溉施肥机,主要由汽油泵、施肥罐、过滤器和推车组成,既可以与田间灌溉管道相连,也可单独使用。

6.4.4.2　水肥一体化管理设备及其性能

(1)首部枢纽。包括加压设备(水泵、动力机)、过滤设备、控制与量测设备等,作用是从水源取水、增压,并将其处理成符合灌溉施肥要求的水流输送到田间系统中。

①加压设备:作用是满足灌溉施肥系统对管网水流的工作压力和流量要求。水泵采用离心泵、潜水泵等,动力机可以是柴油机、电动机等。

②过滤设备:作用是将灌溉水中的固体颗粒(砂石、肥料沉淀物及有机物)滤除,避免污物进入系统,造成系统和灌水器堵塞。根据水质、污物种类、杂质含量等选择适合的过滤设备。

③控制与量测设备:控制部件,如给水栓、阀门,控制水流的流向、流量和总供水量;安全保护装置,如进(排)气阀、安全阀、调压装置、逆止阀、泄水阀等,防止灌

溉系统内因压力变化或水倒流对灌溉设备产生破坏,保证系统正常运行;流量与压力调节装置,通过自动改变过水断面来调节;量测装置,包括压力表、流量计和水表,实时监测管道中的工作压力和流量;自动化控制设备,适时、适量地控制灌水量、时间和周期,提高水分利用和人工效率。

(2)施肥设备

①压差施肥罐:施肥罐的体积通常是10~300 L的规格,适用于温室和露地等多种形式的一体化灌溉系统。施肥罐由两根旁管与主管相接,在节点之间设置一个节制阀,以产生一个较小的压力差(1~2 m水压),使一部分水流流入施肥罐,进水管直达罐底,水溶解罐中肥料后,肥料溶液由另外一根旁管进入主管道,输出肥料溶液。该设备的优点是成本低、操作简单、适合液体和水溶性固体肥料,无须外加动力。缺点是肥料溶液浓度不均匀,易受水压变化影响,罐口小不易加入肥料,不适合自动化作业。

②文丘里施肥器:根据文丘里管喉部设计原理,水流经过狭窄部分时流速加大,压力下降,前后形成压力差,当喉部有一更小管径入口时,形成负压,将肥料溶液从一个敞口肥料罐中通过小管径细管吸取上来。该设备的优点是成本低,维护费用低,施肥浓度均一,肥料罐敞口便于观察施肥进程,便于移动和用于自动化系统。缺点是施肥时系统水头压力损失大,系统需要较高的压力或配备增压泵,不能直接使用固体肥料,需溶解后使用。适用于小面积种植场所。

③注射泵:常用类型是膜式泵、柱塞泵等,在无土栽培技术中广泛应用,可控制肥料用量或施肥时间,实现自动化施肥。注射泵装置复杂,比其他施肥设备昂贵,肥料必须溶解后使用。

④其他设备:大面积施肥(几十公顷以内),采用泵吸肥法,利用离心泵将肥料溶液吸入灌溉系统。施肥时调节肥液管上的阀门,可调节施肥速度和浓度。

(3)输配水管网。作用是向种植园区输送水肥,包括输配干管、田间支管和连接支管与灌水器的毛管等,它由各种管件、连接件和压力调节器等组成。固定式微灌系统的干管与支管、半固定式的干管,一般埋于地下,常年不动,多用PVC硬管。地面管道系统多选用抗老化的、韧性好的高密度聚乙烯管。

(4)灌水器。作用是将灌溉系统中的水或肥液,通过不同结构的流道和孔口,减小压力,变水流为水滴、雾状、细流或喷洒状。

6.4.4.3 水肥一体化管理设备的使用方法

(1)一体化的灌溉制度。拟定作物全生育期的灌溉定额、灌水次数、灌水间隔期、一次灌水的延续时间和灌水量。决定灌溉的因素包括土壤质地、土壤含水量、作物需水特性、根系分布层、降水、灌水设施等。田间持水量是土壤中毛管悬着水达到最大时土壤的含水量,也称最大持水量,是土壤中有效水量的上限值,也是灌溉后计划作物根系分布层的平均土壤含水量。微灌溉设计上限采用田间持水量的85%～95%。灌溉下限是当土壤含水量下降到土壤田间持水量的55%～65%时,作物生长受到阻滞。也可以通过土壤水分当量或植物萎蔫系数等指标推算出。

灌溉的目的是补充降水量的不足,灌溉定额是作物全生育期的需水量与降水量的差值。若是设施栽培,灌溉定额是作物全生育期的需水量。作物全生育期需水量＝(作物日耗水量×生育期天数)/灌溉水利用系数。灌溉水利用系数是一定时期内田间所消耗净水量与管道进水总量的比值,微管灌溉的水利用系数达90%。

(2)一体化的施肥技术

①肥料的选择:根据肥料质量、价格、溶解性、兼容性等因素考虑。首先,溶解性好是第一要素,在常温下能够完全溶解于灌溉水,不溶物含量低于5%。其次,兼容性强,能与其他肥料混合,基本上不产生沉淀。最后,不引起灌溉水 pH 剧烈变化,或产生不良的化学反应。此外对灌溉系统和有关部件的腐蚀性小。尿素、酸性磷酸、白色氯化钾、硝酸钾(作物生长前期)、硝酸钙、硫酸镁、硫酸钾等为常用的大量元素肥料,铁、锰、锌的螯合物作为微肥,经过多级过滤的液体有机肥适合一体化施肥。

②施肥制度:拟定作物全生育期的总施肥量、每次施肥量及养分配比、施肥时期、肥料品种等。决定因素包括土壤养分含量、作物需肥特性、作物目标产量、肥料利用率、施肥方式等。作物目标产量为确定施肥量的主要指标,即是获得目标产量需要消耗的养分和各生育阶段的养分吸收量。作物需肥量是通过对正常成熟的农作物全株养分的化学分析,测定百千克经济产量所需养分量。

③肥料的配制与浓度控制:按照拟定的养分配方,选用溶解性好的固体肥料,配制专用肥料。或是购买微灌专用的固体或液体肥料,添加某种肥料。

在微灌施肥过程中,由于施肥罐体积有限,需要多次添加肥料,计算灌溉肥液的浓度。监控灌溉水的养分浓度一般是在管道出水口定时采集水样,测定电导率,随时了解灌溉水的养分浓度,保证安全施肥。

思 考 题

1.种植园的规划设计要点有哪些?

2.什么是连作、轮作、间作、混作和套作?

3. 轮作的优点有哪些?

4. 园艺植物的几种栽植方式各有什么特点?

5. 果树和蔬菜的定植方法有什么不同?

6. 园艺植物栽培对土壤有什么要求?

7. 简述几种土壤管理方法及其优缺点。

8. 园艺植物营养诊断有几种方法?

9. 园艺植物的主要施肥时期和施肥方法有哪些?

10. 园艺植物节水栽培的主要途径有哪些?

11. 简述园艺植物的几种灌溉方式及其优缺点。

7 园艺植物的植株管理与花果管理

【内容提要】
- 蔬菜的植株调整
- 果树的整形修剪
- 观赏植物的整形修剪
- 园艺植物的保花保果和疏花疏果
- 园艺植物的花期调控

植物的生长发育主要按照自己的遗传特性进行,然而人们对不同园艺植物的产品器官要求不同,因此需要人为地通过植株管理来调控其生长发育,使之有利于产品器官的形成。花果通常是园艺植物很重要的经济产品器官,也是园艺植物栽培中获得优质、高产、稳产的花或果实的基础,因而花果管理成为园艺生产中的一项重要技术措施。

7.1 园艺植物的植株管理

植株管理的目的主要是使各器官在地上部与地下部生长、主枝与侧枝之间、茎叶生长与结果之间、花芽分化与结果之间等方面保持协调,以充分利用光、热、养分和水分等环境条件,使其生长发育良好,利于产品器官的生长发育,提高单位面积产量和产品质量,增加效益。

7.1.1 蔬菜的植株调整

每一棵蔬菜植株都是一个整体,植株上任何器官的消长都会影响其他器官的消长。蔬菜作物很少全部植株都是有食用价值的,因而在其生长发育过程中,人为地调整其生长与发育,促进食用器官的形成,提高产品价值。进行植株调整的作用是:第一,平衡营养器官和生殖器官的生长;第二,使产品个体增大并提高品质;第三,使植株群体间和植株内通风透光良好,提高光能利用率;第四,减少病虫害和机械损伤;第五,可以提高栽植密度及增加单位面积的产量。

蔬菜植株调整是一项细致的栽培管理工作,它主要包括支架、压蔓、整枝、摘心、打杈、绑蔓、摘叶、束叶及疏花疏果等技术。疏花疏果及保花保果的技术措施将在下一节花果管理中介绍。

(1)支架、压蔓。需要直立栽培的蔓性和直立性较差的蔬菜种类,需借助它物辅助支撑才能很好地生长。支架栽培有利通风透气,可大大增加叶面积指数,更好地利用阳光、增加株数和产量、减轻病虫害。常用的支架有以下几种类型。

①双行或单行连架:一般架较高,常以竹竿为材料,将植株的茎蔓引到架上,有的需绑缚。如黄瓜、冬瓜、苦瓜、木耳菜、豇豆、菜豆等。

②棚架:对生长旺盛、分枝较多的种类需要搭棚架,使茎蔓分布均匀,合理利用空间。如葫芦、佛手瓜、南瓜、蛇瓜、丝瓜等。棚架型在蔬菜庭院栽培时采用较多。

③矮支架:一些直立性不太强、植株又不太高的种类需借助矮支架辅助生长,架型较简单,但需要绑缚。如番茄、石刁柏等。

④吊架:现代设施栽培中,为方便管理,常采用塑料绳或铁丝吊在设施的骨架上,再将植株缠绕其上或绑缚其上。吊绳既要结实,又不能很粗,多用塑料绳。如大棚、温室栽培的黄瓜、西瓜、甜瓜、番茄等。

支架的材料主要视植物本身攀缘能力及其产品重量而定。如冬瓜单果重量大,所以支架要很结实;番茄结果较多,也需要较结实的支架;而豆类的茎虽然较长,但比较轻,一般较细的支架即可。

对于爬地生长的蔓性蔬菜,生产上常采用压蔓处理。经压蔓后,可使植株排列整齐,受光良好,管理方便,促进果实发育,增进品质。同时还可以促进发生不定根,有防风和增加营养吸收的作用。如西瓜、南瓜、冬瓜等瓜类蔬菜常在露地栽培中进行压蔓处理。

(2)整枝、摘心、打杈。整枝是指除去一部分枝,对留下的枝引放于一定位置的措施。整枝常通过摘心和打杈来完成。对生长相对直立的种类,如番茄、茄子和辣椒等进行整枝,能控制过旺的生长和调节其空间分布,促进果实发育;蔓生蔬菜放任其枝蔓自然繁生,会出现结果不良,整枝能起到控长和牵引作用;瓜类的整枝更显得重要,因为留瓜和叶的多少直接关系到坐果及产品品质。番茄生产中,一般只留顶芽向上生长,侧枝全部摘除,称为单干整枝;有时除顶芽外,第一穗果下又留一侧枝与顶芽同时生长,称双干整枝。

摘心就是除去生长枝梢的顶芽,又叫打尖。其作用主要是抑制生长,促进分枝、花芽分化和果实发育。如对番茄、茄子、瓜类、蚕豆、黄秋葵等蔬菜进行摘心,促进果实发育;以食用嫩叶为栽培目的的落葵要支架,当爬到架顶时进行摘心促进侧枝生长;香椿摘心能促进侧枝生长以多收香椿芽。但很多瓜类植物的摘心往往结合整枝来进行,有时还要结合绑蔓和打权等。

打权就是摘除侧芽。对番茄、茄子等侧枝萌发能力非常强的蔬菜,若任其自然生长,则会枝蔓繁生,过旺地进行营养生长,导致结果不良或不能结果。为了控制侧枝生长,促进果实发育,必须去除其中的一部分或大部分。通过打权,调整了植株的同化器官和产品器官的比例,可提高单位面积的光合作用效率。因此可以缩小单株的营养面积,提高产量。

(3)绑蔓。对于攀缘植物或藤本植物,其自身的能力不足以使它牢固地附着在支架上,必须人为地加以绑缚。一般每隔一定距离绑缚一次,直到架顶或需要的高度。但绑缚时一定不要绑得太紧,要留有生长增粗的余地。番茄、黄瓜、丝瓜、冬瓜等进行多次绑蔓,能将植株固定在支架上,并调整生长势。如黄瓜固定支架上,采用"S"形绑蔓法,使生长点在同一水平面上,既防止大株遮小株,又避免黄瓜植株过早爬满架。

(4)摘叶、束叶。在植物体上不同成熟度叶片的光合效率不同。刚展开和成熟的叶片光合作用旺盛,制造的营养物质多,能积累同化产物供其他组织器官利用;而衰老的叶片同化作用弱,制造的营养物质少于其自身的呼吸消耗。因而需要摘除老叶或病叶,摘除后对同化产物的影响很小。同时又能改善植株通风透光状况,减少病虫害发生。如黄瓜展叶后30～35 d光合效率迅速降低,展叶后45～50 d基本无积累。

束叶处理对花椰菜和大白菜等蔬菜具有良好作用。束叶能保护花椰菜花球洁白和柔嫩;束叶还可以促进大白菜叶球软化,使植株间通风良好,并有利于防寒。但束叶不能进行过早,处理也较费工时。

蔬菜植株调整过程中,调整措施有时单独进行,但更多情况是几种技术交叉或同时进行,才能完成蔬菜植株调整。

7.1.2　果树的整形修剪

果树一般寿长多稔,一株树上,衰老与更新、生长与结果可以同时并存。在不同时期、不同的生长空间和营养器官之间,经常会出现不协调的现象,通过整形修剪能调节这些不协调现象。因此,整形修剪是果树栽培管理中一项重要技术措施,历来受果树生产者重视。选择合理的树形和运用正确的修剪技术,是实现果树早果、丰产、稳产、优质、高效的重要保证。

整形(training)是通过修剪把树体建造成某种树形;修剪(pruning)是为了控制树体枝梢数量、方位及生长势,对树体直接采用剪枝及类似的外科手术的总称。整形与修剪的结合,称为整形修剪。二者密切相关、互为依存,整形依靠修剪才能达到目的;而修剪只有在合理整形的基础上,才能发挥作用。果树整形修剪,是以生态和其他相应农业技术措施为条件,以果树生长发育规律、树种和品种的生物学特性及各种修剪反应为依据的一项技术措施。

整形修剪的意义在于:构成坚实的树体骨架,使树体具有较大的负载能力;保证树体具有合理的结构,充分利用光能及具有良好的通风性能;维持树体良好的营养生长和生殖生长的平衡,实现早果、丰产、稳产栽培;保证树体生产出优质果实,提高果园经济效益;减少果园病虫害的发生,维持树体健壮;控制树冠的体积大小与高度,便于管理;适应不良的土壤与生态环境条件,扩大栽培范围。

(1)树体结构。了解果树的树体结构,对于进行合理的整形修剪至关重要。每种树的树体都可分为地上和地下两大部分,地下部分指整个根系,虽然根系的好坏也影响地上部分的生长发育,但在常规修剪中一般不涉及根,所以我们主要介绍地上部分。地上部分包括主干(trunk)和树冠(canopy)两部分。树冠又由中心干(central leader)、主枝(main branch)、侧枝(或叫副主枝,lateral branch 或 secondary branch)和枝组(fruiting branch group)构成(图7-1)。但有些树形的果树无明显的中心干。主干、中心干、主枝和侧枝构成

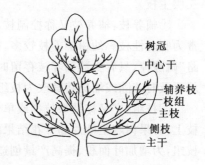

图 7-1 果树树体结构示意图

（标注：树冠、中心干、辅养枝、枝组、主枝、侧枝、主干）

树冠的骨架,称为骨干枝。各类营养枝和结果枝组成树体的树冠部分。

①主干:它是指地面至第一层主枝之间的树干部分。主干高度(简称干高)对树体结构影响较大。高干,根与树冠之间距离大,树冠形成晚,体积小;矮干,根与树冠之间距离小,树冠形成快,体积大,树势强,便于管理。目前生产上趋向于矮干栽培。树干的高度主要取决于树种和品种特性、树形、栽培技术和土壤、气候条件等,有些丛状的灌木果树和某些树形的果树无明显主干。直立性较强的如柚、梨等,树干可矮些;树形开张,枝条较软的如油桃、乔纳金苹果等,树干宜高些;大冠稀植,树干宜高;矮化密植,树干宜矮。北方栽培一般树干宜矮些,利于提高树体的抵抗力;南方栽培时树干宜高些,利于通风透光。因此,在定干时要综合考虑多种因素。

果树的定干(cut trunk)是果树定植后的第一次修剪,按主干的高度剪定,如乔木果树的定干高度一般在80~100 cm,矮化树形在50~60 cm。定干时要求剪口芽饱满、健壮,因为剪口下20 cm左右一段干长是最早形成骨干枝的部位。

②中心干:中心干是主干的延伸部分,有些果树没有中心干。有中心干的树一般比较高大,容易产生树冠郁蔽。因此,要注意培养主枝的层性,或尽量采用纺锤

形、圆柱形的树形。无中心干的树形一般较矮,呈开心形,光照好,但主枝开张角度比较大时,与主枝结合不够牢固。

③骨干枝:主干、中心干、主枝和侧枝都是树体的骨干枝。决定树高的是主干和中心干,而决定冠幅的主要是主枝和侧枝。中心干上向外延伸的是主枝,主枝上一般有2~4个侧枝。主枝和侧枝属非生产性枝条,形成过程中需要消耗大量养分,且骨干枝过多时整形时间较长,早期产量低,树体内膛光照差。所以,原则上骨干枝不宜过多。

幼树定干后,剪口芽以下长出2~5个枝,第一年可选2~3个好的枝做主枝;第二年或第三年再选定第二层主枝;高大的乔木果树第四年或以后还可以选留第三层主枝。

④辅养枝:辅养枝又称控制枝,主要存在于幼树和大树冠树形的成年树上,通常为临时性枝。幼树辅养枝较多,待骨干枝枝量大、空间拥挤时,一些辅养枝就"让路"疏除掉,只有少数辅养枝存留时间较长。辅养枝一旦影响骨干枝的生长发育,就要及时疏除或缩剪将其改为枝组。

⑤枝组:它又称结果枝群或单位枝,是若干结果枝集于一起的枝,着生在骨干枝上,为果树着生叶片和开花结果的主要部位。因而整形修剪时注意培养和多留枝组,为增加叶面积、提高产量创造条件。枝组按其大小和生长强弱分为大、中和小型枝组;按枝组在骨干枝上着生位置分背上、背下和两侧枝组。矮化密植园,树冠小,宜多培养中、小型和侧生枝组。

(2)主要树形特点与整形。果树树种和品种很多,树形也有许多种类。一般仁果类多采用疏散分层形,核果类为自然开心形,蔓生树为棚架或篱架形,常绿果树主要是各种形式的圆头形,而密植矮化果树则采用纺锤形、树篱形及篱架形,短枝型品种的超密植栽培用圆柱形或无骨架形等。图7-2是常用果树树形示意图。

①有中心干的树形:只有一个中心干,可细分为以下树形。

主干形:由天然形适当修剪而成,中心干上主枝不分层或分层不明显,树形较高。如枣、香榧、银杏、核桃、橄榄等树种栽培中有应用。

疏散分层形。这类树形又称主干分层形,多用于大、中冠树形,如苹果、梨等仁果类果树。一般有5~7个主枝,在中心干上分2层或3层排列,第一层3个,第二层2个,第三层1~2个。每层间距60~80 cm,同一层3个主枝之间的角度约为120°。为了改善光照条件和限制树高,成年后应在树顶部落头开心,并减少层次。

纺锤形:又叫纺锤灌木形、自由纺锤形。一般树高2.5~3 cm,冠径3 m左右,树体具有强壮的中心干,中心干上培养数个近水平的主枝,不分层。主枝细长,一般没有侧枝。这种树形多应用于矮化或半矮化栽培。早期轻剪长放,结果早,丰产性好。

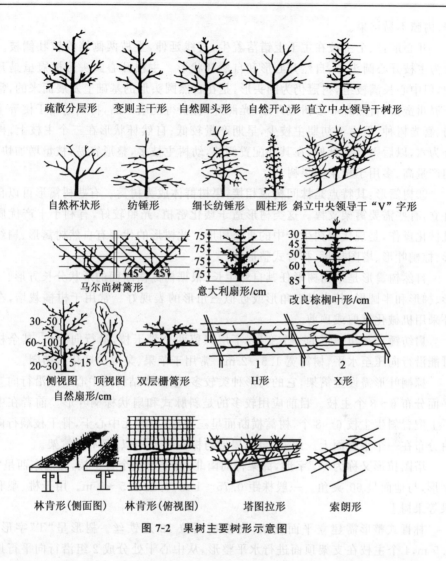

图 7-2 果树主要树形示意图

圆柱形:此树形与细纺锤形树体结构相似,其特点是在中心干上直接着生枝组上、下冠径差别不大,适用于高度密植栽培。欧美目前较普遍用于矮化和易结果的短枝型苹果栽培中。

②无中心干形:有时无中心干形也叫多中心干形,分为以下多种形式。

自然圆头形:它又叫自然半圆形。主干在一定高度剪截后任其自然分枝,选留几个开张的大枝作骨干枝,疏除其余过密的主枝,自然形成圆头。常用于柑橘、荔枝、龙眼等常绿果树。此树形修剪轻,树冠形成快,造型容易。但树冠内部光照较差,内膛不易结果。

开心形:三个主枝在主干上错落着生,直线延伸,主枝两侧培养较壮侧枝。又分为主枝开心圆头形、自然开心形和自然杯状形。主枝开心圆头形树冠虽是开心的,但中心长满枝组,树冠仍为圆头形,是在自然圆头形的基础上发展而来的,常用于温州蜜柑;自然开心形树冠开心,光照好,易获得优质果品,特别适用于桃等干性弱、喜光树种,但由于初期主枝少,早期产量较低;自然杯状形在三个主枝上,再三分为六,以后则直线延伸,在其外配置侧枝,幼树主枝多,整形容易,枝量增加快,早期产量高,多用于核果类果树。

③树篱形:其特点是株间树冠相接,果树群体成为树篱。有些树篱形可以自然直立,有些需要篱架支撑。这类树形适于矮化密植,光照较好,有利于丰产优质和机械化操作,是现代果树生产中的重要树形。此树形的代表有自然树篱形、扁纺锤形、棕榈叶形、塔图拉形、林肯式整形等。

自然树篱形是果树树形任其自然生长,根据树篱横断面的形状分长方形、三角形、梯形和半圆形,其中以三角形或近似三角形的表现好。常用于柑橘栽培,在国外采用机械化篱剪或顶剪。

扁纺锤形是纺锤形的一个变形,下层只留两个骨干枝,沿行向生长,其余枝尽可能沿行向压至水平,树篱宽1.5~2 m。常用于苹果、梨等的矮化密植园。

棕榈叶形需设置篱架,它的树形种类较多,但基本结构是中心干上沿行向直立平面分布6~8个主枝。目前应用较多的是斜脉式和扇状棕榈叶形。前者在中心干上配置斜生主枝6~8个,树篱横断面呈三角形;后者无中心干,骨干枝顺行向自由分布在一个垂直面上。此外,自然扇形与棕榈叶形相似,但不设篱架。

塔图拉形又称为"Y"字形,篱架行向南北,每株仅两个骨干枝,分向东西呈"Y"字形,与地面呈60°夹角。一般株距0.75~1 m,行距4.5~6 m。用于桃、梨和苹果等果树上。

林肯式整形需建立平面支架,支架顶面拉12道铁丝。树形呈"T"字形,高1.5 m,4个主枝在支架顶面进行水平整形,从中心干处分成2组沿行向平行地被绑缚在支架中间的2道铁丝上,每个主枝再向行间方向培养出6个相互平行的侧枝。这种树形便于机械化栽培管理。苹果、梨等果树上都有应用。

④棚架形:主要用于蔓性果树,如葡萄、猕猴桃等。在日本为防台风,梨的栽培中也常采用棚架整形。

此外,果树上还有用于草地果园的无骨干形、北方防严寒便于埋土的匍匐形和灌木果树用的丛状形等树形。

选择树形的基本原则是根据果树生物学特性并实现优质果品生产选择树形。

需要考虑的生物学特性应包括:树体的干性、层性及生长势强弱;成枝力高低;枝条生长姿势及枝条的硬度;树种的耐阴能力等。另外,所选择的树形最好还应具备如下优点:能在短期内尽可能迅速地占领空间;树冠的通风透光条件好;早果、丰产性能好;整形技术相对简单,树形保持容易,管理简便,省工。

(3)修剪的时期、方法及作用。果树的修剪一般分两个阶段进行:一是休眠期修剪(dormant pruning),二是生长期修剪(growth pruning)。

①休眠期修剪:也叫冬季修剪(winter pruning)。休眠期树体内贮藏养分较充足,修剪后枝芽减少,有利于集中利用贮藏养分。落叶果树自秋冬落叶开始至春季萌芽之前,常绿果树从晚秋梢停止生长至春梢萌发之前都为冬季修剪的适宜时期。但有些果树的冬剪应特别注意避开伤流期,如葡萄伤流期在萌芽前后、核桃在落叶前至萌芽期间。休眠期修剪常用方法(图7-3)有以下几种。

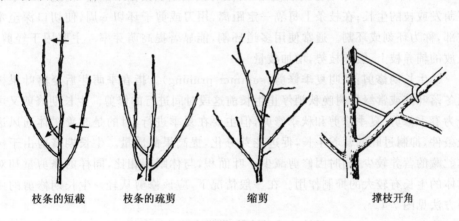

| 枝条的短截 | 枝条的疏剪 | 缩剪 | 撑枝开角 |

图7-3　休眠期修剪的主要方法示意图

短截:剪去一年生枝梢的一部分即为短截(cutting),又称为短剪。剪去1/4以下,为轻短截;在饱满芽处剪截,约剪去1/2,为中短截;在枝条饱满芽以下剪截,剪去2/3以上,为重短截;在基部留1~2个芽处剪截,为极重短截。短截的作用有:增加枝梢密度,使剪口下第一芽强壮;改变枝梢的角度和方向;短截可削弱顶端优势,尤其是重剪,会使树冠变小;短截还可能减少花芽,调节负载量。

疏剪:将一年生枝梢或多年生枝梢从基部疏除即为疏剪(thinning)。疏剪的作用有:减少分枝,疏除过密枝、细弱枝、病虫枝和竞争枝,从而改善树冠内的通风透光条件,并能减少养分的消耗,恢复树势及保持良好的树形。

缩剪:在多年生枝上短截,亦称回缩。由于修剪量较大,因此对母枝有较强的削弱作用,对剪口后部的枝条生长和潜伏芽的萌发有促进作用。缩剪常用于控制树冠和辅养枝,骨干枝和老树更新复壮上,同时改善树体的通风透光性。

长放:又称甩放。一般不剪或只剪去梢尖成熟很差的部分。多将中庸枝、斜生枝和水平枝长放,其作用在于缓和枝梢生长势,积累较多养分,促进花芽形成,提早结果。

开张枝条角度:采用撑枝、拉枝、别枝等方法来加大枝条与地垂直线的夹角,直到使之水平、下垂或向下弯曲,同时也可左、右改变方向。开张枝条角度也可在夏季修剪时使用。其作用是:缓和枝条的顶端优势,促进枝条中、下部芽的萌发,还可扩大树冠,改善光照条件,充分利用空间,促进花芽的形成和提高坐果率。

刻伤和环割:在芽、枝的上方或下方用刀横切皮层,深至木质部,称为刻伤(notching)。多在春季萌芽前后使用,可阻碍顶端生长素向下运输,促进切口下的芽萌发或枝的生长;在枝条上每隔一定距离,用刀或剪子环切一周,使切口深至木质部,称为环刻或环割。通常使用多道环割,能显著提高萌芽率。主要用于轻剪、长放的辅养枝上,缓和枝势,增加枝量。

②生长期修剪:又叫夏季修剪(summer pruning)。指春季萌芽后至落叶果树秋冬落叶前或常绿果树晚秋梢停止生长前这段时间进行的修剪。生长期修剪又可分为春季修剪、夏季修剪和秋季修剪,但主要在夏季进行,目的是改善树体通风透光条件,抑制过旺的营养生长,促进花芽分化,提高果品质量。生长期修剪由于树体贮藏的营养较少,同时因修剪减少了叶面积,与休眠期相比,同样的修剪量却对树体的生长有较大的抑制作用。在一般情况下,应该修剪从轻。生长期修剪的主要方法见图7-4。

除萌和疏梢:芽萌发后抹除或剪去嫩芽称为除萌或抹芽;疏去过密新梢称为疏梢。其作用是选优去劣,疏密留稀,节约养分,改善光照,提高留用枝梢质量。如葡萄抹除夏芽副梢,可以逼冬芽萌发,实现多次结果。

摘心和剪梢:摘心(pinching)是摘除幼嫩枝梢的梢尖,去掉部分成叶在内的枝梢就是剪梢。其主要作用有:削弱顶端优势;促进侧芽萌发和二次枝生长,增加枝梢分级数,加快整形;抑制新梢的延长生长,促进枝梢充实;促进花芽形成,提高坐果率。

扭梢和拿枝:在新梢基部处于半木质化时,从基部扭转180°,使木质部和韧皮部受伤但不折断,新梢呈扭曲状态,称为扭梢。在新梢生长期用手从基部到顶部逐步使其弯曲,并伤及木质部,响而不折,称为拿枝(twisting)或捋枝。不同时期进行拿枝,其作用略有不同。这两种方法都有缓和枝梢的生长势、促进花芽分化的作用。

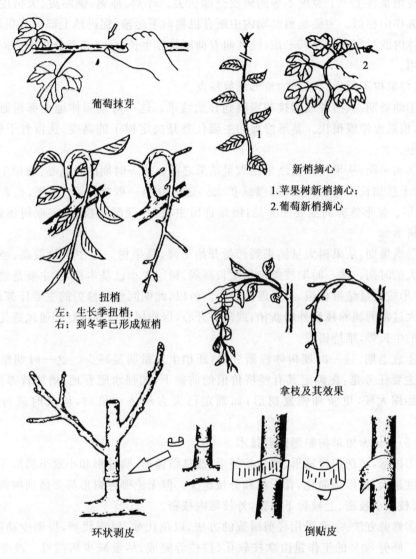

葡萄抹芽

新梢摘心

1.苹果树新梢摘心；

2.葡萄新梢摘心

扭梢

左：生长季扭梢；

右：到冬季已形成短梢

拿枝及其效果

环状剥皮　　　　　　　　　　倒贴皮

图 7-4　生长期修剪的主要方法示意图

　　环割、环剥、倒贴皮、大扒皮：夏季环割主要用于主干、主枝、辅养枝及大型枝组上。环剥(ringing,girdling)即将枝条韧皮部剥去一圈。环剥的宽度一般为枝直径的 1/10～1/8。过宽时伤口长期不能愈合,有时会造成植株死亡。过窄时很快愈合,不能充分达到目的。倒贴皮是将环剥下来的树皮倒转过来再贴到原来的地方。

大扒皮则是将主干上宽度不等的树皮全部扒去。环割、环剥、倒贴皮、大扒皮这一类措施作用相似。主要起短时期内中断有机物向下运输,促进地上部养分积累,改善树体内的激素含量及其平衡,使其向着抑制营养生长、促进花芽分化的方向发展的作用。

(4)果树不同生长时期的整形修剪特点。

①幼龄期:从播种或嫁接苗定植到开始结果。这一时期树体地上部树冠扩大很快,根系也伸展很快。整形修剪的主要任务是决定树干的高度,选留骨干枝,造就树形。

②初果期:从果树开始结果到大量结果之前。这一时期的特点是:新梢生长旺盛,骨干枝加长生长很快,树冠继续扩大。这一时期一般维持 2～4 年,长者可达 7～8 年。整形修剪的主要任务是:继续选留主枝,合理配备枝组,完成树体建造,稳定树形。

③盛果期:从果树大量结果到产量开始下降,是果树一生中产量最高、经济效益最大的时期。这一时期枝条加长生长减弱,树冠大小已基本稳定,主要是增粗生长,并形成大量结果枝组,产量逐渐稳定。所以,此期间整形修剪的主要任务是:疏除过大过密的辅养枝和外围新梢,或落头开心,保持树冠内部良好的通风透光性和健壮的生长势,维持树形。

④衰老期:这一时期树体逐渐衰弱,新梢生长量明显减少。这一时期整形修剪的主要任务是:在确定其有经济价值的前提下,加强水肥管理,增加营养生长,加重回缩大枝,更新和恢复树形;如确定已失去经济价值时,应及时进行全园更新。

(5)矮化密植果树整形修剪技术。

①树形:可选用树篱形、细长纺锤形、改良纺锤形、圆柱形和小冠半圆形等。栽植密度越大,树形越简化,骨干枝和分枝越少。但无论哪种树形都要做到树密枝不密、大枝稀小枝密、上枝稀下枝密、外枝稀内枝密。

②修剪方法:主要采用轻剪缓放的方法,以刻代截、以弯代剪,提倡少动剪、多动手。修剪 80% 的工作量由拿枝软化、拉枝等完成、尽量减少短截量。改变传统的先整形后结果的做法,做到整形结果并行,主枝以外的枝条一律作辅养枝处理,结果后疏除或回缩。

③修剪时期:改一次性修剪为四季修剪,春季抹芽,夏季疏枝、扭梢、摘心、环剥、促花芽分化,秋季拉枝、拿枝软化,冬季修剪进行补充。

④控制树冠:从以往单纯修剪控冠改进为果控、化控、肥控综合运用。果控冠,即提倡多结果,以果压势;化控冠,即施用植物生长调节剂(如多效唑);肥控冠,即

增施磷、钾肥,合理施用氮肥和微量元素。

⑤枝组培养:密植果树的枝组多为单轴延伸,可采取"先放后缩"的方法培养枝组。无花枝缓放,有花枝短截,待结果后回缩成较紧凑的结果枝组。

(6)设施果树的整形修剪技术。

①树形选择:目前设施果树栽培以葡萄、桃、樱桃、李等为主,可以选择"Y"字形、纺锤形或自然开心形的树形,通常树干高 30～40 cm。"Y"字形一般选留 2 个主枝,每个主枝上留 2～3 个侧枝;自然开心形 3 个主枝,每个主枝上同样选留 2～3 个侧枝;纺锤形选留 6～10 个错落有序的主枝,主枝上不再留较粗的侧枝,而是直接着生枝组。

②修剪方法:设施果树修剪的原则是冬疏散、春重剪、夏更新、秋控旺。冬季修剪一般在扣棚后增温前进行,主要是短截结果枝,疏除过密枝;生长期的修剪从萌芽后就开始了,到 7 月底需进行 2～3 次摘心;采果前 2 周可剪除遮挡果实的叶片和新梢,促进果实着色;采果后的 5～6 月份应对结果的枝进行剪梢,以促进副梢的萌发。

果树整形修剪技术在生产上不断发展和改革。目前,树形的发展趋势是:树冠矮小,适于密植,结果早;顺应果树生长结果的习性,不强造树形,修剪量小、成形较快;主枝层次少、骨干枝级次少,枝组、结果枝比例大并直接着生在中心干或主枝上;树冠结构简单、整形容易,注意株间、行间关系的调节,改善果园群体结构,充分利用光热资源,提高果品产量、质量,便于人工或机械修剪和其他果园机械作业,提高劳动效率。因而,当前果树整形修剪技术中较多地利用矮化砧、短枝型品种和其他矮化栽培措施;抹芽、摘心、扭梢、拉枝等夏季修剪配合生长调节剂处理,控制树冠大小,控制枝条生长强度、角度,调整花芽形成量和开花坐果量;机械与人工修剪相结合,简化修剪程序,减少用工量。但是,果树整形修剪技术的改革,应注意新技术与"精细修剪"的传统经验相结合。

7.1.3 观赏植物的整形修剪

整形修剪是观赏植物综合管理过程中不可缺少的一项重要技术措施,广泛地应用于观赏植物的培植以及盆景的艺术造型和养护,这对提高绿化效果和观赏价值起着十分重要的作用。观赏植物整形修剪的具体作用表现在于:提高观赏树苗移栽的成活率;调节观赏植物的生长与发育,改变和保持合理的植株形态;创造最佳环境美化效果;调整树体结构,创造各种艺术造型;获取更多的鲜花或果实;促使观赏植物的健康生长,增强绿化效果。

(1)整形。观赏植物的整形是指通过对植株施行一定的修剪造型和保持符合观赏需要的树体结构的过程。整形方式常因栽培目的、配置方式及环境条件的不同,而有很大的差别,概括起来主要的整形方式有自然式整形、人工式整形和混合整形。一般以自然形态的为主,其次是自然与人工相结合的混合式整形,而人工整形应用在逐渐减少。

自然式整形是利用观赏树木的自然株型,稍加人工修整,使树体分枝布局更加合理、美观。这种整形的树木姿态自然,符合人们向往回归自然的强烈心理,加之其整形技术简单和成本低廉,使自然式整形成为当前国内外观赏树木整形发展的主要趋势。常应用在行道树、庭荫树及一般风景树等的整形上。

人工式整形则是人为对植物进行整形,使其按人的艺术要求生长,几乎完全不顾植物的生长发育特性,它是一种特殊的装饰性的整形方式。由于这种整形按照人们的艺术要求整形为各种几何形状或非规则式的动物形体,彻底破坏了树体的自然形态,它与人们回归自然的心理相矛盾,加之整形技术性强、费工,人工整形现在运用有减少的趋势。但它在公园和城市街道等园林局部和要求特殊美化的环境中有较多应用,仍是一种吸引人的植物艺术造型方式。

混合式整形是一种以观赏树木原有自然形态为基础,并略加以人工整形方式,具体整形技术与果树极为相似。它是介于自然式和人工式之间的一种整形方式,能使花朵硕大、繁密或果实丰产肥美,因而在观花、观果、果品生产及藤本类观赏植物等的整形上应用较多。但混合式整形还需要密切配合其他栽培技术措施,其技术性强,也比较费工。

在生产实践中,整形方式和修剪方法是多种多样的,以树冠外形来说,常见的有圆头形、圆锥形、卵圆形、倒卵圆形、杯状形、自然开心形等。树形上大体上与果树整形类似,只是观赏植物整形更多地从提高观赏价值的角度进行,而果树则更多地考虑提高产品质量和效益。在观赏植物栽培上常见树形有单干式、双干式、丛生式、悬崖式等,盆景的造型更是千姿百态。

单干式:只留一个主干,不留分枝。草本植物如独头大丽菊和标本菊仅在主干顶端开一朵花;木本植物中的广玉兰、大叶女贞等也多为单干式。也有在独本的主干上保留短小的侧枝,并在每个侧枝的顶部留花开花,如夜落金钱等。

多干式:留数个主枝,每个枝干顶端开一朵花,使主枝上有较多的花。如大丽菊、多头菊、一品红、牡丹留多个主枝等。

丛生式:通过植株自身分蘖或在生长期多次摘心、修剪,使之多发生侧枝,全株呈低矮丛生状,每株可开花数多。许多一、二年生草花和灌木花卉采用这种造型方式,以繁华为目标。如矮牵牛、美女樱、小菊、一串红、藿香蓟、波斯菊、金鱼草、百日草、鹅蝶花、半边莲等。

悬崖式：依花架或墙垣使全株枝条向一个方向伸展下垂，多用于小菊类品种或盆景的整形。如悬崖菊、蔷薇等。

攀缘式：多用于蔓生花卉，枝条附着在墙壁上或缠绕在篱木上生长，如爬山虎、凌霄。

匍匐式：自然匍匐在地面生长，使其覆盖于地面或山石上，如蔓锦、铺地柏、旱金莲等。

支架式：通过人工牵引，使植物攀附于一定形状的支架或墙壁上，形成透空花廊或花洞，多用于蔓生花卉，如紫藤、牵牛、金银花、爬墙虎等。

圆球式：通过多次摘心或修剪，使之形成稠密的侧枝，再对突出的侧枝进行短截，使整个树冠成圆形或扁球形，如大叶黄杨、龙柏等。

象形式：把整个植株修剪成或蟠扎成动物或建筑物形状，如圆柏、刺柏等。

其他形式还有伞形、塔形、圆锥形、垂枝形、倾斜式、水平式、曲干式等特殊造型（图7-5）。

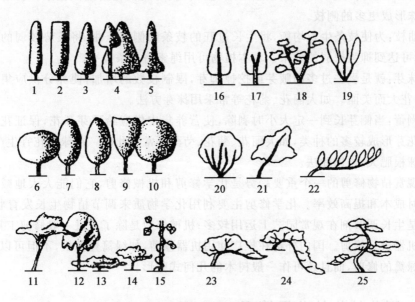

图 7-5 观赏树木主要树形示意图

1.柱形；2.圆筒形；3.圆锥形；4.伞形；5.塔形；6.圆盖形；7.长圆形；8.卵形；
9.杯形；10.球形；11.波状圆盖形；12.垂枝形；13.匍匐形；14.覆盖形；
15.藤蔓形；16.单干形；17.双干形；18.二挺身；19.三挺身；20.灌木式；
21.倾斜式；22.水平式；23.半悬崖式；24.悬崖式；25.曲干式

（2）修剪。观赏植物的修剪方法基本上与果树相似，有些则不同。修剪目的虽然大体与果树相同，但是观赏植物在修剪时还需要兼顾观赏价值的表现。修剪时期同样分为休眠期和生长期进行。但观赏植物造型时的修剪主要是在生长期根据植物生长情况进行，这样，才能收到应有的效果。掌握好修剪时间，正确使用修剪方法，可以提高观赏效果，减少损失。例如：以花篱形式栽植的玫瑰，其花芽已在上年形成，花都着生在枝梢顶端，因此不宜在早春修剪，应在花后修剪；榆树绿篱可在生长期几次修剪，而葡萄在春季修剪则伤流严重。

摘心：摘心的作用主要是去除顶端优势，促进侧枝发生；使枝条粗壮，矮化植株，株形圆满，花繁叶茂；调节开花期。如大丽花、牵牛花、千日红、一品红、百日草等常采用摘心增加花数。

剪枝：包括疏剪和短截两种类型。疏剪是将枝条自基部完全剪除，常用于枯枝、病虫枝、细弱枝、重叠枝、密生枝及花后残枝；短截用于当年枝条上开花的种类一般在春季修剪，用于二年生枝条上开花的种类时则在花后短截枝条。目的也是使植株形成更多的侧枝。

曲枝：为使枝条生长均衡，将生长过旺的枝条向侧方压曲，将长势较弱的枝条顺直，可达到抑强扶弱的效果。木本植物可用绳索将枝条拉平。

抹芽：就是剥去过多的腋芽或挖掉脚芽，限制枝数的增加，使养分供应集中给主芽，花大而美丽。如大丽花、菊花等常采用抹芽方法。

剥蕾：当侧芽长到一定大小时剥除，使营养集中供应给顶芽开花，保证花朵质量。花芽形成较多的种类，如大丽花、菊花、芍药等常用此法。在球根花卉生产中，为使球根肥大，也用此法。

观赏植物修剪的一个重要趋势是化学修剪和机械修剪，它们能大大地减少修剪工时成本和提高效率。化学修剪主要利用化学物质来调节植物生长发育状况，特别是生长调节剂在观赏园艺上运用较多；机械修剪是除了改进一般修剪工具外，利用机器进行修剪。国内外都在推广使用机器修剪，如绿篱修剪机，不但可以作整形式绿篱的修剪，而且还可作一般树木的几何式整形。

7.2　园艺植物的花果管理

花果管理主要是指直接用于花和果实上的各项管理技术措施。花果管理的目的是获得优质、高产、稳产的花或果实。适当的花果管理，是现代果园、菜园及花园管理中的一项重要措施，对提高花和果品的商品性、增加经济效益具有重要意义。在生产实践中，花果管理包括生长期的花果管理技术和花果采收及采后处理技术。

不过,本节中主要介绍生长期的花果管理,采收及采收后的管理将在第9章中介绍。园艺植物生长期的花果管理技术主要包括促花、保花保果、疏花疏果、果实外观品质调控及花期调控等技术措施。

7.2.1　促花措施

促进花芽的分化和形成是园艺植物栽培管理的重要环节,特别是对园艺植物花期调控和促成栽培具有重要意义。促花主要是促进植物从营养生长向生殖生长转化,包括人工和化学促花两种形式。目前,园艺植物生产上所采用的促花技术往往将人工与化学促花配合使用,效果更显著。

(1)人工促花。

①肥水管理:肥水管理中适当减少氮肥施用量,配合增施磷肥和钾肥;适当减少土壤水分供给量,生产上称"蹲苗",均能减缓植株营养生长,利于成花。

②开张角度:可以扩大树冠,缓和树势,改善光照条件,增加枝条自身光合产物的积累,调节内源激素平衡,促发短枝。它是促进幼树、旺树早结果的主要方法。

③环剥(环割):环剥(环割)阻碍地上部碳水化合物向根系的运输,限制根系生长;增加地上部分光合产物的积累,促进营养物质向芽体的运输,利于花芽分化,达到控冠促花的作用。

④扭梢、摘心:扭梢改变了枝梢方向,充分利用空间培养结果枝组;摘心可限制新梢生长,削弱顶端优势,增加营养积累,促进腋芽萌发和生长,增加分枝。果树、茄果类蔬菜处理徒长枝,也是这个目的。

(2)化学促花。

①乙烯利:采用乙烯利处理具有与摘心相似的作用,控制植株营养生长,促进发枝和成花。多用于3~5年生的幼树和不结果的旺树,使用浓度为0.15%~0.2%的乙烯利,在落花后10 d左右喷洒,有效期可达3~20 d。据薛进军等报道乙烯利与比久(B_9)混合处理,能显著地促进红富士的花芽分化,且效果好于单独施用乙烯利或B_9。

②矮壮素:对苹果新梢生长有抑制作用。用浓度为0.3%~0.6%的矮壮素在花后15 d左右喷施第一次,以后每隔20 d喷施一次,共施3次,就可控制新梢生长,促进花芽形成和提高坐果率。

③多效唑:其作用是抑制赤霉素前体贝壳杉烯酸的生物合成,从而有效地抑制植株的营养生长,使更多的同化产物转向生殖生长。适用于一定干周粗度达到结果年龄而未结果的幼旺树,但大龄树或树势偏弱的禁用。

7.2.2 保花保果

（1）保花保果的意义。坐果率是产量构成的重要因子，而大量的落花落果是造成产量低的重要原因之一。所以，提高坐果率，尤其是在花量少的年份提高坐果率，是保证丰产的重要环节。多数植物的自然坐果率都较低，如苹果、梨为15％左右，桃、杏为5％～10％，柑橘为1％～4％，而枣仅为0.13％～0.4％。蔬菜中的一些种类也有坐果率低的问题，番茄的坐果率不超过50％，辣椒仅达到10％左右，在黄瓜、南瓜中也时常有化瓜现象。即使在花量较多时，如遇不良环境，又不采取保花保果措施，坐果数也会大大降低。造成落花落果的主要原因有树体因素和环境因素，所以，应根据具体情况采取相应的措施。保花保果还可以稳定植株的生长势，使之少徒长，取得生长与结果的平衡，在幼年果树上尤其重要。

（2）保花保果的措施。

①提高树体营养水平：植株营养水平，特别是果树的贮藏营养水平，对花芽质量有很大影响。通过加强土、肥、水管理，合理修剪，秋季保护叶片和加强后期营养积累，以提高植株营养水平，改善花器发育状况，是提高坐果率的基础。

②保证授粉质量：近年来，由于授粉不良而大幅度减产的事例发生较频繁。在天气不良或设施栽培中，影响昆虫的活动，坐果率低，采用辅助授粉可显著提高授粉质量，显著提高坐果率。辅助授粉的方法有人工点授、机械喷粉、液体授粉以及花期放蜂等。生产上应用最多的是人工点授，为了节省花粉用量，可适当加入填充剂稀释，一般比例为1（花粉并带花药外壳）：4填充剂（淀粉或滑石粉）；机械授粉和液体授粉效率较高，但花粉使用量大，需要大幅度增加采花数量，因而生产上，特别是一家一户应用时较困难；花期放蜂是一种很好的授粉方法，但当花期遇雨或低温期间，蜜蜂不出箱活动，影响授粉效果。因此，采用花期放蜂时，遇恶劣天气应及时进行人工补充授粉。

③植物生长调节剂和矿质元素的应用：落花落果的直接原因是果柄离层的形成，而离层形成与内源激素（如生长素）不足有关。外源补充植物生长调节剂，如生长素、赤霉素等，可以改变树体内源激素的水平和不同激素间的平衡关系而促进坐果。矮壮素、PP_{333}（多效唑）等也可促进某些种类坐果。譬如，多效唑，NAA，GA_3等能提高苹果、葡萄、枣、山楂、梨、杏等的坐果率。有核葡萄用赤霉素处理可以获得无籽果实，粒大而整齐，且早熟。NAA和IBA对促进番木瓜、荔枝、草莓的单性结实效果较好。需要注意的是不同的植物生长调节剂，或同一种植物生长调节剂在不同的树种上使用，其作用相差很大，应用时必须先进行试验，以免造成损失。目前，在应用生长调节剂保花保果方面，已由单一种类向多种类混合及调节剂与矿

质元素混合使用的趋势发展,既能提高坐果率,又能增进果实品质。

用于喷施的矿质元素主要有硼酸、尿素、磷酸二氢钾、硫酸亚铁等,生长季节使用浓度多为 0.1%～0.5%。一些微量元素与尿素混喷,有增效作用。喷施时期多在盛花期和六月落果以前,以 2～3 次为宜。

④改善环境条件:对风害引起的落花落果,就积极地、及早地营造防护林,减少风害;花期植物对气候条件最敏感,预防花期霜冻和花后冷害、干旱、水涝等也是保花保果的重要措施,但应注意在花期除非很干旱,尽量不要灌水,以免降低坐果率;花期空气湿度太低影响授粉和坐果,可在花期喷水提高坐果,但脐橙这类果树花期湿度太高也不利于授粉。

7.2.3　疏花疏果

疏花疏果是指人为地去掉过多的花或果实,使植株保持合理负载量的技术措施。园艺植物花量过大、坐果过多时,植株负载过重,营养消耗过多,影响园艺产品器官的生长发育和树势。如大蒜、马铃薯、百合等蔬菜,摘除花蕾有利于地下产品器官的肥大;番茄、西瓜等蔬菜植物,去掉部分畸形果、病果,可促进留存果实正常肥大。此外,许多茄果类、豆类及瓜类等蔬菜作物,如果能做到及时采摘食用期的果实,可以延长植株的营养生长期,并延长果实的采收期和增加产量。若不及时采收,会消耗植株大量营养物质,反而会使新枝的发生和后期果实的发育受到影响,产量明显下降。所以,正确运用疏花疏果技术,调控植株合理负载,能提高园艺产品品质和产量。

(1)果实负载量的确定。产量不足使生产潜力得不到充分发挥,造成经济上的损失;过量负载同样会产生果实偏小、着色不良、含糖量降低、风味变淡等不良后果,严重影响品质,果树上还易引发大小年现象,树势逐渐衰弱。

确定某种果树适宜的负载量较为复杂,通常要考虑 3 个条件:第一,保证当年果实数量、质量及最好的经济效益;第二,不影响翌年花果的形成;第三,维持当年的健壮树势并具有较高的贮藏营养水平。确定负载量常用的方法有干周法、距离法、枝果比法、叶果比法等。

①距离法:即每隔一定距离留一个果。一般果实大的距离大些,果实小的距离小些。强壮枝距离可稍短,弱枝距离可稍长些。以苹果为例,一般红富士每 25～30 cm 留一个果;新红星每 20～25 cm 留一个果;国光每 15～20 cm 留一个果。

②干周法:在树干中部量出干周长度,然后代进干周法公式,即可算出全树的留果量。据汪景彦(1986)报道,不同树势苹果留果量可通过下面公式计算获得:

$$Y_{中}=0.025C^2;Y_{强}=0.025C^2+0.125C;Y_{弱}=0.025C^2-0.125C$$

式中,Y 为单株应留果数产量,单位为 kg;C 为干周长,单位为 cm。

③叶果比法:这种方法是按一定叶片数量留一果,不同品种需要的叶片数不同。如苹果矮化树的叶果比为 25:1;中型果为 40:1;大型果为(50~60):1;富士系为 70:1。这种方法虽然较为可靠、科学,但因开花坐果时叶片尚未长全,难以用准确的叶果比确定花果留量,因而在生产中常常只是作为参考用。

④枝果比法:这种方法来自叶果比法,是根据每枝上平均叶数,确定几个枝应留一个果。苹果小果型 3~4 个枝留一个果;中果型 4~5 个枝留一个果;大果型 5~7 个枝留一个果。

(2)疏花疏果的作用与时期。在确定了负载量过多的情况下,进行适当的疏花疏果可以控制坐果数量,使树体合理负担,保证树势健壮;有效地调节大小年,保证稳产丰产;提高果实品质。

疏花疏果理论上进行越早,对树体生长和养分贮藏越有利。但由于果实负载量的确定受多种因素制约,早期较难把握,所以应根据具体情况来确定。通常生产上疏花疏果要进行 3~4 次,最终实现保留合适的树体负载量,切忌一次到位。特别是花期易发生灾害性气候的地区或气候不良的年份应晚些进行,否则易造成产量不足。

(3)疏花疏果的方法。目前生产上采用的方法主要有人工疏除和化学疏除两种。

①人工疏花疏果:人工疏花疏果是目前我国生产上常用的方法,它可以从花前复剪开始,调节花芽量,开花后进行疏花和疏除幼果,直到 6 月份落果以前都可进行,特别是最后定果时必须人工疏除。人工疏除能够准确地掌握疏除量,留果均匀,但费时费工。蔬菜植物上花果量不大,主要采用人工疏花疏果。

②化学疏花疏果:化学疏花疏果是在花期或幼果期喷洒某些化学药剂,使一部分花、果脱落达到疏除的目的。化学疏花疏果虽然省时省工,疏除及时,成本低,但使用时影响因素较多,疏除效果不够稳定。所以,一般在花、果量很大时或果园大、人工很紧张时选用。生产上较常用的化学疏除剂种类有:西维因,主要用于疏除幼果;乙烯利、萘乙酸和萘乙酰胺,可疏花,也可疏果;石硫合剂,主要用于疏花;敌百虫,主要疏除幼果。譬如,用于花后疏除苹果幼果的生长素类有萘乙酸和萘乙酰胺,也可用于梨、柑橘、桃的疏花疏果。乙烯利在桃的疏果中效果较好。

7.2.4　果实外观品质的调控

果实的形状、大小、色泽、洁净度、整齐度等是最重要的外观品质,它直接影响商品价值。

(1)改善果形。果形除受品种本身的遗传控制外,还受砧木、气候、果实着生位置及树体营养状况等的影响。果实发育期间的肥水管理也影响果形。改善果形的方法如下。

①选择适宜的栽培区:将园艺植物种植在最适生态区,做到"适地适种",实现区域化种植。元帅系苹果应选在冷凉、高海拔及坡地栽培,果形易高桩,五棱明显,如我国西北天水、渭北、洛川一带;富士系应选在温湿条件好的渤海湾南半部、黄河古道东部地区。

②保持土壤适宜湿度:苹果在花后 40 d 内应使土壤含水量保持在田间最大持水量的 60%～80%,促进细胞分裂,增加幼果的细胞数目,使果实加长生长,增大果形指数。

③优选果枝和果实:如以短果枝结果的桃品种,应多在短果枝上留果,结的果果形好;以中长果枝结果的品种,则应在中长果枝上留果,短果枝上不留果,能保证该品种的典型果形。另外,在疏花疏果时应选留种子发育好、果形端正的果实,一般留单果也可提高果形指数。

(2)促进果实着色。果实的色泽发育主要受光照、温度、土壤水分、树体营养、果实内糖分的积累等因素的影响,其中光照的影响最大。因此,应选择适当的树形、合理修剪、适量留果等尽可能改善树体的光照条件。提高光照强度,促进果实着色的主要方法如下。

①摘叶:生产上,叶片遮阴的果面着色不如阳面。为使整个果实着色良好,果实全面充分着色,可在果实上色前或除袋后进行摘叶,以提高果实受光面。摘叶要适度,摘叶过早或过量,果色紫红,并影响果实增大和降低树体贮藏营养水平;摘叶过晚则因直射光利用量减少而达不到预期目的。一次摘叶过多,易使果面受日灼,因而应分批逐次地摘除对果实遮阴的叶片。摘叶对象主要是果实周围遮阴和贴果的 1～3 个叶片。

②转果:正常光照情况下,一般果实阳面着色较好,阴面着色较差,通过转果,可达到果实全面着色的目的。当果实阳面着色后,转动果实 180°,使果实阴面充分着色。苹果转果时间可在果实采收前 4～5 周进行,转果后的着色指数平均可增加 20%左右。

③铺反光膜:对树冠内部和下部光照条件差的部分,可在果实上色时,按树冠投影面积于地面铺设银色反光膜,可明显提高果实的着色指数,而且果实含糖量和可溶性固形物也有提高,果实风味会更浓。铺反光膜的时间一般在果实进入着色前进行。

（3）提高果面洁净度。生产中常因喷药、降雨、病虫危害等使果面受污染，造成裂口、锈斑、果皮粗糙等。通过套袋，合理使用药剂，加强植物保护，喷施果面保护剂等可明显地提高果面洁净度。套袋不仅能提高果面光洁度，还可促进果实着色、减少果实病虫害、减轻果实其他机械损伤等作用。但是，果实套袋也有不利的一面。第一，它降低可溶性固形物、维生素含量及风味品质，贮藏性能降低；第二，由于多雨的夏季果袋内高温高湿，果实萼部周围发生黑褐色斑点，严重时遍布整个果实；第三，有时套袋后会加重果实日灼。因而是否套袋需要综合考虑其优缺点，并视各地生态环境条件和生产实际情况而定。把套袋当作无公害、绿色食品生产的技术措施也是偏颇的。果实套袋技术对果袋质量、套袋及摘袋时期、摘袋后管理都有较严格的要求，掌握不当，会给生产造成一定的损失。

（4）果穗整形。穗状果实的外观品质不但与单果粒的大小、形状有关，还与果穗的大小、形状和紧密度有密切关系。果穗整形对鲜食葡萄、枇杷、荔枝等果实的品质和商品价值具有十分重要的作用，果穗整形虽然较费工，但增加效益显著。一般果树果穗整形主要通过疏花序（或果穗）、整穗和疏粒三步来完成。在花量过多时，适当疏除花序或果穗，有利于果实品质的提高和保证翌年的产量。原则上花穗疏除越早越好，但为了保证产量不受影响，最好在坐果基本稳定后完成。整穗是为使保留的果穗生长整齐、穗形良好，一般在开花前数天对花序进行修整。经过花序或果穗整形后，果穗的大小和形状能够基本一致，但果穗中的果粒大小和整齐度也应在坐果后通过疏粒来进行调整。

7.3　花期调控

花期控制就是采用人为措施，使植物提前或延后开花的技术，又称催延花期。特别在观赏植物应用最多。它可以根据市场需求按时提供产品，以丰富节日或经常的需要。同时人工调节花期，能准确安排栽培程序，可缩短生产周期，加速土地利用周转率。因此，采用花期控制可以大大提高观赏植物产品效益。此外，我国西南地区春季常会遇到不良低温天气，此时正值许多园艺植物的花期，授粉受精不良，可以通过调节花期来避开灾害性天气。

开花调节的技术途径是在遵循植物本身自然规律的基础上加以人为调控，达到加速或延缓生长发育的目的。花期调控的途径主要是控制温度、光照等气候因子，调节土壤水分、养分等环境条件，采用相应栽培技术措施及生长调节剂处理等。

（1）栽培技术措施。

①调节种植期：通过改变植物的种植期来调节花期。如温室育苗，提早开花，

秋季盆栽后移入温室保护也可延迟开花。

②采用修剪措施:月季花、茉莉、香石竹、倒挂金钟、一串红等花卉,在适宜条件下可以多次开花,通过摘心等技术措施可以预定花期。

③肥水管理:通常氮肥和水分充足可促进营养生长而延迟开花,增施磷、钾肥有助于抑制营养生长而促进花芽分化。二氧化碳肥料不仅能提高植物的光合作用,增加产量,而且还有促进开花的效应,促进营养生长向生殖生长方向转化。

(2)环境条件。

①温度处理:温度处理调节开花主要是通过温度值的作用调节休眠期、成花诱导与花芽形成期、花径伸长期等主要进程而实现对花期的控制。如植物休眠和春化时进行温度调控。当然温度对花卉的开花调节也有量性作用。若在适宜温度下植株生长发育快,而在非适宜条件下进程缓慢。

②光照处理:许多园艺植物开花需要通过光周期,通过调节光照时间来促进或抑制植物通过光周期,达到调控花期的目的。它主要针对长日植物和短日植物。由于有些观赏植物的临界日长常受温度影响,光照处理时需要考虑温度。

(3)植物生长调节剂处理。植物生长调节剂可以促进或抑制植物的开花。如矮壮素、比久、嘧啶醇等可促进多种植物的花芽形成,而脱落酸结合长日照处理可以推迟香石竹的花期,2,4-D 对菊花等观赏植物的花芽分化和花蕾发育有抑制作用,秋季喷赤霉素也可延迟葡萄、核果类的开花。目前,植物生长调节剂在园艺植物生产上调节花期的应用尚不太广泛。

思 考 题

1.蔬菜植株调整的主要方式有哪些?

2.试述果树主要树形及其特点。

3.果树修剪的主要时期、修剪方法及其作用是什么?

4.观赏植物整形的主要方式有哪几种?各自的优缺点是什么?

5.园艺植株促花技术、保花保果及疏花疏果的意义和作用是什么?它们各自的主要措施有哪些?

8 园艺植物保护

【内容提要】
● 园艺植物病害及其发生
● 园艺植物虫害及其发生
● 园艺植物杂草及其他有害生物
● 园艺植物有害生物的综合防治措施
● 园艺植物自然灾害的发生及防治

　　任何影响植物正常生长发育的因素都可能对植物的产量和品质造成不利影响。园艺植物在产前、产中和产后整个过程中,往往会受到各种有害生物和不利因素的干扰,使园艺植物的产量和品质下降,甚至造成毁灭性的灾害。植物的有害生物主要有菌物(真菌和卵菌)、原核生物、病毒、线虫、寄生性种子植物、杂草、有害昆虫和螨类等。园艺植物保护(horticultural plant protection)就是在园艺植物生产过程中,综合运用农业的、生物的、物理机械的以及化学的多种防治措施,安全、经济、有效地控制有害生物和不良环境因素对园艺植物及其产品的危害,确保园艺植物的正常生长发育、丰产和优质。

8.1 园艺植物病害及其发生

8.1.1 植物病害的概念

　　一般认为,植物因受有害生物(生物因素)和不良环境条件(非生物因素)的影响,使植物在生理上和外观上表现异常,导致植物及其产品的产量降低,品质变劣,甚至死亡的现象称为植物病害(plant disease)。但有些植物生病后反而会使植物的经济价值提高。例如郁金香感染碎色病毒(*Tulip breaking virus*)后,呈现美丽的杂色花,增加了其观赏性;茭白受黑粉菌侵染后,花茎基部组织肉质肥厚,变得可口,增加了可食性;弱光下栽培韭黄,提高了经济价值,这些都不被认为是病害。

8.1.2 植物病害的症状

植物受有害生物或不良环境因素的干扰后,在组织内部和外表所显示的异常表现称为症状(symptom)。常见的植物病害症状有以下 5 种类型。

(1)变色(discoloration)。植物生病后局部或整株失去正常的颜色称为变色。变色主要表现为退绿、黄化和花叶。如植物缺铁引起的退绿和黄化,病毒侵染引起的花叶或斑驳等。

(2)坏死(necrosis)。是指植物细胞和组织的死亡。坏死可发生在植物的根、茎、叶、果实等多个部位,其形状、大小和颜色多种多样,因病害种类而异。坏死在叶片上常表现为坏死斑、叶枯,如苹果斑点落叶病。幼苗茎基部的坏死引起猝倒和立枯。果树和林木枝干木质部的坏死为溃疡,如葡萄溃疡病。

(3)腐烂(rot)。是指植物组织发生较大面积的消解和破坏,使组织解体。植物的根、茎、花、果实都可发生腐烂。腐烂分为干腐、湿腐和软腐。如山茶花腐病、鸢尾细菌性软腐病等。

(4)枯萎和萎蔫(wilt)。是指植物整株或局部表现的失水、枝叶萎垂的现象。如大丽花和菊花的青枯病、瓜类枯萎病等。

(5)畸形(malformation)。是指植物整株或局部的形态异常。主要有植株的矮化、枝条的丛枝、叶片的皱缩和卷叶、植物局部的肿瘤等。如枣疯病、桃缩叶病、樱桃根癌病、十字花科蔬菜根肿病等。

病原微生物侵染植物后,常在病部形成霉状物、粉状物、锈状物、粒状物、索状物、脓状物、流胶等,这些表现称为病征(sign)。如月季白粉病在病部呈白粉状,油菜菌核病后期在茎秆内长出黑色颗粒状菌核,细菌性病害在湿度大的时候病部形成脓状物即菌脓。病征是进行病害诊断的重要依据之一。

8.1.3 植物病害的类别

植物病害种类繁多,可以根据不同的目的和需要,对病害进行分门别类。常见的划分方法有以下几种。

根据病害发生因素的性质划分:可以将园艺植物病害分为侵染性病害和非侵染性病害两大类。由病原生物引起的病害称为侵染性病害(infectious disease)或传染性病害,这类病害能够相互传染,有侵染过程;而由非生物因素导致的病害是不能相互传染的,没有侵染过程,称为非侵染性病害(noninfectious disease)、非传染性病害或生理性病害(physiological disease)。如植物的缺素症、低温导致的冻害或高温引起的日灼等。生理性病害的介绍详见第 6 章(种植园管理技术)的有关部分。

　　根据寄主植物类型划分：分为果树病害、花卉病害、蔬菜病害、药用植物病害等。

　　根据植物受害部位划分：分为根部病害、叶部病害、枝干病害、果实病害等。

　　根据植物表现的症状类型划分：分为腐烂病、斑点病、花叶病、枯萎病、溃疡病等。

　　根据病原物的类别划分：分为菌物病害、细菌病害、病毒病害、线虫病害等。

　　根据病害传播方式划分：分为土传病害、种传病害、气传病害、昆虫等介体传播病害等。

　　根据病害发生的时期划分：分为苗期病害、成株期病害、采后病害等。

　　有时一种病害可以发生在植物的不同部位，如苹果轮纹病可以在苹果树干上发病表现为干腐，也可在果实上发病表现为轮纹。同一种病原物有的可侵染多种植物引起相同的病害，如灰葡萄孢(*botrytis cinerea*)可以侵染花卉、蔬菜、果树、作物等1 400多种植物，引起灰霉病。因此，植物病害类别的划分不是绝对的，可以同时采用不同的划分方法，或者根据习惯对不同的病害进行划分。

8.1.4　病原物的类别及其引发的植物病害

　　引发植物病害的生物统称为病原物(pathogens)。病原物包括菌物(真菌及卵菌)、原核生物、病毒、线虫以及寄生性植物几大类。

8.1.4.1　植物病原菌物

　　菌物(fungi)是一个庞大的生物类群，属于真核生物。也就是过去泛指的真菌，而现代意义上的真菌(true fungi)仅指真菌界的生物。

　　菌物营养生长阶段的结构称为营养体，典型的营养体是丝状的、具有分枝的菌丝体。高等菌物的菌丝具有隔膜，将菌丝分为多个细胞，称为有隔菌丝，低等菌物的菌丝一般没有隔膜，称为无隔菌丝(图 8-1)。在长期演化和适应外界环境条件的过程中，菌丝形态有时会发生变化，分别具有特殊的功能。如孢子萌发后芽管顶端膨大形成附着胞，与侵染

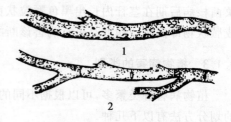

图 8-1　真菌的菌丝
1.无隔菌丝；2.有隔菌丝

植物有关。有的活体营养菌物侵入寄主植物后，菌丝体在寄主细胞内形成吸收营养的特殊结构称为吸器。捕食线虫的菌物可形成菌环和菌网，用于捕食线虫。有的真菌产生假根，起固定和吸收养分的作用。菌丝体有时可以集结成疏松或紧密

的菌组织,主要有菌核、菌索和子座等,在繁殖、传播和抵抗不良环境等方面有特殊功能。

菌丝细胞主要由细胞壁、原生质膜、细胞质、细胞核和多种细胞器组成。真菌界的细胞壁主要成分是几丁质,而卵菌(oomycetes)细胞壁的成分以纤维素为主。

菌物的生活方式可分为寄生、腐生和共生。很多植物病原菌物都是寄生的,引起植物的多种病害。

真菌经过营养生长阶段后,进入繁殖阶段形成各种繁殖结构,产生各种类型的孢子。产生孢子的结构统称为子实体(fruiting body)。经过无性繁殖产生的孢子称为无性孢子,常见的无性孢子主要有游动孢子、孢囊孢子和分生孢子(图 8-2)。经过性细胞或性器官的结合而产生的孢子称为有性孢子,常见的有性孢子主要有卵孢子、接合孢子、子囊孢子和担孢子(图 8-3),分别是卵菌、接合菌、子囊菌和担子菌产生的有性孢子。孢子的大小、颜色和形状等多种多样,有单细胞、双细胞和多细胞。孢子形态和产孢结构的特征是鉴定菌物和识别菌物病害的重要依据。无性孢子在作物的一个生长季中往往连续重复多次产生,在病害传播、蔓延和流行中起重要作用。有性孢子大多在侵染植物的后期或经过休眠期后产生,具有度过不良环境的作用,是许多植物病害的主要初侵染来源。

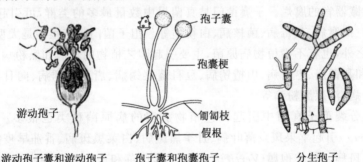

游动孢子囊和游动孢子　　孢子囊和孢囊孢子　　分生孢子

图 8-2　菌物的无性孢子类型

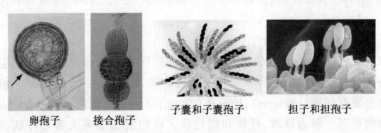

卵孢子　　接合孢子　　子囊和子囊孢子　　担子和担孢子

图 8-3　菌物的有性孢子类型

《真菌辞典》(Ainsworth & Bisby's Dictionary of the Fungi)第 8 版(1995),将传统意义上的真菌分别归属于真核生物域的 3 个界,即原生动物界(Protozoa)、藻物界或假菌界(Chromista)和真菌界(Fungi)。真菌界下划分为 4 个门,即壶菌门(Chytridiomycota)、接合菌门(Zygomycota)、子囊菌门(Ascomycota)和担子菌门(Basidiomycota)。将尚未发现有性生殖阶段的真菌归为有丝分裂孢子真菌(mitosporic fungi)(过去称之为半知菌)。2008 年出版的《真菌辞典》第 10 版在真菌界下划分为 7 个门。目前国内尚未普遍采纳 7 个门的分类系统。但菌物现在分别属于原生动物界、假菌界和真菌界 3 个界的观点已被大家公认和普遍接受。

在原生动物界中,比较重要的有根肿菌、黏菌等,如芸薹根肿菌(*Plasmodiophora brassicae*)引起十字花科多种植物的根肿病,主要为害根部,形成大小和形状不一的肿瘤,后期肿根易腐烂,导致十字花科作物产量和品质严重下降。

藻物界中比较重要的植物病原菌为卵菌,过去将卵菌归属在真菌界中。常见的有腐霉、疫霉、霜霉和白锈菌等。如疫霉属(*Phytophthora*)可引起番茄、马铃薯、辣椒、黄瓜、柑橘、百合、万寿菊等植物的疫病,各种霜霉可引起葡萄、黄瓜、十字花科蔬菜、荔枝、月季等植物的霜霉病。

真菌界中的种类最多,数量最大。接合菌门的根霉(*Rhizopus*)引起园艺植物瓜果等贮藏器官的腐烂。子囊菌门是真菌界中数量最多的类群,可引起园艺植物的黑星病、褐腐病、灰霉病、菌核病、白粉病等。担子菌门中有很多是大型真菌蘑菇类,除此之外,也有不少植物病原菌,主要引起园艺植物的锈病和黑粉病,如玫瑰锈病、苹果和梨锈病、枣锈病、山楂锈病、豆科蔬菜锈病、唐菖蒲锈病、向日葵锈病;草坪草黑粉病、洋葱黑粉病等。

有丝分裂孢子真菌中引起园艺植物病害的病原菌种类也很多。链格孢属(*Alternaria*)引起苹果斑点落叶病、月季黑斑病、白菜黑斑病、番茄早疫病、人参和西洋参黑斑病。轮枝孢属(*Verticillium*)引起草莓和茄子的黄萎病。镰孢属(*Fusarium*)引起香蕉、瓜类、香石竹等植物的枯萎病及多种植物的根腐病。炭疽菌属(*Colletotrichum*)引起香蕉、葡萄、苹果、柑橘、瓜类、兰花、草莓、辣椒等多种植物的炭疽病。

8.1.4.2　植物病原原核生物

原核生物(prokaryotes)是一类细胞微小、核区无核膜包裹的单细胞生物。有些细菌还有独立于核区的呈环状结构的遗传物质,称为质粒(plasmid)。植物病原原核生物主要有细菌(bacteria)、植原体(phytoplasma)和螺原体(spiroplasma)等。

细菌的形态一般为球状、杆状和螺旋状。植物病原细菌大多为杆状,有鞭毛。着生在菌体一端或两端的鞭毛称为极鞭,着生在菌体四周的称为周鞭。鞭毛的着生位置是细菌分类的主要依据之一。

根据革兰氏染色反应,将细菌分为革兰氏阴性菌和阳性菌。细菌通过二分裂或称作裂殖的方式进行无性繁殖,在适宜条件下每 20 min 分裂一次。有的细菌在菌体内可以形成一种称作芽胞的休眠结构,芽胞不是细菌的繁殖体。

植原体过去被称为类菌原体(mycoplasma-like organism,MLO),有细胞结构但无细胞壁,目前还不能人工培养。基本形态为球形或椭圆形。通过裂殖和芽殖进行繁殖。

《柏杰氏鉴定细菌学手册》第 8 版将原核生物分为 4 个门:厚壁菌门(Firmicutes)、薄壁菌门(Gracilicutes)、软壁菌门(Tenericutes)和疵壁菌门(Mendosicutes)。疵壁菌门是没有进化的古细菌,植物病原原核生物主要属于薄壁菌门、厚壁菌门和软壁菌门。

植物病原原核生物的重要性仅次于菌物和病毒。重要的植物病原细菌如欧文氏菌属(*Erwinia*)引起十字花科植物软腐病、梨和苹果的火疫病;罗尔斯通氏菌属(*Ralstonia*)引起茄科植物细菌性青枯病;土壤杆菌属(*Agrobacterium*)引起仁果、核果、柳树、葡萄、樱桃等多种木本植物的根癌病;黄单胞菌属(*Xanthomonas*)引起黄瓜角斑病和十字花科植物黑腐病;韧皮部杆菌属(*Liberibacter*)引起柑橘黄龙病等。植原体病害以丛枝、黄化和畸形症状较多,如泡桐丛枝病、枣疯病、翠菊黄化病、桑萎缩病等。

8.1.4.3　植物病原病毒和类病毒

病毒(virus)是一组(一个或一个以上)核酸分子,通常包被在蛋白或脂蛋白保护性外壳中,在合适的寄主细胞内借助寄主的核酸和蛋白质合成系统以及物质和能量进行自我复制。植物病毒的基本单位是病毒粒体,只有在电子显微镜下才能观察到其形状。各种植物病毒的形态和大小不同,主要为球状、杆状和线状,少数为杆菌状、弹状、双联体状和细丝状。病毒为非细胞生物,绝大多数病毒粒体都是由核酸和蛋白衣壳组成的,每一种病毒只有一种核酸(DNA 或 RNA),大多数植物病毒为单链正义 RNA 病毒。

植物病毒没有主动侵染植物的能力,自然条件下主要靠介体和非介体传播。介体传播是指病毒依附在其他生物体上,借其他生物体的活动而进行的传播。植物病毒的介体种类很多,主要有昆虫、线虫、真菌、螨类和菟丝子等,其中以昆虫最为重要和普遍,主要为蚜虫、叶蝉和飞虱及蓟马等。病毒的非介体传播主要通过机械传播、无性繁殖材料和嫁接传播、种子和花粉传播。

有些植物病毒寄主范围广,危害大,如黄瓜花叶病毒(*Cucumber mosaic virus*,CMV)可侵染 100 多个科的 1 200 多种植物,是禾谷类作物、牧草、木本和草本观赏植物、蔬菜及果树上发生最广、危害最大的病毒;番茄黄化曲叶病毒(*Tomato yellow leaf curl virus*,TYLCV)在田间由烟粉虱传播,属于双生病毒科,引起番茄植株矮化、叶片黄化、卷曲、变小等症状,可造成毁灭性危害。香石竹病毒病的病原主要有 3 种,香石竹斑驳病毒(*Carnation mottle virus*,CarMV)、香石竹脉斑驳病毒(*Carnation vein mottle virus*,CVMV)和香石竹潜隐病毒(*Carnation latent virus*,CLV)。植物感染 CarMV 后常无症状或不明显,CVMV 感染引起系统花叶,脉斑驳,冬季老叶隐症,花碎色。CLV 单独侵染危害不重,但与 CVMV 复合侵染时造成严重花叶。

类病毒(viriod)是一类小的单链环状 RNA 分子,核酸外没有保护性的蛋白衣壳包裹,是迄今为止发现的最小的植物病原物。类病毒具有很强的侵染性,能够侵染多种植物,产生黄化、畸形、坏死、矮化等症状,引起严重病害。如苹果锈果类病毒(*Apple scar skin viroid*,ASSVd)侵染苹果树导致树势降低,使国光和部分富士系列苹果果实表面产生锈斑、着色不均匀,严重降低或失去经济价值。但也有些类病毒感染植物后不产生明显症状。

8.1.4.4　植物病原线虫

线虫(nematode)是一类低等的无脊椎动物,又称蠕虫。为害植物的线虫称为植物寄生线虫或植物病原线虫,简称植物线虫。由于线虫在植物上引起的病害症状与一般的病害症状相似,习惯上把寄生线虫归为病原物。

植物线虫一般细小,体长 0.3～1.0 mm。大多数线虫雌、雄同型,均为线形;有些线虫的雌虫成熟后膨大为柠檬形或梨形。线虫口腔内有一根针刺状的器官称为口针,是植物线虫的取食器官,是植物线虫最主要的标志。线虫除本身引起病害外,由线虫侵染造成的伤口还有利于真菌、细菌等病原物的侵入,形成复合侵染,从而加重病害的发生。有些土壤中的植物线虫还是植物病毒的传播介体,如美洲剑线虫可以传播烟草环斑病毒、番茄环斑病毒。

植物线虫可以寄生植物的各个部位。但多数线虫存活于土壤中,植物的地下部分最容易受侵染。根结线虫(*Meloidogyne*)是一类为害植物最严重的线虫,在世界各地广泛分布,几乎所有的蔬菜、多种果树和花卉等均可为害,受害植物的根部肿大,形成瘤状根结,致使植物矮小,结实少,严重时枯萎死亡。菊花叶枯线虫(*Aphelenchoides ritzemabosi*)寄主广泛,主要为害菊花叶片、叶芽、花芽、花蕾等部分,造成叶片变黄和脱落,植株萎缩,甚至枯死。该线虫还可为害翠菊、大丽菊、牡丹、绣线菊、秋海棠、草莓、烟草、西瓜等。松材线虫(*Bursaphelenchus xylopholis*)引起松树线虫病,是针叶树木最重要的线虫病害,被称为松树的癌症。

8.1.4.5 寄生性种子植物

种子植物大多数是自养的,但也有少数种类由于缺乏叶绿素或某些器官退化而寄生在其他植物上,称为寄生性种子植物(parasitic seed plant)。寄生性种子植物大多是高等植物中的双子叶植物。常见和危害较严重的种类有菟丝子、独脚金、列当、槲寄生等。

寄生性种子植物对寄主植物的致病作用主要表现在对营养物质的争夺和抑制生长。草本植物受害主要表现为植株矮小和黄化,严重时整株死亡;木本植物受害时,常表现为叶片变小,落叶、顶梢枯死,开花延迟或不开花,甚至不结果等。有些寄生性种子植物如菟丝子还能起桥梁作用,将病毒、植原体等从病株传导到健康植株。

8.1.5 园艺植物病害的发生

园艺植物病害是寄主植物与其病原物在一定环境条件下,相互作用的过程中发生和发展的,涉及病原物的寄生性和致病性、侵染过程、寄主植物的抗病性、病害循环、病害流行等内容。

8.1.5.1 病原物的寄生性和致病性

寄生性(parasitism)和致病性(pathogenicity)是病原物的两个基本特性。寄生物从寄主体内获得营养物质以维持生存和繁殖的特性称为寄生性。根据植物病原物从寄主植物获得营养物质的方式,可以分为两种类型。活体营养型(biotroph)只能从活的植物细胞组织中吸收营养物质,并不很快引起细胞的死亡。这类病原物如卵菌中的霜霉、真菌中的白粉菌和锈菌、植物病毒、植原体、寄生性种子植物,它们一般不能在人工培养基上培养。死体营养型(necrotroph)先杀死寄主细胞和组织,然后从死亡的细胞中吸取养分。该类病原物可以在培养基上培养,大多数病原物属于这一类型。

致病性是病原物所具有的破坏寄主并引起病害的特性。寄生性的强弱与致病性的强弱没有一定的相关性。如引起腐烂病的病原物有的寄生性很弱,但它们的破坏作用却很大。

8.1.5.2 寄主植物的抗病性

植物的抗病性是指植物抑制或延缓病原物侵入与扩展,减轻发病和损失的一类特性,是寄主植物的一种属性,由植物的遗传特性所决定。按照抗病能力的大小可以将抗病性分为免疫、抗病、耐病、感病和避病 5 种类型。

8.1.5.3 病原物的侵染过程

是指病原物与寄主植物的可侵染部位接触,侵入并在寄主体内定殖、扩展直至表现症状的过程。侵染是一个连续性的过程,一般分为以下 4 个时期。

(1)接触期。指病原物在侵入寄主前与可侵染部位直接接触,并形成侵染结构的一段时间。该阶段是病原物与寄主识别的关键时期,也是防治病害的关键时期。

(2)侵入期。指病原物侵入寄主植物到建立寄生关系的一段时间。病原物侵入寄主植物的途径有 3 种,包括直接侵入、自然孔口(气孔、水孔、皮孔、蜜腺等)侵入和伤口侵入。病毒只能从细微的伤口侵入;细菌除从伤口侵入外,也可从自然孔口侵入;真菌除了从伤口和自然孔口侵入外,还可以直接从表皮细胞侵入。影响病原物侵入的环境条件主要是温度和湿度。在一定范围内,湿度影响真菌孢子能否萌发和侵入,温度则影响萌发和侵入的速度。

(3)潜育期。是指病原物与寄主建立寄生关系到出现明显症状所需的时间,是病原物在寄主体内蔓延扩展的阶段。各种病害的潜育期长短不一,短的只有几天,长的可达一年,有的果树和林木病害经过几年才发病。环境条件中温度对潜育期的影响最大,温度越接近病原物要求的最适温度,潜育期越短。潜育期的长短与病害流行有密切关系。潜育期短,一个生长季节中重复侵染的次数就多,病害易流行。

(4)发病期。是指寄主出现症状至生长期结束,甚至植株死亡为止的整个阶段。发病期是病原物扩大危害,许多病原物大量产生繁殖体的时期。在湿度较高的条件下,真菌病害往往在病部产生无性或有性孢子等子实体。

8.1.5.4　病害循环

病害循环(disease cycle)是指病害从一个生长季节开始发病,到下一个生长季节再度发病的过程。了解病害循环是制定植物病害防治措施的重要依据。植物病害循环涉及以下 3 个方面。

(1)初侵染和再侵染。越冬或越夏的病原物,在寄主植物生长期间的第一次侵染,称为初次侵染或初侵染。在初侵染的病株上,病原物产生大量繁殖体又传播到其他植株进行侵染和发病,称为再次侵染或再侵染。大多数园艺植物病害的病原物都有再侵染,如黄瓜白粉病、番茄病毒病、马铃薯晚疫病和葡萄霜霉病等。一种病害是否有再侵染,是制定防治策略和防治方法的重要依据。对于只有初侵染而没有再侵染的病害,只要防止初侵染,就能得到较好的控制效果。对于有再侵染的病害,除了要注意初侵染以外,还必须采取其他措施防止再侵染,才能控制病害的发展和流行。

(2)病原物的越冬和越夏。是指当寄主植物收获或休眠后,病原物以何种方式和在什么场所度过寄主的休眠期而成为下一个季节的初侵染。病原物越冬和越夏的方式有寄生、腐生和休眠。病原真菌有的以菌丝体在寄主体内越冬或越夏,有的形成各种产孢结构和孢子在寄主病残体中或土壤中越冬。越冬和越夏场所主要有以下几种。

①田间病株:病原物可在多年生和一年生植物上越冬和越夏。如苹果腐烂病菌可在苹果枝干的病斑内越冬,大白菜软腐病菌可在田间生长的芜菁属植物上越夏,十字花科蔬菜病毒可在栽培或野生中间寄主上越夏。保护地的蔬菜病株是许多蔬菜病害病原物的越冬场所。

②种子、苗木等繁殖材料:病原物可以休眠体混杂在种子中或以休眠孢子附着在种子上,有的病原菌可以侵入种子、苗木或块根、块茎、鳞球茎等繁殖材料的内部。如辣椒炭疽病菌以分生孢子附着在种子上,葡萄黑痘病菌、根癌病菌在果树苗木上越冬或越夏。

③土壤和粪肥:土壤是许多病原物越冬或越夏的重要场所。病原菌常以休眠体的形式和腐生方式在土壤中存活。其存活时间与土壤湿度有关,一般土壤干燥存活时间较长。病原物经常随各种病残体混入肥料,或者作为饲料经牲畜消化道后仍保持其生命力,在肥料中进行越冬或越夏。如果有机肥未经充分腐熟,即可成为多种病害的侵染来源,如多种叶斑病菌和黑粉病菌。

④病株残体:病株残体包括植物的秸秆、残枝、落叶、败花、落果和死根等残余组织。多数病原真菌和细菌都能在病株残体中存活,或以腐生的方式在残体上生活一段时间。当残体分解和腐烂时,其中的病原物往往也逐渐死亡和消解。

⑤昆虫等传播介体:昆虫等是病毒、植原体和细菌等病原物的传播介体,也是其越冬场所之一。

(3)病原物的传播。越冬或越夏的病原物,必须通过一定方式或途径传播到可以侵染的寄主上才能发生侵染。病原物可以通过自身的活动传播,如真菌孢子的弹射、细菌的游动、线虫的蠕动等,但这种方式传播的范围很有限。病原物的传播方式主要依赖于外界因素,其中有自然因素(气流传播、雨水传播、昆虫和其他动物传播)和人为因素(种苗种子的调运、农事操作、农业机械等的传播)。不同病原物传播的方式不同,与病原物的生物学特性有关。菌物主要以孢子随气流和雨水传播,细菌多由雨水和昆虫传播,病毒主要靠生物介体传播,线虫的卵和孢囊主要由土壤翻动、灌溉水流传播。

8.1.5.5 病害的流行

一种病害在植物群体中大量严重发生,并对农业生产造成重大损失的过程,称为病害流行。植物侵染性病害的流行,须具备3个基本条件:一是数量多、致病力强的病原物;二是大面积种植的感病寄主;三是适宜发病的环境条件。当寄主植物、病原物和环境条件都适合发病时,病害才能流行。

8.1.6　园艺植物病害的识别与诊断

植物病害诊断就是以植物病害的症状及病因为主要依据,通过科学的分析判断,确定植物病害的具体种类。病害诊断是病害控制的前提,只有对病害发生的原因做出正确的诊断,对病原物的种类做出准确的鉴定,才能提出有效的防治措施,以减少病害造成的损失。病害症状是进行病害识别和诊断的重要依据。由于一种植物在特定条件下表现典型的症状,对于植物的常见病害和多发病害,一般可以依据典型特征和病征进行识别,对病害做出初步诊断。而对于不常见病害和复杂症状的变化,首先要对症状进行全面的了解,分析病害发生的全过程,结合文献资料的查阅和病原物的鉴定,才能最后做出正确的诊断。对于植物病害的常规诊断首先要判断是否属于病害范畴,再确定是侵染性病害还是非侵染性病害,然后进一步确定具体是哪一类病原物或生理因素引起的病害。本节主要讨论侵染性病害的诊断。

8.1.6.1　侵染性病害的诊断

侵染性病害的症状表现有时也有其复杂性。在不同阶段或不同抗病品种上或在不同环境条件下,同一种病害也会表现不同的症状。许多花卉的病毒病在高温条件下症状可能消失,称之为隐症。有的病原物在有些寄主植物上只引起很轻微的症状,甚至症状不明显,称为潜伏侵染。不同病原物在同一种植物上也可以表现相似的症状。如真菌、病毒、细菌都可以引起植物的叶斑病,可根据叶片上是否有病征或对病叶保湿出现病征后,初步区分是哪一类病原物。

菌物病害的诊断及病原鉴定:菌物病害种类多,危害大。由菌物引起的病害至少占植物病害的 70% 以上。菌物病害的症状有坏死、腐烂和萎蔫,少数为畸形和变色。菌物引起的腐烂常有发霉的气味,纵向剖开萎蔫植株的茎秆可见维管束变褐。环境条件适合时病部常有霉状物、粉状物、锈状物、颗粒状物等病征。这是菌物病害区别于其他病害的重要标志。如果病征不明显,可在室内保湿培养或分离培养后长出子实体再进行显微观察。然后根据菌丝隔膜的有无、孢子的形态和产孢结构的特征等对病原菌物进行鉴定。

细菌病害的诊断及病原鉴定:坏死、萎蔫、腐烂和畸形等症状是大多数细菌性病害的特征。潮湿条件下一般在病部可见黄褐色或乳白色胶黏、油滴状的菌脓,干燥后形成菌膜或胶粒。细菌引起的腐烂往往伴有恶臭味,而菌物引起的腐烂为霉味。在室内可通过徒手切片切取病、健交界处的病组织观察喷菌现象,这是区别细菌病害与真菌病害、病毒病害最简便的手段之一。可利用选择性培养基、过敏性反应测定和接种,并结合革兰氏染色、生理生化指标和血清学的测定等对病原细菌进行鉴定。

病毒病害的诊断及病原鉴定:病毒病没有病征。大多数植物病毒感染植物后在叶片或茎秆、果实上引起黄化、花叶、曲叶、环斑、坏死和矮化等典型症状,多为系统性发病,新梢和嫩叶症状明显。有些病毒感染植物后不产生可见症状,称为无症带毒。可通过电镜观察、再通过寄主上的生物学测定、血清学等方法等进行病毒的鉴定。

线虫病害的诊断及病原鉴定:被线虫危害后的植株地上部常表现顶芽和花芽坏死、茎叶卷曲、生长衰弱、组织坏死和腐烂;地下部常表现为根腐、根结等症状。大多数植物线虫在植物的根部寄生、取食和危害,引起地上部的黄化、矮化等表现很容易与营养缺乏等生理性病害相混淆,常被人们忽视。有的表现为虫瘿、根结和孢囊。结合症状的观察,再检查根结或分离组织中的线虫确认线虫病害。线虫的常规鉴定一般是根据线虫的形态特征,对一些显微特征可做电镜观察。寄生性线虫都具有口针,这是与腐生线虫最主要的区别。

寄生性植物引起的病害诊断:这类病害多表现为萎缩、黄化或生长不良,发病植株上或根际可以看到其寄生物,如菟丝子、列当和槲寄生等。田间只要在几株植物上看到寄生性植物,就可确诊为该类病害。

对于一种新的或未知侵染性病害的诊断和病原物的鉴定,需要按照柯赫氏法则(Koch's postulate)进行验证。包括 4 个步骤:(a)在发病植物上常伴随有一种病原物存在,与某种病害有联系。(b)从病组织中分离得到该微生物,并获得纯培养。(c)将纯培养物接种到相同的健康植株上,能够引起与原来症状相同的病害。(d)从接种发病的植物上再分离到其纯培养物,性状与原接种物相同。

柯赫氏法则也存在其局限性:由于柯赫氏法则是建立在微生物学的基础上的,对于由非生物或由非生物与生物因素相结合引起的病害则不适合。只注意到一种病害由一种病原物引起,忽略了病原物之间的协同作用。一些活体寄生的病原物如植原体、病毒、霜霉、白粉菌等,由于此类病原物不能进行人工培养,可直接从病株组织上取病原物的孢子进行镜检,或者将孢子、带毒的汁液或传毒介体接种到健康植物得到相同的症状后才能确诊。

对于病原物的鉴定和病害的早期诊断,除了利用常规的形态学鉴定、血清学鉴定、生物学测定、生理生化测定等方法外,分子生物学技术如 PCR、RT-PCR、实时荧光定量 PCR,基于 rDNA-ITS、$\beta\ tubulin$ 基因、$EF\text{-}\alpha$、$actin$ 基因、16S rDNA 等基因的测序及序列分析方法,核酸分子杂交、基因芯片、基因条码等也越来越多地得到应用。在对一种病原物进行鉴定时,可根据具体情况和现有条件,采取传统的形态学鉴定和分子鉴定相结合的方法比较好。

8.1.6.2　非侵染性病害的诊断

与侵染性病害的区别在于非侵染性病害往往大面积同时发生,表现同一症状,病害不能在植物个体间互相传染,没有逐步发展、传染和蔓延的现象。由于非侵染性病害没有病原物的侵染,所以病部没有病征,病组织内也分离不到病原物。诊断这类病害除观察田间发病情况和病害症状外,还必须对发病植物所处的环境条件等有关问题进行调查和分析,才能最后确定病因。

8.2　园艺植物虫害及其发生

植物害虫通常包括为害各种植物的昆虫、螨类和软体动物等,由害虫引起的各种植物伤害称为虫害。其中,昆虫属于动物界节肢动物门昆虫纲,以直翅目、半翅目、鞘翅目和鳞翅目昆虫对园艺植物造成的危害尤为严重。螨类属于节肢动物门蛛形纲蜱螨目。昆虫和螨类中也有对人类有益的种类,如家蚕、蜜蜂、白蜡虫、捕食螨等。有的昆虫在田间捕食害虫或寄生于害虫体内,称为害虫的天敌。在害虫防治中,要正确识别益虫和害虫,以进一步利用益虫和控制害虫。

8.2.1　昆虫的主要特征

昆虫的形态各异,但基本构造一致。昆虫的成虫体躯由头、胸、腹 3 个体段组成,并有 3 对足和 2 对翅。头部是昆虫取食与感觉的中心,有口器、1 对触角、1 对复眼和 0～3 个单眼;胸部是昆虫的运动中心,长有足和翅;腹部是昆虫的生殖与新陈代谢的中心,一般由 9～11 个体节组成,末端有外生殖器,有的还有 1 对尾须;昆虫的体壁是最外面的一层组织,具有皮肤和骨骼的功能,又称为“外骨骼”。由体壁包围形成 1 个从口腔到肛门相通的腔称为体腔。背血管、消化道、马氏管、内生殖器、气管系统、神经系统等内脏器官和组织都浸浴在体腔中。

昆虫的口器是昆虫的取食器官。因食性和取食方式不同,不同昆虫形成了不同类型的口器。取食固体食物的为咀嚼式口器,如直翅目和鞘翅目等昆虫的口器。刺吸植物汁液的口器为刺吸式口器,如半翅目和部分双翅目等昆虫的口器。此外,还有一些其他类型的口器,如虹吸式、舐吸式、嚼吸式、刮吸式等口器。了解昆虫口器的类型,不仅可以知道害虫的危害方式,根据被害状判断害虫的类别,而且对于正确选用杀虫剂有重要意义。对于咀嚼式口器的害虫一般采用胃毒剂或触杀剂进行防治,对于刺吸式口器害虫一般使用内吸剂防治。

8.2.2　昆虫的生物学特性

8.2.2.1　昆虫的生殖方式

（1）两性生殖。绝大多数昆虫进行两性生殖，即雌、雄交配后，由雌虫产下受精卵，每粒卵孵化为一个子代个体，如蝗虫、刺蛾类等。

（2）孤雌生殖。昆虫的卵不经过受精就可以发育为新个体的现象，称为孤雌生殖或单性生殖。这类昆虫一般没有雄性或雄虫极少，如粉虱、介壳虫等，所产的卵都发育为雌性个体。有些昆虫如蚜虫，随季节以孤雌生殖与两性生殖交替进行，从春季到秋季连续以孤雌生殖繁殖，只有在冬季来临之前才出现雄蚜，进行两性交配。

（3）多胚生殖。由1个卵发育成2个或更多的胚胎的生殖方式，是很多内寄生昆虫如膜翅目茧蜂、跳小蜂等，为了适应寻找寄主的困难而进行的生殖。在进行多胚生殖的昆虫中，一个卵所产的胚胎数有2～100多个，最多可有2 000个以上。

（4）卵胎生。即卵在母体内孵化直接产下幼虫的生殖方式。进行卵胎生的昆虫有蚜虫和一些蝇类。卵胎生对卵起到一定保护作用，生活史缩短，繁殖加快，带来的危害性也就增大。

8.2.2.2　昆虫的变态及其类型

在昆虫从卵孵化，直到羽化为成虫的个体发育过程中，一般需经过一系列形态上和内部器官的变化，使成虫和幼虫显著不同，这种现象称为变态。昆虫的变态类型主要分为以下2种。

（1）不完全变态。个体发育过程只经过卵、若虫和成虫3个发育阶段，若虫与成虫的形态差异不大，只是翅和性器官发育程度有差别，翅以翅芽的形式在体外发育。典型的不完全变态见于直翅目、半翅目如蟋、蝗虫、蝉等。缨翅目的蓟马、半翅目的粉虱和雄性介壳虫的变态方式是不完全变态中的最高类型，它们的幼虫在转变为成虫前有一个不食不动的类似蛹期的时期，真正的幼虫期仅为2～3龄。

（2）全变态。个体发育要经过卵、幼虫、蛹和成虫4个阶段，幼虫的形态、生活习性与成虫很不相同，翅在体内发育。幼虫和成虫生活习性的不同可表现为食性和栖息场所的不同。如鳞翅目菜粉蝶的幼虫取食十字花科植物叶片，而成虫以花蜜为食。鞘翅目的金龟子幼虫为害植物地下部分，而成虫取食植物的地上部分。全变态昆虫的幼虫与成虫的生活习性不同，对植物的危害情况也不同，有的仅成虫为害，有的仅幼虫为害，有的成虫和幼虫均为害，但危害程度常有差别。

8.2.2.3　昆虫的行为和习性

（1）活动的昼夜节律性。绝大多数昆虫的活动，如飞翔、取食、交配等均有其昼夜节律。把白昼活动的昆虫称为日出性昆虫，如蝴蝶、蜻蜓等，把夜间活动的昆虫称为夜出性昆虫,如多数蛾类。也有些昆虫只在弱光下如黎明或黄昏时活动,称为弱光性昆虫,如蚊子。

(2)趋性。昆虫对外界刺激如光、温度、化学物质等表现出一定的趋性。利用昆虫对不同物质的趋性可以有效地防治害虫。如利用昆虫的趋光性可用黑光灯诱杀害虫;利用昆虫的趋化性,可用糖、醋、酒的混合液诱集地老虎、黏虫。

(3)食性。根据昆虫取食的食物类型,可将食性分为植食性、肉食性、腐食性和杂食性。按照取食方式又可将肉食性分为捕食性(如瓢虫、草蛉、螳螂等)和寄生性(如小蜂、寄生蜂等)。

(4)假死性。有些昆虫在受到突然的接触或振动时,身体蜷曲或从植物上坠地不动,片刻后又爬行或起飞。金龟子等甲虫的成虫和小地老虎、斜纹夜蛾、菜粉蝶的幼虫,受到突然振动时,立即做出麻痹状昏迷的反应。在害虫防治中,人们利用其假死性设计各种方法或器械,把害虫从树上振落下来,集中捕杀。

(5)群集性。指同种昆虫的大量个体高密度聚集在一起的习性。有的昆虫群集是暂时的,如蚜虫、介壳虫、粉虱等,常固定在一定部位取食,活动力较小,遇到生态条件不合适如食物缺乏时就会分散。有的是季节性群集,如瓢虫、叶甲和蝽,在落叶或杂草下群集越冬,翌年春天分散到田野中。永久性群集的昆虫终生或几乎终生地长期群集在一起,不再分散,必要时全部个体以密集的群体共同向一个地方迁移,如飞蝗。

(6)迁移性。大多数昆虫在环境条件不适或食物不足时会发生近距离的扩散或远距离的迁移。黏虫、小地老虎可长距离迁飞达到性成熟和转地为害。了解害虫的迁移特性对指导害虫测报和防治具有重要意义。防治上应注意将具有迁飞习性的害虫消灭在迁飞转移之前。

8.2.2.4　世代与生活史

昆虫自卵或幼体产下到成虫性成熟为止的个体发育周期称为一个世代,简称为一代。各种昆虫的世代长短和一年内完成的世代数不尽相同。有的一年一代或多代,有的则数年一代。昆虫以当年越冬虫期开始活动到翌年越冬结束为止的发育过程称为生活史。一年一代的昆虫世代和生活史的意义相同,一年多代的昆虫,生活史就包括几个世代。了解昆虫的生活史是制定防治措施的重要依据。

8.2.3　害虫的种类

根据害虫为害植物的部位和危害方式不同,可分为以下几类。

(1)地下害虫。此类害虫取食果树、蔬菜、林木、观赏植物等的地下部分(种子、根、茎)和近地面的嫩茎。地下害虫种类多、食性杂、分布广、危害重。由于其潜伏为害,不易及时发现,为害期也比较长,防治难度大。主要有蝼蛄、蛴螬、地老虎、金针虫、根蛆、根蚜等。尤以蝼蛄(图 8-4)、金针虫(图 8-5)、地老虎(图 8-6)危害最大。

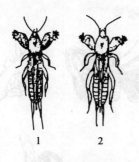

图 8-4　蝼蛄

1.华北蝼蛄;2.非洲蝼蛄

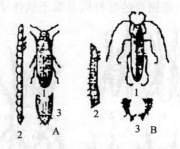

图 8-5　金针虫

A.细胸金针虫;B.沟金针虫

1.成虫;2.幼虫;3.幼虫尾部

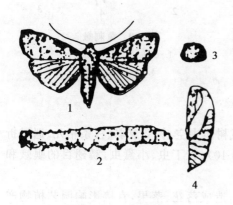

图 8-6　小地老虎

1.成虫;2.幼虫;3.卵;4.蛹

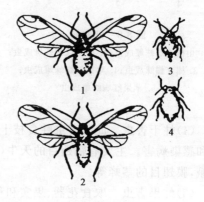

图 8-7　瓜蚜

1.有翅胎生雌蚜;2.雄蚜;

3.无翅胎生雌蚜;4.产卵雌蚜

(2)刺吸汁液害虫。此类害虫以若虫和成虫在植物的叶片、枝条和果实上刺吸汁液,常造成被害植株叶片卷缩,枝条枯萎,生长势差,果实脱落或畸形,并可为病原物的侵入创造伤口,或直接传播病原物。刺吸汁液害虫的种类很多,是园艺植物第一大害虫,包括半翅目的蚜虫(图 8-7)、叶蝉、粉虱和介壳虫等,缨翅目的蓟马,半翅目的蝽象和蜱螨目的红蜘蛛(图 8-8)以及茶黄螨等。此类害虫有的可分泌蜜露,有的可分泌蜡质。不但污染花卉叶片、枝条,且极易导致煤污病,看上去如同有一厚层煤粉。

(3)食叶害虫。此类害虫主要取食叶片,造成孔洞和缺刻。有的取食叶肉,留下网状叶脉,危害严重时也可将整株叶片吃光。食叶害虫大部分为鳞翅目的蛾类幼虫,如刺蛾(图 8-9)、卷叶蛾、毒蛾、菜青虫和尺蠖等。少数为鞘翅目的金龟子、芫菁,膜翅目的叶蜂以及属于软体动物的蜗牛和蛞蝓等。

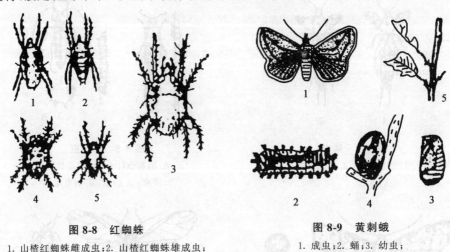

图 8-8　红蜘蛛

1.山楂红蜘蛛雌成虫;2.山楂红蜘蛛雄成虫;

3.棉红蜘蛛成虫;4.苹果红蜘蛛雌成虫;

5.苹果红蜘蛛雄成虫

图 8-9　黄刺蛾

1.成虫;2.蛹;3.幼虫;

4.茧;5.被害状

　　(4)蛀干害虫。此类害虫蛀食枝干造成树体中空、树势衰弱、枝条枯死、遇风折断和感染病害。主要有鞘翅目的天牛(图 8-10)、吉丁虫、小蠹虫,鳞翅目的螟蛾和蠹蛾,膜翅目的茎蜂等。

　　(5)蛀果害虫。取食花器、果实和种子,造成落花、落果,直接影响园艺植物产量、质量和观赏价值,多属于鳞翅目的食心虫类(图 8-11)、双翅目实蝇类和鞘翅目的象甲、金龟子、豆象类等。

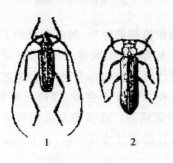

图 8-10　天牛

1.桃红天牛;2.苹枝天牛

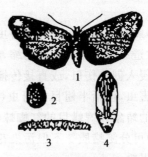

图 8-11　桃小食心虫

1.成虫;2.卵;3.幼虫;4.蛹

8.3　园艺植物杂草及其他有害生物

8.3.1　杂草

杂草(weed)是指目的作物以外的、妨碍和干扰人类生产和生态环境的植物种群。有人给出的杂草定义是"生长在不该长的时间和地点的任何植物"。杂草具有适应性强、繁殖能力和抗病虫能力强、生长旺盛,可强烈抑制作物生长等特征,与栽培植物争光、争水、争肥、争空间,严重影响植物的生长发育,降低园艺植物的产量和品质,给生产带来巨大损失。有些杂草含有毒物质,对人畜有毒害作用。有的杂草能在农作物上寄生,有的杂草是病虫的中间寄主和避难场所。

农田杂草主要分布在禾本科和菊科,其次是莎草科,三者合占40%以上。按照杂草对水分的生态适应性,可将杂草分为旱田杂草和水田杂草。根据杂草的危害和危险程度,可分为恶性杂草(如水田杂草空心莲子草、旱田杂草看麦娘等)、重要杂草、区域杂草和检疫性杂草(如紫茎泽兰、毒麦、飞机草等)。

8.3.2　鼠害及其他有害生物

鼠类是啮齿目和兔形目种类的总称,也称啮齿动物,体形小,全身被毛,体躯分为头、颈、躯干、四肢和尾5个部分。鼠类大多为杂食性,但主要以取食(盗食)粮食、植物为主,因此对农业造成的危害较重。鼠类具有很强的繁殖潜力,一般一年多胎,一胎多仔,环境适宜时极易暴发成灾。

鸟类对农业的危害主要表现为集群生活的食谷鸟在作物成熟期进入农田啄食谷物和果实。绝大多数鸟类对环境和人类是有益的,应加以保护和综合利用。即使是对农业危害明显的鸟类也会在一定时期有利于生产,如麻雀在播种、收获季节啄食谷物,但在繁殖、育雏期间却能捕食大量的害虫和杂草种子。

8.4　园艺植物有害生物的综合防治措施

8.4.1　有害生物综合治理的概念及其基本原则

现代有害生物的防治策略主要是综合治理。有害生物综合治理(Integrated pest management,简称IPM)就是从农业生产全局和农业生态系统的总体观点出发,根据有害生物与环境之间的相互关系,充分发挥自然控制因素的作用,因地制宜,协调应用必要的措施,将有害生物的危害控制在经济允许水平以下,以获得最佳的经济效益、生态效益和社会效益。

有害生物综合治理的基本原则一方面是综合、协调各种措施,相辅相成,取长补短;另一方面是安全、有效、经济、简便。防治措施的综合与协调不等于各种防治措施机械相加,也不是防治措施越多越好,而应当根据具体的实际情况,明确防治的主要对象及其发生规律和防治的关键时期,有针对性地选择和协调应用必要的措施。

8.4.2　有害生物的综合防治措施

8.4.2.1　植物检疫

植物检疫(plant quarantine)是旨在防止检疫性植物有害生物的传入和扩散,或确保其官方控制的一切活动。植物检疫是植物保护领域中的一个重要方面。其目的在于利用立法和行政措施,对植物及其产品进行管理和控制,防止检疫性有害生物的传入、传出及扩散,保护农业生产安全和生态环境,促进国际及国内经济贸易的发展。

园艺植物引种范围广、种类多、传带病虫害的概率高,所以,园艺植物的种子、苗木和繁殖材料的检疫具有特殊重要性。植物检疫的主要法律依据是《中华人民共和国进出境动植物检疫法》。

根据国内外植物检疫性有害生物的状况,我国曾制订了不同的检疫性有害生物名录,并进行了多次修改和补充。2007 年 5 月份公布了最新的《中华人民共和国进境植物检疫性有害生物名录》,共计 435 种检疫性有害生物,目前增补到441 种。此外,还有 2009 年 6 月份公布的《全国农业植物检疫性有害生物名单》,2013 年 1 月国家林业局公布了新的《全国林业检疫性有害生物名单》和《全国林业危险性有害生物名单》,分别包括 14 种和 190 种有害生物。

8.4.2.2　植物抗性品种的利用

利用抗性品种是防治植物病虫害的一种经济和有效的措施。抗病品种在很多病害的综合防治中发挥了重要作用,特别是对一些难以运用农业措施和农药防治的病害,如土传病害、病毒病害以及林木病害等,抗病品种的作用尤为突出。但随着抗病品种的推广和种植年限的增加,容易出现抗性"丧失"的现象。为克服和延缓品种抗性"丧失",延长品种的使用年限,除了加强对多抗性品种、水平抗性品种和耐病品种的利用外,要高度重视抗病品种的合理布局和科学利用,在病害的不同流行区采用具有不同抗病基因的品种,在同一流行地区内也要搭配使用多个抗病品种,轮换使用不同抗病基因的品种。生产上的一些早熟果树品种具有避虫、避病性,也应注意加以利用。

8.4.2.3 农业防治

农业防治就是利用农业栽培管理技术措施,有目的地改变某些环境因子,创造有利于植物生长发育而不利于有害生物生存和繁殖的条件,从而避免或减轻病虫害的发生和危害。农业防治是一种既经济有效又能长期稳定地控制植物有害生物的防治手段,是农业有害生物综合治理的重要基础,但农业防治也有其局限性,单独使用有时收效较慢,效果较低,在病虫大量发生时不能及时获得防治效果。农业防治的基本方法如下。

(1)建立合理的种植制度。合理的种植制度能够调节生态环境,改善土壤肥力和物理性质,从而有利于作物生长发育和有益微生物的繁殖,改变有害生物的生存环境,降低有害生物的数量。如合理轮作可以改变或恶化病原物和害虫的环境条件,起到中断传播和抑制作用,轮作是减轻连作障碍的重要措施。在农业防治中还可以通过间作控制病虫害的发生。常用的间作方式有果粮间作、果菜间作、粮菜间作等。

(2)加强田间栽培管理,充分利用园艺设施。科学的田间管理是改变农业环境条件最快的方法,对于防治病虫害具有显著作用。如适时播种和定植、合理施肥和灌溉、深耕晒垡、中耕除草等,可改变植物的营养状况和生长环境,促使其苗壮生长,提高抗病虫能力,同时还能改变病虫的生活条件、恶化其生存环境,达到抑制病虫发生或直接消灭病虫的目的。利用园艺设施合理调节设施内的温度和湿度,可以减轻梨黑星病、黄瓜霜霉病和番茄叶霉病等。同时,温室和塑料大棚在一定程度上可产生物理阻隔作用从而防止病虫危害。合理灌水可以防治瓜类和蔬菜疫病等对湿度敏感的病害。

(3)保持田园卫生。大多数病原物和害虫在土壤或园地杂草或植物病残体中越冬。田园卫生措施包括清除收获后遗留在田间的病株残体,生长期拔除病株与铲除发病中心并集中深埋或烧毁,施用净肥以及清洗消毒农机具、工具、架材、农膜、仓库等。这些措施可以显著地减少病原物接种体和害虫数量。

(4)使用无病虫繁殖材料。种子、苗木和其他繁殖材料是病虫借以传播的重要途径,苗木也是许多园艺植物重要的繁殖和观赏材料。生产和使用无病虫种子、苗木、鳞球茎以及其他繁殖材料,可以有效地防止病虫害的传播和蔓延。热力处理和茎尖培养无病毒种薯和种苗已在生产上普遍应用。

8.4.2.4 物理和机械防治

物理和机械防治是指利用简单器械和各种物理因素(热、光、电、温、湿度和电磁辐射等)处理种苗、土壤等来防治病虫害的措施。对多年生果树的枝干病害,还可以用外科手术的方法治疗。

(1)热力处理。利用一定的热力对种子、种苗或休闲土壤进行处理,杀死其中的病原物和虫卵。生产中普遍应用的方法有:温汤浸种、热处理土壤、干热处理种子、热力治疗感染病毒的植株或无性繁殖材料、温室大棚控制温度等。如高温季节进行闷棚、覆膜晒土,可以将地温提高到 60～70℃,从而杀死土壤中的病原菌,防治土传病害和苗期病害。

(2)诱杀和捕杀。利用害虫对一些光谱的趋性,可用黑光灯诱杀害虫,利用蚜虫对黄色的趋性用黄板诱杀有翅蚜等。根据害虫的栖息部位、活动习性,用人工或机械来捕杀害虫。如利用害虫的假死性和群集性灭虫,人工采卵和人工捉虫等。

(3)机械阻隔。机械阻隔就是利用地膜、遮阳网、塑料大棚和温室等设施来阻止病虫害传播和危害。果树上用果实套袋的方法来防治果实病虫害有普遍应用。

(4)人工摘除。人工摘除主要包括结合田间管理,拔除病虫株、摘除受病虫为害的叶片和果实及铲除杂草等。如人工摘除被灰霉病菌和白粉病菌感染的草莓果实,对减轻草莓灰霉病和白粉病的发生和危害有很好的作用。

(5)树干涂白。秋季用生石灰刷树干,不但可以防止果树的日烧和冻害,而且还能消灭在树皮缝隙中越冬的大量病原菌和害虫。

(6)辐射处理。利用 γ 射线、紫外线、X 射线、红外线、超声波等进行处理,可直接杀死病虫,或使害虫不育。多用于蔬菜和水果的贮藏。

8.4.2.5 生物防治

生物防治(biological contro1)是利用有益生物及其代谢产物控制有害生物种群数量的一种防治技术。生物防治是综合防治的重要组成部分,具有安全、不污染环境、天敌资源丰富等特点。但生物防治受环境因素影响较大,有的发挥作用较慢,在实际应用时应与其他防治方法结合起来才能更好地发挥作用。生物防治的基本方法有以下几种。

(1)利用有益微生物防治病害。利用生物之间的拮抗作用、竞争作用、重寄生作用、交互保护作用等控制病原物的数量,从而减轻病害的发生。如用木霉制剂防治园艺植物的立枯病、根腐病、白绢病等。用放射土壤杆菌 K_{84} 防治多种园艺植物的根癌病。利用捕食线虫的真菌防治植物线虫病。利用带有病毒的栗疫病菌的弱毒菌株防治板栗疫病。

(2)利用天敌生物防治害虫。可利用病原微生物对害虫的寄生、利用天敌昆虫及其他食虫动物的捕食作用以及昆虫的生理活性物质防治害虫。如园艺植物上应用最广泛的苏云金杆菌,对菜粉蝶、甘蓝夜蛾、棉铃虫等多种鳞翅目害虫有很好的防治效果。白僵菌和绿僵菌对大豆食心虫、豆荚螟、菜青虫和蛴螬等有防治效果。此外,还可用昆虫病毒使害虫致病。人工释放赤眼蜂防治菜粉蝶、桃蛀螟等害虫。在温室中利用丽蚜小蜂防治白粉虱,植绥螨防治叶螨,食蚜瘿蚊防治蚜虫都有较好效果。生产上用性外激素可以迷惑昆虫,使之找不到配偶,丧失交配机会而不能正常繁殖后代。

(3)利用生物农药防治病虫害。主要是微生物源农药和植物源农药。农抗120对蔬菜白粉病、瓜类枯萎病和炭疽病、番茄叶霉病,井冈霉素对茄科植物的白绢病和炭疽病、牡丹炭疽病,四环素、青霉素、链霉素对苹果腐烂病、大白菜软腐病等都表现出明显和较好的防治效果。多杀菌素是从放线菌中分离出来的天然活性物质,对小菜蛾、潜叶蝇等害虫具有较好的防效。烟碱、苦参碱、印楝素等植物源农药可防治蚜虫、蓟马、叶蝉等多种害虫。

8.4.2.6 化学防治

化学防治(chemical control)指用化学药剂防治病虫害的方法,是目前农业生产中一项很重要的防治措施。化学防治具有见效快、效果好、受环境条件影响小、便于机械化操作等优点,但如果使用不当可对植物产生药害、引起人畜中毒、杀伤天敌、导致病虫害产生抗药性、污染环境等。

(1)化学药剂种类和剂型。按照化学药剂的防治对象可以将其分为杀菌剂、杀虫剂、杀螨剂、杀线虫剂、除草剂、植物生长调节剂和杀鼠剂7类。按药剂作用方式分为胃毒剂、触杀剂、内吸剂、保护剂、熏蒸剂、忌避剂、拒食剂、性诱剂等。化学农药的加工剂型有粉剂、可湿性粉剂、乳油、悬浮剂、水分散粒剂、粒剂、片剂、烟(雾)剂、毒饵等多种剂型。

(2)化学防治药剂使用方法。有喷雾法、喷粉法、种苗处理、土壤处理、熏蒸法、烟雾法等方法。在应用化学药剂防治时,应根据栽培植物、防治对象、气候、剂型、机械条件等具体情况,有针对性地采用适宜的药剂使用方法。使用农药要尽量做到省工、省药、高效、低污染。

(3)化学药剂的科学合理使用。使用化学药剂防治病虫害应分析防治对象、保护对象和环境条件之间的关系,用最少量的药剂,达到最佳的防治效果,并使环境污染程度最轻。

①正确选择药剂种类:每种药剂都有适合的防治对象和一定的残留期,在使用药剂时,要认真了解每种药剂的性质,正确选择和使用,达到防治病虫害和保护天敌的目的。同时要限制高毒农药品种的使用,尽量选用高效、低毒、低残留、环境相容性好的农药品种,更换防治对象相同的药剂种类,以免防治对象产生抗药性。

②科学确定用药量、用药时期、用药次数和使用方法:用药量主要取决于药剂

和病虫害种类,其次因植物种类和生育期、土壤和气象条件有所改变。用药时期因施药方式和防治对象而异。用药次数主要根据药剂的持效期来确定。因此,要根据药剂的性质、气候状况和防治对象,保护对象动态,确定用药浓度、用药次数、用药时期和使用方法。

③合理混用农药:由于各种农药的理化性质不同,有些不能混用。可以混合使用的农药可考虑长效和短效、杀虫和杀菌、农药和肥料、农药和展着剂等几种混合方式。

④加大对新型施药器械的推广力度,提高喷药质量和农药利用率:在使用农药时,应引进和推广新型施药器械,使用低容量、细雾滴洒的方式,提高喷药质量和防治效果,特别是高大的果树和观赏树木更要喷洒周到、细致、全面。

8.5 园艺植物自然灾害的发生及防治

园艺植物(特别是多年生园艺植物)在完成其生命周期中,都可能遇到各种不利于其生长发育的环境,统称为逆境(stress environment),又称胁迫(stress)。目前,园艺植物的逆境主要分为生物胁迫和非生物胁迫。生物胁迫主要指病虫草害等;非生物胁迫包括高温、低温、干旱、水涝和盐碱胁迫等。其中,最主要的逆境为低温、高温和干旱等自然灾害。

8.5.1 低温危害

低温危害分为冷害和冻害。

(1)冷害(cold injury)。是指植物受到 0℃ 以上低温影响而造成的伤害,受害组织无结冰表现。冷害一般容易在早春和晚秋发生,主要危害发生在苗期或果实成熟时。譬如,春播蔬菜的幼苗受冷害常造成烂籽死苗或僵苗,植株受害则叶片黄化,不能正常生长、开花、结果。受害时间过长会使植株体内生理代谢失调,导致植株生长衰弱直至死亡;果树在花期或幼果期遇冷害时会引起大量落花落果而影响产量。目前,冷害的抵御方法主要有以下几个方面。

①抗冷锻炼:生产中,常采用抗冷锻炼来提高园艺植物抗低温冷害的能力。譬如,春季采用温室育苗,常在移栽露地之前,先降低室温至 10℃ 左右,保持 5～7 d 再移入大田。

②化学诱导:施用细胞分裂素、脱落酸、油菜素内酯和多效唑等一些植物生长调节剂及其他化学试剂可以有效提高园艺植物的抗冷性。油菜素内酯在苗期喷施或浸种,有提高作物幼苗抗冷性的作用。

③合理的栽培技术：选育耐低温、早熟品种；调节播种期；以及调节氮、磷、钾肥的比例，增加磷、钾肥比重，能改善植物的营养状况，明显提高抗冷性。此外，通过灌水和根外追肥也可以增温以达到抵御低温冷害的目的。

（2）冻害（freeze injury or freezen damage）。是指冬作物、果树和林木等在越冬期间遇到 0℃以下（或剧烈变温）或长期持续在 0℃以下的低温，引起植物体冰冻或丧失一切生理活力，造成植株死亡或部分死亡的现象。冻害发生的温度因植物种类、生育时期、生理状态、组织器官及其经受低温的时间而有很大差异。植物遭受冻害的程度与降温幅度、低温持续时间、解冻速度等有关。目前，冻害的抵御方法主要有以下几个方面。

①采用合理的栽培管理技术措施：因地制宜，合理配置作物品种。如在谷地和洼地霜冻较重的地方，选择耐寒性品种。在山坡中部和靠近水域的地方，霜害较轻，可种植抗寒能力较弱的品种。改良品种，提高抗冻能力。冬前增施磷、钾肥，可增强植株健康度和抗寒力。防护林可以减弱寒风的侵袭，提高田间温度，使霜不易生成。

②物理抗冻：在低温冻害来临之前，采用熏烟、灌水和覆盖等方法也可减少园艺植物冻害的发生。

③其他方法：譬如，抗冻锻炼和化学调控。一些植物生长物质可以用来提高植物的抗冻性。譬如，多效唑广泛用于果树以使其矮化，促进花芽分化，同时能抑制GA 的合成，提高树体的抗寒性；细胞分裂素对许多作物，如梨树、甘蓝、菠菜等都有增强抗冻性的作用。

8.5.2　热害

热害常在北方发生，它的主要形式为干热风。干热风是高温、低湿及伴随一定风力而造成大量水分蒸发的一种灾害天气。其抵抗干热风危害的方法是降温增湿，以及营造防风林。

8.5.3　旱涝灾害

（1）干旱。干旱指在农业水平不高的情况下，植物对水分的需求量和从土壤中吸收的水量在一个相当长的时期内不相适应，而使农作物产量降低的天气现象。干旱分为大气干旱和土壤干旱两种类型。有时土壤水分并不缺乏，由于根系正常的生理活动受到阻碍，不能吸水而使植物受旱，这种干旱称为生理干旱。目前，干旱的抵御方法主要有以下几个方面。

①抗旱锻炼：在种子萌发期或幼苗期进行适度的干旱处理，增强对干旱的适应

能力。

②合理施肥：合理施用磷、钾肥，适当控制氮肥，可提高植物的抗旱性，磷促进有机磷化合物的合成，提高原生质的水合度，增强抗旱能力。钾能改善作物的糖类代谢，降低细胞的渗透势，促进气孔开放，有利于光合作用。钙能稳定生物膜的结构，提高原生质的黏度和弹性，在干旱条件下能维持原生质膜的选择透性。

③生长延缓剂及抗蒸腾剂的施用：近年来应用生长延缓剂提高植物的抗旱性取得了一定的效果。譬如，施用外源 ABA 可促进气孔关闭，减少蒸腾。抗蒸腾剂是用来降低蒸腾失水的一类药物，如塑料乳剂、高岭土、脂肪醇等。

④节水、集水和发展旱作农业：旱作农业是指不依赖灌溉的农业生产技术。收集保存雨水备用；采用不同根区交替灌水；采用地膜覆盖保墒等。

（2）洪涝灾。洪涝灾是由于长期阴雨和暴雨，雨量过度集中，出现河水泛滥，山洪暴发、土地淹没，作物被淹或冲毁的现象。

其防御方法主要有：治理河道、兴修水库、修筑江海堤围、植树造林。以及合理配置农业，尽可能做到因时、因地制定耕作栽培制度。发生洪涝后，应加强田间管理，及时洗去污泥，进行排水、中耕、松土、施肥、防治病虫等，均可减少因洪涝而造成的损失。

思 考 题

1. 植物病害的概念和症状是什么？

2. 园艺植物的病原物包括哪几大类？

3. 非生物因素引起的病害有哪些？

4. 病害是怎样发生和流行的？

5. 侵染性病害的识别和诊断方法有哪些？

6. 非侵染性病害的识别和诊断方法有哪些？

7. 园艺植物的害虫有哪几类？

8. 简述有害生物综合治理的概念及其基本原则。

9. 有害生物综合防治的主要措施有哪些？

10. 园艺植物有哪些自然灾害？怎样防治？

9 园艺产品的采收、贮藏与市场营销

【内容提要】
● 园艺产品的采收时期及方法
● 园艺产品采后预处理方法
● 园艺产品采后分级、包装及贮运
● 园艺产品采后贮藏与保鲜
● 园艺产品的市场营销

园艺产品种类、品种繁多,生产地区性、季节性强。为了保证市场的周年供应,满足不同层次消费者的需求,适时采收、及时贮运并进入市场流通是必不可缺的。无论是"春播秋收"的一年生作物,还是"春花秋实"的多年生作物,在其整个生育期间,耗费人力、物力,提高栽培管理技术,防虫治病,尚且不易取得 10% 的增产,但由于产品的采收不当,贮藏不善,运输不及时或是营销管理不善而招致的损失,常常超过 20%。因此,重视产品的采收、贮运及营销管理工作,不仅是实现园艺作物生产的目的,更是实现园艺产品增值增收的关键。

9.1 园艺产品的采收及采后处理

园艺产品的采收(harvest)是园艺生产田间作业的终结,也是采后处理的开始。园艺产品采收成熟度与其产量、品质有着密切的关系。采收过早,不仅产品的大小和重量达不到标准,而且风味、品质和色泽也不好;采收过晚,产品已经成熟衰老,产量下降,不耐贮藏和运输。只有适时采收,才能得到满足产品采后不同用途如鲜食、贮藏、运输或加工等所需要的品质。

9.1.1 确定采收期的依据

确定适宜的采收时期主要取决于产品的成熟度(maturity)。园艺上的"成熟"(horticultural maturity)是指植株或植株的某一器官发育到具有被消费者因某一特殊要求而利用的各种条件的阶段,常称作"商品成熟",不同于植物发育阶段中成熟的概念。

园艺产品的成熟度可分为：可采成熟度、商品成熟度、食用成熟度和生理成熟度。

可采成熟度：园艺产品的大小已定型，但其应有的品质、风味和香气尚未充分表现出来，质地较硬。适于贮运和罐藏、蜜饯加工。

商品成熟度：园艺产品生长到一定程度，达到最适合的利用阶段。成熟度是以其用途作为标准来划分的，它在园艺产品的任何发育期和衰老期的任何阶段均可发生。

食用成熟度：果实已经成熟，并表现出该品种应有的色、香、味，内部化学成分和营养价值已达到该品种指标，风味最佳。这一成熟度采收，适于就地销售，或制作果汁、果酱、果酒。

生理成熟度：因不同产品类型而异。水果类果实在生理上已达充分成熟阶段，果实肉质松绵，种子充分成熟。此时风味淡薄，营养价值大大降低，不宜食用和贮运，多作采种之用。以种子为可食部分的板栗、核桃等干果，这时采收，种子粒大，种仁饱满，营养价值高，品质最佳，播种出苗率高。

由于园艺产品的食用器官不同，采后用途不同，再考虑到市场的远近、加工贮运条件的差异以及市场营销策略不一，需在不同成熟度采收，采收时期也就不相同。即使是同一品种，因采后用途不同，采收适期也不同，如黄瓜，从顶花带刺的小黄瓜到老熟黄瓜，中间经历了适宜鲜食、烹调、加工的采收期。豌豆从发芽开始，可作为芽菜（食用黄化嫩芽）、幼苗菜（食用嫩梢）、嫩豆粒（食用嫩荚），到老熟制种（食用豆粒），经历了不同的采收阶段。果树上类似的情况也很多，如杏，可用青杏制话梅、杏干、青红丝等；鲜食杏在达到食用成熟度时采收；仁用杏则在达到生理成熟度后采收。虽然采收要求不同，但确定适宜采收期的依据归纳起来主要有以下几点。

(1)根据外观性状（surface color）判断。适用于果实类为产品器官的园艺作物，如表面色泽（skin color）、大小（size）、形状（shape）等在发育成熟时，会表现出品种固有的特征。因此，园艺产品的颜色可作为判断其成熟度的重要标志之一，此法直接、简单、易掌握。紫红的李子、橙黄的橘子等水果，在其成熟前多为绿色，随着成熟，叶绿素渐渐分解，类胡萝卜素、花青素逐渐呈现出来，表现了其固有的色泽。果菜类蔬菜根据面色的变化确定其适采期。番茄在绿熟期（即果顶显示奶油色）时采收，可用于长距离运输；变色期（即果顶为粉红色或红色）采收，适宜近地销售；红色成熟果适宜罐藏、制汁、制酱或当地销售。鲜食的甜椒应在绿熟期采收；西瓜在接近地面部分由白灰变为酪黄时，甜瓜色泽从绿到斑绿和稍黄时表示成熟。

果实必须长到一定的大小、重量和充实饱满的程度才能达到成熟。不同种类、品种的水果和蔬菜都有固定的形状及大小特点,例如香蕉未成熟时,果实的横切面呈多角形,充分成熟时,果实饱满、浑圆、横切面为圆形。西瓜成熟时,蒂部向里凹。

(2)根据某些生理指标来判断。果实的硬度(firmness)、淀粉含量(starch content)、含糖与含酸量(或糖酸比 soluble solids/titratable acidity)、呼吸强度(respiration rate)及乙烯含量(ethylene content)的变化均与成熟度有关。

果实的硬度是指果肉抗压力的强弱。果实硬度的大小与果肉内原果胶的含量成正比,随着果实的成熟,原果胶分解为果胶和果胶酸,硬度随之降低。如番茄、辣椒、苹果、梨等都要求在果实有一定硬度时采收。用于贮存的水果采收时果肉的硬度指标为:国光 $7.2 \sim 11.2 \ kg/cm^2$,金冠 $6.7 \sim 8.5 \ kg/cm^2$,红星 $7.2 \sim 8.1 \ kg/cm^2$,砀山梨 $7.6 \sim 8.5 \ kg/cm^2$,莱阳梨 $7.4 \sim 7.6 \ kg/cm^2$,库尔勒香梨 $6.0 \sim 7.0 \ kg/cm^2$,猕猴桃 $14.0 \sim 15.0 \ kg/cm^2$。此外,桃、李、杏的成熟度与硬度的关系也十分密切。

由于蔬菜供食用的部位不同,成熟度的要求也就不一样,一些叶菜类蔬菜不测其硬度,而是用坚实度来表示其发育状况。如甘蓝的叶球和花椰菜的花球都应该在充实坚硬、致密紧实时采收,品质好,耐贮性强。

以淀粉含量的高低作为采收依据,如马铃薯和芋头等以淀粉为主的器官,应在粉质时采收,此时产量高,营养丰富,耐贮藏,制淀粉时出粉率高。而甜玉米、豌豆、菜豆等以食用幼嫩组织为主,则要求采收时淀粉少、糖多,这样才能获得风味良好的产品。

含糖量(可溶性固形物含量)、含酸量(以有机酸为主)以及糖酸比(总可溶性固形物含量与总酸度之比,固酸比)亦可以作为采收的一个指标。葡萄、甜瓜、猕猴桃以含糖量的高低为主;柠檬类以有机酸含量为指标;柑橘类以糖酸比或固酸比来判断成熟度,如四川甜橙在采收时固酸比为 10:1,糖酸比 8:1 左右作为最低采收成熟度的标准;苹果和梨的固酸比为 30:1 时采收,果实风味最佳。

(3)根据生育期(growth period)判断。在正常的气候条件下,各种园艺植物都要经过一定的天数才能成熟。对一、二年生草本作物而言,从播种到收获的日期便是生育期,如冬贮大白菜北京新 2 号和北京 106 号,生育期为 85~90 d,北京新 3 号生育期为 80~85 d。

对多年生果树来说,生育期计算是从盛花期到果实成熟的天数。在北方苹果产区,各品种的果实生长期为:红星 140~150 d,金帅 140~150 d,乔纳金 155~165 d,国光 160~165 d,富士 170~175 d。

(4)根据作物的生长状态(growth condition)判断。以鳞茎、块茎为食用器官的蔬菜类,如大蒜、洋葱、马铃薯、芋头、山药和鲜姜等,用做种球的球根花卉,如郁金香、百合、仙客来等,应在地上部开始枯黄时采收;莴笋达到采收成熟度时,茎顶与最高叶片尖端相平时为采收期;如西瓜果实附近几节的卷须 1/2 枯萎,果柄茸毛消失,果面条纹散开而清晰可见、果皮光滑发亮等都是果实成熟的特征;叶菜类应根据植株的生长状态,如坚实度(hardness)及市场需求来采收。

(5)果实脱落的难易程度。核果类和仁果类果实成熟时,果柄和果枝间形成离层(abscission layer),稍加振动,果实就会脱落,离层形成时是果实品质较好的成熟度,此时应及时采收,否则果实会大量脱落,造成巨大的经济损失。所以可以将果实脱落的难易程度作为成熟度的一个标准。

(6)其他成熟特征判断。在生产实践中还有其他一些鉴别成熟度的方法,仁果类果实可以观察种子变褐情况来决定其成熟度;有的果实成熟时产生果蜡,如苹果、葡萄、李子等的果蜡,都是成熟的一个标志;南瓜在果皮发生白粉并硬化时采收,冬瓜在果皮上茸毛消失,出现蜡质的白粉时采收;食用豆类蔬菜以及黄瓜、丝瓜、茄子等应在种子膨大、硬化前采收,否则木质化、纤维化、品质下降;作种用豆类蔬菜应在种子充分成熟时采收。

9.1.2　园艺产品的采收方法

(1)人工采收(manual harvest)。用手摘、采、拔,用采果剪剪,用刀割、切,用锹、镢挖等方法都是人工采收的方法。人工采收主要通过人力,辅以简单的工具。人工采收的优点是边采收边分级,可以分期采收,还能满足一些产品的特殊要求,如苹果带梗、黄瓜顶花带刺、草莓带萼等。尤其是鲜食的产品或成熟不一致的种类,在农业发达国家也不能完全由机械代替,如石刁柏的采收。

核果类、仁果类果实的果梗与果枝间产生离层,采收时用手掌将果实向上一托即可自然脱落。采时注意防止折断果与果柄脱落,因无果柄的果实,不仅果品等级下降,而且也不耐贮藏。柑橘类果实可用特制的圆头专用采果剪,果柄与果枝结合较牢固的种类如葡萄等,可用采果剪采收。板栗、核桃等干果,可用竹木杆由内沿外顺枝打落,然后拾捡。

果树采收时应按先下后上、先外后内的顺序采收,以免碰落其他果实。为了保持产品的品质,采收过程中一定要尽量使产品完整无损,应防止一切机械伤害,如指甲伤、碰伤、擦伤和压伤等,采收过程要轻拿轻放,果筐或果箱内部垫泡沫塑料或麻袋片等软物,同时应尽量减少转换筐的次数,以减少不必要的损伤。果树采收时还要防止折断果枝、碰掉花芽和叶芽,以免影响翌年产量。

地下根茎菜类的采收可用锹或锄挖,有时也用犁翻,但要深挖,否则会伤及根茎,如胡萝卜、萝卜、马铃薯、芋头、山药、大蒜、洋葱等。马铃薯采收时需块茎的水分含量低些,应在挖掘前将枝叶割去或在挖后堆晾块茎。山药的块根较细长,采收时要小心,以免折断。

切花采收时刀口要锋利,避免压破茎部,引起汁液渗出,招致微生物侵染和花茎的阻塞。切口最好为斜面,以增加花茎吸水面积,这对只能通过切口吸水的木质茎类切花尤为重要。花枝长度是质量等级的指标之一,切割花茎的部位应尽可能地留长些。但是,对于花茎基部木质化程度高的木本切花,切割过低会导致茎部吸水能力下降而缩短切花寿命。因此,切割的部位应选择靠近基部而花茎木质化程度适宜的地方。对一些易在切口处流出汁液并在切口凝固,影响茎端水分吸收的种类如一品红、罂粟等,采收后立即将茎端插入85~90℃热水中浸渍数秒钟,以消除这种不利影响。切花采切后应在24 h内尽快进行脉冲液预处理和预冷,适当包装后置于冷库之中,防止水分过多丧失。

(2)机械采收(mechanical harvest)。机械采收能节省大量的劳力,效率高,但机械损伤较严重,通常只适合一次性采收用于加工的果实。在人力昂贵的美国,机械采收的范围越来越广。用机械采收樱桃、葡萄和苹果等,采收效率很高,分别降低成本66%、51%和43%。适宜挖掘机械采收的一般是地下产品如马铃薯、洋葱、甜菜等;用于加工的品种如番茄、豇豆、黄瓜和四季豆等均可机械采收。部分叶菜类如菠菜、芹菜、结球甘蓝等也可机械采收。

虽然国外机械采收已有所应用,但进程还很慢,存在许多问题需要解决,如选果和采摘的方法、产品的收集、树叶或其他杂物的分离、装卸和运输以及保证质量等。采收机械主要有以下几种。

①振动机械:用拖拉机附带一个器械夹住树干,用振动器将其振落,树下有收集架,将振落的果子接住,并用滚筒集中到箱子。不同类型的振动器和收集架用于不同的果品。一种用于采收水果的慢性振动器,可用于柑橘、苹果、樱桃、李和杏等果品的采收。不同树种所需振幅与频率也不一样,振动法容易造成果实伤害,适用于采收加工的果品,而对于鲜销果实不适用。

②台式机械:在国外应用较为普遍,采果者站在可升降的操作平台上,进行采收果实的作业。是一种机械辅助人工采收的方法。

③地面拾果机:用机器将落在地面上的果实拾起来,适用于核桃、巴旦杏、山核桃和榛子等有坚硬果壳的果实,这种机械包括两个滚筒,前面的一个滚筒离地面1.70~2.54 cm,顺时针转动,后面的一个滚筒离地面0.64~1.77 cm,反时针转,两个滚筒同时转,将果子拾起并传送到收集器里。这种方法适用于平地果园,收集前应将地面的树枝、落叶和小石块等杂物清除干净,以利于果实的顺利拾起。

(3)化学辅助采收(chemistry harvest)。果树产品的采收因树体本身不可被破坏,采收方法上有所不同。果实成熟时易形成离层的品种如樱桃、苹果、杏和柑橘等,可以用强风压的振动机械摇落后,树下布满传送带来采收。有时为促进脱落,便于机械采收,可喷化学物质(如乙烯利)促进果柄产生离层,然后振动使果实脱落。如在橄榄生产区使用乙烯利催熟采收,效果良好。在采用前5～7 d,喷布一次 800～1 000 mg/L 乙烯利水溶液,采收时只要轻轻摇晃树枝,果实就能全部脱落,可大大提高采收效率,还有一些化学物质,如放线菌酮、维生素 C、萘乙酸等药剂,在机械采收前使用效果较好。

9.1.3 采后处理方法

园艺产品采收后虽然脱离了母体,但仍属于鲜活产品。自身的新陈代谢活动,外界微生物的作用,加之环境中的温、湿度变化,都会影响其品质与风味。因此,采后的处理措施可以延缓果实成熟与衰老的进程(图 9-1)。

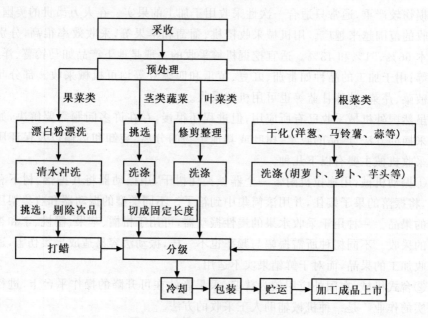

图 9-1 几类蔬菜的采后处理程序

(1)贮运前的处理。

①预冷(precooling):采用各种降温方法迅速降低刚采收产品的田间热(产品采摘前后由于阳光和气温等因素暂存于果蔬体内的热量)和呼吸热(产品呼吸所释放的热量)。通过预冷,可以降低产品的呼吸强度,抑制产品内的水分蒸发,减少果

实中维生素 C、各种糖分和有机酸的损失,减少凋萎和皱缩;同时可以抑制有害微生物的活动而减少腐烂,更好地保持产品的新鲜品质,提高耐贮性能。

预冷的方法很多。最简单的方法是自然降温法,即将刚采收的产品放在背阴冷凉处或温度较低的室内,使之自然降温冷却。如番木瓜采收后尽快放置在阴凉通风处,迅速降温至 13～15℃。

人工预冷的方法常用的有自然降温冷却(nature air cooling)、水冷(hydro-cooling)、风冷(alr cooling)和真空冷却(vacuum cooling)、冷库空气冷却(room cooling)、强制通风冷却(forced-air or pressure cooling)、包装加冰冷却(ice cooling)等。预冷过程要注意冷却效率,预冷时间不宜过长,不应对产品造成冷害,冷却的最终温度至产品适宜贮藏的温度即可。预冷时需注意的是冷却的温度要在冷害温度以上,否则造成冷害和冻害,尤其是热带和亚热带园艺产品。

②愈伤(curing):产品在采收过程中会造成一些机械损伤,从而招致微生物的入侵而引起腐烂。园艺产品中的块根和块茎类,如马铃薯、洋葱、山药,球根花卉中的仙客来、郁金香种球等,采收后要进行愈伤处理,促进伤口愈合,以利贮运。在愈伤过程中,马铃薯的周皮细胞的形成要求高温高湿条件;成熟的南瓜要求高温低湿条件,采后应在 24～27℃放置 2 周,愈合伤口,硬化果皮。水仙起球后常在 30℃处理 4 d,使伤口愈合;小苍兰的球茎则需 10～15 d 愈伤处理。

③晾晒(drying):适当干燥以除去产品多余的表面水分。如叶菜类中的大白菜,为便于贮藏、运输,在砍收后要进行几天的晾晒,使之达到菜棵直立时外叶柔软而不折的程度;葱蒜类采后晾晒,使外部鳞片干燥;郁金香的种球采收后,应在通风处晾 2～3 d,使表面水分蒸发干,再除去土壤和残根。

④热处理(heat treatment):为了预防园艺产品采后病虫害的发生,经常采用高温热处理方式加以控制。例如,利用热水 52℃处理香蕉 20 min,可以控制柑橘小实蝇和地中海实蝇。草莓热空气 42～48℃处理 3 h 还可以降低花青素的积累和苯丙氨酸裂解酶的活性,引起热休克蛋白的积累,延长草莓的货架期(self-life)。

⑤化学药剂处理(chemical treatment):是提高产品贮藏性能的一项辅助措施。为了减少产品贮藏期间的水分蒸发,用水分蒸腾抑制剂喷、浸果实;为减轻因缺钙而引起的苹果苦痘病、虎皮病,叶菜类的心腐病等,用氧化钙溶液进行浸钙处理;为延缓成熟与衰老过程而使用的抑制乙烯生成和降低呼吸作用的物质,如细胞分裂素类物质(BA)、赤霉素(GA)等;为防止病虫害传播及贮藏期的病害,用二氧化硫熏蒸的方法防治苹果、梨和桃的食心虫,葡萄的灰霉病等;美国用溴甲烷熏蒸防止葡萄柚的加勒比实蝇为害;用 0.25%～1.00%仲丁胺溶液(pH 为 7～11),处理温度 20～50℃,浸果 2～4 min,可有效防止柑橘青、绿霉病,对苹果、桃、草莓、

枣、板栗、葡萄、青椒、黄瓜、菜豆和番茄等也有良好的防腐效果。

化学药剂处理虽然具有杀菌防腐、延缓果实衰老的作用,用二氧化硫熏蒸还可以防止荔枝、龙眼等果皮褐变,但药剂残留量过高会为害消费者健康,硫残留量的国际标准为 20 mg/kg,法国规定荔枝果实中含硫量超过 10 mg/kg 就不能进口。因此,在生产上尽可能应用无公害的生物制剂,中草药如丁香、大黄、姜和大蒜的某些成分可抑制抗坏血酸酶的活性,减少水分散失,降低产品的霉变率。天然植物精油如芥菜籽、桂皮、小豆蔻、芫荽籽、众香子、百里香等精油都有一定的防腐作用。

⑥鲜切花采后的预处理(pretreatment):切花采后处理的主要工作是补充花茎在田间亏损的水分,从而恢复细胞的膨压。处理用水要清洁,水中最好加入杀菌(虫)剂和 0.01%～0.1% 的湿润剂,以防止贮运过程中花瓣和叶片萎蔫、退色或者运输后花不开放,瓶插寿命缩短。

包装贮运前的预处理,用食糖为主的化学溶液短期浸泡处理花茎基部,可以改善开花品质,延长切花寿命,使蕾期采收的花枝正常开放,保证贮运后的开放品质,延长供花期,调节市场。

不同种类的花卉有其最适的预处液,但主要成分是糖,以及配合相应的杀菌剂,如唐菖蒲、非洲菊为 20% 的糖浓度,香石竹、鹤望兰、满天星为 10%,月季、菊花为 2%～5% 等。在预处理期间的温度、湿度和光照条件也很重要,一般为光强 1 000 lx,温度 20～27℃,相对湿度 35%～80%。

(2)上市前的处理。

①涂膜处理(coating or waxing):在果蔬产品表面涂一层“果蜡”,可以在一定时期内保持产品新鲜状态,增加光泽,改善外观,延长适销期。打蜡是现代果品营销中的一个重要措施,在国外许多国家如以色列、美国、西班牙、德国、英国、日本、意大利等广泛应用,美国、日本、意大利、澳大利亚等国生产的柑橘、苹果、梨等在上市以前都进行涂蜡处理。我国外销的柑橘、苹果也实行涂蜡。其作用是:涂膜后可以阻碍果实内外的气体交换,降低呼吸作用,减少养分消耗;造成果实内部二氧化碳浓度适当上升,减少和抑制乙烯的产生;减少水分蒸发,保持外观饱满;减少病原微生物的侵染。为达到理想的保鲜效果,涂膜处理中应注意涂料的选用、涂层的厚度和涂膜处理的时期。

蜡的配方是用合成或天然的树脂,如巴西棕榈蜡、热塑的萜烯树脂、虫胶、松香等原料,并用三乙酸和油酸作为乳化剂,加入适量杀菌剂以抵抗微生物侵染。在选择涂料原料时,使用水溶乳剂比易燃的溶剂蜡安全。

②催熟与脱涩(promoting ripeness and astringency removal):有的产品如香蕉、番茄、杧果、菠萝和柑橘类果实,为了便于贮藏和运输,常在绿熟期采收,风味品

质不佳,必须在贮运后经过催熟处理才能上市。一般用乙烯利等处理来促进果实成熟。有的品种如秋子梨和西洋梨等,采后经过自然的后熟过程才能达到食用的品质和风味。

脱涩,用于完熟以前有强烈涩味的果实,如北京的磨盘柿等。脱涩的方法很多,有温水脱涩、石灰水脱涩、混果脱涩(与苹果、梨、木瓜或新鲜松柏树叶混装在同一密闭容器中)、酒精脱涩、冻结脱涩,以及高二氧化碳脱涩、脱氧密封脱涩、乙烯处理脱涩等。其原理是利用果实无氧呼吸所产生的乙醛、丙酮等中间产物与果实内可溶性的单宁物质缩合而变为不溶性的物质。

③整理与挑选(trimming and select):整理目的是剔除有机械伤、病虫危害、外观畸形等不符合商品要求的产品。田间收获时往往带有残叶、败叶、泥土、病虫污染等,它们携带了大量有害微生物,必须及时处理,有的还要去除不可食用的部分,如去根、去叶、去老化部分等。

④洗涤(rinsing):在产品准备送往鲜菜市场以前,必须将它的附着物体、灰尘、小虫及喷药的残留物等除去,用水冲或有压力的水喷洗也可,特别是当根菜类及块茎蔬菜上附有泥土时。洋葱、大蒜等不能洗涤,可用干刷除去外表干的鳞皮。

9.2 分级、包装和运输

9.2.1 分级

分级(grading)是园艺产品标准化、商品化的重要手段。根据不同的等级标准,以质定价,优质优价,进行流通,同时又反过来促进生产者提高栽培技术,达到增产优质的目的。

我国根据标准的适应领域和有效范围,把标准分为四级:国家标准(由国家标准局审批颁发)、专业标准(由主管部门组织制定、审批和发布)、企业标准(根据企业需要而制定)和地方制定的区域性标准。

我国已对大多数的果蔬产品制定了国家或(专)行业标准,如苹果、梨、柑橘,桃、香蕉、龙眼、荔枝、核桃、板栗和红枣等;大白菜、花椰菜、青椒、黄瓜、番茄、蒜薹、芹菜和菜豆等;对于花卉业来说,起步较晚,但发展迅速,目前我国已经制定了切花、切叶、切枝、盆花、盆栽观叶植物等14种产品的国家标准。一些鲜切花的分级标准借鉴了国际标准,如唐菖蒲和香石竹等,月季的切花分级国际上无统一标准,我国制定了国家标准。对于内销产品可以按我国国内制定的各项指标分级,而外销产品则应根据出口国的标准分级或按国际标准 ISO(international standard organization)分级。

以苹果为例,不同的国家和地区都有各自不同的苹果果实分级标准。美国主要按色泽、大小将果品分成超级(extra fancy)、特级(fancy)、商业级(commercial)、商业烹饪级(commercial cooker)和等外级(small-one)。我国鲜苹果一般是按果形、色泽、硬度、果梗、果锈、果面缺陷等方面进行分级。按果实最大横切面直径(即果径)大小将果实分为优等品、一等品、二等品 3 个等级。其中,优等品的果径为:大型果≥70 mm,中型果≥65 mm,小型果≥60 mm,各类果每级级差 5 mm(标准号为 GB 10651—89)。我国出口鲜苹果主要是按果形、色泽、果实横径、成熟度、缺陷与损伤等方面分为 AAA 级、AA 级和 A 级 3 个等级,各等级对果实大小的要求是:大型果不低于 65 mm,中型果不低于 60 mm(标准号为 ZBB 31006—88)。此外,部分省区如山东、陕西也制定了鲜苹果地方标准。

蔬菜分级通常根据坚实度、清洁度、新鲜度、大小、重量、颜色、形状以及病虫感染和机械伤等分级,一般分为 3 个等级,即特级、一级和二级。特级品质最好,具有本品种的典型形状和色泽,不存在影响组织和风味的内部缺点,大小一致,产品在包装内排列整齐,在数量或重量上允许有 5% 的误差。一级品与特级品有同样的品质,允许在色泽上、形状上稍有缺点,外表稍有斑点但不影响外观和品质,产品不需要整齐地排列在包装箱内,可允许 10% 的误差。二级产品可以呈现某些内部和外部缺点,价格低廉,适宜就地销售或短距离运输。表 9-1 为出口辣椒干的分级标准,表 9-2 为大菊、香石竹、唐菖蒲的美国分级标准。

表 9-1　出口辣椒干的分级标准

项目		带把椒	无把椒
长度	小椒	3~6 cm	3~6 cm
	中椒	6~9 cm	6~9 cm
	大椒	>9 cm	>9 cm
色泽		红色	红色
杂质		<1%	<1%
水分		<13%	<13%
黄白色果		<3%	<3%
不熟椒		<1%	<1%
破碎椒		<7%	<7%

表 9-2　大菊、香石竹、唐菖蒲的美国分级标准

等级	大菊		大花型香石竹			唐菖蒲	
	最小花径/cm	最短花茎长/cm	最小花径/cm	茎长（包括花长）/cm	茎强度	穗状花序长/cm	最少花数/朵
1 级	15	75	花叶不凋萎、没有损坏、中间花瓣紧密、花型对称	＞55	花茎硬挺、下垂不超出时钟10～14 时	＞107	16
2 级	12.5	75	5～6	43～55	花茎硬挺、下垂不超出时钟10～14 时	96～107	14
3 级	10	60	—	25～43	—	81～96	12
4 级	—	60	—	—	—	＜81	10

注：除 4 级外不能有裂萼。

　　分级方法包括人工分级和机械分级，目前常见的有果实大小分级机、果实重量分级机及光电分级机。光电分级机是既按果实着色程度又按果实大小来进行分级，是当今世界上最先进的果实采后处理技术，该机的工作原理是：将上述自动化色泽分级和自动化大小分级相结合。首先是带有可变孔径的传送带进行大小分级，在传送带的下边装有光源，传送带上漏下的果实经光源照射，反射光又传送给电脑，由电脑根据光的反射情况不同，将每一级漏下的果实又分为全绿果、半绿半红果、全红果等级别，又通过不同的传送带输送出去。

　　园艺产品采后商品化发达的国家，已经经历了手工外观目测清选、分级、包装和机械化清选、单因子（按重量或大小）分级、包装流水线两个阶段，开始向综合应用三位图像处理、红外线扫描、计算机程控技术的多因子（形状、颜色、重量、硬度、干物质含量）智能化精选、分级、包装阶段发展，产品的分级精准度更高。

9.2.2　包装

　　包装（packaging）是实现商品标准化，保证安全运输、贮藏和销售的重要措施。合理的包装可以减少在流通过程中的相互摩擦、碰撞、挤压等造成的损伤，还可以减少水分蒸发和病虫害蔓延，保持产品的新鲜度，提高贮运性能。经济适用、美观大方的包装还可以提高产品的商品价值和在市场的竞争能力。因此，包装的基本

要求是:科学、经济、美观、牢固、方便、适销并有利于长途运输。

在产品采后的流通过程中,产品包装常常分为两类:运输包装和销售包装。

(1)运输包装(transport package)。也叫大包装或外包装。目的是保护产品,便于装卸和运输。要求包装设计标准化,对包装材料、结构造型、规格尺寸、包装重量、包装标记、封缄方法等标准化,与国际标准接轨,加速国内外货物的流通,提高运输效率。包装设计要集装化,包装件的尺寸应能最大限度地提高运输工具装载量与净重量,降低运输成本,适宜集装箱运输要求。包装材料要求不变形,无污染,对产品具有保鲜功能,方便购销者的处理等。包装件外面应写明产品名称、规格品质、等级、重量、内装件数以及保护标志、产地和生产单位等。

大包装的材料种类较多,目前我国市场上多用瓦楞纸箱包装水果。质地脆嫩的蔬菜,如番茄和黄瓜等用较坚固的筐或箱包装;比较耐压的马铃薯和萝卜等用麻袋、草袋、塑料网袋等包装;叶菜类和大葱、蒜薹等成捆装筐或箱包装;切花多采用干包装,即先按一定数目捆成束,每束用报纸、柔质塑料等包裹后放入包装箱;盆栽花卉可放在木箱或硬质塑料框架中包装运输。

为了尽量避免产品受震或碰撞损伤,保持产品周围的温、湿度及气体小环境,通常用垫内包装作为辅助手段。为防止机械损伤采用衬垫物,如纸张、塑料薄膜、纸质浅盘等填充物,还有刨花、锯屑、干草、泡沫塑料等进行包装;为防止失水,达到气调效果,采用聚乙烯薄膜、聚乙烯薄膜袋等密封包装新鲜的产品。市场上常见到国产的柑橘类用较薄的聚乙烯膜进行单果包装,蔬菜用聚乙烯收缩膜来包装,较小的果蔬产品如草莓、樱桃、小番茄、甜豌豆和甜玉米粒等用小塑料盒或泡沫塑料托盘包装。

(2)销售包装(sale package)。又称商业包装。产品要与消费者直接见面,所以除保护、保鲜作用外,包装还要强调造型与装潢美观。从现代营销学观点出发,商品包装的根本目的在于实现商品的销售,具有潜在推销员的功能、能够建立企业和品牌形象、增加产品附加值。通常在包装盒或包装袋上印有漂亮的图案、产品的商标、品牌、重量、出厂期、产地、执行标准和条形码等。价值较高的浆果类果品如葡萄、草莓、樱桃等,用精致的小篮或小盒包装,外观上极具吸引力。包装设计要小型化,方便携带;需多功能化,利于包装废弃物的再次利用;包装设计名牌化,突出品牌特色;人性化的包装充分反映以人为本的经营思想,满足各类消费者的需求。

包装材料要求无毒、无异味及保温、保湿、透气,不伤产品,价格较低,用后处理方便等。容器种类可根据需要和当地条件进行选择。随着人们环保意识的增强,以保护环境和节约资源为中心的"绿色包装"成为包装工业发展的必然趋势。绿色包装(green package)指完全以天然植物和有关矿物为原料研制成的,能够重复利用、回收再生或降解腐化,且在产品的整个生命周期中对人体及环境无公害的适度包装。如可食性膜在果蔬表面形成一层薄膜,除可防止病菌感染外,还由于在表面形成了一个小型气候室,大大减少了水分的挥发,同时也减缓果蔬的呼吸作用,推迟果蔬的生理衰老,从而达到保鲜的目的。包装必须符合低消耗(减量化 reduce)、开发新绿色材料(获得新价值:recover)、再利用(reuse)、再循环(recycle)和可降解(degradable)的 4R+1D 的原则,又称为"无公害包装"或"环境之友包装"。

9.2.3　运输

运输(transportation)是流通过程中的一个重要环节,是联系生产与消费,供应与销售之间的纽带。在运输过程中对商品质量有一定的影响,如物理损伤、聚热和失水现象等造成损失。因此,要求做到快装快运,轻装轻卸,防冻防热,适宜的低温、恒温运输。根据产品特性、运输数量、目标市场和要求、到达时间等选择相应的运输形式。

(1)陆路运输。包括公路运输和铁路运输。公路运输中以汽车运输为主,有冷冻车($<-18℃$)和冷藏车($>5℃$的中温,$0\sim5℃$低温)。单车运输量相对较低,但灵活机动,运输适应性极强。

铁路运输有运输量较大、速度快(现代高速货车平均时速达 100 km/h)、费用低的优点,适宜国内长途运输和国际间的运输。

(2)海上运输。运输量大,运费低,振动小,但速度较慢,船内设冷仓或集装箱等。

(3)航空运输。速度最快,但相对运量少,运费高,主要应用于极不耐贮藏的和急需的高值商品。

(4)集装箱运输。集装箱是一种现代化的周转设备,多半由铝合金制成,可以在汽车、火车、轮船和飞机上转移,所以加快了运送速度,且结构牢固,便于装卸,安全。目前有保温集装箱、冷藏集装箱和气调集装箱。

在物流过程中,应保持"低温物流"。新鲜园艺产品从采收、分级、包装、预冷到运输、贮藏、销售的一系列流通过程中,始终以适宜的低温维持全过程,使产品保持较高的品质和新鲜度,这种以"低温冷藏"为中心的冷链系统称为低温物流或流通"冷链"(cold chain transport)。

各种运输方式各具特点,各有长处。在新鲜园艺产品运输中,要充分发挥各种运输方式的长处,做到合理运输,使某种新鲜产品从生产地到消费地的运输过程,走最短的里程,用最快的时间,经最少的环节,以最少的消耗,选择最经济合理的运输路线和运输工具,以最低的运费,完成运输任务。

9.3　园艺产品的贮藏保鲜

采收后的园艺产品虽然脱离了母体,但仍旧是一个活的有机体。由于酶作用、呼吸作用、氧化作用等,加上机械损伤、微生物的活动,导致园艺产品在贮藏期间发生营养成分的分解与变化,色、香、味和营养价值降低,甚至腐烂变质。因此,园艺产品的贮藏(storage)就是创造一定的环境条件,维持产品正常的最低代谢活动,把一切生理变化和损失控制在最低水平,延长产品的贮藏寿命。研究产品收获后的生命活动和环境的关系,就是贮藏保鲜的基本原理。

9.3.1　影响园艺产品贮藏的因素

产品采收后生命活动仍在继续,主要是呼吸作用,其次还有蒸腾作用(水分散失)、生长与休眠、后熟等。

(1)呼吸作用(respiration)。园艺产品采收后,水和无机物供应全部断绝,光合作用基本停止,呼吸作用成了新陈代谢的主导过程,包括有氧呼吸和无氧呼吸。无氧呼吸释放的能量比有氧呼吸少得多,以葡萄糖作为呼吸基质为例,氧化 1 mol 的葡萄糖可以释放 2 870 kJ 的热量,其中 38%(1 099.44 kJ)作为化学能贮存在 ATP 中,进行正常的代谢活动,其余的能量以热能的形式释放,即产品呼吸热的来源。而无氧呼吸消耗 1 mol 的葡萄糖只产生 226 kJ 的热量。

$$C_6H_{12}O_6 + 6O_2 \rightarrow 6CO_2 \uparrow + 6H_2O + 2\ 870 \text{ kJ}$$
$$C_6H_{12}O_6 \rightarrow 2CO_2 \uparrow + 2C_2H_5OH + 226 \text{ kJ}$$

为了维持基本的代谢活动,无氧呼吸要消耗更多的底物,同时所产生的酒精和乙醛等,对细胞组织有毒害作用,导致品质恶化,吃起来有酒味。

呼吸作用的强弱,可以用呼吸强度(respiration intensity)来表示,直接关系到园艺产品的采后品质、贮藏性能和贮藏寿命。影响产品呼吸强度的主要因素如下。

①品种特性:苹果的早熟品种如黄魁、祝光等的呼吸强度比中晚熟品种金冠高 1~2 倍;菠菜、大白菜及叶菜类的呼吸强度高于果菜类。

②成熟度:同品种的产品成熟度越高,呼吸强度也越高。

③温度:在正常生命活动范围内,温度越高,呼吸强度也越大。

④气体成分:环境中的气体成分氧气、二氧化碳、乙烯等影响呼吸强弱。如果适当降低氧气或提高二氧化碳浓度,减少乙烯含量,能抑制产品的呼吸强度,延长贮藏期限,反之则不利于贮藏保鲜。

呼吸作用使采后产品的贮藏物质处于降解状态,再加上呼吸产生的大量热量,严重影响产品的贮藏品质和贮藏寿命,滋生病害。因此,采后应迅速降低产品的呼吸作用,减少热量的产生,才能提高贮藏效果,延长贮藏时间。

(2)水分散失(water loss)。园艺产品大多是水分含量极高的,通常为80%～90%,黄瓜、番茄、西瓜则达95%以上。水分维持了细胞和组织的紧张度,使产品新鲜饱满。当产品失水超过5%时,就会出现萎蔫状态,影响外观,甚至破坏正常的代谢过程,降低产品的耐贮性与抗病性。

水分散失是由于产品的呼吸作用、产品的蒸腾作用以及贮藏环境中的相对湿度等因素引起的。园艺产品水分散失的快慢与产品的种类、品种、表面积、成熟度、机械伤、细胞保水力等有关。叶菜类由于表面积大,气孔、皮孔多,比果菜类更易失水萎蔫;金冠苹果的皮孔多,果皮表面的蜡质层薄,水分极易从果皮蒸发出去造成果实皱缩;幼嫩产品比成熟度高的产品易失水;园艺产品的机械伤会加速产品失水,当产品组织的表面擦伤后,会有较多的气态物质通过伤口,而表皮上机械伤造成的切口破坏了表面的保护层,使皮下组织暴露在空气中,因而更容易失水;此外,细胞中可溶性物质和亲水性胶体的含量与细胞的保水力有关,原生质较多的亲水胶体,可溶性物质含量高,可以使细胞具有较高的渗透压,因而有利于细胞保水,阻止水分向外渗透到细胞壁和细胞间隙。

影响园艺产品失水的主要环境因素如下。

①相对湿度:如果空气中的湿度高,与产品中的含水量达到平衡,那么产品就不会失水;如果空气干燥,湿度较低,园艺产品就容易失水。

②风速:环境中相对湿度低,空气流动速度大,果实表层水分就要通过表皮向贮藏环境中扩散,这样的外部扩散必然导致中心部位水分不断地向表层移动,使内部各处水蒸气压达到平衡(即内部扩散),最终导致产品失水,降低商品价值。

③温度:温度越高,园艺产品的失水也会增加。

(3)生长和休眠(growth and dormancy physiology)。有些园艺产品如茎菜类的石刁柏,果菜类的黄瓜和茄子,根菜类的胡萝卜、萝卜、牛蒡等采收后,其内部具有旺盛的分生组织,能利用其他部分组织中的养分而进行生长,如茎的伸长、抽穗、开花和种子发育等。园艺产品采后的生长现象,将造成品质下降、贮藏期缩短,应采取一些措施来抑制生长的继续。但在个别情况下,可以利用采后生长来延长贮藏期,如花椰菜采收时保留2～3个叶片,贮藏时外叶中的养分向花球中转移,使其增大、充实,提高品质。

有些蔬菜如大蒜、马铃薯、洋葱和山药等采收时处于休眠状态,休眠有利于产品贮运,一旦解除休眠,就将发芽生长,分解体内的贮藏物质,导致品质下降、重量降低。利用生理休眠期的高温、干燥,或低温、射线处理及化学药剂处理,保持这种休眠状态,利于贮藏。

(4)后熟(after-ripening)与衰老(senescence)。许多果实和果菜类,在采收后仍继续成熟的过程,称为后熟,如鳄梨、西洋梨、香蕉等,脱离树体后,果实生长停止,但果实风味不佳、硬度较大,不宜食用。在贮藏期间经过一系列生物化学变化,逐渐形成本产品特有的色、香、味和质地,食用品质达到最佳。利用后熟生理,延长后熟时间,推迟呼吸高峰的出现,对保持产品风味品质很重要。

但是,更多的园艺产品进入成熟后期就意味着衰老的开始,这时候组织和器官开始解体,细胞处于崩溃的生理状态。衰老的产品已失去贮藏和商品销售的意义。因此,采取各种措施,控制成熟和衰老尤其是衰老,是贮藏的关键所在。

乙烯被认为是促进成熟、衰老、凋萎、脱落的一种主要激素。产品进入成熟阶段,开始释放乙烯,而大量乙烯的产生又加速产品的成熟与衰老。参与衰老进程的激素不仅有乙烯,还有脱落酸。

(5)贮藏中化学物质的变化。园艺产品独特的色、香、味、质地及营养成分都是其内部所含化学成分及含量决定的。这些物质成分,包括酶的活性影响采后的生理变化和品质。

①色(color):与颜色有关的成分是叶绿素、类胡萝卜素、花青素和黄酮色素这四大类。果实成熟时因叶绿素分解,使类胡萝卜素、花青素等呈现出来,在果实衰老时又因其含量下降而色泽变淡;一些切花衰老时,由于黄酮色素与酚类的氧化作用及单宁物质的积累,导致花瓣变褐、变黑。

②香(aroma):芳香物质的主要成分是醇类、酯类、醛类、酮类及烃类挥发物质。苹果、梨、桃和李等的芳香成分是有机酸和醇产生的酯类;柑橘类的芳香物质主要是柠檬醛;香蕉为醋酸丁酯和醋酸异戊酯;葡萄为氨茴酸甲酯;番茄为乙醇和醋酸丙酯。贮藏过程中芳香油含量因挥发和酶的分解而降低。

③味(flavor):决定风味的物质有碳水化合物、有机酸、单宁和糖苷等。

碳水化合物(carbohydrates)包括可溶性糖和淀粉。可溶性糖包括果糖、葡萄糖和蔗糖,淀粉在淀粉酶的作用下分解成麦芽糖再分解成葡萄糖,这些都可作为呼吸作用的底物而消耗掉,导致风味变淡。

有机酸(acids)包括苹果酸、柠檬酸、酒石酸和草酸等,是影响产品风味的重要因素。与糖一样,是呼吸作用的基质之一。

单宁(tannin)类物质即多酚类化合物,是水果中涩味的主要来源,蔬菜中较少。有些果蔬的涩味是由草酸、香豆素类、奎宁酸等的存在而引起的。单宁物质在贮运过程中的变化主要是易发生氧化褐变,生成暗红色的根皮鞣红,影响园艺产品的外观色泽,降低园艺产品的商品品质。

糖苷是单糖分子与非糖物质相结合的化合物,即糖与醇、醛、酸等物质构成的酯态化合物,是果实中苦味和麻味的来源,如苦杏仁苷、柑橘苷、芥子苷和茄碱苷等。

　　果蔬中的鲜味则由含氮物质而来,如各种氨基酸盐。

　　④质地(texture):主要由水分、纤维素和果胶物质含量而决定。水分是园艺产品的重要组分,贮藏过程中的失水萎蔫是经常发生的现象,同时,失水所引起的内部生理变化,导致产品耐贮性下降。纤维素和半纤维素是植物的骨架物质和细胞壁的主要构成部分,在植物体内起支持作用。果胶物质也是构成细胞壁的主要成分。在贮藏过程中,由于这些物质的水解,使得果实变软发绵。有些果蔬产品如菜豆、芹菜等老化时,纤维素的产生使组织坚硬粗糙,品质下降。

　　⑤营养物质(nutrients):如蛋白质、维生素和矿质元素。果蔬中的蛋白质虽然不是人体所需蛋白质的主要来源,但它能增进粮食中蛋白质在人体中的吸收率。果蔬中的维生素、矿物质含量丰富,可以补充其他食品的不足。例如,人体所需时40%维生素 A 和维生素 B,90%的维生素 C 来自果蔬产品。在贮藏过程中由于一些酶类如蛋白酶、过氧化物酶等活性提高,使这些营养物质含量降低,产品品质下降。

　　⑥酶:是一类具有催化功能的蛋白质,生物体内的一切生化反应几乎都是在酶的作用下进行。如多酚氧化酶在园艺产品中分布广泛,产品受伤或切开后,与空气接触即变成黑褐色;抗坏血酸氧化酶能催化抗坏血酸的氧化,在贮藏中导致产品维生素 C 含量下降;淀粉酶和磷酸化酶可催化淀粉水解;果胶酶、多聚半乳糖醛酶、果胶酯酶等可以促进果实硬度降低;过氧化氢酶和过氧化物酶活性增强,加速产品的衰老。

9.3.2　园艺产品采后成熟与衰老的控制

　　(1)温度的调控。温度是影响呼吸作用最重要的环境因素。一般而言,随着温度升高,酶活性增强,呼吸作用加强。当温度过低或过高(超过 35℃时),呼吸作用下降,酶活性受阻,产品正常的生理代谢受到破坏。因此贮藏时要求适宜的低温条件。

　　生长在冷凉地区的作物种类,如梨、苹果、葡萄适宜-1～0℃的低温贮藏;桃、李、樱桃的贮藏适温为 0～1℃。产于热带的香蕉贮藏适温为 13℃,不低于 12℃;柑橘 7～12℃;菠萝为 10℃,低于 7℃有发生冷害的危险。蔬菜中甜椒、茄子、黄瓜要求较高的贮藏温度;萝卜、白菜、大蒜则较低。切花一般贮藏温度为 0～4℃,但原产热带的花卉如安祖花和热带兰则不适宜。

　　低温能抑制乙烯的产生速度,延缓园艺产品成熟与衰老的进程;低温还能抑制致病微生物的活动,降低产品的腐烂率;对苹果、梨、柿子、葡萄等 0℃以下处理10 d,可以控制果蝇等的危害。

　　(2)湿度的调控。为抑制贮藏期间产品的水分散失,提高贮藏环境中的相对湿度(RH),主张用高湿度(90%～95%)来贮藏。但也有许多园艺产品不适宜高湿度的贮藏环境,如洋葱、大蒜采后正值休眠期,为使其长期处于休眠状态,阻止萌芽,在度过生理休眠期后应在冷凉干燥的环境中贮藏,如温度维持在 0～1℃,RH≈65%。柑橘在高湿条件下,容易产生"浮皮"现象,外观饱满,但果肉干缩,风味淡薄,还容易产生果皮病害,因此,温州蜜柑以 RH＝85% 较为适宜。

蒸腾失水的控制主要方法如下。

①给环境增湿:采用增湿设备或在环境中增加水分,提高贮藏环境中的相对湿度,可有效减少水分散失。

②采用薄膜包装:根据产品多少和特点,采用塑料薄膜大帐或塑料袋小包装,减少产品与周围的气体交换,可减缓水分散失。

③打蜡涂被:给产品打蜡涂被,切断产品内外的气体交换,可有效减低产品的水分散失。

(3)气体成分的调控。贮藏环境中的气体成分二氧化碳、氧气、乙烯浓度等都影响产品成熟与衰老的进程。乙烯作为一种具有催熟功能的内源激素,它的生理作用不仅仅在局部促进果实成熟,还可以加快叶绿素分解,使产品转黄,花瓣退色,能促进植物器官的脱落。如 $0.1～1.0\ \mu g/m^3$ 的乙烯可以引起大白菜和甘蓝脱帮,切花苞片、花瓣、花朵脱落等;引起果蔬质地变化,如硬度下降、风味变淡等。由上所知,提高二氧化碳浓度,降低氧气的浓度,不仅可以抑制呼吸作用,还可以抑制乙烯的生成和乙烯的生理活性。一般而言,在贮藏温度为－1～3℃时,最适宜的气体比例为 $O_2\ 2\%～3\%$,$CO_2\ 2\%～5\%$。另外,贮藏环境中增加氮气的含量利于减少乙烯的合成和果实保鲜。

(4)化学药剂的应用。延缓成熟与衰老的药剂如 6-BA、GA、2,4-D、NAA、MH 等,促进成熟与衰老的药剂有乙烯利、ABA、乙炔和醇类物质。应用于果蔬上的保鲜剂分为乙烯脱除剂(用 $KMnO_4$ 氧化乙烯或用焦炭分子吸附乙烯等)、防腐保鲜剂(仲丁胺、山梨酸、味鲜胺和复方卵磷脂保鲜剂)和前面介绍过的涂被保鲜剂等。

(5)负离子和臭氧处理。臭氧的电极电位是 2.07 eV,是仅次于氟的强氧化剂,具有强烈的杀菌防腐功能,还具有防止老化等保鲜作用。其机理是臭氧可以氧化分解果蔬呼吸出的催熟剂——乙烯气体(C_2H_4)。乙烯中间产物也具有对霉菌等微生物的抑制作用。而负氧离子的作用则是进入果蔬细胞内,中和正电荷,分解内源乙烯,钝化酶活性,降低呼吸强度,从而减缓了营养物质在贮藏期间的转化。臭氧可刺激果实,使其进入休眠状态。当用一定浓度的臭氧处理果实时,可使果蔬表皮气孔关闭,从而减少蒸腾水分和养分消耗,改变果蔬的采后生理状态。

利用臭氧及负氧离子保鲜可以避免在冷藏和气调贮藏中常常发生的一些生理

性病害,如褐变、组织中毒、水渍状、烂心及蛰伏耐低温细菌等,此外还具有降解果蔬表面的有机氯、有机磷等农药残留,以及清除库内异味、臭味的优点。

(6)辐射处理(radiation)。辐射保鲜主要利用钴 60、铯 137 发出的 γ 射线,以及加速电子、X 射线穿透有机体时使其中的水和其他物质发生电离,生成游离基或离子的原理,对散装或预包装的水果起到杀虫、杀菌、防霉、调节生理生化反应等作用,可以替代乙烯、二溴化物、溴甲烷以及环氧乙烷等化学试剂。

新鲜水果的辐射处理选用相对低的剂量,一般小于 3 kGy,否则容易使水果变软并损失大量营养成分。草莓是低剂量辐射预处理保鲜中有代表性的例子,以 2.0~2.5 kGy 剂量辐射处理,可以抑制草莓腐败,延长货架期,并且保持原有的质地和风味。樱桃、越橘均可以通过低剂量辐射来达到延长货架期,提高贮藏质量的目的。

(7)其他保鲜技术。电磁处理(electromagnetic treatment)、细胞间水结构化处理、基因工程技术尤其是反义 RNA(anti-sense RNA)技术等,在果蔬和鲜花保鲜上均有成功的应用。

9.3.3 逆境伤害

在产品贮藏过程中,引起生物体功能失常的环境,均称为逆境。包括:(a)不适宜的低温引起的冷害和冻害,以及由于贮藏环境中温度的波动变化过大,会出现"结露"现象,不利于产品的贮藏。(b)氧气浓度过低,二氧化碳浓度过高,乙烯浓度高引起的各种化学伤害。(c)由于湿度过高或过低所引起的外观变化以及生理失调(physiological disorder),同时高湿度引起各种病原微生物的活跃,导致贮藏期间各种病害发生,如青霉病、绿霉病、灰霉病、褐腐病等。(d)机械损伤(mechanical injury)。

9.3.4 贮藏方法

根据园艺产品采后的生理要求,创造适宜的贮藏环境,使其新陈代谢功能在不发生失调的前提下,最大限度地受到抑制,从而减少物质消耗,延缓衰老,提高产品的贮藏品质。

我国地域辽阔,地理气候条件不同,贮藏的设施和技术也各有所长,加之现代化的冷藏设施与技术的应用,使得产品贮藏保鲜效果更佳,更符合人们的各种需要。将各种方法归结起来,概括为以下几种。

(1)简易贮藏(simple storage)。利用一定季节的气温和土温来保持较为理想的贮藏条件,一般不要控温、控湿的机器设备。

简易贮藏技术包括了我国大多数传统的贮藏形式,如埋藏(或称沟藏)、堆藏、窖藏(土窑洞贮藏)以及由此衍生出来的假植贮藏和冻藏等。设施结构简单,所需建材少,形式灵活,因地制宜,但贮藏期间温度、湿度难以调控,产品贮藏寿命不长。

(2)通风贮藏(ventilating warehouse storage)。利用冷热空气对流的原理,利用贮藏库内外温差和昼夜温差,引入自然冷凉空气,换出库内热空气,使库温维持在适宜的温度。设施建筑比较简单,操作方便,库藏量大,但库体要求有良好的隔热性能,有通风设备;适用昼夜温差大的地区,多建于地势高、通风良好的地方。

目前在我国北方地区使用的大型冷资源库,由产品贮藏保鲜室、蓄冷室、预冷室、自控风门、风机系统等组成,可周年使用,温度、湿度稳定,运行成本较低。利用冬季<0℃低温引入蓄冷室完成水冻结成冰的过程,释放热量;暖季贮藏期间人为调节冰相转变为水的速度,吸收贮藏室内产品的呼吸热,维持1～2℃,相对湿度在90%以上的贮存条件,以满足园艺产品贮藏保鲜需要。

(3)机械冷藏(refrigerated storage)。在隔热良好的建筑中,利用制冷设备降温并保持低温。它不受外界环境条件影响,并可根据需要调控温度、湿度及空气流动速度,延缓产品的衰老,保证品质。

机械冷藏库在经济发达的国家被视为园艺产品贮藏保鲜的必要手段。我国自20世纪80年代以来发展较为迅速,促进了园艺业的发展和市场的繁荣。

(4)气调贮藏(controlled atmosphere storage)。增加贮藏环境中二氧化碳的浓度,降低氧气的浓度,并结合低温条件,来抑制产品的呼吸作用,延缓产品成熟与衰老的过程,延长产品的贮藏寿命。气调贮藏在具体方法上分为自发气调(modified atmosphere storage,MA)和人工调节(controlled atmosphere storage,CA)两大类。

①自发气调:指产品密封在容器中,由于自身的呼吸作用,不断消耗环境中的氧气,释放出二氧化碳,使环境中的二氧化碳浓度升高,氧气浓度降低,当二氧化碳和氧气达到一定的比例时,构成适宜的气调环境,延缓产品的衰老。

②人工气调:利用一些机械设备如制冷设备、调气(氮气发生器、降氧机和清洁器)系统、调湿系统及其他控制系统,人为地控制贮藏环境中气体浓度,称为人工调节气体贮藏。它比自发气调贮藏更能有效地控制贮藏中气体成分及环境中的温度、湿度,使贮藏期延长,贮藏质量提高。

(5)减压贮藏(hypobaric storage)。是气调贮藏的进一步发展,又称为低压换气法。通过降低贮藏环境中的气压,一般降至大气压的1/10,甚至更低,使空气中各气体组分的分压相应降低,创造一个低氧气的环境(O_2浓度可降至2%);减压处理同时能促进植物组织内气体成分向外扩散,减少内源乙烯含量,一些挥发性的代谢产物如乙醇、乙醛、芳香物质等也向外扩散,延缓了产品器官的成熟与衰老。减压贮藏不仅可以延缓衰老,还有保持色彩、阻止组织软化、减轻冷害和一些贮藏生理病害的效应。但在减压条件下,组织极易蒸散干燥,须保持95%以上的高湿条件。高湿度利于病原微生物的活动,需加入杀菌药剂。另外,刚从减压中取出的产品风味不好,须放置一段时间才能恢复。在建筑上,要求贮藏室能经受$9.806\,65\times10^4$ Pa(1个大气压)以上的压力,限制了此技术在生产上的广泛应用。目前主要运用于长途运输的拖车或集装箱运输。

与此相对应的是一种高压保鲜技术,在贮存物上施加$(24\,516.625\sim39\,226.6)\times10^4$ Pa($2\,500\sim4\,000$个大气压),使其高于内部的蒸汽压,形成一个从外向内的正压差,可以阻止产品水分及养分向外扩散,减缓呼吸速率和成熟速度,又能杀死各种微生物、抑制生物体内酶活性。但制造能处理大量产品的高压设备仍存在一定的困难,限制了该技术在生产中应用。

(6)速冻保鲜(quick-freezing and frozen storage)。将产品中的热量或能量抽出来,直接排除产品中游离水分子的融化潜热后,水分变成冰晶结构的一种保鲜方法。该方法以高速结晶的理论为基础,采取各种方法加快交换作用,使产品能在几十分钟内通过冰晶体这一最高冻结阶段,并在$-18\,℃$以下保存。

在冷冻过程中,当温度降到冰点时,开始结冰,即晶核的形成和晶体的增长。如果缓慢冷冻,晶体大,数目少;在速冻条件下,形成的晶体小,数目多,分布广泛。这些微小而数目多的晶粒,在解冻融化时不会损害组织结构,水分回收到组织中去,恢复其原始的状态。这样的低温抑制了微生物的作用和产品内部的理化作用,使产品得以长期保藏。如速冻荔枝、速冻大枣和速冻海棠果等。

水果速冻与蔬菜速冻最大区别在于:多数蔬菜必须烫漂而水果不要,取而代之的是加糖或维生素C来护色。如速冻荔枝,一般的工艺流程为:

剪梗选果→蒸制$98\sim100\,℃$,$20\sim25$ s,以破坏果皮氧化酶而不伤果肉为度→降温冷却→喷酸(3%柠檬酸)保色→风干→再次喷酸→降至室温→称重、包装→速冻至$-23\,℃$,中间温度达$-23\,℃$ $-18\,℃$下冻藏。

除此之外,草莓采用微冻保鲜措施,将温度降低至细胞汁液的冻结点(约$-2\,℃$),组织中形成轻微冻结或部分冻结状态,既可以抑制酶的活性及微生物的活动、降低呼吸作用强度,又不产生损伤,同时增加了果实的硬度,便于包装、贮藏、运输及销售。

(7)冰温贮藏。冰温贮藏是近些年得到广泛应用的一项果蔬保鲜新技术。许多果蔬产品的冰点(即冻结点)不是0℃,而是0℃以下的某一温度。一般将0℃以下至食品冰点以上的温度区域定义为该食品的冰温,即冰温是指从0℃开始到食品冰点的温度区域;而冰温贮藏(controlled freez-ing-point storage)是指在冰温范围内进行的贮藏。当食品的温度高于其冰点时,细胞处于活体状态,而较低的温度(0℃以下),可使细胞代谢处于较低水平,因此有利于食品的贮藏保鲜。

果蔬冰温贮藏在技术上可以通过以下控制措施达到实施。

①将果蔬产品的贮藏温度精密控制在其冰温范围内,以维持其细胞的生物活性。

②当果蔬产品的冰点较高时,可以通过加入某些有机或无机物质,降低果蔬产品的冰点,扩大其冰温范围,达到人为调控冰点的目的。

该项技术于20世纪70年代起源于日本。我国从20世纪80年代引进冰温贮藏技术,先后在大蒜、蒜薹、冬枣、葡萄、板栗等产品上应用,获得了成功,可延长贮期1倍以上。近几年在苹果、桃、柿子等产品上也有应用。在冰温贮藏中,冰点温度的控制还是一个技术难点。通常,果蔬冰点是导致产品冷(冻)害的温度临界值,而冰温贮藏温度越接近这个临界值越好,即所谓的临界贮藏。但实际应用时,库温常有微小波动,工程技术方面很难满足临界贮藏的要求,只能研究筛选既满足贮藏产品质量要求,又不发生产品冷(冻)害的合理冰温贮藏温度,这个温度与产品冰点温度差值的大小,以及各产品之间的差异是影响贮藏效果的关键。

9.4   园艺产品的市场营销

市场营销是个人和集体通过创造产品,并同他人交换产品的价值,从而获得所需要的东西的一种社会过程。市场营销的过程是一个由研究市场(消费者)需求开始,最后以满足市场(消费者)需求为终结的往复循环过程,如下所示。

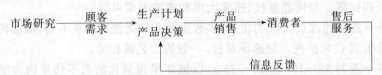

因此,凡是以市场需求为中心所开展的活动及有利于产品及时销售出去的活动,都属于营销内容。它不仅突破了流通领域,进入生产领域,而且还参与企业的经营管理。

9.4.1   市场分析

构成市场的基本要素是供给、需求、商品和价格。这些要素相互作用和相互影响的过程就是市场的运行过程。市场分析(market analysis)是指企业(生产者)对市场调研、搜集、整理和分析研究有关的信息资料,了解市场现状,分析顾客购买行为,以预测市场未来的发展趋势,为企业经营决策提供科学依据。市场分析的过程是有关信息搜集、整理、研究及利用的过程。

市场分析一方面包括对市场营销宏观环境的分析,如政治法律环境、人口环境、经济环境、自然环境、技术环境和社会文化环境等,从宏观掌握政府关于农业生产发展的方针、政策、有关价格、税收、信贷、外贸等方面的政策法规,分析有关国民经济发展方向的信息资料,及在其影响下市场供求关系与结构的变化趋势,了解新的科技信息动态等;另一方面,分析市场营销的微观环境,如企业本身、供应者、营销中介、顾客(企业服务的对象)和竞争者等。对园艺产品市场需求量的调查、对已经上市或正在销售的产品调查、对市场供应状况和发展趋势的调查、商流和物流渠道的调查,以及同类产品竞争对手的生产水平、产品特点、价格及市场占有率、营销渠道及促销策略的了解,有助于企业的经营决策。企业可以通过自身努力,不同程度地对微观环境中的某些因素加以控制,谋求企业的外部环境、内部条件和经营目标之间的动态平衡,在激烈的市场竞争中,抓住机会,求得生存和发展(图9-2)。

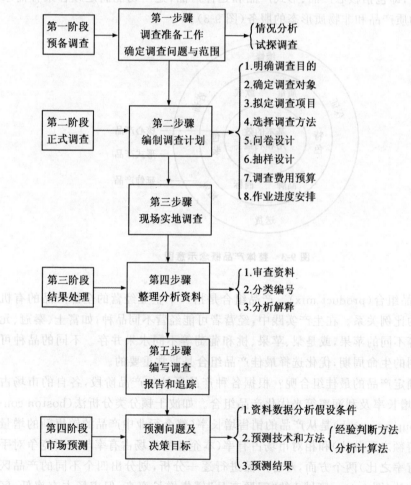

图 9-2　市场调查和市场分析的一般程序

9.4.2   产品决策

产品是买卖双方从事市场交易活动的物质基础,是市场营销因素 4 个 P 中(即产品 product,价格 price,分销 place,销售促进 promotion)最重要的一个因素。因此,正确地确定企业的产品结构和经营范围,决定生产和销售什么产品来为顾客服务,并满足他们利益的产品策略,是企业的一项重大决策,是企业市场营销战略的核心,也是制定其他市场营销策略的基础。

(1)整体产品概念(integrated product)。产品的整体概念是有形的实体加上无形的服务,即包括核心产品、形式产品和延伸产品,是一切能满足顾客某种需求和利益的物质产品和非物质形态的服务(图 9-3)。

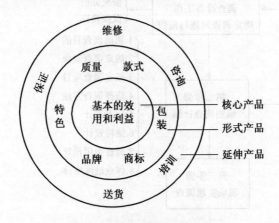

图 9-3   整体产品概念示意图

(2)产品组合(product mix)。产品组合是指一个企业经营的全部产品的有机组成和量的比例关系。在生产实践中,经营者可能经营不同品种,如富士、秦冠、元帅和国光等不同的苹果,或是梨、苹果、桃和葡萄等不同水果并存。不同的品种可能处于不同的生命周期,优化选择最佳产品组合是非常重要的。

如何确定产品的最佳组合呢?根据各种产品所处的产品阶段,各自的市场占有率、销售增长率及利润率等来优化产品组合。如波士顿分类分析法(boston con-sulting group approach)是从产品的销售增长率(整个行业中产品的销售额的增量与基期销售额之百分比)和相对市场占有率(本企业的市场占有率与主要竞争对手的市场占有率之比)两个方面,对各产品进行逐一分析,划分出四个不同的产品区域的分析方法(图 9-4)。区域 I 的"问题产品"销售增长率高,但市场占有率低;区域Ⅱ的"明星产品"则在两方面均表现很高,需要加大投资,保持其优势地位;区域Ⅲ属于"奶牛产品",销售增长率低,但相对市场占有率较高,这类产品正在给企业带来最多的利润;区域Ⅳ的"瘦狗产品"销售增长率和相对市场占有率都很低,应考虑更新产品。制定最佳产品组合的策略应是确定"问题产品"的市场占有率而加以扶植,更新"瘦狗产品""挤奶""当明星"。

图 9-4　相对市场占有率-销售增长率组合图

（3）新产品开发（new product development）。"新产品"的概念在市场营销学中指能带给消费者或用户新利益的产品,包括新发明创造的产品、技术更新产品、改进现有产品和仿制新产品。在市场上没有一种产品可以保持长盛不衰的畅销势头,任何企业要想在激烈的竞争中立于不败之地,就必须不断地开发新产品,加速产品的更新换代。

产品的市场寿命周期（product life cycle）,是指产品从研制成功投入到市场开始,经过成长和成熟阶段,最终到衰退乃至被淘汰为止的整个市场营销时期。典型的产品寿命周期呈 S 形曲线,如图 9-5 所示。在成长期与成熟期是企业获利润较高的时期。有的产品一进入市场就快速成长,迅速跳过导入期,很快被目标消费者所接受;有的产品可能超过成长期而进入成熟期;有的产品可能在经历了成熟期以后,进入了第二个快速成长期,典型的为循环—再循环曲线;还有一类表示一种产

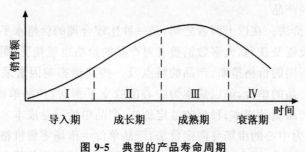

图 9-5　典型的产品寿命周期

品由于发现了新的产品特性,找到了新的用途或发现了新的东西,从而使产品寿命周期不断延长。此外,还有两类特殊的产品类型,即"时髦品"和"时尚品",它们的生命周期很短,在一段时间内很受欢迎,被追求时尚的消费者所采用,然后又迅速衰落。

新产品的开发原则如下。

①顾客需要,根据顾客对同类产品需求(同质需求)所表现出的差异性,将顾客划分成若干群组。新产品主要满足哪一个集团需要,即目标市场(targeting market),应做到心中有数。

②扬长避短,发挥企业(生产者)自身的优势。

③产品开发的连续性,一种产品处在其成熟期时,就应着手开发新的产品,环环相扣。

④注重开发速度,迅速占领市场。无论何种产品,在市场营销中均应重视创优质、创品牌以及包装的促销策略。

9.4.3 价格的制定

产品价格主要由生产成本(production costs)、流通费用(circulation costs)、国家税金(state tax)和利润(profit)四大要素构成。制定价格除了考虑产品所包含的价值及效用这一基本因素外,还要考虑市场需求状况、产品费用情况、市场竞争格局以及政府的政策法规等因素。

对于新产品能否尽快地打开市场、占领市场并获取满意的利润,定价十分重要。常见的方法有以下3种。

(1)撇脂定价法。即产品定价比其成本高出很多。应用前提是市场上有足够的购买者,且其需求弹性很小;市场上不存在竞争对手或没有与之抗衡的竞争对手;产品定价高可以使消费者产生优质品的概念。

(2)渗透定价法。与撇脂定价法正好相反,是为了让消费者迅速地接受新产品,尽快扩大产品销量,占领更大的市场,有意将产品价格定得很低,尤其适用于市场需求弹性大的产品。

(3)适宜定价法。在以上两者之间,是一种比较合理的价格水平。企业可在一定时期内收回投资及获利,大多数消费者对产品的价格也能接受(图9-6)。

企业根据不同的价格策略、产品的特点及一些其他影响因素采用一定的价格决策方法确定产品的单价,如以成本为中心的收支平衡法:产品单价=固定成本/总产量+单位产品变动成本;目标收益定价法:产品单价=总成本×(1+收益率)/销售量;以需求为中心的市场导向定价法:产品单价=市场零售价格×(1-批零差率)×(1-进销差率);还有以竞争为中心的随行就市、投标定价等方法。

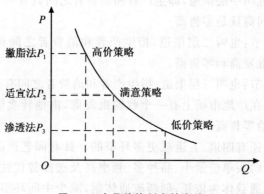

图 9-6　产品价格制定的方法

P.价格；Q.产品数量

9.4.4　市场营销

市场营销的目的是影响顾客和激励他们购买、使用和再购买你的产品。企业针对特定的市场环境,通过使用各种营销手段(试销、分销和促销等)达到企业的营销目标。

(1)试销(trial marketing or memorandum sale)。即是将商品放到某一地域市场进行试探性营销,对风险有一定规避作用。虽然试销是试验性的销售,但试销前应进行认真的市场调研,选择好目标市场。目标市场的确立应根据试销产品的特点,明确谁是你的买主,你的顾客群在哪里。另外还应该考虑市场的潜力,竞争对手的强弱等。在试销期间同样要做好广告宣传,分析该市场对本产品的销售态势及强度。一旦市场成熟立即加大广告宣传。

(2)分销(distribution)。即流通,是指产品从生产者到消费者所经过的以货币为媒介的交换过程,包括产品本身的使用价值转移,称为物流(materials flow);以及产品价值形式的变化和产品所有权的转移,称为商流(business flow)。商流和物流在流通过程中既有联系又有区别。商流是物流的前提,物流是商流的基础。如果产品由生产者直接到消费者,则两者同时进行;如果有中间机构,则两者的流通渠道可能不一致。物流的形式多种多样,选择何种交通工具依据产品特性、数量、目标市场等因素所决定。商流的形式可以是一次转手即可完成整个流通过程,也可能是经过多次转手,才到达消费者手中。根据转手次数的不同商流的形式分为以下几种。

①直接销售:生产者直接把产品卖给消费者,也叫零层渠道。

②一道流转：也叫一层渠道，即生产者和消费者之间只有一个中间商。在消费者市场上，这个中间商就是零售商。

③二道流转环节：也叫二层渠道，指生产者和消费者之间有两个中间端消费者，市场上通常是批发商和零售商。

④三道流转环节：也叫三层渠道，指生产者和消费者之间有三个中间商。在消费者市场上通常是在产地市场上有一个收购批发商，由他转卖给销地市场上的销售批发商，再转卖给零售商。

在流通渠道上还有四道、五道或更多环节的。针对园艺产品易腐烂、时间性、季节性强和消费者购买单位量小、品种多、频率高及选择替代性强的特点，流通渠道应以集团化的流通载体为依托，创新流通体制，减少中间环节、提高产品的直销比例，形成多渠道、多途径、多层次的商品流通格局。

（3）促销（sales promotion）。是指企业在营销活动中，为了引导和影响人们的购买行为和消费方式而进行的报道、沟通和说服等一系列宣传活动。促销过程实质上是信息沟通的过程，任务是将企业提供的产品和劳务信息传递给顾客，以达到扩大销售的目的。促销的手段有广告、人员推销、营业推广和公共关系四种及其促销组合。

广告多采用报纸、电视、网络等形式。报纸广告相对价格低，营销成本低；电视成本较高，但比较直观，营销效果较好；网络营销是借助互联网特性来实现一定目标的一种营销手段。网络营销不但可以促进销售，还可替代生产者市场调研、广告宣传、商品贮运以及为消费者服务等职能，而且，营销面大，地域广。

9.4.5　开拓国际市场

我国园艺产品种类繁多，有特色的产品也很多，其中一些名、优、特产品在国际市场上享有很好的声誉，如砀山酥梨、荔枝和板栗等果品及加工产品，蔬菜中传统的出口产品为冬菜、发菜、木耳、蕨菜和干辣椒等及根据国际市场需求而开拓的品种，如石刁柏、牛蒡和青花菜等，花卉中以出口切花月季、唐菖蒲和菊花等为主。我国地域辽阔，自然环境各异，寒、温、热带气候，适合多种园艺作物的栽植；我国边境线漫长，内陆边境线达2.2万千米，与之接壤的国家很多，海岸线较长，航海贸易也很便利，为我国园艺产品的出口贸易创造了良好条件。

但我国园艺产品出口贸易存在许多问题，即使像水果这种传统的出口产品，年均出口量仅占生产量的1%左右，蔬菜、花卉业的情况更不尽如人意。

因此，多层次、多渠道、全方位地开辟国际市场是我国园艺产业进一步发展的重要战略之一。针对国际市场的特殊性主要应做好以下几点。

(1)从生产环节入手,进行标准化生产,突破国际贸易绿色技术壁垒(TBT)。所谓绿色贸易壁垒,是指进口国以保护生态环境、自然资源、人类和动植物的健康为由限制进口的措施,主要包括:绿色技术标准、绿色环境标志、绿色包装制度、绿色卫生检疫制度和绿色补贴等。

在国际贸易绿色技术壁垒中,要突破农药残留、重金属残留及植物检疫壁垒,均需从生产环节入手,依照国际标准化组织推出的 ISO 9000 和 ISO 14000 标准,WTO-SPS 协议要求,及国际通行做法,加强出口商品基地建设及园艺产品非疫区生产体系的建立,注重"绿色食品"及"有机食品"的生产,提高产品质量。

(2)针对国际园艺产品的市场现状及需求变化,制定适宜的产品营销策略。为适应国际市场,首先,发挥我国特有的园艺产品出口优势,提高质量,保护已有的品牌、名牌;其次,通过开发自产优势产品,选用国内外优良品种,创新品牌,开发和扩大国际市场;最后,开拓特色产品市场。没有特色就没有市场,荷兰的郁金香、泰国的兰花、新西兰的猕猴桃、美国的脐橙、中国的大蒜等在国际市场上占有一席之地。加大品种良种化及野生资源的开发与利用,创造世界一流品种,才能立于不败之地。

(3)应用先进的采后商品化技术,加强园艺产品采收、精选、分级、包装技术,采用冷链流通。园艺业发达的国家如美国,对园艺产品在采收及采后的投入比例很大,产品采后损失率低于 3%。因此,我国在外贸出口产品上也应深入研究产品质量控制指标,采取严格的精选分级制度,利用先进的智能化分级设备,提高分级标准化水平,保证产品质量的一致性。在产品包装策略上,改变我国过去"一流产品、二流包装、三流价格、四流形象",也避免"金玉其外,败絮其中"的虚伪包装、过度包装,推行"绿色包装",突出包装设计的品牌化、特色化及人性化,适合进口国家的消费习惯和文化品位。

(4)发展园艺产品的精加工及深加工技术。严格执行 HACCP(Hazard Analysis and Critical Control Point)质量管理体系所要求的良好操作规范(GMP)和卫生标准操作规程(SSOP),以保证 HACCP 计划有效执行及加工品的质量安全。

(5)建立多渠道的园艺产品营销体系,提高园艺产品国际市场的竞争力。面对国际市场的激烈竞争,国内具有较强实业一体化的营销组织,应"强强联合",建立战略联盟关系,利用现代化的信息网络平台,形成多渠道的园艺产品营销渠道系统,实现资源配置的高效性、体现与产品相关的供应、生产、流通和其他辅助部门的团结合作,共同获益。避免现今在出口市场上的盲目竞争、恶性竞争,使原本有竞争优势的产品,却售价低廉,影响整体效益。

（6）加大政府支持力度。我国政府虽然在农业科研、病虫害控制、培训服务、技术推广和咨询服务、检验服务、营销和促销服务、基础设施建设服务等方面已有投入，但还应加大支持力度。应该加快农业技术推广，全面提高农产品质量，提高园艺生产的总体水平；及时提供完备的农产品信息以及出口国的相关政策法规，建立园艺产品出口的"绿色通道"；建立农产品出口预警系统和保障机制，促进出口，并保护产品出口的权益。按世贸规则解决多（双）边贸易争端，鼓励企业积极应对国外歧视性反倾销、反补贴和其他限制措施，创造公平自由的贸易环境。

思 考 题

1. 如何理解园艺产品的"商品成熟度""食用成熟度""生理成熟度"？
2. 举例说明鉴定园艺产品成熟度的方法。
3. 采后预处理的目的与方法有哪些？
4. 分级与包装的意义是什么？如何理解绿色包装？
5. 解释"低温物流"的含义。
6. 如何控制园艺产品采后成熟与衰老的进程？
7. 比较不同贮藏方法的优缺点。
8. 简述市场营销的概念和手段。

10 园艺产品安全生产与质量管理

【内容提要】

● 环境污染及其治理

● 绿色园艺产品及其生产规范

● 有机园艺产品及其生产规范

● 国家地理标志产品

10.1 园艺植物环境污染及其治理

农业环境是指影响农业生物生存和发展的各种天然的和经过人工改造的自然因素的总体,包括农业用地、用水、大气、生物等,是人类赖以生存的自然环境中的一个重要组成部分。农业环境由气候、土壤、水、地形、生物要素及人为因子所组成。每种环境要素在不同时间、空间都有质量问题。

农业环境污染主要指过度施用化肥、农药造成的土壤污染,焚烧秸秆造成的环境污染和土壤氮、磷、钾的缺失,大量畜禽粪便对水体的污染,新兴的温室农业产生的塑料等废弃物对环境的污染等。

农业环境遭受污染,制约着农业由数量型向质量效益型转变,对农业可持续发展和人体健康构成了威胁。因此,我们应当采取措施,积极预防农业环境被污染和破坏,对于已经污染的农田,应当尽快恢复其良好的生态环境,促进农业可持续发展。

10.1.1 园艺植物大气污染及其治理

大气污染(atmospheric pollution)是指由于人类的生产和生活活动所产生的各种污染物排到大气中,当污染物积聚超过了空气稀释自净能力,持续一定时间,从而对人体健康或对动、植物以及建筑、物品等造成直接或间接危害和影响时,就认为大气受到了污染。园艺植物的大气污染主要来自工业企业、交通运输、生活炉灶和农业污染源等。

(1)大气污染对园艺植物的影响。大气中主要污染物资按化学组成分为含硫化合物(SO_2、H_2S、H_2SO_4 和硫酸盐等)、氮的氧化物(NO、NO_2)、碳的氧化物(CO、CO_2)、氟化物(HF、SiF_4、CF_4)、碳氢化合物(HC)、光化学氧化剂(臭氧、PAN、NO_2 等)和颗粒物等。

大气污染造成园艺植物的伤害分为可见伤害和不可见伤害。可见伤害是由于污染物浓度高而发生的急性伤害,可导致园艺植物的枝、叶、花、果表面出现各种颜色和大小不等的被害斑,影响正常生长发育,特别是叶片多呈白色或黄白色及局部坏死症状。不可见伤害是由于污染物浓度低,园艺植物表面不显被害状,但在植物体内不断积累有毒物质,造成生理代谢异常和紊乱,影响产量和品质。

(2)预防大气污染的途径。

①控制污染源:控制污染源是消除大气污染的根本措施。其中主要是改进工艺流程,使用高效低毒的原料,限制燃料的含硫量,安装脱硫和集尘设备,控制排烟排气等。

②加强大气污染的监测:根据确定的污染浓度的控制指标,通过仪器和指示动、植物相结合的方法进行监测,超标要采取措施及时治理。

③栽种抗性强的园艺植物:在工矿附近和城市近郊发展果园、菜园和花圃,要针对主要污染物种类,选种抗性较强的园艺植物。同时,针对当地污染源位置、风向,种植抗污染强的树种作为防护林。

④减轻园艺植物被害的方法:园艺植物一旦被污染,通过采取消烟除尘、土壤改良和施肥等措施可减轻被害程度,如菠菜施钾肥、白菜施碳酸钙可减轻臭氧危害。另外,喷洒保护剂可以减轻大气污染对果树和观赏树木的危害,如喷洒石灰乳可减轻氢氟酸和二氧化硫危害。

10.1.2 园艺植物水质污染及其治理

水质污染(water pollution)分为自然污染和人为污染两种。自然污染主要由火山爆发、地震、洪水、海水和酸雨等造成。人为污染来自矿山和工业废水、城市污水及石油、煤矿、天然气等。

(1)主要污染物质对园艺植物的危害。

①过剩氮素对植物的危害:氮、磷、钾等植物营养要素中,氮素是城市生活污水的主要污染物,氮和磷是造成水系富营养化的主要污染物质。氮量过剩,引起植物徒长、贪青、倒伏和晚熟等。

②有机物引起的土壤还原障碍:大量有机物进入土壤,分解为二氧化碳和水,使土壤中氧化还原电位降低而产生 H_2S、Fe^{2+} 和 Mn^{2+},抑制根部养分吸收,扰乱

了新陈代谢。主要危害是影响植株新根的形成和造成烂根,并影响磷和钾等的吸收而导致植株死亡。

③溶解氧(DO)对植物的影响:含有大量有机物和微生物的污水进入水系后,水中溶解的氧气量(溶解量)下降,如水中氧气补充不足,就会对植物造成危害而减产。

④油类和洗涤剂对植物的危害:油类和洗涤剂进入水系后,油类浮在水面,断绝水中氧气供给,影响根系生长。

⑤重金属对植物的影响和危害:矿山、冶炼厂、电镀厂和化工厂排出的废水,含有大量重金属元素,灌溉植物后,初期根系生长受到抑制,重则整株死亡。

(2)防止水质污染的措施。

①污水处理:对各种废水和污水进行处理,达到国家规定的排放标准后才能排放;达到国家规定的安全含量标准后,方可用于灌溉。

②种植林木:在水库、河流上游以及水体附近种植林木和花草,可吸收水中污染物以减轻污染。

10.1.3　园艺植物土壤污染及其治理

土壤污染(soil pollution)是指土壤中有毒、有害物质超出土壤的自净能力。为害了植物生长发育,或将有毒、有害物质残留在农产品中,为害人体健康。土壤污染主要是由大气污染和水质污染造成的;其次是农业污染、生物污染、固体废物污染等。

(1)土壤污染对园艺植物的危害。土壤污染物质主要分为无机污染物和有机污染物。无机污染物主要包括汞、镉、锌、铬、铅、镍、砷和硒等重金属元素,铯、锶等放射性元素和氟、酸、碱等物质。有机污染物主要包括有机农药、酚、氰化物、石油、3,4-苯并芘、有机洗涤剂和有害微生物等。

土壤受污染后,果树和观赏树木的根系首先表现出被害症状,尤其是受重金属污染后,根系变短粗,吸收功能变弱,根系生长受抑制或死亡;地上部萌芽迟、生长缓慢,叶片黄化,开花不整齐,坐果率低,果实畸形,污染严重时树体衰弱或死亡。在受污染的土壤中种植蔬菜和草包花卉,轻者植物生长缓慢、叶片黄化,重者植物衰弱或死亡。在受污染的土壤中生产出的园艺产品,本身就是污染产品,不仅影响品质,而且为害人的身体健康。

(2)防治土壤污染的措施。

①了解测定土壤背景值:土壤背景值是指没有受各种污染源明显影响的土壤

中化学物质的检出量,也称土壤环境背景值。有了土壤环境背景值,今后土壤检测有了依据,土壤一旦污染,就可采取相应措施。

②控制和消除土壤污染源:控制和消除工业污染物的排放,加强污水灌溉区的监测和管理,防止由污水灌溉引起土壤污染,控制和合理使用化肥、农药。

③加强土壤管理:如利用某些微生物和苔藓类,降解污染物质。用土壤抑制剂控制重金属迁移和转化。土施石灰提高 pH,使铬、铜、锌、汞形成氢氧化物沉淀。

④采取换土方法:污染严重可采用换土办法,但应注意防止二次污染,换土很费工、费时,开支大,大面积生产上不宜提倡。

农药对环境的污染也是十分普遍和严重的。农药对环境的污染主要通过大气、水质和土壤污染三种途径被植物吸收并累积于体内。人是食物链中最后的摄入者和消费者,并因高度富集有毒物质而受害严重。因此,园艺植物生产中要严格控制剧毒农药及有机磷、有机氯农药的使用范围,合理交替使用农药种类和加入吸附物或载体,采用低量或超低量喷洒农药方法,推广生物防治和植物性农药防治病虫害方法,这样可以有效地减轻和防止农药污染。

10.2　绿色园艺产品及其生产规范

10.2.1　绿色食品概念与特征

(1)绿色食品概念。绿色食品是遵循可持续发展原则,按照特定生产方式,经过专门机构认定,许可使用绿色食品标志商标的无污染的安全、优质、营养类食品。绿色食品特定的生产方式是指按照标准生产、加工,对产品实施全程质量控制,依法对产品实行标志管理,实现经济效益、社会效益和生态效益的同步增长。无污染是指在绿色食品生产、加工过程中,通过严密监测、控制、防范农药残留、放射性物质、重金属、有害细菌等对食品生产各个环节的污染,以确保绿色食品产品的洁净。绿色食品的优质特性包括产品质量和产品外包装。

绿色食品概念不仅表述了绿色食品产品的基本特性,而且蕴含了绿色食品特定的生产方式、独特的管理模式和全新的消费观念。

(2)绿色食品特征。绿色食品与普通食品相比有三个显著特征。

①强调产品来自最佳生态环境:绿色食品生产首先通过对生态环境因子进行严格检测,判定其是否具备生产绿色食品的基础条件,而不是简单地禁止生产过

程中化学合成物质的使用,强调产品来自最佳生态环境,保证绿色食品生产原料和初级产品的质量,将农业和食品工业发展建立在资源和环境可持续利用的基础上。

②对产品实行全程质量控制:绿色食品生产不是简单地对最终产品的有害成分含量和卫生指标进行测定。而是实施"从土地到餐桌"全程质量控制,通过产前环节的环境监测和原料检测,产中环节具体生产、加工操作规程的落实,以及产后环节产品质量、卫生指标、包装、保鲜、运输、储藏、销售控制,确保绿色食品的整体产品质量,并提高整个生产过程的技术含量。

③对产品依法实行标志管理:绿色食品标志是一个质量证明商标,属知识产权范畴,受《中华人民共和国商标法》保护。政府授权专门机构管理绿色食品标志,这是将技术手段和法律手段有机结合起来的生产组织和管理行为。对绿色食品产品实行统一、规范的标志管理,不仅将生产行为纳入了技术和法律监控的轨道,而且使生产者明确了自身和对他人的责任和权益,同时也有利于企业争创品牌,树立品牌商标保护意识。

10.2.2　绿色食品标志

绿色食品实行标志管理,绿色食品标志由特定的图形来表示。绿色食品标志图形由三部分构成:上方的太阳、下方的叶片和蓓蕾,象征自然生态;标志图形为正圆形,意为保护、安全;颜色为绿色,象征着生命、农业、环保。

绿色食品商标已在国家工商行政管理局注册的有以下4种形式。

图 10-1　4 种绿色食品商标

　　绿色食品标志是指"绿色食品""GreenFood"、绿色食品标志图形及这三者相互组合四种形式,注册在以食品为主的共九大类食品上,并扩展到肥料等绿色食品相关类产品上。凡具有"绿色食品"生产条件的单位或个人自愿使用"绿色食品"标志者,须向中国绿色食品发展中心或省(自治区、直辖市)绿色食品办公室提出申请,经有关部门调查、检测、评价、审核、认证等一系列过程,合格者方可获得"绿色食品"标志使用权。标志使用期为3年,到期后须重新检测认证。这样既有利于约束和规范企业的经济行为,又有利于保护广大消费者的利益。

10.2.3　生产基地环境质量

　　绿色园艺产品生产基地的生态环境条件应符合 NY/T 391—2013 规定的《绿色食品产地环境质量》标准要求。主要涉及空气质量、农田灌溉水质质量、土壤环境质量和土壤肥力质量。

　　(1)空气质量要求。空气中总悬浮颗粒物、二氧化硫、二氧化氮、氟化物含量应符合表 10-1 要求。

表 10-1　空气质量要求(标准状态)

项　目	指　标		检测方法
	日平均[a]	1 h 平均[b]	
总悬浮颗粒物/(mg/m³)≤	0.30	—	GB/T 15432
二氧化硫/(mg/m³)≤	0.15	0.50	HJ 482
二氧化氮/(mg/m³)≤	0.08	0.20	HJ 479
氟化物/(μg/m³)≤	7	20	HJ 480

注:a. 日平均指任何 1 d 的平均指标;b. 1 h 平均指任何 1 h 的平均指标。

　　(2)农田灌溉水质要求。灌溉水中 pH、总汞、总镉、总砷、总铅、六价铬、氟化物、粪大肠菌群含量规定应符合表 10-2 要求。

　　(3)土壤环境质量要求。土壤按耕作方式的不同分为旱田和水田两大类,每类又根据土壤 pH 的高低分为 3 种情况,即 pH<6.5,6.5≤pH≤7.5,pH>7.5。土壤中镉、汞、砷、铅、铬、铜含量应符合表 10-3 要求。

　　(4)土壤肥力要求。将田地分为旱地、水田、菜地、园地和牧地,同时根据肥力又分为 3 个级别,土壤的有机质、全氮、有效磷、速效钾和阳离子交换量应符合表 10-4 要求。

表 10-2 农田灌溉水质要求

项目	指标	检测方法
pH	5.5～8.5	GB/T 6920
总汞/(mg/L)	≤0.001	HJ 590
总镉/(mg/L)	≤0.005	GB/T 7475
总砷/(mg/L)	≤0.05	GB/T 7485
总铅/(mg/L)	≤0.1	GB/T 7475
六价铬/(mg/L)	≤0.1	GB/T 7467
氟化物/(mg/L)	≤2.0	GB/T 7484
化学需氧量（COD_{cr}）/(mg/L)	≤60	GB 11914
石油类/(mg/L)	≤1.0	HJ 637
粪大肠菌群[a]/(个/L)	≤10 000	SL 355

注：a.灌溉蔬菜、瓜类和草本水果的地表水需测粪大肠菌群,其他情况不测大肠菌群。

表 10-3 土壤中各项污染物的指标要求　　　　　　　mg/kg

项目	旱田			水田			检测方法
	pH<6.5	6.5≤pH ≤7.5	pH>7.5	pH<6.5	6.5≤pH ≤7.5	pH>7.5	NY/T 1377
总镉≤	0.30	0.30	0.40	0.30	0.30	0.40	GB/T 17141
总汞≤	0.25	0.30	0.35	0.30	0.40	0.40	GB/T 22105.1
总砷≤	25	20	20	20	20	15	GB/T 22105.2
总铅≤	50	50	50	50	50	50	GB/T 17141
总铬≤	120	120	120	120	120	120	HJ 491
总铜≤	50	60	60	50	60	60	GB/T 17138

注：①果园土壤中铜限量值为旱田中铜限量指的 2 倍；②水旱轮作用的标准值取严不取宽；③底泥按照水田标准执行。

表 10-4　土壤肥力分级指标

项目	级别	旱地	水田	菜地	园地	牧地	检测方法
有机质/(g/kg)	I	>15	>25	>30	>20	>20	NY/T 1121.6
	II	10~15	20~25	20~30	15~20	15~20	
	III	<10	<20	<20	<15	<15	
全氮/(g/kg)	I	>1.0	>1.2	>1.2	>1.0	—	NY/T 53
	II	0.8~1.0	1.0~1.2	1.0~1.2	0.8~1.0	—	
	III	<0.8	<1.0	<1.0	<0.8	—	
有效磷/(mg/kg)	I	>10	>15	>40	>10	>10	LY/T 1233
	II	5~10	10~15	20~40	5~10	5~10	
	III	<5	<10	<20	<5	<5	
有效钾/(mg/kg)	I	>120	>100	>150	>100	—	LY/T 1236
	II	80~120	50~100	100~150	50~100	—	
	III	<80	<50	<100	<50	—	
阳离子交换量/ (c mol(+)/kg)	I	>20	>20	>20	>15	—	LY/T 1243
	II	15~20	15~20	15~20	15~20	—	
	III	<15	<15	<15	<15	—	

注:底泥、食用菌栽培基质不做土壤肥力检测。

10.2.4　生产资料使用准则

(1)农药使用准则。绿色园艺产品生产要严格执行《绿色食品农药使用准则》(NY/T393—2013)。准则中规定了绿色食品生产和仓储中有害生物防治原则、农药选用、农药使用规范和绿色食品农药残留要求。在园艺植物病虫害防治中应采用综合防治措施,少用或不用农药,通过选用抗病虫品种、选用无病毒苗木、果园实施生草和绿肥、蔬菜和果树覆盖、轮作倒茬、间作套种和生物防治等措施,改善生态环境,创造不利于病虫害滋生和有利于天敌繁衍的环境条件。

果树、蔬菜生产中必须使用农药时,应遵守准则中的规定。绿色园艺产品生产中允许限量使用限定的化学合成农药。准则中列出了绿色食品生产允许使用的农药和其他植保产品清单。同时规定了允许使用的化学合成农药的施药时机和方式,施药方法、施用次数、最后一次施药与收获的间隔天数和允许最终残留量等。

(2)肥料使用准则。绿色园艺产品生产要严格执行《绿色食品肥料使用准则》(NY/T394—2013)。准则中规定了肥料使用原则、可使用的肥料种类、不应使用的肥料种类,同时对肥料的无害化指标进行了明确规定,对无机肥的用量做了规定。绿色园艺产品生产使用的肥料必须有利于植物生长及其品质的提高,不造成土壤和植物体产生和积累有害物质,不影响人体健康,对生态环境没有不良影响。

绿色食品的生产过程中,允许限量地使用部分化学合成肥料,同时要求以对环境和植物不产生不良后果的方法使用。

在绿色食品果品和蔬菜生产中,要严格执行《绿色食品肥料使用准则》,坚持以有机肥为主,同时针对果树和蔬菜不同于大田作物栽培的特殊情况,注意选用肥料种类和土壤管理方法。如果园中种植绿肥作物、果园行间生草等都有利于提高土壤肥力;蔬菜作物增施微生物肥料,有利于减少蔬菜中硝酸盐含量,改善蔬菜品质。

10.2.5　生产操作规程

绿色果树、蔬菜产品生产是一项标准明确、要求严格、操作较复杂的系统工程。为保证绿色果品、蔬菜生产,需要有一套完整的生产操作规程。

中国绿色食品发展中心于 2009 年 4 月 30 日发布的中国绿色食品生产操作规程标准(LB),包括苹果、梨、桃、葡萄、枣、柿、核桃、板栗和草莓树种在华北地区栽培的 A 级绿色食品生产操作规程。规程中对产地条件选择、品种选择、苗木和定植、土肥水管理、整形修剪、花果管理、病虫害防治、采收包装与贮运等方面做了较详细的规定。

中国绿色食品发展中心于 2009 年 4 月 30 日发布的中国绿色食品生产操作规程标准(LB),包括蔬菜作物中大白菜、花椰菜、结球甘蓝、青椒、番茄、芹菜、茄子、菜豆和黄瓜种类在华北地区栽培的 A 级绿色食品蔬菜生产操作规程。规程中对蔬菜的茬口安排、品种选择、育苗、定植和定植后管理、病虫害防治、采收包装与贮运等方面都做了详细规定,具有可操作性。佳木斯市作为一个比较典型的绿色食品生产基地在 1999 年就相继制定了 22 部 A 级绿色食品生产操作规程的地方标准,涉及粮食作物、蔬菜作物、经济作物、畜禽类、鱼类 5 大类。近年来,有些地区也相继制定了适合本区域的绿色食品生产操作规程。这些生产操作规程对指导本地区绿色食品生产发挥了重要作用。

10.2.6　绿色园艺产品标准

(1)绿色果品产品标准。作为农业行业标准颁发的 A 级绿色果品产品标准有《绿色食品坚果》(NY/T1042—2006)、《绿色食品温带水果》(NY/T844—2010)、《绿色食品热带亚热带水果》(NY/T750—2011)、《绿色食品柑橘类水果》(NY/T426—2012)等。标准对果实的感官指标、理化指标、卫生指标、检测方法、检验规则、标志、包装、运输与贮藏等方面都做了严格规定。如《绿色食品温带水果》的产品标准中对感官指标要求、理化指标要求和卫生指标要求都做了详细规定,见表

10-5 至表 10-7。

表 10-5 感官指标

项 目	指 标
果实外观	果实完整,新鲜清洁,整齐度好;具有本品种固有的形状和特征,果形良好;无不正常外来水分,无机械损伤、无霉烂、无裂果、无冻伤、无病虫果、无刺伤、无果肉褐变;具有本品种成熟时应有的特征色泽
病虫害	无病虫害
气味和滋味	具有本品种正常气味,无异味
成熟度	发育充分、正常,具有适于市场或贮存要求的成熟度

表 10-6 理化指标

水果名称		指 标		
		硬度/(kg/cm²)	可溶性固形物/%	可滴定酸/%
苹果		≥5.5	≥11.0	≤0.35
梨		≥4.0	≥10.0	≤0.3
葡萄		—	≥14.0	≤0.7
桃		≥4.5*	≥9.0	≤0.6
草莓			≥7.0	≤1.3
山楂		—	≥9.0	≤2.0
柰子		—	≥16.0	≤1.2
越橘		—	≥10.0	≤2.5
无花果		—	≥16.0	—
树莓		—	≥10.0	≤2.2
桑葚			≥11.0	—
猕猴桃	生理成熟果		≥6.0	≤1.5
	后熟果	—	≥10.0	
樱桃		—	≥13.0	≤1.0
枣			≥20.0	≤1.0
杏		—	≥10.0	≤2.0
李		≥4.5	≥9.0	≤2.0
柿		—	≥16.0	—
石榴		—	≥15.0	≤0.8

注:①不适用于水蜜桃;②其他未列入的温带水果,其理化指标不作为判定依据。

表 10-7 卫生指标

序号	项　目	指　标
1	无机砷(以 As 计)/(mg/kg)	≤0.05
2	铅(以 Pb 计)/(mg/kg)	≤0.1
3	镉(以 Cd 计)/(mg/kg)	≤0.05
4	总汞(以 Hg 计)/(mg/kg)	≤0.01
5	氟(以 F 计)/(mg/kg)	≤0.5
6	铬(以 Cr 计)/(mg/kg)	≤0.5
7	六六六(BHC)/(mg/kg)	≤0.05
8	滴滴涕(DDT)/(mg/kg)	≤0.05
9	乐果(dimethoate)/(mg/kg)	≤0.5
10	氧乐果(omethoate)/(mg/kg)	不得检出(<0.02)
11	敌敌畏(dfichlorvos)/(mg/kg)	≤0.2
12	对硫磷(parathion)/(mg/kg)	不得检出(<0.02)
13	马拉硫磷(malathion)/(mg/kg)	不得检出(<0.03)
14	甲拌磷(phoratc)/(mg/kg)	不得检出(<0.02)
15	杀螟硫磷(fenitrothion)/(mg/kg)	≤0.2
16	倍硫磷(fenthion)/(mg/kg)	≤0.02
17	溴氰菊酯(deltmethrin)/(mg/kg)	≤0.1
18	氰戊菊酯(fenvalerate)/(mg/kg)	≤0.2
19	敌百虫(trichlorfon)/(mg/kg)	≤0.1
20	百菌清(chlorothalonil)/(mg/kg)	≤1
21	多菌灵(carbendazim)/(mg/kg)	≤0.5
22	三唑酮(triadimefon)/(mg/kg)	≤0.2
23	黄曲霉素 B[①]/(μg/kg)	≤5
24	仲丁胺[②]/(mg/kg)	不得检出(<0.7)
25	二氧化硫[②]/(mg/kg)	≤50

注:①仅适用于无花果;②仅适用于葡萄。

(2)绿色蔬菜产品标准。作为农业行业标准颁发的 A 级绿色蔬菜产品标准有

《绿色食品白菜类蔬菜》(NY/T 654—2012)、《绿色食品茄果类蔬菜》(NY/T 655—2012)、《绿色食品绿叶类蔬菜》(NY/T 743—2012)、《绿色食品瓜类蔬菜》(NY/T 747—2012)、《绿色食品豆类蔬菜》(NY/T 748—2012)、《绿色食品芽苗类蔬菜》(NY/T 1325—2015)等。标准中对蔬菜的感官指标、污染物及农药残留限量、必检项目、技术要求、检验规则、标志和标签、包装、运输和贮存等都做了严格规定。如《绿色食品茄果类蔬菜》的产品标准中对感官指标、污染物及农药残留、必检项目做了具体规定见表 10-8、表 10-9。

表 10-8　绿色食品茄果类蔬菜感官指标

蔬菜名称	品　质	检测方法
番茄	同一品种或相似品种;完好,无腐烂、变质;外观新鲜,清洁,无异物;无畸形果、裂果、空洞果;无虫及病虫导致的损伤;无冻害;无异味;外观一致,果形圆润,成熟适度、一致;色泽均匀,表皮光洁,果腔充实,果实坚实,富有弹性;无损伤、无裂口、无疤痕	品种特征、色泽、新鲜、清洁、腐烂、冻害、病虫害及机械伤等外观特征,用目测法鉴定;异味用嗅的方法鉴定;病虫害症状不明显而有怀疑者,应用刀剖开检测
辣椒	同一品种或相似品种;新鲜;果面清洁、无杂质;无虫及病虫造成的损伤;无异味;外观一致;果梗、萼片和果实呈该品种固有的颜色,色泽一致;质地脆嫩;无冷害、冻害、灼伤及机械损伤,无腐烂	
其他茄果类蔬菜	同一品种或相似品种;具有本品种应有的色泽和风味,成熟适度,果面新鲜、清洁;无腐烂、畸形、异味、冷害、冻害、病虫害及机械损伤	

注:茄果类蔬菜分类参照 NY/T 1741。

表 10-9　绿色食品茄果类蔬菜农药残留限量

序号	项　目	限量/(mg/kg)	检测方法
1	乙烯菌核利(vinclozolin)	≤1	NY/T 761
2	腐霉利(procymidone)	≤2	NY/T 761
3	氯氰菊酯(cypermethrin)	≤0.2	NY/T 761
4	百菌清(chlorothalonil)	≤1	NY/T 761
5	氯氟氰菊酯(cyhalothrin)	≤0.1	NY/T 761

续表 10-9

序号	项　目	限量/（mg/kg）	检测方法
6	多菌灵（carbendazim）	≤0.1	NY/T 1680
7	联苯菊酯（bifenthrin）	≤0.2	NY/T 761
8	乙酰甲胺磷（acephate）	≤0.1	NY/T 761
9	敌敌畏（dfichlorvos）	≤0.1	NY/T 761
10	甲萘威（carbary）	≤1	NY/T 761
11	抗蚜威（pirimicard）	≤0.5	NY/T 761
12	吡虫啉（imidacloprid）	≤0.5	NY/T 761
13	毒死蜱（chlorpyrifos）	≤0.2	NY/T 761
14	异菌脲（iprodione）	≤5	NY/T 761

注：各检测项目除采用表中所列检测方法外，如有其他国家标准、行业标准以及部文公告的检测方法，且其检出限和定量限能满足限量值要求时，在检测时可采用。

（3）绿色瓜类产品标准。作为农业行业标准颁发的 A 级绿色食品瓜类产品标准有《绿色食品西甜瓜》（NY/T 427—2016）。标准规定了绿色食品西甜瓜的定义、要求、试验方法、检验规则、标志和标签、包装、运输和贮存。西甜瓜的感官指标要求、理化指标要求、卫生指标要求见表 10-10 至表 10-12。

表 10-10　感官要求

项目	要　求
成熟度	成熟适度、果实新鲜
果型	端正
果面缺陷	无明显果面缺陷（缺陷包括腐烂、霉变、异味、冷害、冻害、裂缝、病虫斑及机械伤等）

表 10-11　理化指标

项目	指　标			
	西瓜	厚皮甜瓜	薄皮甜瓜	哈密瓜
可溶性固形物	≥10	≥10	≥9	≥11
总酸（以柠檬酸计）	≤0.2	≤0.2	≤0.2	≤0.2

表 10-12　卫生指标

项　目	指标
无机砷(以 As 计)/(mg/kg)	≤0.05
铅(以 Pb 计)/(mg/kg)	≤0.1
镉(以 Cd 计)/(mg/kg)	≤0.05
总汞(以 Hg 计)/(mg/kg)	≤0.01
氟(以 F 计)/(mg/kg)	≤1.0
亚硝酸盐(以 $NaNO_2$ 计)/(mg/kg)	≤4
乙酰甲胺磷(acephate)/(mg/kg)	≤0.02
马拉硫磷(malathion)/(mg/kg)	≤0.5
辛硫磷(phoxim)/(mg/kg)	≤0.05
乐果(dimethoate)/(mg/kg)	≤0.5
敌敌畏(dfichlorvos)/(mg/kg)	≤0.2
毒死蜱(chlorpyrifos)/(mg/kg)	≤0.05
溴氰菊酯(deltmethrin)/(mg/kg)	≤0.05
氰戊菊酯(fenvalerate)/(mg/kg)	≤0.2
氯氰菊酯(cypermethrin)/(mg/kg)	≤0.05
百菌清(chlorothalonil)/(mg/kg)	≤1
三唑酮(triadimefon)/(mg/kg)	≤0.1
多菌灵(carbendazim)/(mg/kg)	≤0.5

10.2.7　绿色园艺产品认证程序

绿色园艺产品认证是产品取得标志,走向市场的必须环节。为规范绿色食品认证工作,依据《绿色食品标志管理办法》制定本程序。凡具有绿色食品生产条件的国内企业均可按本程序申请绿色食品认证。境外企业另行规定。产品认证程序包括认证申请、受理及文审、现场检查、产品抽样、环境监测、产品检测、认证审核、认证评审、颁证等环节。

10.3　有机园艺产品及其生产规范

10.3.1　有机食品概念与特征

（1）有机食品概念。有机食品是一种国际通称，是从英文 Organic Food 直译过来的，是指来自于有机农业生产体系，根据国际有机农业生产要求和相应标准生产、加工，符合国际或国家有机食品要求和标准，并通过认证机构认证的一切农副产品及其加工品，包括粮食、蔬菜、水果、奶制品、禽畜产品、蜂蜜、水产品、调料等，除有机食品外，目前国际上还把一些派生的产品如有机化妆品、纺织品、林产品，或为有机食品生产而提供的生产资料，包括生物农药、有机肥料等，经认证后统称有机产品。

（2）有机食品特征。

①原料来自有机农业生产体系或采用有机方式采集的野生天然食品。

②生产加工过程严格遵守有机食品的种养、加工、包装、贮藏、运输的标准，不使用任何人工合成的化肥、农药和添加剂。

③在生产与流通过程中，有完善的质量跟踪审查体系和完整的生产及销售记录档案。

④通过授权的有机食品认证机构的认证和有关颁证组织检测。

（3）有机食品转换期。有机食品转换期指从有机管理至获得有机认证之间的时间。一年生作物的转换期一般不少于 24 个月；草场和多年生饲料作物的转换期至少为有机饲料收获前的 24 个月；饲料作物以外的其他多年生植物的转换期至少为收获前的 36 个月；新开垦的、撂荒 36 个月以上的或有充分证据证明 36 个月以上未使用有机生产标准禁用物质的地块，也应经过至少 12 个月的转换期。

10.3.2　有机食品标志

（1）有机食品标志。有机食品标志采用人手和叶片为创意元素。可感受到两种景象：其一是一只手向上持着一片绿叶，寓意人类对自然和生命的渴望；其二是两只手一上一下握在一起，将绿叶拟人化为自然的手，寓意人类的生存离不开大自然的呵护，人与自然需要和谐美好的生

图 10-2　有机食品标志

存关系。

（2）中国有机食品标志。中国有机产品标志释义"中国有机产品标志"的主要图案由3部分组成，即外围的圆形、中间的种子图形及其周围的环形线条。标志外围的圆形形似地球，象征和谐、安全，圆形中的"中国有机产品"字样为中英文结合方式。既表示中国有机产品与世界同行，也有利于国内外消费者识别。标志中间类似于种子的图形代表生命萌发之际的勃勃生机，象征了有机产品是从种子开始的全过程认证，同时昭示出有机产品就如同刚刚萌发的种子，正在中国大地上茁壮成长。种子图形周围圆润自如的线条象征环形道路，与种子图形合并构成汉字"中"，体现出有机产品植根中国，有机之路越走越宽广。同时，处于平面的环形又是英文字母"C"的变体，种子形状也是"O"的变形，意为"China Organic"。

绿色代表环保、健康，表示有机产品给人类的生态环境带来完美与协调。橘红色代表旺盛的生命力，表示有机产品对可持续发展的作用。

10.3.3 生产基地环境质量

有机生产需要在适宜的环境条件下进行。有机生产基地应远离城区、工矿区、交通主干线、工业污染源、生活垃圾场等。应对有机生产区域受到邻近常规生产区域污染的风险进行分析。在存在风险的情况下，则应在有机和常规生产区域之间设置有效的缓冲带或物理屏障，以防止有机生产地块受到污染。缓冲带上种植的植物不能认证为有机产品。

（1）土壤环境质量。有机产品产地土壤环境质量应符合《土壤环境质量标准》（GB 15618—2008）中的二级标准。

（2）灌溉水质量。有机产品灌溉水质量应符合《农田灌溉水质量标准》（GB 5084—2005）中的规定。有机地块的排灌系统与常规地块应有有效的隔离措施，以保证常规地块的水不会渗透或浸入有机地块。

（3）环境空气质量。有机产品环境空气质量应符合《环境空气质量标准》（GB 3095—2012）中的二级标准和《保护农作物的大气污染物最高允许浓度》（GB 9137—1988）中的规定。

10.3.4 投入品使用准则

在进行有机生产时，生产者应选择并实施栽培管理措施，以维持或改善土壤理化和生物性状，减少土壤侵蚀，保护作物的健康。在栽培措施不足以维持土壤肥力和保证植物健康，需要使用有机生产体系外投入品时，应符合 GB 19630.1—2011 的标准，并按照规定的条件使用。作为植物保护产品的复合制剂的有效成分也应符合 GB 19630.1—2011 的标准,不应使用具有致癌、致畸、致突变和神经毒性的物质作为助剂。不应使用化学合成的植物保护产品。不应使用化学合成的肥料和城市污水污泥。获得认证的产品中不得检出有机生产中禁用物质。

(1)肥料使用准则。当有机生产的耕作与栽培措施无法满足植物生长需求时,可施用有机肥以维持和提高土壤的肥力、营养平衡和土壤生物活性,同时应避免过度施用有机肥,造成环境污染。不应在叶菜类、块茎类和根块类植物上施用人粪尿;在其他植物上需要使用时,应进行充分腐熟和无害化处理,并不得与植物食用部分接触。可使用溶解性小的天然矿物肥料,但不得将此类肥料作为系统中营养循环的替代物。矿物肥料只能作为长效肥料并保持其天然组分,不应采用化学处理提高其溶解性。不应使用矿物氮肥。可使用生物肥料;为使堆肥充分腐熟,可在堆制过程中添加来自于自然界的微生物,但不应使用转基因生物及其产品。有机植物生产中允许使用的土壤培肥和改良物质见表 10-13。

表 10-13　有机植物生产中允许使用的投入品——土壤培肥和改良物质

类别	名称和组分	使用条件
Ⅰ.植物和动物来源	植物材料(秸秆、绿肥等)	
	家禽粪便及其堆肥(包括圈肥)	经过堆制并充分腐熟
	家禽粪便和植物材料的厌氧发酵产品(沼肥)	
	海草或海草产品	仅直接通过下列途径获得:物理过程,包括脱水、冷冻和研磨;用水或酸和(或)碱溶液提取;发酵
	木料、树皮、锯屑、刨花、木灰、木炭及腐殖酸类物质	来自采伐后未经化学处理的木材,地面覆盖或经过堆制
	动物来源的副产品(血粉、肉粉、骨粉、蹄粉、角粉、皮毛、羽毛和毛发粉、鱼粉、牛奶及奶制品等)	未添加禁用物质,经过堆制或发酵处理
	蘑菇培养肥料和蚯蚓培养基质	培养基的初始原料限于本表中的产品,经过堆制
	食品工业副产品	经过堆制或发酵处理
	草木灰	作为薪柴燃烧后的产品
	泥炭	不含合成添加剂,不应用于土壤改良;只允许作为盆栽基质使用
	饼粕	不能使用经化学方法加工的

续表 10-13

类别	名称和组分	使用条件
Ⅱ. 矿物来源	磷矿石	天然来源,镉含量≤90 mg/kg 五氧化二磷
	钾矿粉	天然来源,未通过化学方法浓缩。氯含量少于 60%
	硼砂	天然来源,未经化学处理、未添加化学合成物质
	微量元素	天然来源,未经化学处理、未添加化学合成物质
	镁矿粉	天然来源,未经化学处理、未添加化学合成物质
	硫黄	天然来源,未经化学处理、未添加化学合成物质
	石灰石、石膏和白垩	天然来源,未经化学处理、未添加化学合成物质
	黏土(如珍珠岩、蛭石等)	天然来源,未经化学处理、未添加化学合成物质
	氯化钠	天然来源,未经化学处理、未添加化学合成物质
	石灰	仅用于茶园土壤 pH 调节
	窑灰	未经化学处理、未添加化学合成物质
	碳酸钙镁	天然来源,未经化学处理、未添加化学合成物质
	泻盐类	未经化学处理、未添加化学合成物质
Ⅲ. 微生物来源	可生物降解的微生物加工副产品,如酿酒和蒸馏酒行业的加工副产品	未添加化学合成物质
	天然存在的微生物提取物	未添加化学合成物质

(2)植物保护产品使用准则。病虫草害防治的基本原则应从农业生态系统出发,综合运用各种防治措施,创造不利于病虫草害滋生和有利于各类天敌繁衍的环境条件,保持农业生态系统的平衡和生物多样化,减少各类病虫草害所造成的损失。应优先采用农业措施,通过选用抗病抗虫品种、非化学药剂种子处理、培育壮苗、加强栽培管理、中耕除草、耕翻晒垡、清洁田园、轮作倒茬、间作套种等一系列措施起到防治的作用。还应尽量利用灯光、色彩诱杀害虫,机械捕捉害虫,机械或人工除草等措施,防治病虫草害。当以上提及的方法不能有效控制病虫草害时,可使用表 10-14 所列出的植物保护产品。

表 10-14 植物保护产品

类别	名称	使用条件
Ⅰ.植物和动物来源	楝素(苦楝、印楝等提取物)	杀虫剂
	天然除虫菊素(除虫菊科植物提取液)	杀虫剂
	苦参碱及氧化苦参碱(苦参等提取物)	杀虫剂
	鱼藤酮类(如毛鱼藤)	杀虫剂
	蛇床子素(蛇床子提取物)	杀虫、杀菌剂
	小檗碱(黄连、黄柏等提取物)	杀菌剂
	大黄素甲醚(大黄、虎杖等提取物)	杀菌剂
	植物油(如薄荷油、松树油、香菜油)	杀虫剂、杀螨剂、杀真菌剂、发芽抑制剂
	寡聚糖(甲壳素)	杀菌剂、植物生长调节剂
	天然诱集和杀线虫剂(如万寿菊、孔雀草、芥籽油)	杀线虫剂
	天然酸(如食醋、木醋和竹醋)	杀菌剂
	菇类蛋白多糖(蘑菇提取物)	杀菌剂
	水解蛋白	引诱剂,只在批准使用的条件下,并与本表中的适当生产品结合使用
	牛奶	杀菌剂
	蜂蜡	用于嫁接和修剪
	蜂胶	杀菌剂
	明胶	杀虫剂
	卵磷脂	杀真菌剂
	具有趋避作用的植物提取物(大蒜、薄荷、辣椒、花椒、薰衣草、柴胡、艾草的提取物)	驱避剂
	昆虫天敌(如赤眼蜂、瓢虫、草蛉等)	控制虫害

续表 10-14

类别	名称	使用条件
Ⅱ.矿物来源	铜盐(如硫酸铜、氢氧化铜、氯氧化铜、辛酸铜等)	杀真菌剂,防治过量施用而引起铜的污染
	石硫合剂	杀真菌剂、杀虫剂、杀螨剂
	波尔多液	杀真菌剂,每年每公顷铜的最大使用量不超过 6 kg
	氢氧化钙(石灰水)	杀真菌剂、杀虫剂
	硫黄	杀真菌剂、杀螨剂、驱避剂
	高锰酸钾	杀真菌剂、杀细菌剂;仅用于果树和葡萄
	碳酸氢钾	杀真菌剂
	石蜡油	杀虫剂,杀螨剂
	轻矿物油	杀虫剂、杀细菌剂;仅用于果树、葡萄和热带作物(如香蕉)
	氯化钙	用于治疗缺钙症
	硅藻土	杀虫剂
	黏土(如斑脱土、珍珠岩、蛭石、沸石等)	杀虫剂
	硅酸盐(硅酸钠,石英)	驱避剂
	硫酸铁(3 价铁离子)	杀软体动物剂
Ⅲ.微生物来源	真菌及真菌提取物(如白僵菌、轮枝菌、木霉菌等)	杀虫剂、杀菌剂、除草剂
	细菌及细菌提取物(如苏云金芽孢杆菌、枯草芽孢杆菌、蜡质芽孢杆菌、地衣芽孢杆菌、荧光芽孢杆菌)	杀虫剂、杀菌剂、除草剂
	病毒及病毒提取物(如核型多角体病毒、颗粒体病毒等)	杀虫剂

续表 10-14

类别	名称	使用条件
Ⅳ.其他	氢氧化钙	杀真菌剂
	二氧化钙	杀虫剂,用于贮存设施
	乙醇	杀菌剂
	海盐和盐水	杀菌剂,仅用于种子处理,尤其是稻谷种子
	明矾	杀菌剂
	软皂(钾肥皂)	杀虫剂
	乙烯	香蕉、猕猴桃、柿子催熟,菠萝调花,抑制马铃薯和洋葱萌发
	石英砂	杀真菌剂、杀螨剂、趋避剂
	昆虫性外激素	仅用于诱捕器和散发皿内
	磷酸氢二铵	引诱剂,只限于诱捕器中使用
Ⅴ.诱捕器、屏障	物理措施(如色彩诱器、机械诱捕器)	
	覆盖物(网)	

10.3.5　有机产品的标准

国际有机农业和农产品的管理体系和法规主要分为 3 个层次:联合国层次、国际性非政府组织层次以及国家层次。联合国层次的有机农业和有机农产品标准尚属于建议性标准,是《食品法典》的一部分,是由联合国粮农组织(FAO)与世界卫生组织(WHO)制定的。在整个标准的制定过程中,中国作为联合国的成员也参与了制定。具体内容包括了定义、种子与种苗、过渡期、化学品使用、收获、贸易和内部质量控制等内容。此外,标准也具体地说明了有机农产品的检查、认证和授权体系。这个标准已为各个成员国制定有机农业标准提供了重要依据。我国质量监督检验检疫总局和国家标准化管理委员会发布了一系列有机产品标准,包括《有机产品》(GB/T 19630—2011)和《有机食品技术规范》(HJ/T 80—2001)。

《有机产品》(GB/T 19630—2011)分为四个部分:

第 1 部分:生产 GB/T 19630.1—2011。规定了植物生产、野生植物采集、食用菌培养、畜禽养殖、水产养殖、蜜蜂和蜂产品的有机生产通用规范和要求。

第 2 部分:加工 GB/T 19630.2—2011。规定了有机加工的通用规范和要求,适用于以 GB/T 19630.1—2011 生产的未加工产品为原料进行加工及包装、贮藏和运输的全过程,并包括了有机纺织品的内容。

第 3 部分:标识与销售 GB/T 19630.3—2011。规定了有机产品标识和销售的通用规范及要求,适用于按 GB/T 19630.1—2011、GB/T 19630.2—2011 生产或加工并获得认证的产品。

第 4 部分:管理系统 GB/T 19630.4—2011。规定了有机产品生产、加工、经营过程中应建立和维护的管理体系的通用规范和要求,适用于有机产品的生产者、加工者、经营者及相关的供应环节。

《有机食品技术规范》(HJ/T 80—2001),此技术规范规定了有机食品的生产、加工、贸易和标志等的要求。

10.3.6　有机产品认证

有机产品认证是指经认证机构依据相关要求认证,以认证书的形式予以确认的某一生产或加工体系。目前的有机产品认证机构都必须经过国家认证认可监督管理委员会(CNCA)批准且得到中国合格评定国家认可委员会(CNAS)认可的方可在国内从事有机食品认证。

认证程序依据有机食品认证程序指南,内容包括认证申请、认证委托人提交文件和资料、认证受理、申请评审、评审结果处理、现场检查准备与实施、检查任务、文件评审、检查实施、样品检测等环节。

10.4　园艺产品国家地理标志

地理标志是商品贸易体系中的一种知识产权保护制度。我国地理标志保护存在商标法与专门法两种并行的法律模式,以《商标法》等为依据的集体商标和证明商标制度,以《农产品地理标志管理办法》等为依据的农产品地理标志保护制度,和以《地理标志产品保护规定》等为依据的地理标志产品保护制度 3 种保护制度。3 种保护制度下地理标志产品的认证及保护管理体系分别为:原国家工商总局认证及管理保护的中国地理标志商标 GI,原国家质量检测检验检疫总局认证及管理保护的中国地理标志 PGI 以及农业农村部认证及管理保护的农产品地理标志 AGI。此外,我国《反不正当竞争法》也为地理标志提供补充性保护。

10.4.1　地理标志

10.4.1.1　地理标志的概念

(1)按照世界贸易组织《与贸易有关的知识产权协议》中的规定,地理标志是指证明某一产品来源于某一成员国或某一地区或该地区内的某一地点的标志。该产品的某些特定品质、声誉或其他特点在本质上可归因于该地理来源。

(2)按照我国《商标法》对地理标志集体商标和证明商标的规定,地理标志是指标示某商品来源于某地区,且该商品的特定质量、信誉或者其他特征,主要由该地区的自然因素或者人文因素所决定的标志。

(3)按照《地理标志产品保护规定》中的规定,地理标志产品是指产自特定地域,所具有的质量、声誉或其他特性本质上取决于该产地的自然因素和人文因素,经审核批准以地理名称进行命名的产品。地理标志产品包括:来自本地区的种植、养殖产品;原材料全部来自本地区或部分来自其他地区,并在本地区按照特定工艺生产和加工的产品。

(4)按照《农产品地理标志管理办法》中的规定,农产品地理标志是指标示农产品来源于特定地域,产品品质和相关特征主要取决于自然生态环境和历史人文因素,并以地域名称冠名的特有农产品标志。所称农产品是指来源于农业的初级产品,即在农业活动中获得的植物、动物、微生物及其产品。申请地理标志登记的农产品,应当符合:称谓由地理区域名称和农产品通用名称构成;产品有独特的品质特性或者特定的生产方式;产品品质和特色主要取决于独特的自然生态环境和人文历史因素;产品有限定的生产区域范围;产地环境、产品质量符合国家强制性技术规范要求。

10.4.1.2　地理标志的特征

(1)命名具有直接的地缘依附性、地缘联想性。除 GI 之外(可以是该地理标志标示地区的名称,也可以是能够标示某商品来源于该地区的其他可视性标志),PGI、AGI 两类地理标志认证的产品,其产品名称均由产品所生产的地理区域名称、产品品类通用名称两者协同构成。

(2)在限定的区域内进行生产。无论 PGI、GI、AGI,均要求产品须是在一定的区域范畴内进行生产,本区域外不得使用。

(3)是一种标明产品的特定品质受原产地控制的区别性标志。产品的某种特性取决于某地的自然或人文因素。其中,自然因素指原产地的气候、土壤、水质、物种、天然原料等;人文因素则是指产地特有的产品生产工艺、传统配方、技术诀窍、文化特质等。

（4）经特别的质量控制而具有稳定的品质及特色。地理标志产品保护和农产品地理标志登记申请需有相关生产技术规范或标准为作为质量保证。

（5）地理标志不属于特定的主体。地理标志的注册人是某一地域内特定的名优特产品生产经营者的代表机构，即使某个单位注册成功后，其他单位或个人也可以利用符合地理标志的产品申请使用地理标志，持有单位和个人不得阻碍。

10.4.1.3　地理标志专用标志

2019 年 10 月 16 日，国家知识产权局发布地理标志专用标志官方标志。原相关地理标志产品专用标志同时废止，原标志使用过渡期至 2020 年 12 月 31 日，在 2020 年 12 月 31 日前仍然可以使用原标志。

地理标志专用标志是官方标志，体现庄严、权威的设计特点。标志以长城及山峦剪影为前景，以稻穗象征丰收，代表着中国地理标志卓越品质与可靠性。选用透明镂空的设计，增强了标志在不同产品包装背景下的融合度与适应性，便于企业在不同类型产品和各异包装中进行设计使用。以经纬线地球为基底，中文为"中华人民共和国地理标志"，英文为"GEOGRAPHICAL INDICATION OF P. R. CHINA"，"GI"为国际通用的"Geographical Indication"缩写名称，确保不同语言、文化背景的多层次消费群体直观可读，表现了地理标志作为全球通行的一种知识产权类别和地理标志助推中国产品"走出去"的美好愿景（图 10-3）。

图 10-3　中国国家地理标志

2020 年 4 月 3 日，国家知识产权局发布了《地理标志专用标志使用管理办法（试行）》，规范了专用标志的使用和管理。

专用标志合法使用人包括经公告核准使用地理标志产品专用标志的生产者，经公告地理标志已作为集体商标注册的注册人的集体成员，经公告备案的已作为证明商标注册的地理标志的被许可人以及经国家知识产权局登记备案的其他使用人。另外，举办地理标志相关的公益性活动或确有正当理由和需要使用地理标志专用标志的，应通过向国家知识产权局申请登记备案的方式获得专用标志使用资格。

使用人还应按要求规范标示地理标志专用标志，标注统一社会信用代码及商标注册号等。该要求有利于地理标志监管执法部门进行更加直观的判断，从而进一步提高地理标志保护执法水平，也将有助于加强社会监督。

10.4.2　地理标志技术规范和标准

（1）地理标志产品保护。《地理标志产品保护规定》要求申请人应提供产品生产技术规范(包括产品加工工艺、安全卫生要求、加工设备的技术要求等)以及拟申请的地理标志产品的技术标准。地理标志产品必须符合上述一系列相应的强制性标准。对于不符合产品标准和管理规范要求的产品,不准使用地理标志名称专用标志。

为了配合《地理标志产品保护规定》的实施,指导编写地理标志产品标准而制定了 GB/T 17924—2008《地理标志产品标准通用要求》。该国标中规定了制定地理标志产品标准的基本原则有:"应是国家质量监督检验检疫行政主管部门根据《地理标志产品保护规定》被批准的地理标志产品;产品的品质、特色和声誉应能体现产地的自然属性和人文因素,并具有稳定的质量,历史悠久,风味独特,享有盛名;地理标志产品标准除应符合 GB/T 1.2 的规定外,还应规定地理标志产品保护范围、自然环境、特定的品种、特定的种(养)植技术、特殊的加工工艺、产品技术指标等与地理标志产品独特品质有关的内容"。

(2)农产品地理标志。《农产品地理标志管理办法》要求申请人应当根据申请登记的农产品产地环境特性和产品品质典型特征,制定相应的质量控制技术规范,包括产地环境条件、生产技术规范和质量安全技术规范。地理标志产品必须符合上述一系列相应的强制性标准。对于不符合标准规定要求的产品,不准使用地理标志名称专用标志。

对于不同品类农产品地理标志质量控制技术规范的编写,相继出台了一些指南,如 NY/T 3606—2020《地理标志农产品品质鉴定与质量控制技术规范　谷物类》(暂未生效)和 NY/T 2740—2015《农产品地理标志茶叶类质量控制技术规范编写指南》,后者规定了登记的农产品地理标志茶叶类质量控制技术规范编写的基本要求、结构、表述规则和编排格式,并给出了有关表述样式,适用于登记的农产品地理标志茶叶类质量控制技术规范的编写。

(3)部分农产品地理标志登记产品

①果品:平谷大桃、房山磨盘柿、燕山板栗、黄骅冬枣、沧州金丝小枣、泊头鸭梨、莱阳梨、宣化牛奶葡萄、黄岩蜜橘、桂林砂糖橘、周至猕猴桃、洛川苹果、河套蜜瓜、奉贤黄桃、南丰蜜橘、赣南脐橙、秭归脐橙、罗田甜柿、容县沙田柚、吐鲁番葡萄、库尔勒香梨、伽师瓜、哈密瓜、中宁硒砂瓜等。

②蔬菜:崇明金瓜、淮安蒲菜、温县铁棍山药、都安旱藕、高台辣椒干、张北马铃薯、金乡大蒜、苍山大蒜、莱芜鸡腿葱、章丘大葱、喀喇沁番茄、曹县芦笋、黑水大蒜、兴化香葱、潍县萝卜、莱芜生姜、安丘大姜、新城细毛山药、邵东黄花菜、庆阳黄花菜、隆回龙牙百合、湘阴藠头、荔浦芋、双流二荆条辣椒、彭阳辣椒等。

③花卉:蒲城桂花、潢川金桂、鄢陵蜡梅、洛阳牡丹、湘莲、苦水玫瑰、平阴玫瑰、

红河灯盏菊、临洮大丽花、横县茉莉花、漳州水仙、崇明水仙、丹东杜鹃、五莲杜鹃花、莱州月季、连城兰花、舒城小兰花、鞍山君子兰、静观蜡梅、南山蜡梅等。

10.4.3　认证程序

(1)地理标志集体商标和证明商标注册。依照《集体商标、证明商标注册和管理办法》进行地理标志集体商标和证明商标的注册和管理。注册程序包括申请注册、初步审定、公告发布等环节。

(2)地理标志产品保护。根据《深化党和国家机构改革方案》及十三届全国人大一次会议通过的《国务院机构改革方案》相关要求,国家知识产权局负责拟定原产地地理标志统一认定制度并组织实施。

申请地理标志产品保护,应依照《地理标志产品保护规定》经审核批准。使用地理标志产品专用标志,须依照该规定经注册登记,并接受监督管理。

地理标志产品保护申请,由当地县级以上人民政府指定的地理标志产品保护申请机构或人民政府认定的协会和企业提出,并征求相关部门意见。国外地理标志产品在中华人民共和国的注册依照《国外地理标志产品保护办法》执行。

地理标志产品保护的申请程序包括认证申请、受理及初审、形式审查、异议协调、技术审查、发布批准公告,标准制订等环节。

地理标志产品的产地范围,产品名称,原材料,生产技术工艺,质量特色,质量等级、数量、包装、标识,产品专用标志的印刷、发放、数量、使用情况,产品生产环境、生产设备,产品的标准符合性等方面须受到各地质检机构的日常监督管理。

(3)农产品地理标志登记程序。符合农产品地理标志登记条件的申请人,可依据《农产品地理标志管理办法》《农产品地理标志登记程序》进行农产品地理标志登记申请。

认证程序包括产地环境和品质鉴定、认证申请、材料初审、现场核查、专家评审、公告公示、异议复审、颁证、公布技术规范和技术等环节。

思　考　题

1.简述农业标准化概念与主要作用。

2.简述绿色食品概念与特征。

3.简述有机食品概念与特征。

4.绿色食品生产对农药、肥料有哪些要求?

5.简述绿色食品的认证程序。

11 设施园艺

【内容提要】

● 设施园艺的概念
● 园艺设施的主要类型及特点
● 日光温室的结构性能、设计要点及应用
● 加温温室结构及应用
● 园艺设施的环境特点及其调控技术
● 无土栽培类型及应用

现代园艺生产的一个显著标志是设施园艺的发展及园艺设施的精密程度越来越高。设施园艺(protected horticulture)又可称为保护地栽培,它是指在不适宜园艺作物生长发育的寒冷或炎热季节,利用保温防寒或降温防雨等设施设备,人为地创造适宜园艺作物生长发育的小气候条件进行生产。它是与露地栽培相对应的一种栽培方式。

由于设施园艺的发展,使得在不同季节进行生产以获得多样化产品及非时令产品成为可能,尤其是目前反季节蔬菜栽培发展很快,起着调节蔬菜淡季供应的作用。

设施园艺除在蔬菜、花卉生产中占有极其重要的地位外,很多果树,如草莓、桃、樱桃和葡萄等也越来越多地利用园艺设施进行生产,其发展前景十分广阔。

11.1 园艺设施的主要类型

11.1.1 简易设施类型

简易园艺设施主要包括地面简易覆盖和近地面覆盖 2 种类型,其中地面简易覆盖又包括秸秆覆盖、草粪覆盖、瓦盆覆盖、浮动覆盖,以及西北的砂田覆盖等类型;近地面覆盖又包括风障畦、阳畦(冷床)、酿热温床、电热温床等形式。这类设施的特点是结构简单,容易搭建,价格低廉,具有一定的抗风和小范围内提高气温和地温的效果,在冬季寒冷干燥且多风的地区,常用于早春栽培、冬季育苗和假植栽培等。

11.1.1.1　风障

　　风障(wind break bed culture)又称为风障畦,是一种比较简单的园艺设施。在冬春季节于栽培畦的北侧竖起屏障物,起着减弱风速、稳定气流、升温保湿的作用。搭建屏障物的材料可就地取材,常用芦苇、谷草、稻草、秸秆、竹竿、废旧薄膜等搭成防风篱笆。依风障高度不同可分为:

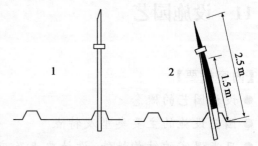

图 11-1　风障畦(张福墁等,2010)

1. 普通风障;2. 完全风障

　　小风障,风障高度在 1 m 左右,它的防风有效范围较小。

　　大风障(图 11-1),风障高度在 1.5～2.5 m,它的防风范围大大增加,防风效果也比小风障强。

　　风障多用在我国北方晴天多及风多地区的早春季节,主要用于越冬蔬菜安全越冬;早春提早播种或定植瓜类、茄果类、豆类蔬菜;早春半耐寒性蔬菜早熟栽培。

11.1.1.2　阳畦

　　阳畦(sun-heated pits)又称冷床(cold frames)。将风障畦的畦埂增高,成为畦框,在畦框上覆盖薄膜,并加盖不透明覆盖物,它是靠太阳光加温的简易保护设施。用作蔬菜冬春季育苗或春秋季栽培,保护花卉幼苗或老根防寒越冬,春播草花的播种以及花卉幼苗移植露地前的锻炼等。

　　阳畦由风障、畦框、保温覆盖物(蒲席、稻草)、玻璃(或薄膜)等组成。根据各地的气候条件、建造材料及栽培方式的不同,形成了畦框为斜面的抢阳畦和畦框等高的槽子畦(图 11-2)、改良阳畦(图 11-3)等类型。

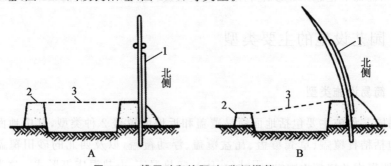

图 11-2　槽子畦和抢阳畦(张福墁等,2010)

A. 槽子畦;B. 抢阳畦

1. 风障;2 床框;3. 透明覆盖物

　　阳畦充分利用太阳光热,严密防寒保温。畦温受季节、天气变化影响很大。北京地区 1～2 月份外界最低气温－10℃时,畦内地表温度比露地高 13～15℃。严冬时,白天畦温可达 15～20℃,但夜间畦面仅有 0℃左右。昼夜温差可达 20℃以上。

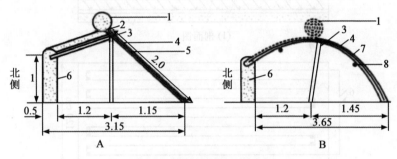

图 11-3　改良阳畦(单位:m)

A. 玻璃改良阳畦;B. 薄膜改良阳畦

1. 草苫;2. 土屋顶;3. 椽、檩、柱;4. 窗框;5. 窗框;6. 土墙;7. 拱杆;8. 横杆

11.1.1.3　温床

　　温床(hotbeds)是在阳畦的基础上改进的保护地设施,它除了具有阳畦的防寒保温作用外,还可以通过酿热物加温及电热线加温等来提高地温,以补充日光增温的不足,因此是一种简单实用的育苗设施。目前,应用最广泛的是电热温床(图11-4),其形式多样,依照保护设备条件而定,可在塑料拱棚或温室内的栽培床铺设电热线加温。

　　电热加温是利用电流通过阻力大的导体将电能转变成热能使床土增温,并保持一定的温度。电热加温升温快,地温高,温度均匀,调节灵活,使用时间不受季节限制,又能根据作物种类和天气条件调控温度和加温时间,通过仪表自动控制。研究结果表明,当外界气温为－10℃时,床内气温 15℃以上,从 2 月份至 3 月上旬,床内气温为 14～17℃,地温为 16.9～18℃,温度均衡,地温高于气温。

　　电热加温的主要设备有:电热线、控温仪、继电器(交流接触器)、电闸、配电盘(箱)等。电热线加温是比较理想的加温设备。为节省电能,应在充分利用自然光的基础上加强保温,用电热线作为调节床温的补充手段。电热线接线方法如图11-5 所示。

　　电热温床主要用于冬春季节,为温室、大棚培育果菜类蔬菜幼苗,或为露地早熟栽培培育成苗。有些单位把电热加温用于大棚果菜类的早熟栽培。花卉上,电热温床多在冬季或早春播种一年生草花,以提早供应花苗。果树上,用于早春提早

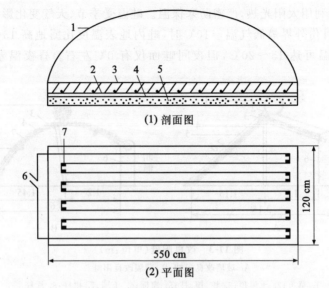

(1) 剖面图

(2) 平面图

图 11-4　电热温床(张福墁等,2010)

1. 塑料薄膜;2. 电热线;3. 床土;4. 细土层;5. 隔热层;6. 电热线导线;7. 短竹棍

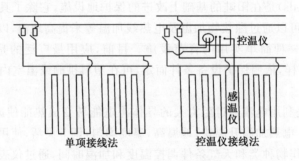

单项接线法　　　　　　控温仪接线法

图 11-5　电热线接线示意图

播种、插条催根、扦插育苗等。

酿热温床(图 11-6)是利用有机肥发酵产生热量的原理对土壤进行加温的。栽种前一个月在温床上盖帘、铺膜,为了提早化冻提高床内的温度,铺酿热物再提前一个月。温床内从上到下依次铺 10 cm 厚的营养土、40~50 cm 的有机肥加草。

酿热物发热的温度及持续时间由酿热物中的水分、氧气和 C/N 决定。一般情况下 C/N 为(20~30):1,含水量为 70% 左右,发热迅速而持久;C/N 大于30:1 时,发热温度相对较低,但持续时间长;C/N 小于 20:1 时,则发热温度相对

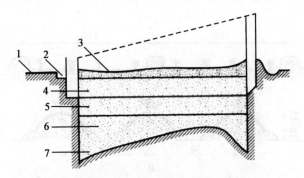

图 11-6   酿热物温床的结构(李式军等,2002)
1. 地平面;2. 排水沟;3. 床土;4. 第三层酿热物;5. 第二层酿热物;6. 第一层酿热物;7. 干草层

较高,但持续时间短。

11.1.2   塑料薄膜覆盖

随着农用薄膜的出现,塑料薄膜覆盖已成为当前设施园艺中一种重要的透明覆盖材料,除了日光温室采用这种材料,更加广泛的是在地面覆盖,大、中、小棚也得到应用。

11.1.2.1   地膜覆盖

地膜覆盖(plastic sheet mulch)是塑料薄膜地面覆盖的简称,它是用很薄的塑料薄膜紧贴在地面上进行覆盖的一种栽培方式。生产中可分为两种。

一种是利用厚度为 0.01~0.02 mm 的聚乙烯或聚氯乙烯薄膜覆盖于地表的一种栽培方式。它于作物播种后直接将塑料薄膜覆盖在播种畦上,又称为地面覆盖。薄膜覆盖设备简单,成本低,耗力少,能使作物早熟丰产,适宜大面积栽培使用。生产中常用的覆盖材料有无色透明膜、黑色膜、绿色膜、银灰色反光膜、黑白双色膜、有孔膜、杀草膜、崩坏膜、红外膜、保温膜、杀菌膜等多种,各种薄膜具有不同的用处,可根据需要进行选择,以便提高薄膜覆盖的效果。

另一种是将宽幅塑料薄膜、不织布(又称无纺布)、遮阳网等覆盖材料直接覆盖在园艺作物表面的一种保温覆盖栽培方式,又称为近地面覆盖。亦称为浮动覆盖或飘浮覆盖(floating mulch)。它覆盖形式简单,不用任何骨架材料,于作物栽植后将覆盖材料遮于作物上方,覆盖材料周围固定。这种方法在园艺作物提早或延晚栽培、防止霜冻方面效果较好。

地膜覆盖的方式可分为平畦覆盖、高垄覆盖、高畦覆盖、沟畦覆盖 4 种类型(图

11-7)。

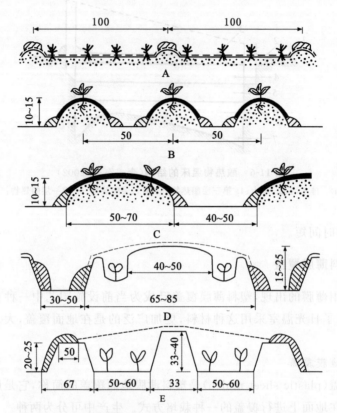

图 11-7　地膜覆盖方式示意图(单位:cm)(张福墁等,2010)
A. 平畦覆盖;B. 高垄覆盖;C. 高畦覆盖;D. 沟畦覆盖(窄沟畦);E 沟畦覆盖(宽沟畦)

11.1.2.2　塑料小棚

塑料小拱棚简称小棚,是利用毛竹片、细竹竿、荆条或 $\phi 5\sim 8$ mm 钢筋做骨架材料,拱棚的高度一般在 1 m 左右,跨度 1.5~3 m。塑料小棚虽然结构简单,建造容易,取材方便,但空间小,管理不便,棚内温度变化较大。在 12 月份至翌年 1 月下旬,棚内最低温度不适宜喜温作物栽培,耐寒作物也不能正常生长。由于其保温性能有限,仅能作为喜温蔬菜的秋延后栽培或春早熟栽培之用,也可保护一些花卉越冬。

塑料小拱棚按照棚顶面的形状,可分为拱圆棚、半拱圆棚和双斜面棚 3 种类型(图 11-8)。

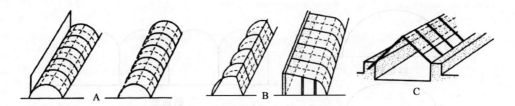

图 11-8 小拱棚结构示意图(李光晨、范双喜等,2001)

A. 拱圆棚;B. 半拱圆棚;C. 双斜面棚

11.1.2.3 塑料中棚

中棚介于小棚和大棚之间,人可以进入棚内操作。一般宽 3～6 m,中高 1.5～1.8 m,长 10 m 以上,面积为 30～60 m²。

中棚的性能与小棚基本相似。由于其空间大,热容量大,故内部气温比小棚稳定,日温差稍小,温度条件优于小棚,但比大棚差。在栽培中多用于喜温蔬菜的秋延后和春早熟栽培。近年来西瓜和甜瓜的春早熟栽培也多用此设施。在华北地区也可作为芹菜、韭菜、菠菜等耐寒蔬菜的越冬栽培。夏季还可作为防雨栽培,也有利用其支架作纱网栽培的。

11.1.2.4 塑料大棚

塑料大棚(plastic house)简称大棚,是利用竹木、钢材或钢管等材料支成拱形或屋脊形骨架,覆盖薄膜而成。棚高 2～2.5 m,宽 8～15 m,长 30～60 m,占地面积在 300 m² 以上。它与中小棚相比,具有坚固耐用、使用寿命长、棚内空间大、作业方便的优点;与温室相比,又具有结构简单、建造拆装方便和一次性投资少的优点。因此,成为目前应用最广泛的塑料拱棚。

(1)塑料大棚的类型。按棚顶形状可分为拱圆形和屋脊形;按骨架材料可分为竹木结构、钢架结构、钢竹混合结构、装配式钢管结构等多种类型;按连接方式又可分为单栋大棚、连栋大棚(图 11-9)。

(2)塑料大棚的组成。塑料大棚的骨架是由立柱、拱杆(架)、拉杆(纵梁)和压杆(压膜绳)等部件组成,俗称"三杆一柱"(图 11-10)。这是塑料大棚最基本的骨架构成,其他形式都是在此基础上演化而来的。

①立柱:起支撑拱杆和棚面的作用,纵横呈直线排列,是大棚的重要支柱,承受棚架、棚膜的重量,并有雨、雪的负荷和受风压与引力的作用,因此立柱要垂直或倾向于应力。钢材或薄壁铜管大棚骨架可以取消立柱,而采用拱架负担棚顶的全部重量。

②拱杆(架):是支撑棚膜的骨架,横向固定在立柱上,呈自然拱形,两端插入地

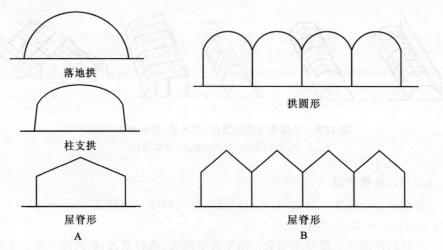

图 11-9 塑料薄膜大棚的类型(张福墁等,2001)

A. 单栋大棚;B. 连栋大棚

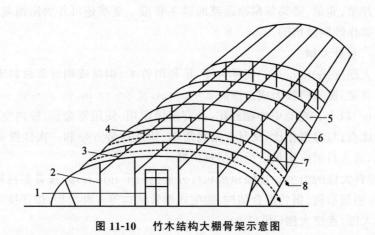

图 11-10 竹木结构大棚骨架示意图

1. 门;2. 立柱;3. 拉杆(纵向拉梁);4. 吊柱;5. 棚膜;6. 拱杆;7. 压杆(或压膜线);8. 地锚

下。作为大棚的骨架,拱杆决定了大棚的形状和空间构成,同时还起支撑棚膜的作用。

③拉杆(纵架):是纵向连接立柱、固定拱杆(架)的"拉手",使大棚整体加固连接,达到全棚稳定。竹木结构的棚多使用拉杆,钢筋棚多使用纵梁。

④压杆:位于棚膜之上两根拱架中间,起压平、压实和绷紧薄膜的作用,以利抗风和排水。压杆可用光滑顺直的细竹竿、8#铁丝、聚丙烯压膜线和聚丙烯包扎绳

等。管架大棚是用卡槽将薄膜卡紧。

⑤棚膜：一般使用厚度为 0.1～0.12 mm 厚的聚氯乙烯（PVC）或聚乙烯（PE）薄膜以及 0.08～0.1 mm 的醋酸乙烯（EVA）薄膜。薄膜幅宽不足时，可用电熨斗加热粘接。两块棚膜，顶部相接处为通风口；三块棚膜，两肩相接处为通风口。各幅薄膜相接处应重叠 50 cm 左右，棚的四周埋入土中的薄膜约 30 cm，以固定棚膜。

⑥铁丝：铁丝粗度为 16#、18# 或 20#，用于捆绑连接固定压杆、拱杆和拉杆。

⑦门、窗：门设在大棚的两端，作为出入口及通风口。门的下半部应挂半截塑料门帘，以防早春开门时冷风吹入。通风窗在北方地区宜采用扒缝放风的方式较为方便，且效果好。

⑧天沟：连栋大棚在两栋连接处的山谷部位设置天沟。天沟是用水泥预制成槽形构件，或用薄钢板做成落水槽，以排除雪、雨水。

（3）塑料大棚的结构。依照建棚所用的材料不同其棚型结构分为以下几种。

①竹木结构：大棚的立柱和拉杆使用的是杨柳木、硬杂木或粗竹竿等。拱杆及压杆等用竹竿。竹木结构的大棚便于就地取材，容易建造，因陋就简，造价较低。但竹木易朽，使用年限短，又因棚内立柱多，挡光遮阴，且操作不便。

②钢架结构：大棚的骨架采用轻型钢材，如 φ12～16 mm 的圆钢、小号扁钢、角钢等。可焊接成单杆拱、平面或三角形拱架或拱梁，可以减少立柱或无立柱（图 11-11、图 11-12）。这种棚抗风雪能力强，坚固耐用，操作方便，可机械作业，也可采用自动或半自动开关风窗，是以后棚型结构发展的方向。

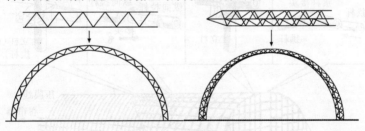

图 11-11　钢筋大棚拱架

③混合结构：棚型结构与竹木大棚相同，唯使用的材料是竹木、钢材、水泥构件等多种材料。为使棚架坚固耐久，并能节省钢材，除拱杆用钢材、竹竿外，立柱用水泥柱，拉杆用竹木或钢材等。

目前，生产中采用钢拱架、竹木拱杆的混合结构的无柱大棚比较适用，生产上构件已渐规格化、商品化。

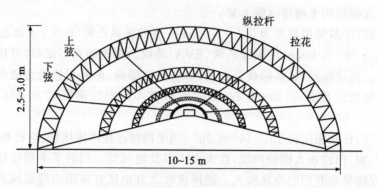

图 11-12　钢筋桁架无柱大棚示意图

④装配式钢管结构:采用薄壁镀锌钢管组装而成。由工厂按照标准规格进行专业生产配套供应给使用单位。目前生产的有 5.4 m、6 m、7 m、8 m 及 10 m 跨度的大棚。如 8 m 跨度的大棚,棚高 3 m,拱杆用 $\phi 25$ mm×1.2 mm 的薄壁钢管,内外镀锌;用 $\phi 22$ mm×1.2 mm 的镀锌钢管做纵向拉杆,所有部件用承插、螺钉、卡销或弹簧卡具连接,用镀锌卡槽和钢丝弹簧压固薄膜,用卷帘器卷膜通风(图 11-13)。这种棚型结构的特点是:具有一定的规格标准,结构合理,耐锈蚀,安装拆卸方便,坚固耐用。

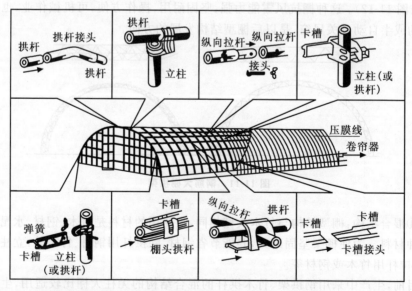

图 11-13　装配式镀锌钢管大棚及连接示意图(张福墁等,2010)

(4)大棚的应用。在蔬菜上,春季进行果菜类早熟栽培(温室育苗,大棚定植),可提早 20～40 d;秋季延后栽培,可延后 25 d 左右,或春季为露地培育茄果类蔬菜的幼苗;秋冬进行耐寒性蔬菜的加茬栽培,如菠菜、油菜、白菜和青蒜等;早春栽培草莓、葡萄、桃等,提早成熟。

在花卉栽培上,可作花卉越冬设备使用,夏季拆掉薄膜作露地花圃使用。在北方可代替日光温室,进行大面积草化播种和落叶花木的冬插及菊花等一些花卉的延后栽培。在南方则可用来生产切花,或供亚热带花卉越冬使用。

11.1.3　温室

温室(greenhouse)是园艺设施中性能最为完善的类型,因此成为园艺生产中最重要、应用最广泛以及对环境因子的调控能力最强的设施。温室生产不受地区和季节限制,可实现周年均衡生产。但温室一般需要较大投资和较多设备,其形式类型多样,生产中往往与其他保护地设施配合使用。

11.1.3.1　温室的类型及特点

温室的栽培历史悠久,发展迅速,其种类很多。通常依据温室的应用目的可分为观赏温室、生产温室和科研温室等。

观赏温室专供陈列花卉、观赏树木之用,外形要求美观、高大。宽广的温室内可设置花坛、草地、水池及其他园林装饰,供游人游览。

科研温室是科学研究、实验的理想设施,对环境条件控制水平较高,人工气候室是高级的科研温室。观赏温室和科研温室均采用钢结构、铝合金或钢铝混合结构,屋顶采用玻璃屋面,一般造价和维持费用较高。

生产温室类型很多,依热能来源可分为日光温室和加温温室;依屋面覆盖材料可分为塑料薄膜温室和玻璃温室;依建造材料可分为土木结构温室、金属(钢、铝合金)结构温室;依屋面形式可分为单坡面温室、双坡面温室、三折面温室、拱圆形温室、屋脊形温室和连栋温室等(图 11-14)。

11.1.3.2　日光温室的结构及性能

日光温室不需人工加温,完全利用日光作为热能来源,加上良好的保温设施创造适宜的温度环境。它的建造方便,设施简单,造价较低,生产成本低,被称之为高效节能日光温室。目前我国发展的绝大多数温室为这类温室。

(1)日光温室基本类型。

①单坡面温室:这种温室的进光面是一个平面,由北向南倾斜接地(图 11-15)。一般长度为 30 m,宽 6 m,后墙高 1.6～2 m,后屋面宽 1.9 m 左右,中柱高 2.5 m,前柱高 1.3 m,后墙距中柱 1.6 m,中柱距前柱 2.1 m,前柱距南边 2.3 m,塑料薄膜与地面的夹角为 30°左右。

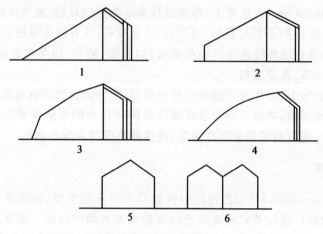

图 11-14　温室的外形

1. 单坡面式；2. 双坡面式；3. 三折式；4. 拱圆式；5. 屋脊形；6. 连栋式

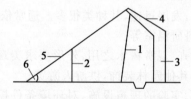

图 11-15　　单坡面温室

1. 中柱；2. 前柱；3. 后墙；4. 后屋面；5. 塑料薄膜；6. 薄膜与地面夹角

　　这种温室的骨架多用竹竿或木杆,也有用钢材的,温室只有一个朝南的透光面,结构简单,用料少,建造容易。冬季日光入射角小,透光率大,室内温度高,加上夜间便于覆盖草苫,保温性能好,可用于喜温蔬菜的越冬栽培。其缺点是温室南侧太矮,空间狭小,不便操作管理。

　　②双坡面温室:又叫立窗式温室,前立面有的垂直于地面,有的略向南倾斜,其结构规格各地差异很大。一般中柱高 2～3 m,前立柱高 1.7～1.8 m,跨度 6.5～10 m,后墙高 1.8～2 m,后墙用土打时,底宽 1.2 m,上宽 1 m;用砖砌时,一般为三砖空心墙。后坡长 1.6～1.7 m,铺上草箔并抹草泥共 30 cm 厚(图 11-16)。

　　这种温室的骨架主要是木材,是土木或砖木结构。透明覆盖物是塑料薄膜,保温覆盖物多用棉被。温室空间较大,采光性能良好,保温性也强,可进行喜温作物的越冬栽培。

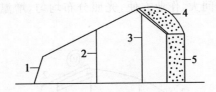

图 11-16　双坡面温室

1. 立面;2. 前立柱;3. 中柱;4. 后屋面;5. 后墙

③拱圆形温室:这种类型的日光温室,透光面为拱式弧形。根据后屋面的宽窄又分为长后坡矮后墙和短后坡高后墙式两种温室。

长后坡矮后墙式日光温室的结构(图 11-17),跨度 5~6 m,中高 2.2~2.4 m,后屋面宽 2~2.5 m,后墙高 0.6~0.8 m,厚 0.6~0.7 m,后墙外培土。前屋面为半拱形,由支柱、横梁、拱杆组成,拱杆上覆盖塑料薄膜,在薄膜上面两杆之间设压膜线。夜间盖草苫或棉被防寒。前屋面外底脚处挖防寒沟,深 50~60 cm,沟内填乱草,以减少室外冻土低温传入温室内部。这种温室光照条件好,采光均匀,保温性强,当外界温度降至-25℃时,室内可保持在 5℃以上,适宜较寒冷地区采用。但由于后坡较长,3月份后遮光现象明显,不适宜春早熟栽培利用。

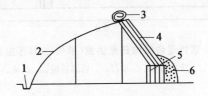

图 11-17　长后坡矮后墙温室

1. 防寒沟;2. 拱杆;3. 草苫;4. 后屋面;5. 后墙;6. 培土

短后坡高后墙式日光温室(图 11-18),其结构为:跨度 6~8 m,后坡长 1~1.5 m,后墙高 1.5~1.8 m,中高 2.2~2.4 m,其结构与前者相似。这种温室由于后墙高,后屋面短,冬春季节光照条件好,春秋光照也充足,保温性能也较好,室内作业方便,适宜北方地区春提早或秋延后栽培,也可进行冬季育苗或耐寒作物的冬季生产。

④钢竹混合结构日光温室(图 11-19):跨度 6~8 m,前屋面每隔三道钢筋或竹木拱杆加设一道钢拱梁(用 $\phi14$~16 mm 钢筋做上弦,$\phi10$~12 mm 钢筋做下弦,$\phi8$~10 mm 钢筋做拉花),也可用镀锌钢管做拱杆。中高 2.5~3 m,后墙高 1.7~1.8 m,用砖筑空心墙,内填稻壳等隔热材料,后屋面长 1.8 m 左右。这种温室结

构坚固,前部无立柱,空间大,作业方便,光照分布均匀,增温快,保温性能好,使用寿命长,但造价较高。

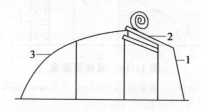

图 11-18　短后坡高后墙温室
1. 后墙;2. 后屋面;3. 拱杆

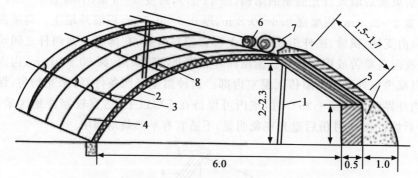

图 11-19　钢竹混合结构日光温室(单位:m)(张振武,1989)
1. 中柱;2. 钢架;3. 横向拉杆;4. 拱杆;5. 后墙后坡;6. 纸被;7. 草苫;8. 吊柱

(2)日光温室改良类型。

①SG-5-A-Ⅱ型日光温室:为寿光第 5 代标准型下挖式单立柱钢构拱架结构日光温室,长后坡,后立柱在走道前面距后墙底内侧 1.0 m 处,温室墙体夯土而成,跨度 9.0～13.0 m,栽培床面低于地平面 0.4～1.2 m。该型日光温室保温性能良好,适用于北纬 38℃以北冬春寒冷季节持续阴天不多于 5 d 的地区(图 11-20)。

②西北非耕地石砌墙下挖型日光温室:该结构日光温室,从地面下挖 1 m,就地取材,利用石块浆砌墙体,用砂石堆砌保温层,底部总厚度达到了 4 m,是二代日光温室墙体厚度的 2.5 倍,这种结构既避开了当地冻土层,利用深层地热辐射保温,减少了热量流失,增加了保温储热能力,减少了温室受风沙、寒流等自然灾害的危害,又延长了使用寿命,大大降低了日光温室建造成本。这种类型温室主要适用于环境比较恶劣、自然灾害频繁的西北高原地区各类瓜菜的周年生产(图 11-21)。

③西北非耕地双拱双膜下挖型日光温室:该结构日光温室,从非耕地地平面下

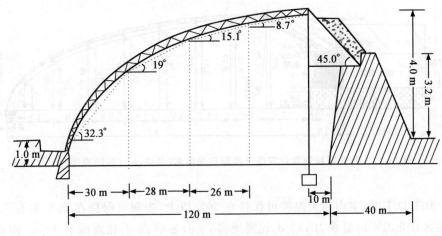

图 11-20　SG-5-A-Ⅱ型日光温室（胡永军等,2013）

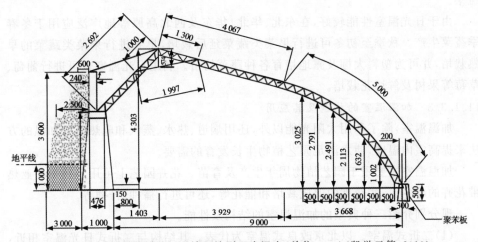

图 11-21　西北非耕地石砌墙下挖型日光温室（单位:mm）（殷学云等,2013）

挖 1 m 砌建温室墙体,脊高 4.2 m,跨度 8.5 m,主墙体厚度不少于 1.5 m。此类型温室空间更大,透光性能提高,保温蓄热能力得到有效改善,生产操作更加方便,也进一步提高了实用性和安全性能(图 11-22)。

(3)日光温室的性能及应用。日光温室北面有后墙,甚至是双层空心墙,还有后屋面,两侧有山墙,阻止了大量的传导放热;另外夜间在塑料薄膜上覆盖一层棉被或草苫,减少了辐射和交换放热,使白天贮存的热量尽可能地保留在温室内,因此温室的温度条件要比大棚好得多。在北纬 40°左右的地区,当外界最低气温达

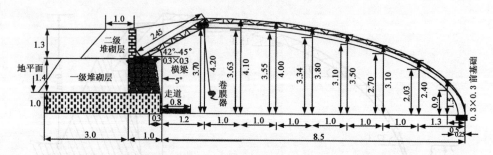

图 11-22 西北非耕地双拱双膜下挖型日光温室（单位：m）（张国森等，2011）

到−10℃以下时,室内白天温度可保持在20℃以上,夜间可保持在10℃左右。北方地区日光温室的夏季为173 d,比露地多70 d,冬季72 d,比露地少90 d。因此,从"雨水"至"大雪"均可安全栽培喜温蔬菜,从"大雪"至"雨水"可栽培耐寒的绿叶蔬菜。

由于日光温室性能较好,在东北、华北、华东及西北高原等地广泛应用于冬春季蔬菜生产。秋季至初冬可进行果菜类蔬菜延后栽培,早春进行果菜类蔬菜的早熟栽培,并可为塑料大棚及露地培育各种蔬菜幼苗。利用日光温室也可进行葡萄、草莓等果树及鲜切花栽培。

11.1.3.3 加温温室的构造及其应用

加温温室,除了利用太阳光能以外,还用烟道、热水、蒸汽和电热等为加温的方法来提高室内温度,使之满足园艺植物生长发育的需要。

加温温室主要用于园艺植物周年生产及育苗。花卉园艺上可用于热带和亚热带花卉的越冬、一些花卉的促成栽培和催花等,还可进行播种、扦插等。

现分别介绍三种典型的加温温室的结构及性能。

(1)二折式温室。以北京改良式温室为代表。其结构与二折式日光温室相近,所不同的是在室内靠后墙处设加温火炉。炉灶用砖砌成,分为炉身、火道(散热管)及烟囱等(图11-23)。

改良温室借助充分采光、严密保温、适量通风和补充加温等措施,可在冬春季节控制达到适宜作物生长的小气候条件。改良温室的特点是温室较矮,空间及栽培面积小,便于加温保温,供热量小,热损耗小,可节省燃料,适宜周年生产。但是,室内操作不便,土地利用率低,室内局部温差大,冬茬地温低,各茬产量及温室不同部位的产量差异大。在当前生产条件下,改良温室作为中小型温室在寒冷地区使用尚能发挥一定作用。

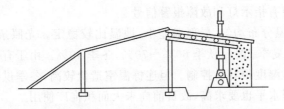

图 11-23　北京改良式加温温室

（2）三折式温室。温室内无立柱,或在前檐下设一排立柱。玻璃屋面用"丁"字钢或角钢及圆钢焊接成桁架。桁架成三个不同角度的玻璃窗,故称三折式(图11-24)。这种温室与二折式温室比较,优点是空间高,跨度大,栽培面积扩大,土地利用率高,栽培床上无立柱,便于操作。玻璃屋面加大,由三个不同坡度的透明屋面组成,因此适合不同季节的采光,室内采光好,光能利用率高。后墙及后屋顶如果防寒保温好,则室内温度提高。若加强保温,冬季最低温－15℃左右的地区不加温,可做日光温室栽培。

三折式温室具有升温快、保温好、局部温差小的特点,但需注意保持适宜的地温。在正常管理条件下,可以满足植物生长发育的需要。

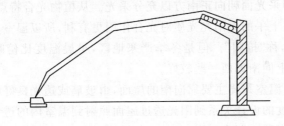

图 11-24　三折式温室

（3）双屋面连栋温室。二栋或二栋以上相连接的温室称为连栋式温室,是现代化大型园艺温室中应用最广泛的一种形式。目前国内连栋温室大体分为 3 种:国内自行设计制造型、荷兰型、美国拱圆屋面型。连栋温室使用钢材、钢化玻璃、普通玻璃、丙烯酸树脂玻璃纤维加强板(FRA)等建成。

连栋温室的设备包括加温、通风、灌水(施肥)、二氧化碳发生器、保温幕、蒸汽消毒、电控操作及监测装置等。各种装备的电控系统集中在一个室内或一个控制台上,作为温室的管理中心。各个系统的控制设备可设立电子程序控制设备,也备有手动控制设备,以便在机械发生故障或停电时不误操作。各控制系统应有单独的控制开关,并装有指示灯和故障报警信号。

连栋温室气温分布均匀,局部温差小,地温比较稳定。光照条件良好,室内透光率:春季 51%,夏季 70%,秋季 60%～70%,冬季 49%。由于有良好的通风设施和喷雾设施,相对湿度很容易控制。但连栋温室造价较高,冬季供暖和夏季降温的维持费用高,管理水平也要求高,故目前尚未大面积推广使用。

11.1.3.4　温室的设计与施工

以日光温室为代表,介绍温室的规划设计基本原则、要素与施工技术要点。温室在我国华北、华东、西北及东北部分地区主要用于反季节栽培,即秋冬季节延迟栽培和冬春季节的促成栽培。因此,温室设计一定要考虑秋—冬—春约半年时间的自然光、热条件及其充分利用,即如何解决好这段时间内温室的采光与保温问题是主要目标。

(1)温室采光设计。日光温室主要依靠太阳辐射热为热源,因此,温室设计上要保证在有效时间内尽可能多地接受直射光照射并尽量使光照分布均匀一致,这除了地理位置、季节、天气条件的自然因素影响以外,温室的方位、采光面材料和角度、温室结构等都必须在设计上充分考虑和体现出来。

①温室方位:这是指温室屋脊的走向,应坐北朝南(我国北方等应用温室地区),东西延长,即采光面朝向正南方以充分采光。从植物光合特点看,上午光合效率比下午强,而且上午的太阳光光质对光合作用更有利,所以温室方位可以向南稍微(5°～10°)偏东,称"抢阳"。但是冬季严寒地区,早晨温度比傍晚低得多,宜"抢阴",即温室方位上向南偏西一些较好。

②屋面角度:温室采光主要靠向南的屋面,由玻璃或透光良好的塑料薄膜为屋面材料。屋面角度的设计关系到阳光透过屋面照射到温室内的透光率。影响透光率的重要因素是光线入射角(图 11-25),一般情况下是入射角越小,透光率越大。影响入射角的因素,除屋面角度外,随季节变化的太阳高度角也很重要,不可忽视,这与各地纬度有关。北京地区(北纬 40°),温室的采光屋面以 30°～38°较好,地理位置越往南,屋面角度越小些;反之,往北应大些。

③后屋面仰角和宽度:日光温室后屋面仰角是指室内后坡上仰与地平线平行面所呈的夹角。仰角大,室内光线好,但不便于室外揭、盖苫的操作;仰角小,屋面在室内有一定遮阴,影响墙体及屋面蓄热。仰角应略大于当地冬至时午时太阳高度角。后屋面一般宽 0.8～1.2 m,过宽影响采光。

④骨架材料:任何形式的温室前屋面内架材料都会有一定遮阴。琴弦式日光温室利用 8# 铁丝做成横梁,截面积小,室内光照较好;竹木结构遮阴大;钢筋或钢管制成拱架,以较细的钢筋做拉杆连接拱架,不设立柱和横梁,室内光照好,又便于

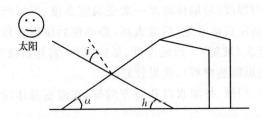

图 11-25 太阳高度角(h)、光线入射角(i)和温室屋面角(α)示意图

农事操作。

⑤采光面材料:节能型日光温室多用聚乙烯膜和聚氯乙烯膜,也有用醋酸乙烯膜的,已很少用玻璃了。采光面要透光性能好,具有防老化、防雾滴、防尘等多种功能,也有抗污染、抗机械破伤性能;即使这样,使用过程中也应勤清扫覆盖膜,以尽量保持透光性。

(2)温室的保温设计。为提高保温性能,建造温室时,温室的后墙、山墙及后屋面应尽量选用导热率低的围护材料,并有一定厚度;后墙用砖砌成空心墙,或在其中充填灰渣、稻壳等材料,墙外再加上秸秆围护或培土,都有隔热效果(防寒、防散热)。

采光的屋面,白天采光,夜晚散失热量也相当大,应给予棉被、蒲草席或草苫覆盖,早晨太阳升起后再卷起。这些覆盖材料和冬季降雪所产生的负荷是温室骨架设计必须考虑的。

温室的门窗、通风口,设计上要注意避免正对着该温室所在地的主要风向,也是为减少温室内蓄积了的热量少散失,既要管理、操作方便,又要保暖,能通能闭。

(3)温室的总体设计。

①长度:温室东西延长,其长度一般以 60~80m 较适宜,太短则山墙遮阴面积所占比例较大,利用效率低,温室造价高;太长则管理不方便,通风难度也大。

②跨度和高度:温室跨度是指温室的后墙内侧到前屋面底角处之间的距离,一般以 7 m 较为适中。加大跨度势必要增加温室高度和屋面拱长,而不能降低屋面采光角度,从而损失透光率,这是不可取的。所以,屋面最高高度与温室跨度以 1:2.2 为宜。这样,跨度 7 m 时,高度 3.0~3.2 m,无论栽培茄果类、菜豆等蔬菜,还是栽培葡萄、桃、草莓等果树,均能满足植物生长发育的光热需要,又便于操作管理。跨度与高度太大,屋面承重(覆盖材料、降雪等)大,温室造价高。只栽培低矮的花卉、叶菜类蔬菜,温室高度可以稍低些,但也不宜低于 2.5 m,再低,温室南半部就不容易进人操作了。

③后墙体高度与厚度:后墙体高度一般受温室高度、后屋面仰角的限制,不能太高或太低。如果温室高度既定,后墙太高,势必使后屋面仰角变小,反之后墙太低,使后屋面仰角变大(坡陡)。后墙厚度,影响隔热、蓄热的效果,0.4～0.7 m 厚的土墙或空心墙(内填隔热材料),效果较好。

其他,如通风口、门窗、排灌水口和防寒沟等,在温室总体设计上均不能忽略,应选择正确的方案。

(4)温室的施工。温室,特别是温室群,必须建在适宜的地块,应满足以下条件。

①地形开阔:四周无高大建筑、树木、山坡等遮光物体。不要在山谷地的谷底建温室,也不要在高墙大院内建温室,这些地方通风差,栽培作物易染病害。大面积的温室群,有防风林好,应营造疏透型防风林,并距第一排温室 5～10 m 远。

②地下水位低,土质疏松,易灌易排,不淤涝,不干旱,不盐渍化。

③交通方便,供电水方便,管理方便。

④温室与温室的间距:我国北方地区应以冬至前后太阳高度最低、光照时间最短的季节里也能保证前排温室不对后排温室遮光为准,以温室在冬至前后每天受光 6 h 以上作为参数,若温室高 3.1 m,北京地区建温室,间距应有 8.2 m 以上,温室的生产性能方可得到保证。

11.2　园艺设施的环境特点及其调控

11.2.1　设施条件下光照环境及其调控技术

11.2.1.1　保护地内的光照环境特点

(1)光照强度。在保护地条件下由于覆盖材料吸收、反射、内面结露的水珠折射、吸收等诸多因素的影响,保护地内的光照强度,一般均比自然光弱,只有自然光的 50%～70%。

(2)光照时数。因设施类型而异。塑料大棚和大型连栋温室,因全面透光,无外保温覆盖,保护地内的光照时数与露地基本相同。但单屋面日光温室内由于夜间保温,要揭盖棉被,因此室内的光照时数一般比露地要短。

(3)光质。由于透明覆盖材料性质不同,透过的光质不同,因此,设施内的光组成也与自然光不同。

(4)光分布。在设施条件下,由于类型不同,光照分布也不一样。温室中的光比大棚中的光在分布上更不均匀,是由于后墙、后坡、东墙、西墙的遮阴。冬天温室的入射光要比夏天多一些,而分布也比夏天均匀些(这是按照设计温室的要求,即冬天使光入射最多以确保此时得到充足的热量的要求)。

11.2.1.2 保护地内光照环境的调节与控制

(1)影响保护地内光环境的因素。

①园艺设施的透光率:是指设施内的太阳辐射能或光照强度与室外的太阳辐射能或自然光强之比。

②室外的光照条件:保护地内的光照来源于室外的太阳辐射,因此,在光照强度、光分布以及光周期等方面受室外光照条件的影响。

③覆盖材料的透光特性:应尽量选择透光性能好的覆盖材料,如无滴膜。

④污染和老化对透明覆盖材料透光性的影响:保护设施覆盖材料的内外表面经常被灰尘等污染,透明覆盖材料内表面经常附着一层水滴或水膜,使保护地内光照强度大为减弱,光质及光分布也有所改变。

⑤园艺设施的结构、类型与方位:园艺设施所处的地理位置、气候条件、设施结构、方位、前屋面角大小以及设施间距等因素会影响保护地内的光照、光分布及透光性。

(2)保护地内光照环境的调节与控制。

①改进设施结构,提高透光率:依据生产的季节及当地的自然环境,选择适宜的建筑场地及合理的建筑方位;在既保证透光率高又兼顾保温好的前提下,合理设计前屋面角、后屋面角、后屋面长度;在保证温室结构强度的前提下尽量选用细材,以减少骨架遮阴,改善室内的光环境条件;选用透光率高且透光保持率高的透明覆盖材料。

②改进管理措施:经常清扫棚膜以减少染尘,从而保持棚膜的干净、整洁,增加透光,内表面应通过放风等措施减少结露,防止光折射,提高透光率;保温前提下,尽量早揭晚盖草帘,增加光照时间,在阴天或雪天,也应揭开不透明覆盖物,时间越长越好,以增加散射光的透光率;通过合理密植,合理安排种植行向,从而减少作物间遮阴,一般行向以南北行较好,若是东西行,要加大行距,以减少遮阴;要通过整修修剪及选择耐弱光品种,加强植株管理,从而提高透光率;可利用地膜覆盖、后墙张挂反光幕等,增加地面及后墙反光;也可采用有色薄膜,人为地创造某种光质,以满足某种作物或某个生育时期对该光质的需要,获得高产、优质。

(3)遮光。

①目的:减弱设施内的光照强度,降低设施内的温度。

②遮光方法:常用的遮光方法有覆盖遮阴物如遮阳网、透明屋面喷涂遮光材料、屋面流水等。

(4)人工补光。

①目的:补光,以满足作物对光周期的需要;作为光合作用的能源,补充自然光的不足。

②人工光源的要求:进行设施栽培时,要求人工光源有一定强度且具有一定的可调性;要有一定的光谱能量分布,可以模拟自然光强。

③常见的人工光源:白炽灯、荧光灯、金属卤化物灯和高压钠灯。

11.2.2　设施条件下温度环境及其调控技术

11.2.2.1　保护地内温度环境特点

(1)气温形成及特点。

①形成:设施条件下,气温的形成主要是由太阳辐射、地面释放热量及温室效应三部分组成。

②气温特点:设施条件下,季节变化较露地明显,冬天天数明显缩短,夏天天数明显增长,保温性能好的日光温室几乎不存在冬季;设施内的日温差较大,晴天昼夜温差明显大于外界;气温分布严重不均,上高下低,中部高四周低,单屋面温室夜间北高南低。

(2)地温。土温较气温稳定。中部高于四周,30 cm 以下土温变化很小。

(3)设施内的热收支状况。

①热量平衡方程:

热量来源=太阳总辐射+人工加热量

热量支出=贯流放热+潜热消耗+换气放热+地中传热

热量平衡方程:进入保护地的热量=热量支出+蓄热

②热量的支出途径:设施条件下热量支出的途径主要有以下 5 种:地面、覆盖物、作物表面以有效辐射失热;土壤与空气之间,空气与覆盖物之间以对流方式,进行热量交换,并通过覆盖物外表面散热;通过土壤表面蒸发,作物蒸腾,覆盖物表面蒸发等以潜热形式失热;设施内通风排气将显热和潜热排出;土壤传导失热。

11.2.2.2　保护地内温度环境的调节与控制

(1)保温。

①减少贯流放热和通风换气量:为了提高设施的保温能力,可通过增加保温覆盖的层数,采用隔热性能好的保温覆盖材料,以提高设施的气密性。

②保温覆盖的材料与方法:使用保温性好的专用保温被等。

③增大保温比:适当降低园艺设施的高度,缩小夜间保护设施的散热面积,有利提高设施内昼夜的气温和地温。

④增大地表热流量。

（2）加温。随外界气温的下降，用人工加温的方法补充设施内放出的热量，而使其内保持一定的温度。

①环保加热：利用太阳能，在白天最大限度地增加进光量，从而提高室内的气温；利用酿热物对土壤进行加温。

②利用能源加热。

③利用工业余热。

（3）降温。

①遮光降温法：通过在骨架上架设遮阳网，减少进入设施内的热量来降温。

②屋面流水降温法：结合通风降温，防止空气湿度过大。

③蒸发冷却降温：让空气先进入蒸发冷却装置，再进入室内，达到降温的目的。

④通风换气降温：有强制通风和自然通风两种。

11.2.3 设施条件下湿度环境及其调控技术

11.2.3.1 保护地内空气湿度的调节与控制

（1）空气湿度的形成与特点。设施内的空气湿度是由土壤水分蒸发和植物体内水分的蒸腾，在设施密闭情况下形成的。设施内的空气湿度也存在昼夜变化和季节性变化。日变化与温度的日变化趋势相反，在密闭的情况下，夜间随着气温的下降相对湿度逐渐增大，往往能达到饱和状态；日出后随着温度的升高，相对湿度开始下降，所以设施内的空气湿度日变化大。从设施内湿度的季节变化看，空气相对湿度以早春和晚秋最高，夏季由于温度高和经常通风换气，相对湿度较低。

设施内由于作物生长势强，蒸发旺盛，在密闭情况下设施内水蒸气很快达到饱和，空气相对湿度比露地要高得多。高湿环境是设施栽培的突出特点，由于病害的滋生与高湿环境密切有关，降低设施内的相对湿度显得尤为重要。

（2）空气湿度的调节与控制。

①除湿的方法和效果：自然通风，通风量不易掌握，且室内降湿不均匀；加温除湿，是较有效措施之一；通过覆盖地膜，有效地降低土壤水分蒸发，从而降低空气湿度；选择合适的灌溉方式，如采用滴灌、渗灌或膜下暗灌，能够节水增温、减少蒸发、降低空气湿度；在设施内张挂或铺设有良好吸湿性的材料，用以吸收空气中的湿气。

②加湿：周年生产时，高温季节常遇到高温、干燥、空气湿度不够，这时可通过喷雾加湿、湿帘加湿、温室内顶部安装喷雾系统等方式增加空气湿度，从而保证植物正常生产。

11.2.3.2 保护地内土壤湿度的调节与控制

因为保护地内的空间或地面有比较严密的覆盖材料,土壤耕作层不能依靠降雨来补充水分,故土壤湿度只能由灌水量、土壤毛细管上升水量、土壤蒸发量以及作物蒸腾量的大小来决定。

保护地内的水分收支状况决定了土壤湿度,而土壤湿度直接影响到作物根系对水分、养分的吸收,进而影响到作物的生育和产量、品质。在保护地内,应依据土壤水分含量、参照作物各生育期的需水量和植物体内水分状况来进行保护地内水分管理。保护地内常用的灌溉方式有畦灌、喷灌、滴灌和膜下暗灌等。

11.2.4 设施条件下气体环境及其调控技术

11.2.4.1 保护地内气体环境对植物生育的影响

(1)氧气。与作物的呼吸作用有关。而且地下部的根系需要有充足的氧气,否则根系会因缺氧而窒息死亡。此外,种子萌发过程中必须有足够的氧气,否则会因酒精发酵毒害种子使其丧失发芽力。

(2)二氧化碳。是园艺作物生命活动必不可少的,是光合作用的原料。在设施密闭的环境条件下,由于植物的光合作用,常会出现 CO_2 的亏缺,从而影响植物的光合作用和产量。

(3)有害气体。

①氨气和二氧化氮:由于肥料分解而产生,特别是过量施用鸡粪、尿素等肥料的情况下易发生。主要侵害植株的幼芽,使叶片的周围呈水渍状,其后变成黑色而渐渐枯死,这种危害往往在施肥后 10 d 左右发生。

②二氧化硫和一氧化碳:保护地内进行煤火加温时,如果煤中含硫化物多时,燃烧后会产生二氧化硫气体;未经腐熟的粪便及饼肥等在分解过程中,也释放出多量的二氧化硫。二氧化硫经叶片气孔侵入叶肉组织,生理活动旺盛的叶片先受害,植物的新陈代谢受到干扰,光合作用受到抑制,氨基酸总量减少。一氧化碳是由于煤炭燃烧不充分和烟道有缝隙而排出的毒气。

③乙烯和氯:保护地内的乙烯来源于有毒的塑料薄膜或有毒的塑料管。

④氟化氢和臭氧:是由于大气污染产生的有害气体。氟化氢从叶面气孔侵入,经过韧皮细胞间隙而到达导管,使蒸腾、同化、呼吸等代谢机能受到影响。臭氧所造成的受害症状随植物种类和所处条件而不同,一般受害叶面变灰色,出现白色的荞麦皮状的小斑点或暗褐色的点状斑,或不规则的大范围坏死。

11.2.4.2 保护地内的气体环境条件的调节与控制

(1)二氧化碳的调节与控制。设施内一天之中,CO_2 的变化规律是昼低夜高。

夜间随着土壤释放和植物的呼吸作用放出 CO_2 是其积累的主要原因,到凌晨时刻温室内 CO_2 浓度积累到较高。日出后,随着作物开始旺盛地进行光合作用,室内 CO_2 浓度迅速降低。CO_2 的亏缺通常出现在日出后 $1\sim2$ h 内,设施的通风系统还未开启的情况下表现最为明显。

设施内二氧化碳的补充可以采取有机肥发酵、燃烧天然气、燃烧白煤油、释放液态二氧化碳和固态二氧化碳、燃烧煤和焦炭、通过化学反应、二氧化碳颗粒肥等方法,国内比较常见的是燃烧天然气和通过化学反应的方法,国外燃烧白煤油和释放液态二氧化碳的方法比较普遍。

(2)预防有害气体。

①防止农药的残毒污染:限制使用某些残留期较长的农药品种;改进施药方法,如发展低容量和超低容量喷雾法,应用颗粒剂及缓释剂等,既可提高药效,又能减少用药量,缓释剂还可以使某些高毒农药低毒化。

②防止农药对植物的药害:不能将不同种农药任意混用,以免产生有害气体,不要在高温下喷药,浓度切勿过高,药量不可过大。

③防止大气污染:园艺设施应远离有污染源的地方,避免受排放的工业废气的污染。农用塑料化工厂要严格禁止使用正丁酯、邻苯二甲酸二异丁酯、己二酸二辛酯等原料,以免产生有害气体,污染保护地内的空气。

④通风换气:在设施的使用过程中,注意通风换气,能有效降低有害气体的危害,并可补充设施内的二氧化碳的含量。

11.2.5　设施条件下土壤环境及其调控技术

11.2.5.1　设施内的土壤环境特点

由于温室内是一个封闭的或半封闭的空间,自然降水受到阻隔,土壤受自然降水自上而下的淋溶作用几乎没有,使土壤中积累的盐分不能被淋洗到地下水中。由于保护地内温度高,作物生长旺盛,土壤水分自下而上的蒸发和蒸腾作用比露地强,根据"盐随水走"的规律,也加速了土壤表层盐分的积聚。设施内作物栽培的种类比较单一,复种指数高,施肥量大,土壤中肥料残留量大,同时为了获得较高的经济效益,往往连续种植产值高的作物,而不注意轮作换茬。当保护地内作物连作时,由于根系分泌物或病株的残留,引起土壤中生物条件的变化,从而引起连作障碍。设施下温度一般比露地高,为病虫害提供了越冬场所,土壤中的土传病害发生严重。

11.2.5.2　设施内土壤环境的调节与控制

(1)配方施肥。过量施肥是导致土壤次生盐渍化的重要原因,在施肥前应根据土壤肥力状况和作物的需肥特点,进行配方施肥,减少肥料的浪费。平衡施肥、减少土壤中的盐分积累也是防止设施土壤次生盐渍化的有效途径。

(2)合理灌溉。通过改进灌溉方式,进行合理灌溉,可以降低土壤水分蒸发量。漫灌和沟灌方式会加速土壤水分的蒸发,易使土壤盐分向表层积聚,而采用滴灌和渗灌方式则可以有效防止土壤下层盐分向表层积聚。

(3)换土、轮作和无土栽培。换土是解决土壤次生盐渍化的有效措施之一,但劳动强度大不易被接受。采用合理的轮作措施可以有效避免土壤所出现的连作障碍,但由于设施的投入较大,设施栽培下土壤的复种指数高,生产往往集中在经济价值比较高的几类作物上,轮作措施在设施实际生产中难以实现。采用无土栽培是解决土壤连作障碍最彻底的途径。

(4)土壤消毒。设施中相对温暖的小气候环境为病原菌和害虫的滋生提供了良好场所,为了有效杀灭土壤中存在的病原菌和害虫等有害生物,可以采取土壤消毒的方法,土壤消毒可以分为化学消毒和物理消毒2种方式。化学消毒主要是通过甲醛、硫黄粉、氯化苦等化学药剂进行消毒,物理消毒又有蒸汽消毒和太阳能消毒2种方式,蒸汽消毒主要是通过土壤蒸汽消毒机进行,太阳能消毒于夏季农闲时节进行,通过太阳能的辐射作用使设施内的土壤升温,具有很好的效果。

11.3　设施园艺的生产技术管理要点

11.3.1　设施栽培的主要种类

(1)蔬菜类。主要有黄瓜、西葫芦、番茄、茄子、辣椒、韭菜、蒜苗、芹菜、生菜、香椿、菜豆和甘蓝等。

(2)果树及花卉类。果树主要有葡萄、桃、李、樱桃和草莓等,花卉类有唐菖蒲、切花月季、切花菊、小苍兰、郁金香、香石竹、非洲菊及草花等。

11.3.2　设施栽培的茬口安排

(1)茬口的概念。温室的茬口安排与露地生产有一定区别,蔬菜栽培一般可分为秋冬茬、冬春茬和早春茬。

①秋冬茬:一般是夏末秋初播种育苗,中秋定植,秋末冬初开始收获,属于这种情况的如秋冬番茄和秋冬黄瓜等。

②冬春茬:是越冬一大茬生产,一般是夏末到中秋育苗,初冬定植到温室,冬季开始上市,直到翌年春季,其收获期一般是120～160 d,如冬春茬黄瓜、辣椒、芹菜、

香椿和草莓等。

③早春茬:一般是初冬播种育苗,1~2月上中旬定植,3月份始收。早春茬是目前日光温室生产采用较多的种植方式,几乎所有的蔬菜都可生产。

(2)茬口安排的原则。

①根据设施条件安排作物和茬口:不同结构形式的温室具有不同的温光性能,同一构型的温室在不同地区其温光性能也不一样。按照已建温室在当地所能创造的温光条件安排作物和茬口是取得栽培高效益的关键。

②根据市场安排作物和茬口:园艺生产是一项商业性极强的产业,其效益高低首先取决于市场的需求,必须对市场信息进行分析预测来决定种植作物和安排茬口。

③要有利于轮作倒茬:温室面积较小,占地相对稳定,在安排种植作物和接茬时,必须有利于轮作倒茬,对于那些忌连作的作物,更需在茬口上给予重视。

④要根据自己的技术水平安排作物和茬口:温室生产是一种技术、劳力和资金密集型的产业,对生产者的素质和技术水平要求很高。初次经营温室的人,宜选择种植技术简单、成功率较高、生育期短的作物和茬口。

(3)温室茬口安排。

①冬春一大茬生产:如黄瓜10月中旬育苗,11月下旬至12月初定植,1月上中旬开始收获,5月下旬结束;番茄9月上中旬播种育苗,11月上中旬定植,12月下旬至翌年1月上旬开始收获,6月中旬结束;草莓9月中下旬定植,12月上旬开始收获,4月份结束。

②秋冬、早春两茬生产:例如,秋冬韭菜、早春茄果类茬口:韭菜4~5月份播种,12月份收获;茄果类10月份播种,1~3月份定植,3月中旬收获,6月中下旬结束。草莓和番茄茬口:9月下旬至10月上旬定植草莓,2月中旬草莓畦埂上定植番茄,3月中旬草莓开始成熟,4月中旬结束,5月下旬番茄开始收获,7月末结束。

③三茬生产或多茬生产:此类茬口用于高寒地区秋冬茬芹菜、早春茬果菜,两茬之间进行青蒜生产。

④果树生产:温室内栽培春季成熟上市的果树,特别是多年生落叶木本果树,应注意的问题是:这些果树植物均要求通过一定时期的低温休眠期,只有满足了这个休眠要求后才能正常生长发育。所以,栽培这样的果树一般要在入冬40~50 d后才使果树由露地状态(温室敞开)转入温室(覆盖玻璃或薄膜),并经过一段过渡时期,温室的气温、地温的上升到果树萌芽需要的温度以后才能开始正常栽培管理。打破休眠必需的低温及时间,一般葡萄、桃、樱桃是2~7℃,40~50 d,或1 000~1 200 h,各品种不尽一致。这个低温要求,称需冷量或需冷度。不经过打

破休眠,温室的温、湿度即使很适宜果树萌芽开花,也不能正常萌芽开花,突出表现是:开花不整齐,授粉受精不好,坐果率低,甚至果实不能正常生长。这是温室栽培果树须特别注意的,塑料大棚内栽培果树也是如此。

（4）塑料薄膜覆盖的茬口安排。

①一年两茬:大棚春黄瓜（或茄果类、蔓生菜豆）—大棚秋冬番茄（黄瓜和矮生菜豆）。一般春茬在 1 月中旬温室播种育苗,3 月下旬定植,从 4 月底开始到 6 月下旬收获。秋冬茬在 7 月上旬露地播种,8 月上旬定植,10 月上旬至 11 月初收获。

②一年三茬或隔年三茬:大棚越冬菠菜—春黄瓜—秋芹菜。菠菜 9 月上旬播种,4 月中旬收获;黄瓜 3 月中旬播种,4 月下旬定植,6 月上中旬收获;芹菜 5 月上旬露地播种,9 月上旬定植,10 月下旬收获。

③一年四茬:兰州、太原地区,大棚越冬叶菜—大棚早菜—主栽春夏菜—秋冬菜。越冬菜 9 月上旬播种,12 月下旬扣棚,翌年 2 月下旬至 3 月中旬收获;春季速生菜,3 月上旬播种,3 月下旬至 4 月中旬收获;果菜类 2 月中旬温室育苗,4 月上旬定植,5 月上中旬至 7 月底收获;秋菜 8 月上旬定植果菜类,11 月中旬收获。

11.3.3　设施条件下的温度、湿度、光照管理

设施栽培是在一定的空间范围内进行的,它的内部环境是完全不同于露地的,因此生产者对环境的干预、控制和调节能力的影响,比露地栽培要大得多。设施条件下的管理重点是根据园艺作物遗传多样性和生物学特性对环境的要求,通过人为地调节控制,尽可能使作物与环境间协调、统一、平衡,人工创造出作物生育所需的最佳综合环境条件,从而实现蔬菜、花卉、水果设施栽培的优质、高产、高效。

温度是影响植物生长发育的最重要的环境因子,相比较其他环境因子,温度是设施栽培中相对容易调节控制的。在设施条件下应根据不同作物对温度"三基点"的要求,尽可能使温度环境处在其生育适温内,即适温持续时间越长,生长发育越好,越有利优质、高产。设施条件下,温度要比露地栽培最适宜的温度上限提高 2～3℃为宜。而在果树的设施栽培中,如何更有效地满足冬季低温,从而打破果树休眠是果树设施栽培的首要问题,这就需要掌握不同果树解除休眠的低温需求量。

设施栽培是反季节栽培,因而容易遭遇不利温度环境的影响,如长时间阴雨天、长时间低温等,因此,在设施栽培时冬春寒冷季节要严防低温危害,春夏暖季节要严防高温危害。

设施条件下,内部气温的分布由于太阳光入射量分布不均匀、降温/加温设备安装位置及种类、通风换气方式及外界风向等因素的影响,而分布不均匀,不论垂直方向还是水平方向都存在温差,因此,如何克服设施内温度分布不均匀的问题,

是管理技术上的重要问题。

园艺设施内的湿度环境包括空气湿度和土壤湿度两个方面。在设施条件下，由于植物蒸腾、土壤蒸发等因素的影响，在密闭情况下，使设施内空气相对湿度比露地高很多，因此，高湿是园艺设施湿度环境的突出特点。而在设施条件下，由于相对湿度的变化与温度的变化成反比，因此导致在一天之中，昼夜湿度容易发生剧烈变化，而空气湿度的剧烈变化对园艺作物的生育是不利的，容易引起凋萎或土壤干燥。因此，在生产过程中可通过调整通风量、使用除湿机等方式来降低设施内高湿，调节设施内的湿差，从而保证作物的正常生长。

土壤湿度是设施条件下最重要也最严格的管理环节之一。土壤湿度的调控应根据作物种类及生育期需水量、体内水分状况及土壤湿度状况而定。目前，我国设施条件下土壤湿度的调控仍然依靠传统经验，主要凭人的观察感觉，调控技术的差异很大。随着设施园艺向现代化和精准管理方向的发展，要求采用机械化自动化灌溉设备，根据作物各生育期需水量和土壤水分张力进行土壤湿度调控。

设施条件下的光照条件会受到建筑方位、设施结构，采光面大小、形状，透明覆盖材料特性、洁净程度等多种因素的影响。因此，在对设施条件的光照进行管理时要综合考虑光照强度、光照时数、光质及光分布对园艺作物生育的影响。

由于设施内光分布不如露地均匀，使得作物生长发育不能整齐一致。同一种类、品种、同一生育阶段的园艺作物长势不整齐，既影响产量，成熟期也不一致。弱光区的产品品质差，且商品合格率降低，种种不利影响最终导致经济效益降低，因此设施栽培必须通过各种措施，尽量减轻光分布不均匀的负面效应。

设施条件下对光照条件的要求：一是光照充足；二是光照分布均匀。从我国目前的国情出发，主要还依靠增强或减弱农业设施内的自然光照，适当进行补光，而发达国家补光已成为重要手段。据研究，当温室内床面上光照日总量小于 $100\ W/m^2$ 时，或光照时数不足 $4.5\ h/d$ 时，就应进行人工补光。但这种补光要求的光照强度大，为 $1\,000\sim3\,000\ lx$，所以成本较高，国内生产上很少采用，主要用于育种、引种、育苗。

11.3.4 设施条件下的土肥水及用药管理

土壤是植物赖以生存的基础，设施内的土壤状况直接关系到园艺作物的产量和品质，是十分重要的管理环节。而设施条件下由于光照弱、温度高、湿度大、气体流动性、作物种植茬次多、生长期长而导致施肥量大，根系残留量也较多，因此，使得设施内的土壤环境与露地不同，从而影响了作物的生育。

11.3.4.1　设施条件下的土肥水管理

（1）灌溉技术。

①膜下灌溉：一种在地膜下通过滴灌进行的浇灌新技术，能一次完成施肥、浇水，可起到省水、节能、省力的目的，同时便于实现灌水、施肥自动化，可有效防止土壤板结，降低设施内空气湿度，有利于防止病虫害的发生。目前在蔬菜设施栽培中应用较为普遍。

②微灌技术：按作物的需水要求，对水加压和水质处理后通过低压管道系统及安装在末级管道上的特制灌水器，将水和肥以微小的流量，准确、及时地输送到作物根系最集中的土壤区域而进行的精量灌溉技术。它对各种地形和土壤的适应性强，有节水、节能的优点，可以提高作物产量，便于达到自动灌溉。

③微灌管理：具体的灌水时间和灌水量应根据作物及其不同生育时期的需水特性及环境条件，尤其是土壤含水量确定，也可采用张力计来控制微灌量和微灌时间。微灌系统大部分采用压差化肥罐，肥液浓度会随着时间变化而不断发生变化，因此应以轮灌方式逐个向各轮灌区施肥，同时控制好施肥量，正确掌握灌区内的施肥浓度。因部分化肥会腐蚀管道中的易腐蚀部件，喷洒施肥结束后，应立即喷清水冲洗管道、微喷头及作物叶面，以防产生化学沉淀，造成系统堵塞及喷洒作物叶片被烧伤。

（2）施肥技术。设施条件下由于过量施肥、盲目施肥而导致土壤次生盐渍化最终引起园艺作物生理病害的问题非常严重，为解决此问题，可通过改善灌溉技术及根据土壤的供肥能力和作物的需肥规律，进行平衡施肥。

①测土配方施肥：依照配方施肥技术原理，通过开展土壤测试和肥料田间试验，摸清土壤供肥能力、作物需肥规律和肥料效应状况，获得、校正配方施肥参数，建立不同作物、不同土壤类型的配方施肥模型。

步骤方法如下。

划定施肥分区：收集资料，按照自然条件相同，土壤肥力差异不大，生产内容基本相同的区域划成一个配方施肥区，然后收集有关这个配方区内的土壤资料、已有的试验结果、生产技术水平、肥料施用现状、作物产量、有无自然障碍因素等资料。

取土化验，制定底肥方案：根据养分平衡原理，运用快速、便携、高精度的土壤速测仪，对土壤供肥能力进行快速诊断，突出作物底肥推荐施肥方案。选取至少15个不同土壤肥力的地块，做到播前取土样、及时取样，及时分析，及时提出施肥建议。

开展植株营养诊断，调控追肥用量：在作物生长需肥关键时期，进行植物营养快速诊断，调控追肥方案。

矫正施肥:对磷、钾肥料,根据"恒量监控"理论,提出年度间、茬口间综合运筹方案;对中微量元素根据"检测矫正理论"进行矫正施肥。

目标产量配方法(养分平衡法)配方施肥:根据作物产量构成,由土壤和肥料两方面供给养分的原理计算肥料的施用量。应用时由作物目标产量、作物计划产量需肥量、土壤供肥量、肥料有效养分含量、肥料利用率五大参数构成平衡法计量施肥肥料公式计算施肥量。

计算施肥量的基本公式:某元素的合理施肥量＝(作物计划产量需肥量－土壤供肥量)/肥料有效养分含量(％)×肥料利用率(％)。

五大参数的确定:计划产量、百千克经济产量作物吸肥量、土壤供肥量、肥料利用率和肥料有效养分。

施肥量计算:实际施肥量＝(计划产量农作物需肥量－土壤有效养分测定值)×0.15×校正系数/肥料养分含量(％)×肥料利用率(％)。

②设施内施肥注意事项:园艺设施是一个相对密闭的环境,为有效解决土壤盐碱化和有害气体的产生,应注意肥料的施用。

土壤施肥注意事项:肥料使用中有基肥和追肥两种,一般以基肥为主,追肥为辅。基肥应选用充分腐熟的猪粪、牛羊粪等,切忌施用未腐熟的肥料,要深施,以避免产生危害。追肥时应根据作物的需肥规律及生育特性,在不同生育期满足作物对肥料养分种类、数量要求,要做到适时适量,不超量施肥,不偏施氮肥,氮、磷、钾配合使用,同时注意微肥的使用,尽量减少硫酸铵、硫酸钾、氯化钾等易在土壤中造成盐分积累的肥料的使用量。要有良好的施肥观念,能做到既要提高土壤肥力,改善土壤理化性状,从而满足作物对各种养分的需求,又要能降低成本,提高产量、品质,达到经济效益最大化。因此,应通过与加强技术管理相结合来实现产量的提高,而不能只求通过施肥来提高产量。

二氧化碳施肥注意事项:设施条件下二氧化碳浓度随作物的光合作用逐渐下降,因此,为提高作物产量,可在设施内施用二氧化碳。二氧化碳的施用浓度应根据作物的种类、生长势灵活掌握,并不是越高越好;为充分提高二氧化碳的利用率,在晴天施用浓度要高,阴雨天光照不足或生长温度不宜时应适当降低施用浓度;施用二氧化碳期间,应做好设施内的密封工作,同时注意温度管理,为防止徒长,白天温度比普通室温应高 2～3℃,夜间则降低 1～2℃;在施用二氧化碳时,同时主要基肥的施用,基肥用量不可过多,适当增施磷、钾肥。二氧化碳施肥浓度应逐渐减少并最终停止施用,切忌突然停止施用二氧化碳,以防作物出现早衰;施用二氧化碳过程中,人不可进入设施内进行操作,应在施肥结束并通风 10～30 min 后方可进行操作。

根外追肥的注意事项：因作物对微量元素的需求量很少，从缺乏到过量之间的变幅较小，缺乏或过量都会对作物生长造成生理失调，因此使用前应根据作物症状，通过定量分析确诊，慎重使用微量元素进行根外追肥；为增加肥料和作物的接触面积，提高肥料的吸收率，在叶面追肥时为调高肥料溶液的雾化程度，应使用雾化性能好的追肥工具；为防止在强光高温下肥料溶液迅速变干，降低吸收率甚至引起药害，根外追肥最好选在下午进行；根据叶片的组织结构特点，在叶面追肥时，应尽可能喷洒到叶片背面，以提高吸收速度和肥料利用率；同时叶面追肥可与杀虫剂、杀菌剂配合使用，以降低生产成本，也可在肥料溶液中加入适量的润湿剂，降低溶液表面张力，从而增大与叶片的接触面积提高肥效。

11.3.4.2　设施条件下的用药管理

设施条件下，为了遏制病虫害的发生，同时提高作物产量，导致大量使用化肥及农药的现象出现，从而导致农药、化肥使用不当而使设施内有害气体增多。因此，在设施条件下可通过限制使用残留期长的农药、改进施药方法等管理技术预防有害气体的发生。也可通过加强市场监督管理、开展用药专项检查、规范用药市场秩序、大力推广农药科学使用新技术、加强生产用药可追溯管理等技术，从而确保设施条件下生产的规范用药，提高生产者科学用药技能及安全用药意识。

（1）用药浓度。耐药性强的作物，用药浓度可适当高一些，而对耐药性差的作物，药液浓度就应适当低一些；作用相似的化控剂，必须严格按照说明要求的浓度来配制药液；由于设施内温度环境变化较大，因此，施用保花保果化控剂时，应根据温度合理调配浓度。当设施内温度较高时，药液浓度应适当低一些，温度偏低时，药液浓度则适当高一些。而对于生长抑制剂类药物，则正好相反。

（2）用药量及处理方法。无论哪种化控剂，使用量不合理尤其用量过大时均会不同程度地对植物造成危害，甚至造成植株畸形、死亡。由于大部分化控剂对植株的有效部位为植物较幼嫩的生长点或花蕾，因此喷洒类化控剂均要求轻喷或只喷洒花朵；同时不能重复处理的化控剂如 2,4-D 等，应在溶液中加入适量的指示剂，如滑石粉、色剂等，以便在植株已处理部位留下标记，避免后期对该部位的重复处理。

由于设施内的密闭环境，空气流动性较差，药品溶液在蒸发或挥发后容易在空气中积累，当空气中药品浓度含量达到一定值时，容易对作物产生药害，因此，要根据所用化控剂的类型确定使用方法。在低浓度下就能对植株产生药害的，必须采用点涂的方法，对植株做局部处理，减少用药量，严禁采取喷雾法。对一些不易产生药害的，为提高工效，可根据需要，进行喷雾、点、涂等方法。

11.4　无土栽培

无土栽培(soilless culture)是指不用天然土壤,而是用营养液浇灌的栽培方法。它是第二次世界大战后迅速发展起来的一项新技术,与土壤栽培相比,具有很多优点:能实现作物的早熟高产;能生产无污染的优质蔬菜;省肥,省水;避免土壤传染的病害;不受地区限制,节省土地,适宜工厂化生产;可利用城市高层屋顶种植花草蔬菜,充分利用空间。此外,无土栽培还在航天和国防上应用以进行精确的科学研究。

无土栽培虽然有许多优点,但需要一定的设备,成本较高,因此目前主要是在蔬菜、花卉等少数园艺作物上应用,它与土壤栽培相辅相成,不能因为强调无土栽培的优点就盲目大量发展,如果技术力量和设备条件跟不上,则难以显示出其优越性。

11.4.1　无土栽培的类型及特点

无土栽培类型和方法很多,按照其固定根系的方法,大体上分为无基质栽培和基质栽培两大类。

(1)无基质栽培。栽培的作物根系直接与营养液接触,不通过固体基质来吸收营养,又分为以下 2 种。

①水培(hydroponics):是指营养液直接与植物根系接触,为了解决根系吸氧问题,一般采用只有 0.3～0.5 cm 厚的浅层营养液流过作物根系,根系的一部分可以暴露在空气中,由于营养液层很浅,像一层水膜,因此称为营养液膜法(nutrient film technique,NFT),水培法装置见图 11-26。

②喷雾栽培:简称雾培或气培,它是将营养液用喷雾的方法直接喷到植物的根系,根系是悬挂在容器的内部空间,通常用聚丙烯泡沫塑料板,其上按一定距离打孔,植株根系伸入容器内部,每隔 2～3 min,喷液几秒钟,营养液循环利用,这种方法同时解决了根系吸氧及吸收营养的问题。此方法主要用于科学研究,生产上应用很少,雾培法装置见图 11-27。

(2)基质栽培。植物通过固体基质来固定根系,并通过基质吸收营养和氧气的栽培方法。

①有机基质:利用泥炭、锯末、树皮和稻壳等有机物作基质。

②无机基质:主要有沙、泡沫塑料、岩棉、珍珠岩和蛭石等,一般将基质装入塑料袋或栽培槽内种植作物,这种方法有一定的缓冲能力,使用安全。

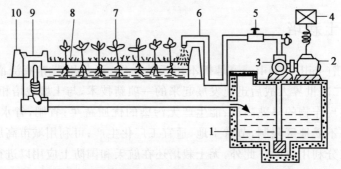

图 11-26 水培法装置

1. 贮液池；2. 马达；3. 泵；4. 配电盘；5. 阀；6. 给液管；7. 蔬菜；8. 砾石；9. 连接盖；10. 栽培槽

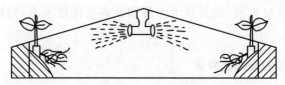

图 11-27 雾培法装置

对基质的要求是容重小、粒径适当、总孔隙度较大、吸水和持水能力强,颗粒间小孔隙多,基质水汽比例协调,化学性质稳定,酸碱度适当,并且不含有毒物质。

11.4.2 营养液的配制及其管理

无土栽培,作物脱离了土壤,在人为创造的环境下生长发育,作物所需各种养分主要通过营养液(nutritive solution)提供。

营养液是将含有植物必需的营养元素的化合物溶解到水中配制成的溶液,其原料就是水和各种营养元素的化合物及某些辅助性物质。配制营养液必须选合适的水源、肥源,并保证溶液有适宜的离子浓度和酸碱度。大量元素肥源有硝酸钙、硝酸钾、硝酸铵、硝酸钠、硫酸铵、尿素、过磷酸钙、磷酸二氢钾、磷酸二氢铵、氯化钾、硫酸镁和硫酸钙等。微量元素肥源有三氯化铁、硫酸亚铁、硫酸锰、硫酸锌、硼酸、硼砂、硫酸铜和钼酸铵等。

所配制的营养液养分要齐全,各种元素之间的比例要恰当,以保证作物对营养的平衡吸收,另外,所使用的各种化肥在营养液中应保持化学平衡,均匀分布而不发生沉淀。配制的营养液要具有适宜的总盐分浓度及酸碱度,各种矿质营养比例协调。营养液配方举例见表 11-1 和表 11-2。

表 11-1 黄瓜等蔬菜作物标准营养液配方

作物	每 1 000 L 水中化肥使用量/g				
	硝酸钙	硫酸镁	硝酸钾	亚硫酸铵	过磷酸钙
黄瓜	950	500	810	155	—
番茄	480	500	610	—	500
叶菜	240	125	200	40	—

表 11-2 温室多种作物营养液配方 mg/L

成分名称	用量	成分名称	用量
硝酸钾	411	硼酸	3
硝酸钙	959	氯化钾	2.7
硫酸铵	137	硫酸锰	1.7
磷酸二氢钾	137	硫酸锌	0.27
硫酸镁	548	钼酸铵	0.27
螯合铁	41	硫酸铜	0.13

不同作物要求营养液具有不同的酸碱度,大多数作物的根系在 pH 5.5～6.5 生长最好。通常在营养液循环系统中每隔几天检测一次 pH,发现偏离立即调整;在非循环系统中,每次配液时调整 pH。调整 pH 采用加酸或加碱的办法,但必须缓缓加入,及时检测,因为 pH 变化非常敏感,稍有不慎就导致偏差过大。

营养液供应的次数和供液时间应遵循的原则是:既能使作物根系得到足够的水分、营养,又能协调水分、养分和氧气之间的关系,达到经济用肥和节约能源的目的。

11.4.3 立体栽培

立体栽培也叫垂直栽培,是立体化的无土栽培,这种栽培是在不影响平面栽培的条件下,通过四周竖立起来的柱形栽培或者以搭架、吊挂形式按垂直梯度分层栽培,向空间发展,充分利用温室空间和太阳能,以提高土地利用率 3～5 倍,可提高单位面积产量 2～3 倍。

近年,应用无土栽培技术进行立体栽培形式主要要有以下几种。

(1)吊袋式栽培。将塑料薄膜做成一个筒形,用热合机封严,装入岩棉,吊挂在温室或大棚内,定植上果菜幼苗。

(2)三层槽式栽培。将三层木槽按一定距离架于空中,营养液顺槽的方向逆水层流动。

(3)立柱式栽培。固定很多立柱,蔬菜围绕着立柱栽培,营养液从上往下渗透或流动。墙体栽培是利用特定的栽培设备附着在建筑物的墙体表,不仅不会影响墙体的坚固度,而且对墙体还能起到一定的保护作用。实现植株的立体种植,它有效地利用了空间,节约了土地,实现了单位面积上的更大产出比。墙体栽培的植株采光性较普通平面栽培更好,所以太阳光能利用率更高。适合墙体栽培的蔬菜有:生菜、芹菜、草莓、空心菜、甜菜、木耳菜、香葱、韭菜、油菜、苦菜等。

(4)墙体栽培。是无土栽培中很具观赏性的一种栽培方式,占地面积少,每平方米栽种 30～40 株,可用不同颜色的植物种植出各种造型或文字、图案等。可用于生态餐厅和温室或其他景观场所作为围墙或隔墙使用。

(5)管式栽培。它属于水培的一种。管式栽培的形式多种多样,可分为平铺管式、立体管式、造型管式 3 种类型。其中造型管式形态各异,一般作为生态餐厅、温室、景观等场所的围墙、隔墙之用。用 $\phi 11\sim16$ cm 的 PVC 管或不锈钢管作容器,其上按一定间距开孔定植,安放塑料定植杯。

(6)"A"字形栽培。在 A 形架的两面各排列 3～4 根管,营养液从顶端两根管分别流下循环供液。

(7)空中管槽。用铁架将种植槽架空于离地面 2 m 以上的空中,形成类似于园林中花架的结构。

11.4.4　植物工厂及自动化管理技术

植物工厂(plant factory)的概念最早由日本提出,是指在工厂般的全封闭设施内,通过高精度环境控制实现农作物周年连续生产的高效农业系统,是利用计算机、电子传感系统、农业设施对植物生育的温度、湿度、光照、CO_2 浓度以及营养液等环境条件进行自动控制,使设施内植物生育不受或很少受自然条件制约的省力型生产。

植物工厂是现代农业的重要组成部分,是科学技术发展到一定阶段的必然产物,是现代生物技术、建筑工程、环境控制、机械传动、材料科学、设施园艺和计算机科学等多学科集成创新、知识与技术高度密集的农业生产方式。

11.4.4.1　植物工厂的分类

按照不同的划分方式,植物工厂可分为以下几类。

(1)根据建设规模可分为大型(5 000 m 以上)、中型(1 000～5 000 m)、小型(100～1000 m)、微型(100 m 以下)4 种。

(2)根据生产功能可分为植物种苗工厂、植物栽培工厂(生产叶菜、瓜果、花卉),还有一部分生产大田作物、药用植物、食用菌等。

(3)根据生产、研究对象的组织尺度可分为植物体生产型植物工厂、组织培养型植物工厂、细胞生产型植物工厂(光生物反应器)。

(4)根据光能的利用方式可分为太阳光利用型植物工厂、全人工光利用型植物工厂、太阳光和人工光并用的综合型植物工厂。

11.4.4.2 植物工厂的特征及特点

(1)植物工厂的特征。

①高度集成:植物工厂在全封闭设施内建成,是现代生物技术、建筑工程、环境控制、机械传动、材料科学、设施园艺和计算机科学等多学科高科技合作的结晶。

②高投入:大量使用机械化及自动控制系统,建设费用大,运行成本高,且运行时需要耗费大量能源。

③高效生产:采用无土栽培技术,产品的数量和质量大幅度提高。

④高商品性:产品生长一致,整齐,叶色、重量、内在品质基本一致,上下茬没有差异,无须称重,可直接进入市场销售。

(2)植物工厂的特点。

①可不受季节、气候等影响,实现周年生产。

②可实现无土栽培,大多采用雾培或水培的栽培模式,不存在连作障碍。

③生长速度快,生育周期短,可大幅提高产量。

④全封闭生产系统,减少病虫害传播,可实现无公害生产。

⑤使用机械化及自动化栽培,可减轻劳动强度,减少人为误差。

⑥立体化栽培,可有效地提高空间利用率,适于都市型观光农业的发展。

⑦立体条件广泛,沙漠、盐碱地、废弃地、城市、郊区、太空等都可进行生产。

11.4.4.3 植物工厂的自动化管理

(1)营养供给管理。植物工厂采用循环流动的营养液来满足植物的生长,不管何种类型的植物工厂,营养液栽培的基本原理都是将植物所需养分配制成科学合理的离子态营养液,通过输送,满足栽培作物的需求。

植物工厂的营养液配制、灭菌、输送、回收都有专门的设施装置、电子仪器来完成,可实现营养液定量、自动供应,可实时监控营养液浓度、成分、酸碱度变化,通过自动补液,始终为植物创造最优的营养液环境;营养液的流动速度和温度都保持在植物需要的适宜水平,以保证植物的最优势生长。

(2)光照管理。光照管理是植物工厂高效生产和成本降低的关键因素之一。光环境的精准调控主要包含光谱、光照强度和光周期3个方面,也即是所谓的"光配方"。为了更好地促进植物的生长发育以及提高产量、品质等特殊指标,通过定制的光配方来实现植物工厂内的光环境精准调控。根据植物的生长环境区别设计,选取对光合作用贡献最大的光往往在提高光能利用效率和增产的同时,更节能。更为理想的"光配方"应该是在一个完全封闭的环境中,像工业生产一样去种植作物。

(3)检测调控装置。包括地上部环境检测感应器,如气温、湿度、光照度、光量子、二氧化碳浓度、风速等感应器;营养液的 EC、pH、液温、溶氧量、多种离子浓度的检测感应器及植物本身光合强度、蒸腾量、叶面积、叶绿素含量等检测感应器。

思 考 题

1. 设施园艺与常规栽培有哪些区别?

2. 温室的类型有哪些?

3. 日光温室的结构特点是什么? 它们的性能如何?

4. 温室(日光温室为代表)设计的技术重点是什么?

5. 塑料薄膜覆盖有哪些形式?

6. 与小棚、中棚比较,大棚的性能有什么特点?

7. 电热温床的特点及主要设备有哪些?

8. 日光温室、塑料大棚在应用上有什么区别? 在管理上应注意什么?

9. 什么是无土栽培? 无土栽培的类型有哪些?

10. 立体栽培有几种形式?

12 休闲园艺

【内容提要】
- 观光园艺的主要功能及规划设计原则
- 室内环境设计与植物选择
- 果树盆景制作
- 插花艺术及制作
- 干花制作原理及方法

休闲园艺（recreational horticulture）一词最早见于 1980 年 Laura Williams Rice 和 Robert P. Rice 所著《Practical Horticulture》书中，与果树生产、蔬菜生产、景观园艺（landscape horticulture）、草坪（turf）和花卉（floriculture）并列为园艺业的一个分支，强调从事园艺活动的情感和娱乐价值（emotional and recreational value of working with plants），包括园艺治疗（Horticulture therapy 或 therapeutic horticulture）和家庭园艺（home horticulture）。园艺治疗指用植物和农艺活动，从社会、教育、心理和身体诸多方面对人的精神或身体进行调整和改善的一种治疗方法，特别是对身体残疾、智障或精神缺陷者和老年人生理和心理的调节作用、残障者就业和精神康乐等方面的治疗价值已被证实，在欧美和日本等发达国家广为采用。家庭园艺则是人们亲身参与园艺生产过程之中，在庭院、阳台等场所自种果蔬和观赏植物，享受与土壤和植物打交道的乐趣。

与休闲园艺相近的一个名词 amenity horticulture，意指为休闲或观赏的目的而种植园艺植物，而非为提供人们的食物而进行园艺生产，强调园艺生产的美学价值和休闲娱乐功能。随着园艺业的扩展和人们生活水平的提高，园艺的修身养性功能日渐突出，为人们所认知和接受，并以从事园艺活动为一种时尚的休闲方式，从中体味园艺的乐趣，愉悦身心。综上所述，凡是利用园艺植物和园艺活动以达休闲养生、改善生活环境和提高生活质量等为目的的园艺生产及衍生的行业，均属于"休闲园艺"之范畴。

本章以园艺不同尺度的休闲功能为主线，介绍观光园艺（visiting horticulture）、室内植物造景（interior plantscaping）、果树盆景制作、插花制作和干花制作等各种休闲园艺形式。

12.1　观光园艺

　　观光园艺,又称旅游休闲园艺,是以园艺生产为依托,利用园艺资源和园艺产品的人文价值,将园艺生产与旅游休闲、观光活动等服务业有机结合,生产产品,提供就地观赏、品尝、采摘或提供农艺活动,让人们亲身参与,满足人们体验田园之乐的需求。观光园艺是观光农业的一个重要分支,其产生与现代社会都市人口的密度提高、消费结构变化、休闲时间增加以及农村结构改变和交通条件改善等诸多因素密切相关。因此,观光园艺在生产功能和园区规划等方面,有区别于传统的园艺生产。

12.1.1　观光园艺的功能

　　(1)优质的生产功能。我国游憩系统中对观光农业的定位是:以产量生产活动为主,观光游憩为辅。高科技示范园和"农家乐"是观光农园的两种主要模式。园艺品种选择注重新品种、特色品种和优良品种,利用先进的种植技术和以高效生态模式进行园艺生产,能够为游客提供新鲜、安全、健康的产品。

　　(2)健康的游乐功能。田园风光和回归大自然是现代人们所追求的一种生活和消费方式。"农家乐"观光农园利用原有生产基地或自然资源,多姿多彩的园艺作物,展示了宁静优美的田园风景,为人们提供有益身心的健康环境,使人们远离钢筋水泥的喧嚣生活,获得了回归自然的放松心情。

　　(3)科普功能。高科技观光农园规模大,投入大,科技含量高,在进行农业生产的同时,通过展示现代农业设施和先进的栽培管理技术开展旅游活动,具有很强的农业科学普及作用。游客在观赏游玩之中,获得了许多知识。参与种菜收菜、剪枝嫁接、采摘品尝等农事活动,使游客从亲身实践中体验劳动的艰辛与快乐,增长见识,提高人们对赖以生存的土地和生态环境的保护意识。

　　(4)农耕文化展示与教育功能。我国具有5 000年的农业文明,农耕文化发达。观光园艺的开发使当地农耕文化和民俗文化得以继承和发扬光大。如江苏南京雨花区高科技农林生态观光园在"盆景区"和"茶果复合区",通过盆景制作和茶叶制作等活动,展示江南历史悠久的盆景文化和茶文化。

12.1.2　观光园艺景区规划设计原则

　　观光园艺景区的规划与设计是运用园艺艺术手法对园艺植物及其他景观元素

进行布局和配置的过程,以实现对园艺植物资源品种、栽培技术、园艺景观、科技知识和成果等的展示,满足人们赏花品果、采摘游乐、回归田园等需要,以达到"寓教于乐"的效果。观光园艺景区既要创造良好的景观效果,又要保证园艺植物的正常生长而获得经济效益。因此在规划设计时应掌握以下原则。

(1)生态优先的原则。根据景观生态学原理,充分利用绿色植物与环境的协调功能,模拟景区内自然植被的群落结构,以植物造景为主,园艺景观与周围环境协调,创造出一个恬静、适宜、自然的生产生活环境,为来此旅游观光的人消除、缓解工作生活带来的压力。在规划设计中还应充分考虑园区适宜开发度和自然承载能力,减少对园区自身和周边环境的破坏和污染。

(2)经济性原则。以园艺生产为基础,艺术表达及造景服从功能实用。规划设计方案应具有可实施性,因地制宜地进行景观设计,减少工程量和成本投入。另外,观光园艺经营目标之一是经济效益,规划设计时要考虑生产环节和特色,注意园区环境的建设,把当前效益与长远效益相结合,以可持续发展理论和生态经济学原理来经营,提高经济效益。

(3)参与性原则。亲身直接参与体验、自娱自乐已成为当前的旅游时尚。规划设计应充分调动人们参与的热情,体现休闲、观光、旅游的性质。根据园艺生产特点,设计多种农事活动,引导人们参与体验。游人只有广泛参与到生产活动的方方面面,作为劳动活动的主体,才能更多层面地体验和感受劳动的艰辛和快乐,享受到原汁原味的乡村文化氛围。

(4)突出特色的原则。特色鲜明的观光景区设计是观光园艺可持续发展的关键。受光照、降水、温度、土壤等自然条件影响,不同地区的田野风光迥然不同。挖掘利用当地的人文资源与自然资源,明确资源特色,选准突破口,尽量展示当地独特的园艺景观,使游客获得独一无二的美好体验。

(5)文化底蕴原则。注重对当地人文历史、民俗风情、农业文化的挖掘和展现,将历史文化、科学内涵、生活习俗等象征性因素融合在景观形象之中,提升园区的文化品位。

(6)多样性原则。注重物种多样性和景观多样性的保护与开发。一个稳定的生态系统与物种的多样性密切相关,而掺入了人为活动的农业观光园区生态系统(或乡村生态系统)则往往比较脆弱。应用生物多样性理论指导规划有利于增强系统的稳定性。同时利用植物景观的季节变化,形成春、夏、秋、冬的丰富景观,以满足不同观光时间和不同群体游客的游憩需求。

12.1.3 观光采摘园区规划

12.1.3.1 分区规划

目前所见的各类农业观光园其设计创意与表现形式不尽相同,而功能分区大体类似,为人们提供不同尺度乡村景观、多种形式的体验交流场所和农产品生产、交易的场所。典型的农业观光园空间布局应环绕自然风光展开,形成不同功能区。

(1)生产区。约占规划面积的40%,用于果树、蔬菜、花卉园艺生产,限制或禁止游人进入。一般设在游览视觉阴影区,土壤气候条件较好,有灌溉排水设施,没有潜在生态问题的区域。

(2)观光娱乐区。包括示范区、观光采摘区和休闲娱乐区,约占规划面积的50%。把生产与参观、采摘、野营等活动相结合,适当地设立服务设施。一般设置在主游线、主景点附近,是人流集中的场所。

(3)外围商业服务区。占规划面积的5%~10%,为游人提供各种旅游服务,如交通、餐饮、购物、娱乐等。

12.1.3.2 交通道路规划

交通道路规划包括对外交通、入内交通、内部交通、停车场地和交通附属用地等方面。对外交通是指由其他地区向园区主要入口处集中的外部交通,通常包括公路、桥梁的建造、汽车站点的设置等。入内交通则指园区主要入口处向园区的接待中心集中的交通。内部交通主要包括车行道、步行道等。一般园区的内部交通道可根据其宽度及其在园区中的导游作用分为以下几种。

(1)主要道路。主要道路以连接园区中主要区域及景点,在平面上构成园路系统的骨架。在园路规划时应尽量避免让游客走回头路,路面宽度一般为4~7 m,道路纵坡一般要小于8%。

(2)次要道路。次要道路要伸进各景区,路面宽度为2~4 m,地形起伏可较主要道路大些,坡度大时可作平台、踏步等处理形式。

(3)游憩道路。游憩道路为各景区内的游玩、散步小路。布置比较自由,形式较为多样,对于丰富园区内的景观起着很大作用。

12.1.3.3 栽培作物规划

我国地域辽阔,园艺植物分布具有地域性,应遵循"因地制宜、适地适树"原则,根据园区特色,选择栽培作物的种类。观光果园可以栽植单一树种,突出其种内丰富的遗传变异类型和品种,如山东枣庄的万亩石榴园;或以一个树种为主,配以生态习性类似的其他种类,突出地域特色,如海南文昌的椰子观光园;或是选取观赏价值高的多个树种栽培,利用植物形态、色彩或质感、季相变化等,营造不同意境、空间和视觉效果,满足生产、观赏或采摘。

观赏菜园、花园或果菜花复合园的作物栽培规划,以多种类或多品种栽植为主,观赏茶园以单一树种或品种的栽植为主。

12.1.3.4　绿化规划

景区的绿化规划在尊重区域规划、生态规划、栽培植被等的前提下,合理选择绿化植物种类,乔、灌、草搭配,尽量模拟自然,不留"人工味"。

12.2　室内植物造景

室内植物或垂挂或独植或窗台盆栽,将室外的大自然与室内空间连成一体,创造出平静安宁的氛围和优美环境,使人们享受在家里、办公室、购物和就餐等场所绿植环绕的环境,室内绿植利于人们健康。

12.2.1　室内环境与植物选择

12.2.1.1　室内环境特点

室内环境总体特点是光照较弱、昼夜温差小、空气湿度低和流通性差。

(1)光照。室内光强对人是舒适的,但对大多数植物是不足的。室内自然光照来源于窗户,窗户的朝向、大小和玻璃材料影响了光线射入。一年之中南面窗户接受每天的太阳直射光时间最长,东面和西面窗户次之,北面窗户最少。随着四季变化,室内各光照区域接受的直射光和反射光有所变化,北面窗户接受反射光较多。由于室内光照不足,往往导致植物徒长,若是在光补偿点之下,植物不能生长甚至死亡。

(2)温度。室外温度的昼夜温差对植物生长和光合产物的贮藏有影响。室内昼夜温差小,夜间高温使营养物质消耗快,不利于植物生长发育。

(3)湿度。冬季由于设施密闭,温度较低,室内空气湿度一般较大,容易滋生一些病害。但如果是加温温室,冬季取暖又会使室内空气干燥,加快了植物蒸腾和盆栽基质的水分蒸发,导致植物失水而影响生长,特别影响冬季热带植物的生长。

(4)空气。室外的空气因温度变化和风的流动,源源不断地提供给植物光合作用所需的二氧化碳和呼吸作用的氧气,风干残留的水滴,减少病虫害发生。但室内环境相对封闭,室内空气流通差,易造成二氧化碳的缺乏,降低植物光合能力,通风不良利于病虫害滋生。

12.2.1.2　室内植物选择

(1)植物的需光特性。在自然生长条件下,植物对光照强度的需求不同,分为阳性植物、中性植物和阴性植物。室内植物中,低光植物的需光量为 767~2 153 lx,光补偿点为 229 lx;中光植物的需光量为 2 153~5 382 lx,光补偿点 767~1 076 lx;高光植物的光补偿点 10 764 lx。根据室内不同的自然光照区域,摆放适合的植物。随着季节变化,室内各光区分布范围有变化,需根据生长状态和是否有光照过强的受害症状如叶片白化而调整植物摆放的位置。适合摆放在强光照区的植物有仙人掌科和景天科的多肉多浆植物、大戟科铁苋属(Acalypha)和大戟属(Euphorbia)、苦苣苔科芒毛苣苔属(Aeschynanthus)、龙舌兰科的龙舌兰属(Agave)和酒瓶兰属(Beaucanea)、兰科卡特兰属(Cattleya)和兰属(Cymbidium)、凤梨科的凤梨属(Ananas)、小雀舌兰属(Dyckia)和铁兰属(Tillandsia)、山茶科山茶属(Camellia)、秋海棠科秋海棠属(Begonia)和菊科的常见观赏品种。适合摆放在中光照区的植物有棕榈科植物、兰科的兜兰属(Paphilopedilum)、蝴蝶兰属(Phalaenopsis)和石斛属(Dendrobium)、天南星科的花烛属(Anthurium)和花叶万年青属(Dieffenbachia)、桑科榕属(Ficus)、凤梨科尊凤梨属(Aechmea)、水塔花属(Billbergia)和彩叶凤梨属(Neoregelia)等植物。一些观叶类的中等需光植物可以在短时期的弱光环境中生长。适合摆放在弱光照区的植物多为蕨类植物、爵床科费通花属(Fittonia)、天南星科和凤梨科的姬凤梨属(Cryptanthus)、果子蔓属(Guzmania)、巢凤梨属(Nidularium)和丽穗凤梨属(Vriesea)大部分观赏品种。

(2)植物的环境适应性和病虫害抗性。选择对环境和盆栽条件具有良好适应性的种类或品种,如无须人工补光而生长良好的凤梨、秋海棠、吊兰、球根花卉、报春花科、兰科植物、仙人掌等多肉多浆植物等。选择抗性良好的品种,可以减轻养护工作。

(3)植物的观赏期。无论是观花或观叶植物,观赏期长短是购买时需要考虑的因素,在植物造景中亦不能忽视,优先选择观赏期长的品种。

12.2.2　造景

12.2.2.1　设计过程

首先要画出房间草图,包括家具位置、房间之间的人行通道和光照水平;需要何种装饰功能的植物和所摆放的位置。其次,根据设计元素和植物对光照的需求,确定室内植物。最后,选择辅助物件,如与整体设计协调的花盆、吊盆、几架、植物补光灯等。室内植物人工补光:白炽灯和荧光灯。与荧光灯相比,白炽灯耗能,产生相对多的橙红光和较少的蓝紫光,使植物表面温度增高。白炽灯照射下的植物表现出黄化生长、色浅、瘦弱等。目前多采用荧光灯。不同类型荧光灯产生的光质不同,但不会增加所照射的植物表面温度。

12.2.2.2 室内植物配置的其他形式

(1)组合盆栽。组合栽植(plant pack)是指将一种或多种观赏植物根据其色彩、株形等特点,经过一定的构图设计,将数株集中栽植于容器中的装饰技艺,是特定空间和尺度内的植物配植形式。盆栽基质多采用人工配制的营养土,质地轻、保水、保肥。组合盆栽在选择植物种类时主要考虑以下 3 个方面。

①观赏特性:要充分利用不同植物的观赏特征,选择不同的植物种类进行最恰当的组合。通常组合盆栽既有简单的单种多株混合,又有多种植物观花观叶组合、直立下垂组合、不同色彩组合、不同高低组合等。目前比较流行的是使用线条性强而且是多年生的植物组合,如各种形状的凤梨、下垂性的多肉植物以及花朵优美的蝴蝶兰等。

②文化特征:组合盆栽不仅用于日常的室内装饰,也是节日布置或礼仪馈赠的重要形式,因此在组合栽植设计时,常赋予一定寓意来烘托特定的节庆气氛或表达赠送者的美好祝愿。因此,在选择植物材料时,要了解各地的用花习俗、花材的文化内涵等。

③生态习性:将不同的植物种类组合在同一个容器中,必须选择对生长条件要求相似的种类,才能保证在较长时间里植物生长良好,从而达到预期的景观效果。

(2)瓶景和箱景。瓶景和箱景(terrarium)是经过艺术构思,在透明、封闭的玻璃瓶或玻璃箱内,构筑简单地形,配植喜湿、耐荫的低矮植物,并点缀石子及其他配件,表现田园风光或山野情趣的一种趣味栽培形式。二者又统称为"瓶中花园"或"袖珍花园"。封闭式瓶景应注意瓶器与植物、配件、山石的比例关系以及植物的生长速度等,使构图在一定观赏期内保持均衡统一。

12.3 果树盆景制作

果树盆景(fruit trees bonsai),是将果树栽培学的原理与我国传统盆栽、盆景艺术的巧妙结合,在咫尺盆钵中创造出"源于自然而又高于自然"的审美意境。果树盆景是树木盆景的特殊类型,盆景培育时间长、制作技术复杂、养护难。果树盆景与"盆栽"有本质区别,虽然都是将果树植物栽于容器之中,适当进行修剪整枝以保持其正常的生长状态和开花结实,但盆栽植物修剪的目的不是为了造景,也不加入艺术处理的手段,不表现意境。而且盆栽的用盆较为随意,主要考虑植物生长需要和盆壁的理化性能。果树盆景是对盆栽果树进行艺术加工和造型,甚至配以山石或其他构件材料,构成花、果、枝叶和树型皆具观赏价值的树木盆景,春季观花,夏季赏叶,秋季尝果,冬季观枝。

12.3.1　果树盆景选材及造型

12.3.1.1　果树盆景选材

我国果树资源丰富,栽培品种和野生树种多可以用于盆栽或盆景制作,苹果、梨、葡萄、柑橘、山楂、桃、柿和石榴等均可采用。考虑到果树盆景的观赏花果的特性,应选择易于成花坐果、耐整形修剪、抗病虫害、花果观赏期长的树种或品种,如蔷薇科的山楂和海棠、芸香科的佛手、石榴科的石榴、鼠李科的观赏枣等,来表达果树盆景"春华秋实"的观赏意境。同时考虑不同果树种类的文化寓意,如"苹果"谐音"平平安安","柿子"暗喻"事事如意","石榴"引喻"多子多福、子孙满堂","柑橘"暗喻"金玉满堂","杨梅"意指"扬眉吐气,马到成功",充分展示果树盆景作品的丰富文化内涵。

12.3.1.2　盆景造型

树木盆景以树木为主要材料,经过园艺栽培,并对其进行修剪、缠扎、雕刻等艺术加工或造型,表现了大自然树木千姿百态的典型形象。树木盆景以干数变化而分为单干式(single trunk)、双干式(twin trunk)、多干式(multi trunk)和丛林式(group planting)的造型。根据造型风格分为自然式(直干式、斜干式、卧干式、曲干式、临水式、悬崖式、提根式、露根式、枯干式、垂枝式、附石式、双干式、三干式、丛林式)和规则式(云片式、鞠躬式、游龙式、圆片式、掉拐法等)。果树盆景注重开花结果,需保持良好树体生长,树势不能太强或太弱,不能像普通树木盆景那样强作树型,可以采用自然式的造型风格,根据果树树种的生长特性,选用适合的造型。

(1)直干式。直干式盆景造型表现树木挺拔生长,或高耸、或粗壮、或清秀飘逸的意境。制作时要把握好树干的高度及弯曲度,主干宜直不宜弯,或以直为主略有弯曲,主干鲜明,下粗上细,过渡自然匀称。

(2)曲干式。曲干式盆景将干枝进行弯曲,以缩小矮化树冠,追求一种曲折的美。不同于规则式的曲干造型,如扬派的"一寸三弯"、川派的"三弯九倒拐"、徽派的"游龙"、通派的"二弯半"等人工做作痕迹明显。果树曲干式盆景制作中以主干的攀扎牵拉和侧枝的修剪为主,注意弯曲的角度、大小、方向要有变化,不过多地重复弯曲,忌前后弯曲,宜左右弯曲。

(3)斜干式。斜干式造型是主根平卧,主干向一侧倾斜,树冠重心偏离根部,但呈回首状,表现"奇中求稳"的艺术效果。斜干树冠的重心要偏离根的基部以增加动势,当树干向右倾斜时,右侧要有明显的露根,其体量、长度应大于左侧根,以增加视觉的稳重感。冠的顶枝一般呈上升状,干的下部枝比上部枝尽量粗长一些。枝的修剪注意多保留上部枝,多剪弯内和树干的下部枝,并注意栽的角度及位置。

(4)卧干式。卧干式造型是树干卧倒,枝头昂然同首的盆景造型,令人获得一种"不屈不挠、跌倒了爬起来"的精神感悟。卧干式盆景的制作关键要把握好"卧"意,其主干与盆钵基本呈平行状,枝条方向和主干卧向基本相同,枝的顶端向上昂扬。如主干向右卧,左侧根略高呈下垂状,右侧稍长呈斜卧状。

(5)悬崖式。悬崖式造景主干自根颈处弯曲,干倾斜于盆外,将枝冠重心低过盆底或仅低过盆面,表现树木或倒挂、或斜垂、或斜卧、或垂旋等生长状态,表现出"不畏艰险,勇于抗争,坚定不移"的品格。盆景制作的关键是把握"悬"念。根要露出盆面,根形似爪,并有力度,如根低于盆面或过于松散,则不利于力度的表现,有摇晃不稳之感。

(6)垂枝式。垂枝式盆景以枝条细而柔软、叶片小的树材,表现出"枝条垂柔、婀娜多姿、轻风悠荡"的动人美景。垂枝式盆景的制作,主干枝要过渡匀称,小枝细长呈下垂状,其下垂的方向要基本协调一致,才显得自然美观,因为在自然界里细长下垂枝条总是随风偏向一侧。

(7)附石式。果树生长在山石的缝隙、孔穴或山石之上,或抱石而垂,或倚石而立。附石式造型展示了自然界里树木的强大生命力和坚毅刚强的品格。附石式盆景栽植方法多种多样,可将树贴紧石面,根穿插、迂回缠绕石壁;也可在石背面开挖洞穴,挖至盆面用以植物吸水和泄水,将树木植入洞穴之中;还可将树木植入吸水石的顶部、腰部。石料宜选坚硬、不宜剥落、造型得体的龟纹石、石笋石、英德石、斧壁石、钟乳石等。

(8)枯干式。枯干式盆景主干枯朽,木质部中空,犹如死树枯桩,但仍见枝叶繁茂一派生机,充分展示了树木的顽强生命力,表现了一息尚存、虽死犹生的精神。在树木盆景的制作中,多以山野挖掘的树桩制作,也可采用人工雕刻的方法。注意加强水路的培养,枯干部不朽、不烂,坚硬如铁。

(9)双干式。双干式盆景是一株两干,一高一矮,或一粗一细,或一正一斜,或二干并立,表现出"相依相偎,自然和谐"的意境。制作上忌双干的体量、高矮、粗细等同,主干高粗,副干矮细。双干的形态要顾盼有情、有呼有应、节奏明快、富有变化。可以选用不同品种合栽在同一盆钵,或是嫁接在适宜部位,增强对比和色彩变化。

(10)藤蔓式。利用藤本类果树,如葡萄、猕猴桃等,附着在支架材料,或配以山石、配件等,以蔓茎缠绕或悬垂为特色,表现出婀娜多姿的风貌。

12.3.2 果树盆景制作要点

树木盆景的制作是慧眼选桩,以桩立意,按意造型。材料来源可以是野外采集的树桩,或是人工培育的苗木,根据立意所需,对枝干、叶片和根部造型。

12.3.2.1 树桩采集及养坯

果树盆景的桩材多以苗圃繁育树苗、自幼培植为主,费时较长。一些高端的果树盆景是从野外或果园采掘树桩。这类多年生的树桩,根干生长奇特,因材处理可以缩短盆景造型时间,且往往可以选到形态优美、古雅朴拙的老桩,制作成盆景佳品。

(1)树桩采集。落叶树种采掘树桩的时间,宜在初春化冻,树木尚未萌发之前为佳。常绿树种和一些不耐寒的树种则应在早春时节 3～4 月份挖掘为好,以免遭受冻害。难于成活的树种,需带土挖掘。掘后树桩要进行一次重修剪,一般保留部分主要枝干并短截,均剪去,要考虑以后加工造型的需要。掘好的树桩及时回栽。

(2)养坯。山野采掘的树桩,无论其自然形态如何优美,都必须经过一定时期的培育,才能上盆加工,这一过程称作"养坯"。选择土壤疏松肥沃、排水良好、阳光充分的地方养坯。栽植方法有地栽和容器(盆钵或木箱)栽植。地栽养坯,最好在栽植时掺入 1/2 原土,适当深栽,枝干顶部露出地面,这样有利于发根和萌生新枝,也有利于加工造型。盆栽养坯则用透气、排水良好的泥盆、木箱、箩筐等栽培,亦可以连盆带埋埋在泥土里,保持盆土湿润,促进生根和萌发枝叶。

12.3.2.2 蓄养

蓄养是指果树盆景造型过程中,采取多种方法蓄养根、干、枝,使其生长良好,各部分比例合理匀称、树型丰满、自然美观。

(1)蓄根。山野采掘的树桩或苗圃繁殖苗,若是根形不完整,可采用补根法诱发新根;或为造型需要,可采用悬根法、垫根法、盘根法、挤根法、围套法等形式培养各种形式根系,如平展根、提悬根、盘根、连根等,塑造出理想的根型。

(2)蓄干。果树盆景枝干的粗细、力度、动势,对整体造型至关重要。树桩根盘形态好,干形不理想,可将干部不理想部分截除,重新蓄养主干。截面大者可养成双干,截面小者可蓄养成单干。这种方法适用于生长较快的树种。

(3)蓄枝。枝条蓄养在根、干造型基本完成后,再对枝冠进行制作,由下向上逐步推进。通过对顶部枝条进行定位、绑扎、剪除徒长枝和强旺枝等方法,控制顶部树冠的生长势,蓄养下部枝条生长粗壮,展示树木"下粗上细"的自然生长状态。

（4）蓄养截口。在养坯过程中，因造型剪截，形成大小不等的截口。截口愈合不好，逐渐溃烂，有碍观赏，影响树体生长寿命。截口大的树材，最好地栽养坯，任其生长，以促进截口愈合。

12.3.2.3 加工造型

树坯的加工造型遵循一系列盆景创作的艺术手法，对树桩材料先进行仔细观察和推敲，因材加工，决定塑造什么形式盆景，其根、干、枝的骨架要协调匀称地进行蓄养安排。

（1）攀扎造型。利用金属丝、棕丝、树筋等扎缚物，对树干和主枝进行作弯摆形，以创造出千变万化、丰富多彩的外形来。攀扎应先主干，后主枝，再次枝和小枝，由下往上、由里向外、由粗至细。

（2）修剪造型。修剪是树体造型的一种主要手段，通过短截、疏剪、回缩、抹芽、摘心、摘叶等手法，维持平衡的树势和优美的树形。果树盆景的特点是花果兼具，有景可观。果树长势太旺或太弱都不易形成花芽，修剪可以维持树势中庸，形成花芽，连续结果。按造型的顺序先后，分为定位剪、缩剪、疏剪等。

①定位剪：是盆景造型第一次修剪，确定保留不同位置的枝条，剪去多余的枝条。枝条的取舍，取决于树景形式的确立。保留的枝条应生长健壮、上下粗细协调、疏密有致，围绕主干上、下、左、右展开，具有动势，尽量避免平行、对称、重叠枝条。

②缩剪：是一种缩短枝条的修剪方法，也是树木造型和维护树景的重要措施。从造型来讲，通过缩剪使树木矮化，枝条丰满，自上往下粗细有度，弯曲有变。因此，修剪时应注意被剪枝干与上节枝干的粗细过渡的比例适合；留芽的方向和角度，以调整新发枝条的空间分布；缩剪枝节宜短忌长。

③疏剪：是从树木造型需要，从基部疏除杂乱的交叉枝、重叠枝、平行枝、轮生枝、对生枝、瘦弱枝、病态枝等多余部分，减少树体养分消耗，促进保留枝组的生长与开花结果。疏剪可以维持树形美观，改善树体通风透光条件，降低病虫害发生。

④抹芽：是在生长季抹去不需要的根蘖芽、干芽和腋芽，避免萌发交叉枝、对生枝和重叠枝等，影响盆景造型型。

⑤摘心：是生长季摘去新梢幼嫩部分，抑制新梢过长，使枝条变短，发枝短密；促进腋芽萌动，利于扩大树冠。新枝慢长时摘心利于养分积累和花芽分化。

⑥摘叶：是生长期摘去叶片，以促发新叶。适当摘叶能使叶片缩小，提高盆景的观赏价值。常绿树种则不宜摘叶，落叶树种的摘叶时期多为初夏或初秋季节，以获秋冬季节的观鲜嫩新叶效果，提升老桩树景的观赏价值。

　　(3)嫁接造型。将枝接、芽接、枝根嫁接运用到果树盆景的造型中,可加快盆景成型的速度,获得优良的盆景树材。通过嫁接方法补根、补枝、换冠,使树木盆景的造型更趋于完善。不同品种或近源种嫁接在一起,还可以提高观赏价值。在树木盆景造型,把攀扎、修剪与嫁接技法结合起来,将起到锦上添花的作用。为了提高嫁接的成活率,应选用亲缘关系近的接穗与砧木,同一种内的不同品种间嫁接容易成活,同属内不同种间嫁接尚可,科内或科间植物嫁接难于成活。

　　(4)枝干雕刻。盆景制作中借助雕刻来表现一种虽死犹生的残缺美,如枯干式、枯梢式。表现大自然中树木枯荣并存的景观。在树桩造型基本成型,为增强树桩干的老态,使其更富沧桑野趣,可对枝干进行适当的修饰处理,可弥补自育小桩等不够苍老的不足。经雕刻后的干、枝如铮铮铁骨,敲之有声;虽由人做,宛若天成,有种震撼人心的艺术魅力。雕刻树种的木质部应紧密、坚硬、耐腐朽、不宜老化剥落、保存时间长,如石榴。木质部较为松软树种雕刻意义不大。

　　(5)树根的表面雕饰。使露土的根皮表面粗糙皲裂,姿态古朴,增加野趣。处理技法与干枝的雕饰基本相同,但根部雕饰处理程度轻。在树桩翻盆或上盆时,采用"截直取曲"原则,将树根进行修剪,除去一些无造型意义的须根,或有意划破粗根树皮。

12.3.3　果树盆景上盆与养护

12.3.3.1　上盆

　　一景二盆三几架,是构成盆景最佳观赏效果的三要素,三者缺一不可。盆景的选择在大小比例、色彩及形状应与桩景协调一致,突出盆中之景。盆景既要有实用价值又要有艺术价值,陶盆、釉盆、木雕盆等容器适合果树盆景。

　　盆土的选择因树木种类而异,一般选用富含腐殖质、通气、透水性能良好的土壤,南方树种多喜偏酸性土壤,北方树种则要求中性或偏碱性土壤。按园土:有机肥:炉渣类=5:1:4混合配制盆土。用无机基质栽培,浇灌营养液,这是盆景国际化的趋势之一。

　　树木栽植深浅根据造型需要,除提根式外,一般将根部稍露出土面为宜。树木栽植完毕要浇透水。新栽土松,最好用细喷壶喷水。而后将其放置在无风半阴处,天天注意喷水,半个月后便生新根,转入正常管理。

12.3.3.2　果树盆景养护

　　果树盆景养护目的是维持树体正常的生长和开花结果,维护盆景完美的造型。

　　(1)浇水。盆景浇水因季节、气候、树种、盆体大小、深浅、质地等因素来确定浇水次数和浇水量,掌握"不干不浇,浇则浇透"的原则。夏季高温期要浇一次透水或早、晚各一次,春、秋季可每日或隔日浇一次,冬季处于休眠期可数日浇一次。一次的浇水量以盆容量的 2/5 为好,一般盆土表面到盆口留有一定的盛水空间,一次浇满,待不见存水后再浇一次即可。若是发现盆树生长萎蔫而盆土偏湿,可能是浇水过多导致的,应停止浇水,或及时翻盆,剪去烂根重新上盆养护。

(2)施肥。盆栽果树生长和开花结果需要大量养分,但盆土养分有限。为保证正常生长,必须根据果树不同时期的需肥特征,掌握"淡肥勤施"的原则,合理施肥。在春、秋季根系生长高峰期施腐熟的有机肥,以液态为佳。在花果生长期和花芽分化期,根部施肥和叶面施肥相结合,如施入发酵好的饼肥稀释液(1/200),叶面喷施0.1%～0.3%的磷、钾肥和微量元素溶液。

(3)整形修剪。盆景上盆造型后,为防止其枝叶徒长,紊乱树形,在养护管理中,要经常修剪,长枝短剪,密枝疏剪,达到维持造型和树体正常开花结果的目的(见盆景造型部分)。

(4)花果管理。根据果树盆景的大小,适当留果,以保证当年果实品质和翌年的花芽质量。一些异花授粉的树种或品种,应在花期进行人工授粉,保证坐果。喷施生长调节剂,可以延长果实挂果期。果实成熟前,进行果实贴字,提高观赏性。落叶果树盆景休眠期,提供适宜低温以开花的需冷量,保证正常开花结果。

(5)翻盆。随着树体生长,盆内根系密布,影响盆土的通透性和排水,降低根养分吸收能力,需定期更换新盆。翻盆年限则因树种、树龄、规格和根系生长状况而定。老桩不宜多翻,幼龄树 1～2 年翻一次,中型盆景 2～3 年、大型盆景 3～4 年、特大型盆景则 5 年以上翻盆换土。翻盆时间一般在早春和晚秋进行,此期根系再生能力强,利于树体恢复生长。

(6)病虫害防治。果树盆景的病虫害按危害部位,可以分为根部、枝干、叶片和果实病害。根部病害发生最多,尤其是老桩盆景,因根部老化,易引起病菌滋生,产生根瘤或腐烂,应注意盆土消毒和控制浇水量。叶片斑点病、白粉病、枝干的腐烂病等病害,红蜘蛛、蚜虫、介壳虫、食心虫类等虫害,可以波尔多液或石硫合剂等防治。

(7)越夏防护。夏季高温、干旱地区,应及时向盆景和周围空气中喷水降温,增加相对湿度。设立遮阳网,降低光照强度和环境温度。

(8)冬季防寒。常绿果树盆景一般在北方地区室内越冬。落叶果树盆景冬季防寒措施很多,可以将休眠期的盆栽用塑料膜或稻草等包严、浇足水,置于室外背风向阳处;或浇足水后,挖坑埋盆防寒;或用风障;或大棚、地窖、低温温室(0～5℃)等越冬。

12.4 插花制作

插花是指选取适宜的花材、容器以及道具等,通过艺术手法,创造出富有诗情画意,饱含自然哲理的景物,或是创造出意境深刻的各种组合形体,来表达作者审美情感的一门造型艺术。

插花的种类很多,按艺术风格可分为东方式插花和西方式插花;按使用目的可分为礼仪插花和艺术插花;按花材性质可分为鲜花插花、干花插花和人造花插花;按容器可分为瓶花、盘花、篮花、钵花、壁花等;按艺术手法可分为写景式插花、写意式插花和装饰性插花。

12.4.1 插花的艺术风格

插花英文两个词 ikebana 和 flower design,这两个词表明了插花花艺设计不同的历史源头,即是源于东方的插花 ikebana 和源于西方的花艺设计 flower design。

12.4.1.1 东方式插花艺术

主要以中国和日本插花为代表。中国插花起源于春秋战国时期,早在《诗经》、《楚辞》中就有记载。东汉的墓葬壁画展示了插花雏形,唐代形成了丰满华丽的宫廷插花风格。宋代因推崇朱子理学,开创了文人风格,注重理性意趣、人生哲理和品德节操为主题,讲究次第的插花形式。明代宫廷不提倡插花,却在民间普及,书斋插花、厅堂插花等都随处可见,亦提倡茶与花结合的"茗赏",至今影响着中日两国。明代是插花艺术的顶峰时期,插花技艺成熟,相关著述很多,尤以袁宏道的《瓶史》影响最大,影响中日插花艺术发展。在日本,至今仍有以袁宏道名字命名的花道流派——宏道流。清初延续了明末插花艺术的繁荣景象,插花风格多样,瓶花仍是主流,谐音插花和写景插花风行。清末时中国插花进入低谷期,日本插花开始崛起。

日本插花可追溯至隋代,日本遣隋使小野妹子将中国插花技艺带到日本京都。十五世纪中叶,池坊家族,在小野妹子当年回日修行的寺庙"六角堂",创立了日本最古老的插花流派——池坊流,开启了日本花道的历史。随着时代发展和西方文化的影响,逐步创立了小原流、草月流等诸多流派,体现或古典(如池坊流)或自然(如小原流)或现代(如草月流)的艺术风格。

东方插花艺术崇尚自然,重视意境、思想内涵的表达和花材的人格化意义。在用花上,以木本花材为主,用花枝数量较少,讲求精练,运用青枝绿叶衬托,轻描淡抹,清雅绝俗;在构图上,以线条造型为主,追求线条的完善与变化,多采用不对称均衡的手法,以三个主枝为骨架,形成各种不同的造型,以装饰美表现自然美;用色较为朴实大方,一般多采用一、二种颜色,并注意与容器的色彩相协调;重视容器、道具(几架、盆垫、小件摆设等)、作品和环境的和谐一致。

12.4.1.2 西方式插花艺术

以欧洲和美国的传统插花为代表。西方插花起源于古埃及,随着战争的脚步传到欧洲。在古罗马、古希腊时期,选用玫瑰、风信子、桃金娘、迷迭香、百里香、鼠尾草、甘松茅、月桂树枝、橡树枝、橄榄树枝等花卉用于"花环""棒状花束""花索"等装饰形式。中世纪时,插花受宗教的影响,花被赋予了宗教含义,如红玫瑰是神对人的爱之化身,百合与铃兰代表圣母的纯洁,漏斗菜表示虔诚祷告等。文艺复兴时期,受人文主义和几何审美的影响,欧洲形成"以草花为主、花量多、色彩丰富"的几何式、图案式插花风格。文艺复兴之后,逐步出现了以玫瑰与常青藤为代表花材的英国花园(English garden)风格;以大量花朵与华丽的容器为代表的维多利亚(Victorian)风格;模仿灌木修剪形式的 Topiary 风格,将花朵插制成球形、圆锥形等几何形状,置于立柱顶端;以金色的向日葵、金合欢与紫色的薰衣草为代表花材的普罗旺斯(Provence)田园风格,阳光与天空的色彩和散漫的细碎小花是其风格标志;以花材种类多、色彩丰富和组群式设计为特点的荷兰展览式(Dutch exhibition)风格,插花硕大而造型华丽。

插花随着殖民被传递到北美,在美国形成了具有文艺复兴气质的威廉斯堡圣诞(Williamsburg Christmas)风格,以北美本土花材为主,外形轮廓近乎方形,显示了美式插花粗大、豪放的风格。美国南北战争前出现了美国南方(Southern American)花艺风格,使用华丽的古典容器、造型超大、花茎交叉技法,勾勒出美国南部上流社会的大农场、豪华建筑与奢华生活。受建筑设计的新艺术风格影响,产生了以运动线条为特征的新艺术插花风格。在印象主义、抽象主义、立体主义、野兽主义等艺术思潮的影响下,花艺设计不断改变。随着日本插花的传入,美国花艺家将东方插花中的线条、焦点与西式插花结合,形成了美式风格的插花。

西方式插花作品富有装饰性,不过分强调思想内涵。用材以草花、球根花卉为主,数量大,花朵丰满硕大,给人以繁茂之感;色彩浓重艳丽以表现热烈、浓郁、富丽堂皇之氛围;花色相配和谐,多采用一件作品几种颜色,形成不同颜色的组合色块,极富装饰性的图案美;在构图上,多采用对称均衡或规则几何形,注重花材整体的图案美和色块艺术效果,追求群体的表现力和气氛渲染力。作品与摆放环境相适应,但花枝与花器之间的比例要求不严格。

12.4.1.3　现代自由式插花艺术

这是当今广泛流行的插花艺术形式。在糅合了传统东西方插花艺术特点,借鉴现代装饰艺术的手法和理念,发展形成的具有很强现代形式美感和装饰性较强的花艺作品。这类插花创作题材广泛深刻,插花素材丰富多样,东西方文化交融而不失民族特色,插花技巧层出不穷,表现形式灵活多样。作品线条优美,色彩明快,体现了现代人的意识,追求变异,不受拘束,自由发挥。

新欧式花艺引领世界插花艺术潮流,以自然主义风格为花艺设计的审美原则,在花材种类、数量、形式、色彩等方面的简约化插花技法,利用架构改变花艺作品的结构。现代花艺不拘于花材的自然形态,为表现创作意图,将花材编织、粘贴、重叠等,并将给人美感的材料都加入到花艺设计的行列中。

12.4.2　插花构图原则

插花犹如作画,必须"意在笔先",即插花前先要考虑好作品的主题。好的插花作品应具有"造型美、色彩美、意境美"。插花作品是否能给人以美的感受,主要在于构图是否符合艺术原则,表现在色彩和谐、构图均衡、韵律变化等诸多方面。在花材的选择及加工处理、植物材料的搭配、盛花容器及道具的选用、植物材料与器皿的配置,以及布置的环境等反映出来。

12.4.2.1　色彩和谐

色彩是由色相(颜色表象)、明度(明暗程度)和彩度(色彩饱和度)三要素构成的,具有冷暖、远近、轻重以及情感的表现功能。红、橙、黄等暖色系颜色使人联想到太阳、火光,产生温暖的感觉,具有热烈和欢乐的效果。色彩的轻重感主要取决于明度和彩度。明度越高,色彩越浅,使人产生飘逸轻盈之感,彩度深的色彩含蓄而朴实。明度影响色彩的远近感,如明度高的暖色光感觉前进而宽大,明度低的蓝、紫等冷色光则远退且狭小。

不同的色彩令人产生不同的情感和联想,如红色表示热烈、喜庆、吉祥,橙色是丰收之色,黄色有一种富丽堂皇的富贵气;绿色代表生机盎然、健康宁静,蓝色有安静、深远和清新的感觉;紫色有华丽高贵的感觉,淡紫色还能使人觉得柔和、娴静;白色表示纯洁、朴素、高雅的本质;黑色具有坚实、含蓄、庄严、肃穆的感觉。

(1)花材色彩搭配。

①同色系配色:用单一的颜色,根据同一色彩的深浅浓淡,按一定方向或次序组合,形成层次的明暗变化,产生优美的韵律感。

②近似色配色:利用色环中互相邻近的颜色来搭配,如红-橙-黄、红-红紫-紫等。选定一种色为主色,其他为陪衬,切忌色彩平均分配。主色花数量多,按色相

逐渐过渡,产生渐次感;或以主色为中心,其他在四周散置来烘托主色的效果。

③对比色配色:色环上相差180°的颜色称对比色或互补色,如红与绿、黄与紫等。利用明暗悬殊或色相性质相反的花材搭配,可产生强烈和鲜明的感觉。不同花色相邻之间应有穿插与呼应,以免显得孤立和生硬。降低色彩浓淡,如用浅绿、浅红、粉红等进行调和,或利用黑、白、灰、金、银等补救色调和。

④三等距色配色:在色环上任意放置一个等边三角形,三个顶点所对应的颜色组合在一起,即为三等距色配色。如花器是红色,花材选用黄色和蓝色,或紫色的矢车菊和橙色的康乃馨加上绿叶等,这些色彩配出的作品鲜艳夺目、气氛热烈,适用于节日喜庆场合,但同样应以中性色调和,加插白花或用白(黑)色的花器等。当环境微暗时,宜用对比性稍强的颜色,而在明亮的环境中,则可用同色或近似色系列。

(2)花材与花器的色彩配置。插花器皿种类多,具有自身的色彩特点,插花器皿以衬托花材为主要功能,花材与花器的色彩要有一定的对比度,不要喧宾夺主。浅色插花配以深色的器皿,深色调插花则配淡色的器皿。黑、白、金、银、灰等中性色的花器,可以和各色花材相配。

(3)花材与季节色彩的配置。根据季节变化选用插花色彩,如春天里百花争艳,万紫千红,春季插花应选择色彩鲜艳的材料,给人以轻松活泼、生机盎然的感受。夏天插花的色彩要求清淡素雅,适当选用冷色调的花,给人以清凉的感觉。秋天正值丰收季节,选用红、黄等明艳的花材,表达喜悦和兴旺发达之感。冬天伴随着寒风与冰霜,此时的插花应以暖色调为主,给人以迎风破雪的勃勃生机。

12.4.2.2 构图均衡

均衡的原则是求得插花体的重心平衡与稳定。

(1)平衡。平衡有对称的静态平衡和非对称的动态平衡之分。对称平衡的视觉简单明了,给人以庄重、高贵的感觉,但有点严肃、呆板,如传统的完全对称插花,即是把花材的种类与色彩平均分布于中轴线的两侧。现代插花则采用组群式插法,即外形轮廓对称,但花材形态和色彩则不对称,将同类或同色的花材集中摆放,使作品产生活泼生动的视觉效果,这是非完全对称,或称为自由对称。非对称没有中轴线,左右两侧不相等,但通过花材的数量。长短、体形的大小和重量、质感以及色彩的深浅等因素使作品达到平衡的效果。

(2)稳定。稳定是构图均衡的关键,没有稳定的造型,就没有均衡,稳定是插花作品形式美的重要尺度之一。一般重心越低,越易产生稳定感。颜色深的花材有重量感,插花时宜将深色的或形体大的花材作为主体花枝,放在靠近中心和下方位置,稳定作品的重心,重量感小的花枝放在作品的外围;或是插花作品中间和基部的花材较密集,而外围和上部花材分布较松散,以满足构图上"上轻下重、上散下聚、上浅下深、上小下大"等要求。

12.4.2.3 比例协调

插花作品的大小、长短、各个部分之间以及局部与整体的比例关系,比例恰当才能匀称。

(1)花型与花器之间的比例。花器单位是花器的高度与花器的最大直径(或最大宽度)之和。插花的花型最大长度为花器单位的 1.5～2 倍,花材少、花色深或 S 形插花,二者比例可大。比例失调,使作品头重脚轻(花材过大,容器过小)或头轻脚重(花材过小,容器过大)。

(2)环境因素。插花时要视作品摆放的环境大小来决定花型的大小,所谓"堂厅宜大,卧室宜小,因乎地也。"摆放环境空间大时,作品可大。环境空间小时,作品可小。

(3)黄金分割比例。一条直线分为短、长两部分,短线段与长线段之比等于长线段与全长之比,约为 0.681 : 1。在视觉造型上,黄金分割比例是最美的比例。花型的最大长度为 1.5～2 个花器单位,体现了黄金分割原理。在三主枝构图中,一般三个主枝之间的比例按 8 : 5 : 3 或 7 : 5 : 3 的黄金分割比例插花。

12.4.2.4 韵律变化

插花的韵律是通过有层次的造型、疏密有致的安排、虚实结合的空间、连续转移的变化而体现的,展示了插花的生命活力与动感。韵律变化,即是画面变化。

(1)层次。高低错落、俯仰呼应造就层次的产生。高低错落,即是花枝的位置要高低前后错开,不要插在同一水平线上。插花有高有低、有前有后、有深度,可以插出立体层次。仰俯呼应,即上下左右的花枝都要围绕主花枝(焦点花),相互呼应的花枝之间保持整体性与均衡性,产生深远延伸之势。例如,花枝修剪要有长有短,一般陪衬的花叶其高度不可超过主花,此外深色的花材可插得矮些,浅色的花插得高些,这是通过色彩变化增强层次感。

(2)疏密有致。插花作品中的花叶安排应当疏密有致,切忌等距布置。这样既可展现个体花材的姿态美,也可使整个作品浑然一体。一般焦点部位和下部位置可较密集,上部和外围宜稀疏,以增加作品的稳定感。

(3)虚实结合。在插花创作中,花为实,叶为虚,花枝构成的画面显露于观赏者面前的为实境,深藏在花枝背后的为虚设的插花意境。插花虚实配合得好就有层次,产生插花的空间,引人遐想。空间的安排适当与否也是插花技艺高低的标志之一。插花中应用线条,可划出开阔的空间。现代插花十分注重空间的营造,不仅要看到左右平面的空间,还要看到上下前后的空间。各种线材,无论是扭扭曲曲的枝条,还是细细的草、叶,都是构筑空间的良材,善于利用即可使作品生动,飘逸有灵气,韵味油然而生。

(4)重复与连续。重复出现不单有利于统一,还可引导视线随之高低、远近地移动,从而产生层次的韵律感。花、叶由密到疏、由小到大、由浅到深,视线也会在这种连续的变化中飘移,产生一定韵律感。

12.4.3 插花基本形式

12.4.3.1 东方插花基本形式

东方式基本花型一般都由 3 个主枝构成骨架,在各主枝的周围,插些长度不同辅助枝条以填补空间,使花型丰满并有层次感。

(1)直立型。花枝直立向上插入容器中,利用具有直立性的垂直线条,表现其刚劲挺拔或亭亭玉立的姿态,给人以端庄稳重的艺术美感。总体轮廓应保持高度大于宽度,呈直立的长方形状。平视观赏。

将第一主枝保持 $10°\sim15°$,基本上呈直立状插于花器左方。第二主枝向左前插呈 $45°$,第三主枝向右前插呈 $75°$。注意 3 个主枝不要插在同一平面内,呈现出有深度的立体形状,故第二、第三主枝一定要向前倾斜。

(2)倾斜型。将主要花枝向外倾斜插入容器中,利用一些自然弯曲或倾斜生长的枝条,表现其生动活泼、富有动态的美感。总体轮廓应呈倾斜的长方形,即横向尺寸大于高度,才能显示出倾斜之美。平视观赏。

第一主枝向左前呈 $45°$ 倾斜,第二主枝插呈 $15°$,第三主枝向右前插呈 $75°$。同样,第一主枝也可向右 $45°$ 倾斜,第二、第三主枝的位置、角度也随之变化,形成逆式插法。

(3)平展型。将主要花枝横向斜伸或平伸于容器中,着重表现其横斜的线条美或横向展开的色带美。

将倾斜型的第一主枝下斜呈 $80°\sim90°$,基本上与花器呈水平状造型。第二主枝插呈 $65°$ 左右,第三主枝插在中间向前倾 $75°$,最后再插上陪衬枝条完成造型。

(4)下垂型。将主要花枝向下悬垂插入容器中,多利用蔓性、半蔓性以及花枝柔韧易弯曲的植物,表现其修长飘逸、弯曲流畅的线条美,画面生动而富装饰性。一般陈设在高处或几架上,仰视观赏为宜。总体轮廓应呈下斜的长方形,瓶口上部不宜插得太高。下垂型第一主枝可由倾斜型或平展型第一主枝变化而来,使其向下悬垂,低于瓶口,其他主枝的位置与角度与倾斜型相同。

(5)盆景式插花。利用山水盆景艺术的布局手法,在盆内咫尺之间表现自然景色的一种插花形式。例如,在浅盆内将花枝插在花插座上,掩以山石,缀青苔小草,作风景式布局,配以房舍等附件,构成意境深远、富有诗情画意的山水风光画面。花材不求色彩华丽,而以山野花草、劲秀植物等为好。

(6)壁挂式插花。在悬挂于墙壁的器皿中进行插花创作的一种形式。这种插花犹如立体的中国画,颇具东方文化色彩。壁插器皿多为带有悬挂小孔的半面器皿,或内置插花容器的竹、柳等编织成花篮。

12.4.3.2 西方插花基本形式

西方几何式插花的特点是色彩浓重艳丽,外形规整,轮廓清晰;层次丰富,立体感强;焦点突出,主次分明。插花多使用花朵硕大、色彩艳丽的草本花卉。按花的形状和在构图中的作用,把花材分成以下4类。

①骨架花:外形呈长条状或线状,在插花构图中主要起骨架作用,确定花形高、宽、深等外形轮廓。选用长穗状花或花茎挺拔的单朵团状花或枝叶,如唐菖蒲、蛇鞭菊、金鱼草、晚香玉、月季、康乃馨、蒲草、苏铁叶、兰叶等。

②焦点花:外形呈较整齐的圆团状或呈不规整的特殊形状的花材,在构图的重心位置。选用丰腴、鲜丽、一茎一花的花材,如菊花、百合、卡特兰、红掌、月季、香石竹、非洲菊、鹤望兰等。

③主体花:在骨架花构成的范围内,多用团块状或线状花材,以丰满和完成构图。

④补花:在构图中主要起填充和过渡作用。选用形体细小、丛状或羽絮的花或叶,如天门冬、小菊、情人草、珍珠梅、文竹、肾蕨、满天星等,协调骨架花和焦点花,使花形丰满,层次感强。

几何式插花先插骨架花,次插焦点花,再插主体花。一般先插轮廓线,再在轮廓线范围内插入其他花朵,完成花形主体。用填充花、衬叶填空,遮盖花泥。同时还要注意色彩的和谐,花材分布均匀,以达到体现色彩美、图案美、群体美及装饰美。

西方式插花所用花器一般选用浅色的浅盘或高脚杯等。因花形把花器全部遮掩而不外露,对花器要求不高,仅按摆设的位置或场地来决定花形大小。如果花器外露,则花形最大长度是花器单位(花器高和花器口直径之和)的 1.5~2 倍。

(1)三角形。单面观赏对称构图的造型。花的外形轮廓为对称的等边三角形或等腰三角形,下部最宽,越往上部越窄,外形酷似金字塔状。这种插花结构均衡、优美,给人以整齐、庄严之感,适于会场、大厅、教堂装饰,置于墙角茶几或角落家具上。常用浅盆或较矮的花瓶做容器。

造型时先用 4 支骨架花插成三角形的基本骨架,形成外形轮廓。焦点花插在中央高度 1/5~1/4 显眼的位置,在第一和第四花枝连线上,以 45°插入。然后插入其他主体花朵,均匀分布在轮廓线的连线上,有些可短些,插在外轮廓之内,以显层次感。最后插入补花和衬叶,其长度一般不超过主花,使花朵均匀分布成三角形,下部花朵大,向上渐小。

(2)扇形(放射形)。放射状对称构图的造型,花由中心点呈放射状向四面延伸,如同一把张开的扇子。骨架花可以插出等长射线和不等长射线的两种扇形。放射形的焦点位置不一定位于正中部,焦点花稍偏于左侧,使对称的放射形有所变化,以避免扇形插花平面化和过于呆板。主体花长短不同可以插出立体感,不要插在同一平面内,要具有景深和一定的变化。补花使花形富有韵律和动感。

(3)倒 T 形。单面观对称式花形,造型犹如英文字母 T 倒过来。插制时竖线须保持垂直状态,左、右两侧的横线呈水平状或略下垂,左右水平线的长度一般是中央垂直线长的 2/3。

造型时先用 4 枝骨架花插成倒 T 形的外形轮廓。第一枝花为花器高度加宽度 1.5～2 倍,垂直插入花泥正中偏后 2/3 处。第二和第三花枝长度均为第一花枝的 1/3～1/2,对称插入花泥左、右两侧,水平或下垂。第四花枝长度为第一花枝的 1/4,插在花器正面中央,与第一花枝呈 90°,使花形呈立体状。

第五和第六花枝长度为第一花枝的 1/4,对称插入第一花枝的左、右两侧,向后倾斜 30°。第七花枝为焦点花,插在在第一和第四花枝连线下部 1/5 处,与第四花枝呈 45°。其余花枝长度不超出轮廓线范围,根据需要而插入补充。

插法与三角形的相似,但腰部较瘦,即花材集中在焦点附近,两侧花一般不超过焦点花高度,倒 T 形突出线性构图,宜使用有强烈线条感的花材。

(4)半球形。四面观赏对称构图的造型,插花的外形轮廓为半球形,所用的花材长度应基本一致,整个插花轮廓线应圆滑而没有明显的凹凸部分。半球形插花的花头较大,花器不甚突出。

插花制作时,第一花枝插垂直轴,将花垂直插于花泥中央,高度视需要而定。在水平轴插入长短相等的 6 个花枝,与垂直轴呈 90°,对称插于花泥四周,各花相距 60°,插好后形成以垂直轴为半径的半圆。在两轴之间用花弧线连接,即得半球形轮廓,其余花枝长度应不超过此轮廓线范围,在半球轮廓范围内均匀插入花朵。最后插补花和配叶,完成整个造型。

(5)水平形。中央稍高,四周渐低的圆弧形插花体,花形低矮、宽阔。花器选用圆形或长方形浅盆,以突出宽阔感;或用高形花器,花形两侧下垂,体现曲线美。

制作时用 5 个骨架枝插出主轴,形成水平形构架。垂直轴不宜太高,以免影响视线。平轴线的长度视桌面的大小而定。如轴线较长,则使用高形花器,水平轴线可向下稍弯,但不可上翘。如有特殊形状的焦点花,可在中轴线两侧插入;若没有就把各种花朵均匀分布。花枝的长度以不超出各轴线顶点连线为原则,使花形轮廓呈中间稍高的圆弧形。各种花叶宜对称插入。

(6)圆锥形。四面观赏的对称花形,圆形,稳重,庄严。从每一个角度侧视均为三角形,俯视每一个层面均为圆形。其插法介于三角形与半球形之间。

制作时,将骨架花第一花枝长为花器单位的1.5～2倍,垂直插入花泥正中央。在花泥四周,沿花器边缘水平插入6枝骨架花,长度均为第一花枝的1/2左右,各花间角度为60°,在底部组成一圆形轮廓(同半球形基部插法)。分别在第一和二花枝、第一和四花枝、第一和六花枝连线下部1/4～1/3处,插入3枝焦点花。在第一花枝与第二至第七花枝顶点连成的直线范围内插入主体花法,类似于三角形插法,完成花形主体。插填充花,如用排草等遮盖花泥,用满天星作装饰等。

(7)L形。不对称花形,与倒T形基本相似,但它左、右两侧不等长,一侧是长轴,另一侧是短轴,强调纵横两线向外延伸。

制作时,垂直轴的骨架花第一枝插在花器左侧后方,左边和前轴的骨架花枝长度约为第一花枝1/4,右轴的花枝约为第一花枝的2/3,形成的外形轮廓类似两个互相垂直放置的长三角形锥体。在这两短轴所形成的三角形内,在焦点位置花材较密集,向外延伸花材逐渐减少。这个花形可做多样变化,纵、横两轴线可稍做弯曲,表现轻松活泼。

(8)椭圆形。对称构图的造型。用4枝骨架花定出插花体的椭圆状外形轮廓,中央的花枝稍高,两侧的花枝渐低,焦点花插在花体中部显眼的位置,其他花朵均匀分布,最后用补花填充空隙处。花形玲珑精巧而又不失优美端庄,花器用口宽稍矮的容器,花泥要高出花器口5 cm。

制作时,第一花枝长度为花器高度加宽度的1.5 ～ 2倍,插入花泥正中偏后2/3处,稍向后倾斜。第二和第三花枝长度均为第一花枝的1/2,对称前倾30°插在第一花枝的左、右两侧,决定作品的宽度。第四花枝长度为第一花枝的1/4,插在花器正面中央,与第一花枝呈微大于90°的角,使花形呈立体状。第五花枝位于第一和第四花枝连线中点处,以45°插入花泥中央,作为焦点花。其余花枝均匀对称插在焦点花周围、轮廓线范围之内,最后插入补花和衬叶。

(9)弯月形。花形如弯月,以表现曲线美和流动感。制作时,选合适的花材,插出弧线形的轮廓。主焦点花约为长轴花的1/5长,插在花器中央,向前倾斜45°～60°。在焦点的左后方插出上弯线,右后方插下弯线,上、下两线的长度比例约为2∶1。这三点连线就是一条上、下、前、后都有弧线的中央线,沿着这条线的走势,可插上主花。在中央轴线的两侧,插内侧线和外侧线。在主焦点的侧面,可补插焦点花,作为内侧线的焦点,使花形呈现景深,流露自然风韵。

(10)S形。不对称式花形,由螺旋线演变而来,美丽优雅。这种花形宜选用较高的花器,以充分展现下垂的姿态。

插法与弯月形有点相似,把弯月形的右侧弯线转个角度,使之向下弯曲,即为S形。上、下轴线长度不要等长,一般上段占 2/3,下段为 1/3,或相反,上短下长,视摆放位置而定。同样也可插出主焦点和辅助焦点,以呈现景深。

12.4.4　插花制作要点

12.4.4.1　立意构思

插花作品创作前,首先要立意,即确定作品的主题,“意在笔先”。立意构思的依据介绍如下。

(1)根据花材的特点立意构思。东方插花制作选用寓意和象征恰当的花材表现插花作品的主题,引起欣赏者强烈的思想共鸣。根据植物的质感、形态、色彩、习性等特质,赋予丰富的文化寓意和人格化,用以表达人们的情感和意趣,借物咏情,见景生情。如花大色艳的牡丹是富贵吉祥、繁荣幸福的象征;凌寒傲雪的梅花,表现坚韧不拔的斗争精神;“出淤泥而不染”的荷花喻为品德高尚。

(2)根据植物的季相变化立意构思。插花应具有季节性的鲜明特征,应时应季的插花作品,易唤起人们的共鸣。什么季节,用什么花材;用什么花材,代表了什么季节。表达春天的主题,可以选用春季应时的花材来表现,如春兰、银芽柳、报春花、风信子、飞燕草、迎春、玉兰、补血草、香豌豆、金盏菊、碧桃、小苍兰、榆叶梅等。夏天主题以荷花、牡丹、芍药、鸢尾、蛇鞭菊、石榴、金鱼草、须苞石竹、火炬花、睡莲、萱草、桔梗、萍蓬草等表现。秋天主题以菊花、桂花、翠菊、鸡冠花、桔梗、百日草、大丽花、晚香玉、蓍草、麦秆菊等表达。冬季的主题以梅花、蜡梅、山茶、马蹄莲、一品红、水仙、杜鹃花等表达。

(3)根据诗词歌赋来立意构思。中国诗词歌赋,内容丰富,意蕴深邃,博大精深,可作为插花作品的主题。例如“春色满园关不住,一枝红杏出墙来”“嫩绿枝头红一点,动人春色不须多”“莫道桑榆晚,为霞尚满天”“野火烧不尽,春风吹又生”等。

(4)根据插花的用途而立意。插花按使用目的可以分为礼仪插花和艺术插花。常用的礼仪插花有桌饰、捧花、迎宾花束、花环、生日插花、节日插花等。艺术插花用于美化和装饰环境,或在展览会上显示其艺术效果的插花作品。根据插花的不同用途,确定插花的格调,或华丽或清雅,或写意或抽象,或写实或写景。

(5)根据容器、配件及摆放环境,确立插花作品的花形、大小等。容器和配件是插花作品的组成部分,运用得当,会使作品主题得到充分地表达,起到画龙点睛的作用。

12.4.4.2 插花容器与用具选择

东方插花的盛器是插花作品重要组成部分,除了用来盛放、支撑和保养花材的功能以外,也是插花作品构图中的一部分,花材、造型和花器是一个整体,不可分割。

(1)插花容器。根据插花风格、花材、立意构思、构图、插花环境等确定插花器皿。东方式插花应选用东方花器,而西式风格插花,则选用西式器皿。大型作品选用有一定重量和形状的花器,花器的质感与花材相配。容器外形应简洁大方,比例合适,容器的高度约为主花枝的1/2,色彩及花纹都不宜过分华丽,以免喧宾夺主。常见的花瓶有陶瓷、铜制的景泰蓝、漆制品、玻璃花器、塑料制品等。

(2)插花用具。插花工具很多,有专用的修剪工具,如修枝剪、花剪、修枝刀、锯子等,有固定花材所用的花插、花泥、铁丝网、花托、瓶口支架等,有辅助工具,如金属丝、铁丝钳、喷水壶、垫座、配件等。

12.4.4.3 花材的选择与加工处理

(1)插花素材的选择。中国式插花可选用的花材非常广泛,凡花、叶、茎、果等的色彩和姿态具有观赏价值的,均可切取作插花素材。此外,水果、蔬菜等,也是插花的好素材。

①根据季节选择花材:选择应时的花材种类,春天可选用桃花;玉兰、迎春、牡丹、杜鹃、郁金香、香石竹等;夏季选用清淡素雅的花材,使人感觉比较清爽,如荷花、睡莲、非洲菊、紫薇等;秋季选用色叶树种的枝叶或硕果等花材进行插花造型,如红枫、火棘果枝等,可以表现秋色及丰收景象;冬季选用水仙、梅花、一品红、蜡梅等。

②根据花材的自然形态选择花材:花材具有各自的形态特征,直、曲、横、斜、硬、柔等表现出了各种不同的风格。如松、梅应选用姿态苍老、横斜扶疏的枝条;迎春、牵牛、连翘等宜选用自然弯曲、婀娜多姿的枝条;竹、南天竹等宜选用直立不曲的枝条,以表现刚直不阿的意境;水仙、鸢尾、百合等,具有亭亭玉立的自然美,选用花茎及叶片挺直为佳。

③根据环境及花器选择花材:根据插花作品准备摆放的环境位置及花器的形状、色彩等,选择出适宜的主体花材,以达到相互协调。花材一旦选配确定之后,作

品的基本造型也就被确定了。客厅中宜选用色彩柔和的花材,以创造一种温暖、热情、轻松舒畅的氛围,而喜庆宴会上的插花,应选用花繁、色艳、叶茂的花材,以体现热烈欢快的气氛。此外,选择花材还需与花器的形、色协调。

(2)花材整理。从不同的角度对花材进行整体的观察,根据造型需要,疏剪花枝,剪去多余的枝叶,修剪整体的姿态。

(3)花材加工。为了表现花材的曲线美,使之富于变化,需要做些人工处理,将花材弯成各种形状,弥补先天不足。花材弯曲造型是插花技法之一。可采用枝条弯曲法、叶片弯曲法、花朵的处理与造型、金属丝缠绕矫形等方法对花材进行加工。

12.4.4.4　造型制作于命名

花材、容器选好后,以立意构思为指导,根据上述的构图原则,选择合适的插花形式,进行制作。

插花命名可分为规定命题和自由命题。插花比赛时,多采用规定命题,即命题插花,先立主题,围绕该主题进行构思、选材和创作。同一命题有各种不同的插花形式,以评出插花作品的优劣。自由命题则是作者根据自己的构思而创作,命名反映作品的内容和主题,启人深思,令人回味。

12.5　干花制作

干花是鲜花经过干燥等处理后的花朵、叶片和果实的总称。它既具有大自然赋予鲜花的真、善、美的风韵,又兼有"人造花"持久不凋的特点,是馈赠亲友或家居布置的珍品。干花制作技术包括花材的采集、干燥、脱色和着色等加工工序。

12.5.1　干花花材种类

(1)块状花材。花朵或花序呈团块状的种类,如月季、麦秆菊、向日葵、八仙花、蓝刺头、蝴蝶兰、万寿菊、三色堇、鸢尾、帝王花等。

(2)线形花材。80%的花材是线形的,如香蒲、益母草、芦苇花、大芒草、情人草、龙柳、龙桑等。

(3)星点状花材。如满天星、情人草、干枝梅、香椿果、勿忘我、千日红、星辰花、贝壳花、狗尾草等。

(4)各类叶材。常见有槭树、苏铁、蕨类、蓬莱松、广玉兰、南天竹、杜鹃花、十大功劳、黄杨、蒲葵、海桐等的叶片。

12.5.2　干花制作技术

12.5.2.1　花材的采集

适合作干花的花材一般要求含水量较低。花材应在干燥天气采切,一般在 9～11 时露水干后采集为好。有长度要求的干花材料,如作插花用的干花花材,花枝长度应该在 30 cm 以上。叶材类要选择外形好、宽大、较厚、质感硬、有刚性的叶片。花穗和果穗要选择丰满不易脱落的种类。用做制作艺术品的花材,不要求花枝长度,但要求造型丰满,果壳大小适中。各个季节均可以采收,多在秋季进行。采切后的花材应及时处理,或放在阴凉处,以保持新鲜状态。

12.5.2.2　花材干燥处理

(1)自然干燥处理。适合大规模花材的干燥处理。将采集到的花材一束束整理好,用橡皮筋扎紧,倒挂在凉爽、黑暗、干燥、洁净和空气流通处,令其自然风干。月季、勿忘我、情人草、千日红、满天星等要放在避光的地方,而米蒿、香椿果、莲蓬头等可悬挂在有阳光的地方。若是花瓣薄嫩、悬垂易翻卷变形、干燥后缩水严重的花材种类,可采用平托干燥法,将花枝基部垂直插入金属织网或其他有孔的平板材料中,使花朵舒展在平托网片上,令其自然风干。待花枝彻底干燥后喷上抗蒸腾剂,入盒备用。

(2)干燥剂包埋法。利用干燥剂如变色硅胶颗粒的吸水特性,除去花材中水分的方法,适合小规模干燥处理。在干燥容器或塑料盒内均匀地撒入 4～5 cm 厚加热过的硅胶颗粒,然后将花朵朝上放置在硅胶上,花朵与硅胶依次间隔放入,再用小匙将硅胶颗粒撒入每朵花的花瓣间隙,将花朵包埋好。最后盖严盖子,并用胶带将盖缝封住,以免吸潮。干燥 4～5 d 即可。

(3)食盐沙粒包埋法。采用磨碎的食盐颗粒或细沙代替硅胶颗粒处理花材。将食盐和沙粒加热除去水分,冷却后备用做包埋剂,具体操作方法同干燥剂包埋法,适合小规模花材干燥处理。

(4)常温压制法。多用做平面干花制作和叶片干燥处理。将花枝放入吸水纸内,放在平板间,上面压以重物,将其放置在空气流通处行自然干燥。大规模干燥处理花材时,可用标本夹压制,2～3 d 更换吸湿纸。利于恒温箱鼓风干燥,可提高花材的干燥速度。

(5)微波炉干燥法。干燥剂可用硅胶颗粒,也可用细沙粒等。用干燥剂将花材包埋后,不加盖子,直接放在微波炉转炉内,用中档温度处理。适合平面压花花材的干燥和家庭干花制作。

(6)真空冷冻干燥法。真空干燥通过降低花材所含水分的外扩散气压,加速表面水分的蒸发,并增大植物材料内部与表面水分间的水蒸气压差,加速了内扩散,从而加速了花材的干燥速度。真空冷冻干燥在此基础上,经过预冷、升华干燥、解析干燥过程,使花材失水干燥,制成干花。该技术基本保持了原花的形状和色泽,无污染。以有机溶剂取代花材中的水分,然后进行真空冷冻干燥制作的"永生干花",保持了植物的鲜活状态。

12.5.2.3 干花护色处理

植物材料在干燥过程中色泽发生褐变、退色、颜色迁移和色泽由浅变深等现象。色变的原因在于:酶促反应造成褐变;细胞膜结构破坏后,氧化还原酶类释放而造成退色;植物细胞 pH 变化和胶体结构状态变化而引起的颜色迁移(由一种颜色向另一种颜色转变);因干花在保存过程中水分散失,使单位面积上的色素含量增加,在视觉上显现出颜色由浅变深。因此,干燥花的制作工艺中最为重要环节就是最大程度地保持植物的原有色彩,有效防止色变现象的发生。

(1)保色处理。自然界的花卉呈现五颜六色,保色的目的是使花青素稳定,并防止色彩的迁移。在配制的保色液中加入硫酸铝钾、明矾、氧化亚锡等化学物质,提供铝、镁、钾等金属元素,与花青素形成色彩稳定的络合物,从而达到保色效果。

任何植物材料由于所含色素的特殊性都存在最佳护色方法。例如,红色花瓣用氯化镁、柠檬酸配方溶液浸泡花瓣 48 h,干燥后获得与原花色相近的颜色,可长久保持。其护色原理是花瓣的花青素与镁盐反应,生成花色甙及其甙元等较稳定的红色物质;白色花中含有无色或淡黄色的黄酮或黄酮醇类色素、干燥后会出现褐变,用亚硫酸保色液,可以抑制酚酶的作用,防止酚氧化成醌类等褐色物质;黄色花朵含有类胡萝卜素或类黄酮色素,用氯化镁、冰醋酸、明矾、硫酸铜的配方溶液可以保色;蓝色花瓣色素稳定,一般干燥后不易变色,对易退色的蓝色花瓣,可以用明矾、氯化锌、氯化亚锡、蔗糖的配方溶液,促进大分子金属络合物的形成,起到稳定颜色的作用;绿色叶片保色则需在酸性环境下,用醋酸铜、硫酸铜等试剂中的铜离子置换叶绿素分子中的镁离子,形成稳定性强的、含铜大分子绿色络合物,长久保持绿色叶片。

(2)干花花材脱色处理。脱色、漂白常在同一操作过程完成,漂白化学试剂常用亚氯酸钠、双氧水等。

(3)干花花材着色处理。漂白后的花材要经过着色处理才能表现不同的色泽,花材的着色有物理涂色、喷色和化学染色等方法。

花材的涂色和喷色,利用水性颜料或油性颜料对花材进行着色处理,处理后的干花花材色彩缺乏真实感,色彩不够柔和。真空镀膜技术处理花材,镀膜的花材金属光泽持久,花材色彩柔和自然,包被在植物表面的金属膜水洗也不会脱落。化学染色法是让染料分子渗透到植物内部,从而稳定均匀地散布在花材外层,使花材柔和、自然,具有真实感。

12.5.2.4 干燥花材保存

干花是用天然植物材料经过加工制成的植物制品,保留了天然植物的某些物理、化学特性(如吸水性、纤维含量高),因而容易受到外界因子(光照、温度、真菌、昆虫、灰尘等)的影响,导致观赏品质下降,观赏寿命缩短。因此,保存干燥后的花材,需防潮、防退色、防虫、防晒、防风和定期保洁。

12.5.3 干花艺术加工

(1)平面干花制作。又称压花(pressed flower),将植物材料经保色、压制、脱水、干燥等工艺获得干燥花材,依据花材的色彩、形态、质感、韵律等特点适宜搭配,并借鉴绘画、摄影、雕塑等艺术形式,通过设计构成一副副生动活泼的压花艺术作品。

制作贺卡、贺镜时,选配适合的材料,用铅笔在卡片纸(或镜片)上绘上设计好的图案草图,然后用毛笔蘸胶水小心地粘贴干花花材。胶水不宜蘸得太多,以免影响画面平整美观。贴好花材后,自然晾干或用塑料平面封膜机封塑保存。

(2)立体干花制作。包括花束和瓶花两种主要形式。制作花束时将不同的干花整理搭配后,用缎带扎成花束。瓶花插作时把团块状花材当作焦点花或主花,线状花材多作骨架,散状花材多作填充材料,叶片等多作衬叶或遮掩花泥用。构图的基本原理和造型特点同鲜切花。

思 考 题

1. 何为"休闲园艺"?包括哪些内容?
2. 观光园艺的功能有哪些?如何进行园艺观光园的规划设计?
3. 室内园艺植物如何养护?
4. 简述果树盆景的制作要点及养护方法。
5. 插花的艺术风格有几种?分别简述其特点。
6. 插花造型原则是什么?
7. 插花的基本形式有哪些?
8. 干花制作过程中色变的原理是什么?如何护色?

附录　主要园艺植物中文、拉丁文学名和英文名称

主要园艺植物中文、拉丁文学名和英文名称(按生物学分类顺序排列)。

中文名称	拉丁文学名	英文名称
果树		
苹果	*Malus pumila* Mill.	apple
沙果	*M. asiatica* Nakai	oriental crab-apple
山荆子	*M. baccata*(L.)Borkh	crab apple
白梨	*Pyrus bretschneideri* Rehd	Chinese white pear
砂梨	*P. pyrifolia*(Burm.)Nakai	sand pear
秋子梨	*P. ussuriensis* Maxim	ussurian pear
西洋梨	*P. communis* L.	european pear
山楂	*Crataegus pinnatifida* Bge.	haw
桃	*Prunus persica*(L.)Batsch.	peach
油桃	*P. persica* var. *nectarina* Maxim	oil peach
蟠桃	*P. persica* var. *compressa* Bean.	flat peach
扁桃	*P. communis* Fritsch.	almond
杏	*P. armeniaca* L.	apricot
美洲李	*P. americana* Marsh.	american wild plum
欧洲李	*P. domestica* L.	common plum，prune
中国李	*P. salicina* Lindl.	Chinese plum
毛樱桃	*P. tomentosa* Thunb.	cherry
梅	*P. mume* Sieb. et Zucc.	plum
核桃	*Juglans regia* L.	walnut
板栗	*Castanea mollissima* Bl.	Chinese chestnut
银杏(白果)	*Ginkgo biloba* L.	maiden-hair tree
阿月浑子	*Pistacia vera* L.	pistachio
欧洲榛	*Corylus avellana* L.	filbert
华榛	*C. chinensis* Fr.	Chinese filbert
山葡萄	*Vitis amurensis* Rupr.	amur grape
美洲葡萄	*V. labrusca* L.	american fox grape

续表

中文名称	拉丁文学名	英文名称
欧洲葡萄	*V. vinifera* L.	european grape
草莓	*Fragaria ananassa* Duch.	stawberry
欧洲醋栗	*Ribes grossularia* L.	gooseberry
黑穗醋栗	*R. nigrum* L.	currant
中华猕猴桃	*Actinidia chinensis* Planch.	Chinese gooseberry, kiwi fruit
美味猕猴桃	*A. deliciosa* Liang et Ferguson	delicious kiwi fruit
树莓	*Rubus oldhamii* Miq.	raspberry
沙棘	*Hippophae rhamnoides* L.	seabuckthorn
柿	*Diospyros kaki* L. f.	persimmon, Chinese fig
君迁子（黑枣）	*D. lotus* L.	black sapote, date-plum
枣	*Zizyphus jujuba* Mill.	chinese date, jujube
石榴	*Punica granatum* L.	pomegranate
无花果	*Ficus carica* L.	fig
越橘	*Ericaceae vaccinium* L.	over tangerine
椪柑	*Citrus reticulata* Blanco	mandarin, ponkan
蕉柑	*C. tankan* Hayata	tankan
温州蜜柑	*C. unshiu* Marcov.	satsuma unshiu orange
柚（文旦）	*C. grandis*(L.)Osbeck	pummeio, shaddock, forbidden
甜橙	*C. sinensis*(L.)Osbeck	sweet orange, tight skin orange
柠檬	*C. limon*(L.)Burm. F.	lemon
葡萄柚	*C. paradisi* Macf.	grapefruit
黄皮	*Clausena lansium* (Lour.)Skeels	wampee
金弹	*Fortunella crassifolia* Swingle	oval Kumquat
枳	*Poncirus trifoliata*(L.)Raf.	trifoliate orange
阳桃	*Averrhoa carambola* L.	star fruit, carambola
蒲桃	*Syzygium jambos* Alston	rose-apple, malay apple
莲雾	*S. samarangense*(Bl.)Merr. et Perry	wax apple
人心果	*Minikara zapotilla* (Tacq.)Gilly	sapodilla
番石榴	*Psidium guajava* L.	guava
番木瓜	*Carica papaya* L.	papaya, papaw, tree melon
刺梨	*Rosa roxburghii* Tratt.	roxburgh rose
枇杷	*Eriobotrya japonica* Lindl.	loquat
荔枝	*Litchi chinensis* Sonn.	litchi
龙眼	*Dimocarpus longana* Lour.	longan

续表

中文名称	拉丁文学名	英文名称
红毛丹	*Nephelium lappaceum* L.	rambutan，Hairy litchi
橄榄	*Canarium album* Raeusch.	Chinese olive
乌榄	*C. pimela* Koenig.	black Chinese olive
油橄榄	*Olea europaea* L.	olive
杧果	*Mangifera indica* L.	mango
杨梅	*Myrica rubra* Sieb. et Zucc.	Chinese strawberry tree
余甘子	*Phyllanthus emblica* L.	phyllanthus
腰果	*Anacardlum occidentale* L.	cashew nut
椰子	*Cocos nucifera* L.	coconet
香榧	*Torreya grandis* Fort	Chinese torreya
巴西坚果	*Bertholletia excelsa* H. B. K.	brazil nut
澳洲坚果	*Macadamia integrifolia* L. S. Smith	macadamia nut
榴梿	*Durio zibethinus*（L.）Murr.	durian，Civet fruit
苹婆	*Sterculia nobilis* Smith	bimpon，Noble bottle tree
树菠萝（菠萝蜜）	*Artocarpus heterophyllus* Lam.	jackfruit
面包树	*A. altilis* Fosberg.	breadfruit
番荔枝	*Annona squamosa* L.	sugar-apple
香蕉	*Musa balbisiana* Colla	wild banana
菠萝	*Ananas comosus*（L.）Merr.	pineapple
西番莲	*Passiflora edulis*. Sims.	passion-fruit

蔬菜

大白菜亚种	*Brassica campestris* L. ssp. *pekinensis*（Lour）Olsson	Chinese cabbage
白菜亚种	*B. campestris* L. ssp. *Chinensis*（L.）Makino var. *communis* Tsen et Lee	Chinese cabbage
乌塌菜	*B. campestris* L. ssp. *Chinensis*（L.）Makino var. *rosularis* Tsen et Lee	savoy
菜薹	*B. campestris* L. ssp. *Chinensis*（L.）Makino var. *utilis* Tsen et Lee	flowering Chinese cabbage
薹菜	*B. campestris* L. ssp. *Chinensis*（L.）Makino var. *Tai-tsai* Hort.	rape
叶用芥菜	*B. juncea* Coss. var. *foliosa* Bailey	leaf mustard
茎用芥菜	*B. juncea* Coss. var. *tsatsai* Mao	stem mustard

续表

中文名称	拉丁文学名	英文名称
根用芥菜	*B. juncea* Coss. var. *megarrhiza* Tsen et Lee.	root mustard
结球甘蓝	*B. oleracea* L. var. *capitata* L.	cabbgae
球茎甘蓝	*B. oleracea* L. var. *caulorapa* DC.	kohlrabi
花椰菜	*B. oleracea* L. var. *botrytis* DC.	cauliflower
青花菜	*B. oleracea* L. var. *italica* Plenck.	broccoli
芥蓝	*B. alboglabra* Bailey	Chinese kale
萝卜	*Raphanus sativus* L.	radish
芜菁	*Brassica campestris* L. ssp. *rapifera* Metzg.	turnip
胡萝卜	*Daucus carota* L.	carrot
根用甜菜	*Beta vulgaris* L. var. *rapacea* Koch.	table beet
美洲防风	*Pastinaca sativa* L.	parsnip
牛蒡	*Arctium lappa* L.	edible burdock
辣根	*Armoracia rusticana* (Lam.)Gaertn.	horse-radish
婆罗门参	*Tragopogon porrifolius* L.	salsify
黑婆罗门参	*Scorzonera hispanica* L.	black salsify
茄子	*Solanum melongena* L.	eggplant
番茄	*Lycopersicon esculentum* Miller	tomato
辣椒	*Capsicum frutescens* L.	pepper
黄瓜	*Cucumis sativus* L.	cucumber
甜瓜	*C. melo* L.	melon
冬瓜	*Benincasa hispida* Cogn.	Chinese waxgourd
南瓜	*Cucurbita moschata* Duch.	cushaw squash
西葫芦	*C. pepo* L.	summer squash
笋瓜	*C. maxima* Duch. ex Lam	winter squash
西瓜	*Citrullus vulgaris* Schrader.	water melon
丝瓜	*Luffa cylindrica* Roemer.	vegetable sponge
苦瓜	*Momordica charantia* L.	balsum-pear
瓠瓜	*Lagenaria siceraria* (Molins)Standl	calabash gourd
佛手瓜	*Sechium edule* Swartz.	chayote
蛇瓜	*Trichosanthes anguina* L.	serpent-gourd
菜豆	*Phaseolus vulgaris* L.	kidney bean
菜豆	*P. lunatus* L.	lima bean, sierra bean

续表

中文名称	拉丁文学名	英文名称
豇豆	*Vigna sesquipedalis* W. F. Wight	asparagus bean
毛豆	*Glgcine max* Merr.	soybean
豌豆	*Pisum sativum* L.	garden pea
蚕豆	*Vicia faba* L.	broad bean
扁豆	*Dolichos lablab* L.	lablab,hyacinth bean
蔓生刀豆	*Canavalia glabiata* DC. (L.)	sword bean
四棱豆	*Psophocarpus tetragonolobus* DC. (L.)	asparagus pea
大葱	*Allium fistulosum* L. var. *giganteum* Makino.	welsh onion
分葱	*A. fistulosum* L. var. *caespitosum* Makino.	shallot
洋葱	*A. cepa* L.	onion
大蒜	*A. saticum* L.	garlic
叶韭	*A. tuberosum* Rottl. ex Spr.	Chinese chive
薤头	*A. chinensis* G. Don.	bakersgarlis
胡葱	*A. ascalonicum* L.	ledebour onion
细香葱	*A. schoenoprasum* L.	chives
韭葱	*A. porrum* L.	leek
芹菜	*Apium graveolens* L.	celery
茼蒿	*Chrysanthemum coronarium* L.	garland chrysanthemum
菊花脑	*Chrysanthemum nankingense* H. M.	florists chrysanthemum
莴苣	*Lactvca sativa* L.	lettuce
苋菜	*Amaranthus mangostanus* L.	edible amaranth
蕹菜	*Ipomoea aquatica* Forsk.	swamp cabbage
落葵	*Basella* sp.	white malabar nightshade
冬寒菜	*Malva verticillata* L.	curly mallow
菠菜	*Spinacia oleracea* L.	spinach
芫荽	*Coriandrum sativum* L.	coriander
小茴香	*Foeniculum valgare* Mill.	common fennel
苦苣	*Cichorium endivia* L.	common sowthistle
番杏	*Tetragonia expansa* Murray.	new zealand spinach
紫背天葵	*Gynura bicolor* DC.	suizen jina
罗勒	*Ocimun basilioum* L. var. *pilosum* (Will)Benth.	basil

续表

中文名称	拉丁文学名	英文名称
马铃薯	*Solanum tuberosum* L.	potato
芋头	*Colocasia esculenta* Schott.	taro
山药	*Dioscorea batatas* Decne.	Chinese yam
姜	*Zingiber officinale* Ros.	ginger
豆薯	*Pachyrrhizus erosus*（L.）Urban.	yambean
魔芋	*Amorphophallus rivieri* Durieu	giant-arum
葛	*Pueraria thomsoni* Benth.	thunberg kudzubean,kudzu
菊芋	*Helianthus tuberosus* L.	girasole
草石蚕	*Stachys sieboldii* Miquel	Chinese artichoke
藕	*Nelumbo nucifera* Gaertn.	indian lotus
茭白	*Zizania caduciflora* Hand-mazz.	water bamboo
慈姑	*Sagittaria sagittifolia* L.	arrow head
荸荠	*Eleocharis tuberosa* Roem. et Schult	water chestnut
菱	*Trapa biconis* L.	water chestnut
芡实	*Euryale ferax* Salisb.	garden euryal
水芹	*Oenanthe stolonifera*（Roxb.）Wall.	water propwort
莼菜	*Brasenia schreberi* Gmel	watershield
豆瓣菜	*Nasturtium officnale* R. Br.	water cress
蒲菜	*Typha latifolia* L.	common cattail
金针菜	*Hemerocallis citrina* Baroni.	common yellow day lily
石刁柏	*Asparagus officinalis* L.	asparagus
毛竹	*Phyllostachys pubescens* Mazel.	bamboo shoots
百合	*Lilium* L.	goldband lily
香椿	*Toona sinensis*（A. Juss.）Roem.	chinese toon
枸杞	*Lycium chinense* Miller	Chinese wolfberry
黄秋葵	*Hibiscus esculextus* L.	okura
朝鲜蓟	*Cynara scolymus* L.	globe artichoke
蘑菇	*Agricus bisporus*（Lange.）Sing.	mushroom
香菇	*Lentinus edodes*（Berk）Sing.	pasania fungus
草菇	*Volvaviella volvacea*（Bull ex Fr.）Sing.	straw mushroom
黑木耳	*Auricularia auricula*（L. ex Hook.）Underw.	jew's-ear
银耳	*Tremella fuciformis* Berk.	jelly fungi
竹荪	*Dictyophora indusiata*（Vent. ex Pers.）Fischer.	dictyophora

续表

中文名称	拉丁文学名	英文名称
侧耳	*Pleurotus ostreatus* (Jacq. ex Fr.)Quel.	fungus
猴头	*Hericium erinaceus* (Bull ex Fr.)Pers.	hericium, bear's head

观赏植物

凤仙花	*Impatiens balsamina*	touch-me-not
鸡冠花	*Celosia argentea* L.	cock's comb
一串红	*Salvia spendens*	scarlet sage
千日红	*Gomphrena globosa* L.	globe amaranth
翠菊	*Callistephus chinensis* (L.)Nees	China aster
万寿菊	*Tagetes erecta* L.	mexican marigold
金盏菊	*Calendula officinalis*	marigold, calendula
蒲包花	*Calceolaria herbeo-hybrida*	slipperwort
半枝莲	*Portulaca grandiflora* Hook.	rose-moss sun-plant
大花牵牛	*Ipomoea nil* (*Pharbitis nil*)	morning-glory, ipomoea
红叶苋	*Iresine herbstii* Hook. f.	herbst blood-leaf
三色堇	*Viola tricolor* L. var. *hortensis* DC.	pansy, heart's ease
雏菊	*Bellis perennis* L.	true English daisy
金鱼草	*Antirrhinum majus* L.	snapdragon, Dragon's month
矢车菊	*Centaurea cyanus* L.	bachelor's buttons, comflower
观赏罂粟	*Papaver somniferum* L.	opium poppy
虞美人	*P. rhoeas* L.	corn poppy, shirly poppy
石竹	*Dianthus chinensis* L.	Chinese pink, rainbow pink
倒挂金钟	*Fuchsiahybrida*	fuchsia, lady's ear-drops
福禄考	*Phlox drummondii*	phlox
瓜叶菊	*Senecio hybridus*	florist's cineraria
彩叶草	*Coleus blumei*	common garden coleus
美女樱	*Verbena hybrida* Voss	garden verbena
紫罗兰	*Viola japonica* Lang	violet
旱金莲	*Tropaeolum majus* L.	nasturtium cress
六月雪	*Serissa japonica*	snow-in-summer
菊花	*Chrysanthemum morifolium* Ramat.	common chrysanthemum
芍药	*Paeonia lactiflora* Pall.	Chinese herbaceous peony

续表

中文名称	拉丁文学名	英文名称
牡丹	*P. suffruticosa* How.	tree peony
玉簪	*Hosta plantaginea* Aschers.	white plantain-lily
款冬	*Tussilago farfara* L.	coltsfoot
万年青	*Rohdea japonica* Roth et kunth	omato nippon lily
萱草	*Hemerocallis fulva* L.	common orange day-lily,day-lily
君子兰	*Clivia miniata* Regel	scarlet kaffir lily
龙舌兰	*Agave americana* L.	century plant,american aloe
朱蕉	*Cordyline terminalis* Kunth	common iron plant
虎尾兰	*Sansevieria trifasciata* Prain	snake plant,bowstring hemp
非洲菊	*Gerbera jamesonii* Bolus	transvaal daisy,barberton daisy
铁线蕨	*Adiantum capillus-veneris* L.	Venus-hair fern
芦荟	*Aloe vera* L. var. *chinensis*(Haw.)Berger	aloe
小苍兰	*Freesia refracta* Kiatt	freesia
中国水仙	*Narcissus tazetta* L. var. *chinensis* Roem.	Chinese sacred lily
风信子	*Hyacinthus orientalis*	hyacinth
朱顶红	*Amaryllis vittata* Ait.	barbados lily
郁金香	*Tulipa gesneriana* L.	tulip
唐菖蒲	*Gladiolus* × *hortulanus*	gladiolus
百合	*Lilium brownii* F. E. Br.	Chinese lily
卷丹	*Lilium lancifolium*	tiger lily
花叶芋	*Caladium bicolor*.	caladium
马蹄莲	*Zantedeschia aethiopica* (L.)Spring.	calla lily
文竹	*Asparagus seraceus*(Kunth)Jessop	asparagus fern
宽叶吊兰	*Chlorophytum capense* Kuntze	basket plant, spider plant
石莲花	*Echereria glauca*	ice rose
落地生根	*Kalanchoe pinnata* Pers.	air-plant,sprouting leaf,floppers
景天	*Sedum altissimum* Lam.	love-entangle,orpine,stonecrop
香雪球	*Lobularia maritima* (Lam.)Desv.	sweet alyssum
八仙花	*Hydrangea macrophylla*(Thunb.)Seringe	big-leaf hydrangea
常春藤	*Hedera nepalensis* var. *sinensis*	iry
夜来香	*Telosma cordata* (Burm. f.)Merr.	night fragrant flower
晚香玉	*Polianthes tuberosa* L.	tube-rose
秋海棠	*Begonia evansiana* Andr.	hardy begonia
仙客来	*Cyclamen persicum*.	cyclamen,sowbread.

续表

中文名称	拉丁文学名	英文名称
美人蕉	*Canna indica* L.	scarlet canna
报春花	*Primula marginata* Curt.	primrose
鸢尾	*Iris tectorum* Maxim.	crested iris，waterflag
射干	*Belamcanda chinensis*（L.）DC.	black berry lily
大丽花	*Dahlia pinnata* Cav.	common golden Dahlia
春兰	*Cymbidium goeringii* Reichb. f. （*C. virescens* Lindl.）	spring cymbidium
蕙兰	*C. faberi.*	wine-flowered cymbidium
建兰	*C. ensifolium*（L.）Swartz	common cymbidium，swordleaf cymbidium
墨兰	*C. sinenes*（Andr.）Willd.	dark purple chinese cymbidium
寒兰	*C. kanran* Makino	winter cymbidium
石斛	*Dendrobium nobile* Lindl.	common epiphytic dendrobium
荷花	*Nelumbo nucifera* Gaertn.	Indian lotus
王莲	*Victoria amaznica*（Poeppig.）Sowerby （*V. regia* Lindl.）	oryal water lily amazon lotus
睡莲	*Nymphaea tetragona*	white lotus
凤眼莲	*Eichhornia crassipes* Solms	water hyacinth
千屈菜	*Lythrum salicaria* L.	purple loose-strife
水葱	*Scirpus tabernaemontani*	great bulrush
肾蕨	*Nephrolepis cordifolia*（L.）Presl	fishbone fern
贯众	*Cyrtamium fortunei*	holly fern
卷柏	*Selaginella tamariscina*（Little club moss）	creeping moss-plant
霸王鞭	*Euphorfobia antiquorum*	leafy cactus
昙花	*E. oxypetalum*（DC.）Haw.	night bloom queen cactus，gooseneck cactus
令箭荷花	*Nopalxochia achermannii*（Haw.） Kunth（Epiphyllum）	peacock cactus
仙人掌	*Opuntia dillenii.*	eastern prickly pear
蟹爪兰	*Zygocactus truncactus*（Haw.）Schum.	crab cactus，christmas cactus
一品红	*Euphorbia pulcherrima* Willd.	poinsettia，Christmas flower
杜鹃花	*Rhododendron simsii* Planch.	red azalea
苏铁	*Cycas revoluta* Thunb.	cycad
棕竹	*Rhapis excelsa*（Thunb.）Henry	lady palm，umbrella palm

续表

中文名称	拉丁文学名	英文名称
龟背竹	*Monstera deliciosa* Liebm.	ceriman, monstera
鱼尾葵	*Caryota ochlandra* Hance	fish-tall palm
天竺葵	*Pelargonium hortorum* Bailey	fish peranium
月季	*Rosa chinensis* × *R. xodorata*	Chinese monthly rose, bengalrose
玫瑰	*R. rugosa* Thunb.	hedge row rose
蔷薇	*R. spp.*	scotch rose, barnet rose
蜡梅	*Chimonanthus praecox* (L.) Link	wax flower, winter sweet
榆叶梅	*Prunus triloba* Lindl.	flowering plum
紫薇	*Lagerstroemia indica* L.	common crape-myrtle
樱花	*Prunus serrulata* Lindl.	japanese flowering cherry
银杏	*Ginkgo biloba* L.	maiden hair tree, ginkgo
白玉兰	*Magnolia denudata*	white jade orchid tree
广玉兰	*Magnolia grandiflora* L.	large flowered sonthern magnolia
紫丁香	*Syringa oblata* Lindl.	early lilac
夹竹桃	*Nerium indicum* Mill.	sweet-scented deander
爬山虎	*Parthenocissus tricuspidata* Planch.	boston ivy, Japanese ivy
凌霄	*Campsis grandiflora* (Thunb.) Loisel.	Chinese trumpetvine
西府海棠	*Malus micromalus* Makino	kaido crabapple
梅花	*Prunus mume* Sieb. et Zucc.	flowering apricot
碧桃	*P. persica* (L.) Batsch var. *duplex* Rehd	flowering peach
合欢	*Albizzia julibrissin* Durazz	pink siris, silk tree
木槿	*Hibiscus syriacus*	flower-of-an-hour
茉莉	*Jasminum sambac* (L.) Ait.	arabian jasmine
迎春	*J. nudiflorum*	winter flowering jasmine
桂花	*Osmanthus fragrans* Lour.	cinnamon flower
山茶花	*Camellia japonica* L.	Japanese camellia
连翘	*Forsythia suspensa* Vahl	golden bells
太平花	*Philadelphus pekinensis* Rupr.	peking mock orange
黄栌	*Cotinus coggygria* var. *cinerea*.	smoke-tree
大叶黄杨	*Euonymus japonica*	spindle tree
小檗	*Berberis thunbergii* DC.	japanese berberry
垂柳	*Salix babylonica* L.	weeping willow
大叶杨	*Populus lasiocarpa*	poplar
雪松	*Cedrus deodara* Loud.	deodar cedar

续表

中文名称	拉丁文学名	英文名称
罗汉松	*Podocarpus macrophyllus* Don.	buddhist pine
黄山松	*Pinus taiwanensis*	Huangshan pine
白皮松	*P. bungeana* Zucc.	white pine
侧柏	*Thuja orientalis* L.	cedar, chinese Arbor-vitae
圆柏	*Sabina chinensis* (L.) Ant.	Chinese juniper
云杉	*Picea asperuta*	norway spruce
水杉	*Metasequoia glyptostroboides* Hu et Cheng	dawn redwood
梧桐	*Firmiana simplex* (L.) W. F. Wight	Chinese parasel tree, phoenix-tree
椰子	*Cocos nucifera* L.	coco-nut
女贞	*Ligustrum lucidum* Ait.	glossy privet
紫竹	*Phyllostachys nigra*	black bamboo
四方竹	*Chimonobambusa quadrangularis* (Fenzi) Makino	square bamboo
狗牙根	*Cynodon dactylon*	bermuda grass
无芒雀麦	*Bromus inermis* Leyss.	brome grass
地毯草	*Axonopus compressus* (Swartz) Beauv.	carpet grass
野牛草	*Buchloe dactyloides*	buffalo grass
黑麦草	*Lolium multiforum*	annual ryegrass
草地早熟禾	*Poa pratensis*	kentucky bluegrass
羊茅	*Festuca ovina*	sheep fescue
扁穗冰草	*Agropyron cristatum* (L.) Gaertn.	heatgrass

园艺通论实验指导

实验 1 果树种类和果园

1.1 目的与要求

通过参观果园，了解现代果园生产概况、果园结构布局、生产设施及管理方法；认识几种主要果树种类及其特点。

1.2 参观地点

校园附近生产果园、植物园或果树种子资源圃。

1.3 参观内容

1.3.1 果园参观

(1)请果园技术人员介绍果园生产概况、生产设施及现代管理方法。

(2)果园建设和布局参观。

果园的土地规划：果园的地貌、地形、面积、防护林面积、栽培区域的划分、小区面积、小区形状、不同果树种类所占面积等。

道路系统规划：主路、干路和支路的宽度与组成。

果园防护林：主带林与副带林的方向，林带的宽度、密度等。

果园排灌系统：干渠与支渠的分布；管道(喷灌、滴灌)的铺设方式、距离等。

授粉树配置：隔行、隔株或随意配置。

1.3.2 果树种类识别

观察项目：

生长习性：乔木、灌木、藤本、草本。

树形：疏层形、开心形、圆头形、圆柱形、纺锤形、扇形、棚架形、篱架形等。

枝条：直立、开展、下垂；密、中、稀；有无刺等。

叶：叶型(单叶、复叶)、质地、叶形、叶缘、叶脉、叶面(色泽、茸毛等)。

花:花序、花或花序的着生位置、花的形态和构造。

果实:种类(仁果、核果、浆果、坚果、柑果等)、大小、形状、果肉、果皮等。

种子:大小、多少、形状、种皮色泽等。

主要观察树种:以具代表性的苹果、桃、葡萄、核桃、柑橘等为例,结合观察项目进行观察。

1.4　作业

(1)写出各观察树种的树形特点。

(2)描述参观果园的基本概况和管理特点。

实验2　蔬菜种类和菜园

2.1　目的与要求

了解具一定规模的生产菜园的基本组成和一些栽培设施。认识常见蔬菜植物种类,掌握其主要特征。

2.2　实验地点

本校蔬菜标本区或附近生产菜园。

2.3　实验内容

2.3.1　菜园参观

(1)菜园的基本条件:气候、地理位置、土质、水利设施等。

(2)菜园布局:露地与保护设施的布局、比例,菜畦走向、大小等。

(3)灌、排水系统,田间道路。

(4)基本生产资料:机具、库房等。

(5)管理人员、技术人员和工人与菜田面积之比例。

2.3.2　蔬菜种类识别

以蔬菜的农业生物学分类为主线,注意各类蔬菜的名称、特点。各种蔬菜的形态特征,包括植株形状、大小、颜色及叶片等各器官的形状、部位等,特别详细观察稀有蔬菜。

2.4　作业

(1)简述所见到的主要蔬菜种类及其特征特性。

(2)菜园的主要生产设施有哪些?

实验 3　花卉种类识别

3.1　目的与要求

了解并识别常见花卉的形态特征及生物学特性,初步认识不同花卉的栽培方法和管理要点。

3.2　实验地点

科学园、药用植物园、植物园或花卉生产基地。

3.3　实验内容

认识常见花卉植物,了解并记录主要花卉种类的植物学特征、生物学特性。

3.4　作业

从所看到的露地花卉和温室花卉中各选两种填入下列表中。

花卉记载表

中文名		
学名		
株高		
株幅		
茎	颜色	
	形态	
	习性	
	其他	

续表

叶	叶序	
	叶形	
	其他	
花	花序	
	花形	
	花色	
	花大小	
	花期	
气味		
繁殖方法		
栽培方式		
其他		

实验 4　园艺设施种类、结构及性能观测

4.1　目的与要求

通过现场观察，对园艺设施种类有一个大概的了解，对其结构性能有所认识。

4.2　实验地点

本校温室区，附近菜园、果园。

4.3　实验用具

皮尺、钢卷尺、量角仪、铅笔、温湿度自动记录仪等。

4.4　实验内容与方法

风障:大风障、小风障的大小及规格。

阳畦:抢阳畦、槽子畦和改良阳畦的结构及组成。

温床:温床的结构、主要设备及温湿度变化。

地膜覆盖:地膜种类、覆盖方式、覆盖园艺植物种类。

　　塑料拱棚:观察其建造材料、方位、跨度、高度、结构特点及屋面覆盖形式等。测量棚内温、湿度,并记录 24 h 棚内温、湿度变化情况。

　　温室:温室类型、结构、屋面形式、建造材料、加温方式、附属配套设备等。测量室内温、湿度,并记录 24 h 温、湿度变化情况。

4.5　作业

　　(1)简述所见到的园艺设施类型及特点。

　　(2)设施中的栽培种类和栽培方式方法有哪些?

　　(3)思考大棚、温室的建造方位与其采光效果的关系。

实验 5　园艺植物的生长和开花结果习性观察

5.1　目的与要求

　　了解主要园艺植物的生长特点和结果习性,为学习和掌握园艺植物的植株管理和花果管理技术打下基础。

5.2　实验用具

　　尺子、镊子、卡尺、放大镜、刀片、笔等。

5.3　实验材料与方法

　　苹果、桃、葡萄、柑橘、荔枝、木瓜、阳桃、核桃等木本园艺植物;黄瓜、番茄、菜豆等草本园艺植物植株。

5.4　实验内容

5.4.1　木本园艺植物的生长和开花结果习性观察

　　认识不同树种的长、中、短营养枝和结果枝及其划分标准,观察各类结果枝的着生部位、分枝能力、结果能力及特点,结果枝组的组成及分布规律,结果枝更新的规律等。

　　观察不同树种芽的类型,如苹果的混合芽,桃的纯花芽,葡萄的冬芽和夏芽、主芽和后备芽等。

　　不同树种的花序、花芽和花的类型和特点、着生部位、每花序的花数、花的结构和开花顺序等方面的特点。

5.4.2 草本园艺植物的生长和开花结果习性观察

主要观察番茄、黄瓜、菜豆等的植株生长类型(蔓生或矮生)和分枝习性、分枝能力等。

观察和区分茄果类和瓜类植株的主枝及侧枝的着生方式、花序或花的着生方式和叶片的分布等;徒手或用镊子、放大镜等解剖观察番茄、黄瓜等的花器结构,注意识别正常花和畸形花。

5.5 作业

(1)绘出所观察的园艺植物的分枝习性和结果习性示意图。

(2)比较不同园艺植物的生长和结果习性的相同点和不同点。

实验 6 园艺植物产品器官识别

6.1 目的与要求

了解园艺植物产品器官的类型,观察不同类型产品器官的外形及内部结构特点。

6.2 实验材料与用具

各种园艺产品实物、标本、图片等;用具有水果刀、卡尺、铅笔等。

6.3 实验内容

园艺产品的用途很多,可以食用、药用、观赏、美化环境和作为工业原料等。所以,园艺产品的类别也就很多,园艺植物的根、茎、叶、花、果实和种子都是产品。有时多种产品属于一种用途,有时一种产品又有多种用途,对此应有一个全面的理解。但限于条件和时间,本次实验以可食用的园艺产品为主。

(1)以变态根为产品器官。

(2)以茎和变态茎为产品器官。

(3)以叶作为产品器官。

(4)以花作为产品器官。

(5)以果实和种子为产品器官。

6.4 作业

(1)画出黄瓜、胡萝卜和梨(或苹果)的横切面图,并标出各部位名称。

(2)将所看到的园艺产品,不同类型中各选几种填入表内。

中文名称	拉丁文学名	产品器官	产品器官特点	产品器官用途

实验 7　园艺植物的播种育苗

7.1　目的与要求

了解园艺植物育苗设施及整个育苗过程、方法。

7.2　用具

园艺植物种子、园土(或河沙、蛭石等)、育苗盘、育苗钵或瓦盆等。

7.3　实验内容与方法

园艺植物有相当一部分种类需要育苗,以达到苗齐、苗壮和提早栽培的目的。不同植物种子育苗所需要的环境条件不同、育苗设施不同、处理方法也不同。整个育苗过程可分为以下 3 个阶段。

(1)种子处理。不同种类的种子采取不同的种子处理方法。包括层积处理、浸种、催芽、药剂处理等。

(2)播种。

①制备营养土:将过筛后的腐熟畜禽粪 1 份、过筛园土 1 份和蛭石 1 份,混匀备用。

②苗床准备:将苗床整平后上铺 10 cm 厚的营养土,或将营养土装入育苗钵中,浇足底水,待水渗下后播种。

③播种:小粒种子一般采用撒播;大粒种子采用点播;果树在田间育苗时常采用开沟条播的方法,然后覆土镇压。

(3)播后管理。

①覆土:为防止有些种子戴帽出土,当幼苗拱土时,再向苗床上撒 1~2 次 0.5 cm 厚的细土,以增加压力。

②分苗:撒播育苗时,当幼苗第一片真叶展开时立即分苗。方法是准备好分苗床,同样铺上营养土。将原苗床于前一天浇水,然后用花铲将苗带土铲起,再按一定的株、行距栽到分苗床里,分完一个畦立即浇水。也可分到营养钵中。

其他管理还有浇水、中耕、除草等。

③定植前的准备:设施育苗时,定植前几天一般要降温炼苗,以适应外界环境。为提高移栽成活率,有些种类还要提前几天起苗、囤苗,增强适应性。

7.4 作业

(1)蔬菜分苗有何作用?

(2)中耕的作用是什么?

(3)操作:按操作程序,每人学会 1~2 种园艺植物的播种方法。

实验 8 园艺植物的嫁接技术

8.1 目的与要求

了解几种嫁接方法,如劈接、"T"形芽接、嵌芽接、瓜类的靠接和插接及仙人掌的置接。

8.2 实验材料与用具

嫁接刀、塑料绳、园艺植物的枝条或幼苗。

8.3 实验内容

8.3.1 木本植物的芽接

主要练习"T"形芽接和嵌芽接。

(1)"T"形芽接。

砧木处理:要求砧木离皮。首先在砧木适当部位切一"T"形切口,深度以切断韧皮部为宜。

接穗削取:在芽上方 0.5 cm 处横切一刀,再在芽下方 1.0 cm 处向上斜削一刀,削到与芽上面的切口相遇,用右手扣取芽片。

接合:将盾形芽片插入"T"形切口,将芽片上端与"T"形切口的上端对齐,然后用塑料条捆绑好。

(2)嵌芽接。对于枝梢带棱角或沟纹的树种,如板栗、枣等,或砧木和接穗材料均不离皮时,一般采用嵌芽接法。

接穗削取:用刀在接穗芽的下方约 1.0 cm 处以 45°角斜切入木质部,在芽上方 1.2 cm 处向下斜削一刀,至第一切口。取下盾形芽片。

砧木处理:砧木的削法与接穗相同。应注意的是砧木切口大小一定要与接穗芽片大体相近,或稍长于芽片为好。

嵌合:将芽片嵌入砧木切口,形成层对齐。插入时使芽片上端露出一线砧木皮层。

8.3.2 木本植物的枝接

劈接的具体操作有以下几个步骤。

砧木处理:剪断砧木后,削平截面,在中心纵劈一刀,劈口深约 2 cm。

接穗削法:将接穗的下端削成楔形,有两个对称的马耳形削面,削面一定要平,削后的接穗外侧应稍厚于内侧。

接合:撬开砧木劈口,将接穗插入砧木,使接穗厚的一侧在外,薄的一面在里,并使接穗的削面略露出砧木的截面,然后使砧木和接穗的形成层对齐,再用塑料条缠严、绑好。

8.3.3 瓜类的嫁接

(1)靠接。主要用于嫁接不易成活的种类,如草本植物蔬菜、花卉等。因其嫁接后先不断根,相对比较容易成活。瓜类的靠接方法如下。

播种育苗:将黄瓜种子浸种催芽后播于育苗盘中,作接穗。南瓜种子晚 3~5 d 播种,作砧木。当砧木和接穗的苗长到子叶展平、真叶吐露时进行嫁接。

砧木处理:在上胚轴上距子叶 1 cm 的地方,用刀片作 40°角向下斜切一刀,至胚轴直径的 1/2 处。

接穗处理:在其上胚轴处距子叶 1 cm 的地方,用刀片作 30°角向上斜切一刀,深至胚轴直径的 2/3 处。

接合:将砧木和接穗插在一起即可,然后用专用嫁接夹夹好或用塑料条绑好。

接后管理:将嫁接后的苗放在适当的温度下,保持 100% 的空气相对湿度,并适当遮光。3 d 后适当减小湿度,恢复自然光照。10 d 后将已嫁接成活的苗,去掉砧木的上部,断掉接穗的根部。

（2）插接。

播种育苗：砧木南瓜提早 2～3 d 播种，然后播种接穗黄瓜。黄瓜播种后 7～8 d 两片子叶时即可嫁接。

砧木处理：用刀片或竹签除去砧木苗的真叶和生长点，以及叶腋的侧芽等。然后用削好的竹签从右边子叶基部中脉处与子叶呈 45°～60°角向左侧子叶下方穿刺，注意不要刺破左侧子叶下部胚轴的外表皮。

接穗处理：用刀片在黄瓜苗子叶下 3 cm 处去掉下胚轴及根部，然后在子叶下 1～1.5 cm 处向下削成一个斜面（斜面要与子叶展开方向平行），斜面长 0.3～0.5 cm。

插接：把接穗斜面朝下插入砧木孔中，并使砧木和接穗的斜面吻合，再用夹子夹住两个吻合面。

8.3.4 仙人掌类的置接

操作方法是：横切三棱箭，切面要平滑，然后将边缘的棱斜削。将接穗基部横切平面，放置在砧木切口上，使砧木和接穗切口的维管束完全吻合，并用线绑扎好。

接后管理：接后也需遮光保湿。1 周后可视成活情况解除绑线。

8.4 作业

（1）什么是芽接、枝接？

（2）每种嫁接方法各交一接好的实物，注明嫁接方法、步骤。

实验 9　园艺植物的扦插育苗

9.1 目的与要求

了解园艺植物扦插育苗的原理，掌握扦插育苗的基本方法、步骤。

9.2 实验用具

育苗钵、育苗盘或苗床，扦插基质，扦插材料。弥雾装置或保湿设备。

9.3 实验方法与步骤

（1）嫩枝扦插。

①选取比较容易成活的园艺植物，如菊花、月季、枸杞等，取其 5～10 cm 的茎尖或茎段，带 2～4 片叶。将其下端用刀片削一单面楔形即可。

②在扦插容器中放入扦插基质,浇足水。

③将插条在配好的生根粉中或生长素溶液中蘸几秒钟,然后迅速插入基质中,深度以插条的 1/3~1/2 为宜。

④插后适当遮光,定时喷雾,保持 95%~100% 的空气相对湿度。约半个月之后生根成活。

(2)硬枝扦插。

插床准备:硬枝扦插一般在冬春季进行,插床最好有加温设备,如在酿热温床或电热温床中进行。同样将插床铺好基质,浇足水后备用。

插条处理:将枝条截成 15~20 cm 长的段,注意极性,将其下端削成两面楔形,削面长约 2 cm。对于成活较难的树种,还可用刀在其下端纵刻几刀,以增加生根概率。

将插条同样蘸一下生根粉或生长素类溶液,然后插入插床中,直插、斜插均可,深度为插条的 1/3~1/2。

插后管理:保持 20~22℃ 地温,18~20℃ 的气温。并保持较高的空气湿度,保持插床湿润。约 20 d 后生根。一般插条展叶前不需要光照。

9.4　作业

(1)扦插育苗的原理是什么?

(2)影响扦插生根的环境因素有哪些?怎样调节?

(3)每人扦插 1~2 种植物,并观察其成活情况。

实验 10　园艺植物的花芽分化观察

10.1　目的与要求

通过对番茄、苹果、桃等植物花芽分化的观察,了解不同种类园艺植物花芽分化的特点、分化进程和分化类型,掌握观察花芽分化的方法。

10.2　实验材料与用具

材料:番茄的幼苗;苹果、桃具饱满花芽的果枝,或已制好的花芽分化各阶段的切片或幻灯片。

用具:显微镜、镊子、培养皿、刀片、载玻片、滴瓶、纱布、解剖镜、解剖针、绘图纸。

10.3　实验内容与方法

(1)番茄。番茄的花芽着生在主茎及分枝的顶端,幼苗 2～3 片真叶时第一花序便开始分化。观察时,从幼苗基部开始层层剥去叶片,直至肉眼可以明显看清的叶片剥去以后,置于载玻片上,在解剖镜下用解剖针继续剥去叶片原始体,直至明显地观察到生长锥为止。花芽与叶芽的区别为:叶芽为尖型,分化在生长锥侧面邻近处;花芽为圆顶或平顶型,分化在生长锥顶部,且花芽比叶芽清晰、透明。番茄雌雄同株,由外侧器官逐渐向内分化,依次为萼片、花瓣、雄蕊、雌蕊。

(2)苹果。

①观察制成的切片:

未分化期:芽生长点直径较小,平滑而不突出,周围无凹陷。

分化开始期:生长点突起成半球形,四周下陷,而原形成层呈"八"字形。

花蕾分化期:肥大的生长点变为不圆滑的、四周有突起的形状,正顶部突起为中心花原始体,四周的突起为边花原始体。

萼片分化期:中心花原始体顶部首先平坦,并在其周围产生 5 个突起。

花瓣分化期:在萼片原始体内侧基部发生新的突起,即为花瓣原始体。

雄蕊形成期:在花瓣原始体下方又形成新的原始体,即雄蕊原始体。

雌蕊形成期:在花原始体中心底部发生突起,通常为 5 个。

②花芽形态的观察:把苹果的花芽先用解剖针剥去大部分鳞片,再置于解剖镜下继续剥鳞片,待露出生长点,观察花芽的五朵花及萼片原基、花瓣原基、雄蕊原基和雌蕊原基的立体结构。

(3)桃。取桃的果枝,选一饱满的芽,用镊子去掉部分鳞片,用刀片切制切片,切下的片越薄越好。然后挑选较适中、较薄的、不破损的切片放在载玻片上,切片滴水或不滴水,观察确定花芽的分化阶段,并观察各阶段花芽分化的特征。

10.4　作业

绘制你所观察到的各阶段花芽分化示意图,并标明各部分名称。

实验 11　草本园艺植物的植株调整

11.1　目的与要求

了解草本园艺植物生长和开花结果习性,学习植株调整的主要原理和方法。

11.2 实验材料与用具

材料:黄瓜、西瓜、南瓜等瓜类,菜豆、豇豆等豆类,番茄、辣椒、茄子等茄果类定植后的植株。

用具:竹竿、尼龙绳或塑料绳、小刀等。

11.3 实验内容

11.3.1 引蔓技术

(1)支架。支架种类主要有单杆架、篱式架、四角架、花架、人字架及塑料绳吊架等。

单杆架:一般是在每一植株附近直立插一立杆,各个单杆之间不相互连接固定。

篱式架:在单杆架的基础上,用横杆把每一行的各个单杆架联结在一起,每栽培畦或邻近的两行的两头和中间再用若干小横杆相互联结。

四角架:每棵植株插 1 根支柱,每相邻的两排各相对的 4 根支柱联结在一起,形成塔形或是伞形。

花架:每两行绑在一起,在田间将 4 根架材扎在一起,而在畦的两端是将 6 根架材绑在一起。

"人"字架:就是将竹竿或树枝等按株、行距交叉绑成"人"字形,让茎蔓沿"人"字斜架生长、结果。

塑料绳吊架:就是在温室或塑料大棚内的骨架(拱杆、立柱等)或在独立的支架上拴挂塑料绳、尼龙绳或尼龙网等,让植株茎蔓沿塑料绳生长、结果。

(2)上架绑蔓。当无限生长类型的瓜类或豆类植株开始甩蔓后,就要及时引蔓上架,使其沿架材向上生长。豆类一旦爬上架后,会自行向上缠绕生长,不用绑蔓,而瓜类则需要人工绑蔓。绑蔓时要一条蔓一条蔓地引缚,并将其绑在架材上,注意不要将蔓绑得太紧,以免影响植株生长。根据茎蔓长短,可分别采用"S"形、"之"字形或"N"形的方式向上绑缚。茎蔓较短时(如番茄)可直立绑缚。

(3)压蔓。有些瓜类栽培可不用搭架上架,而是让其在地面水平延伸,但也要进行引蔓、压蔓。压蔓就是用土把瓜蔓压在畦面,使每棵植株的茎蔓有方向、有秩序地生长。压蔓时应注意雌花的节位,以免损伤幼果。

11.3.2 整枝技术

(1)番茄的整枝。番茄的整枝主要是通过打杈和摘心等操作来完成的。打杈就是及时摘除侧枝,一般待其长到 3～6 cm 长时分期分次地摘除。摘心就是植株长到所要求的高度时摘除其生长点。

整枝方式主要采用单干整枝和双干整枝。单干整枝只保留主干,将叶腋内生长的侧枝全部摘除,这种方式适于密植、早熟栽培目的。双干整枝就是除保留主枝外,再留第一花序下的一个侧枝,让其与主枝并行发展,形成双干,其余侧枝全部除去。这种整枝方式适于生长期较长、生长势旺盛的中晚熟品种。还有多次换头整枝等。

(2)瓜类的整枝。

黄瓜的整枝:整枝一般与引蔓同时进行。一般采用单干整枝,只保留主蔓结瓜,侧枝均摘除,雄花和卷须最好也一并摘除。双干整枝适于生长期长的大架栽培,除主蔓结瓜外,一般还选留一健壮的侧枝结瓜。

西瓜的整枝:西瓜的整枝方式有单蔓整枝、双蔓整枝和三蔓整枝。单蔓整枝只保留主蔓,摘除所有侧蔓,一般只结一个瓜。双蔓整枝和三蔓整枝则是除保留主蔓外,在主蔓的第3～5节叶腋处再选留1条或2条健壮的侧蔓与主蔓共同生长,而其余侧蔓全部摘除,可结2个或3个瓜。结瓜后如植株生长过旺,还要继续进行整枝。

11.4 作业

(1)练习搭设不同架型的支架。

(2)学习绑蔓技术。

(3)学习番茄或黄瓜的整枝技术。

实验12 木本园艺植物的整形修剪

12.1 目的与要求

了解园艺植物整形修剪的目的、意义,认识主要树形。熟悉常用的主要修剪方法。

12.2 实验用具

修剪用的剪子、化学药剂。

12.3 实验地点

校内果园或附近果园、植物园、风景园等。

12.4　实验内容

(1)观察常见果树树形的特点。

①有中心干的树形:疏散分层形、纺锤形。

②无中心干的树形:自然开心形、塔图拉形。

③树篱形。

(2)观察观赏树木的树形特点。

(3)学习和掌握常用修剪方法。

①冬季修剪方法:短截、疏剪、缩剪、长放、开张枝条角度。

②夏季修剪方法的运用:摘心和剪梢、除芽和除萌、弯枝和拉枝、环剥、刻伤等。

12.5　作业

(1)整形修剪的目的是什么?

(2)请描述所见到的树形及其特点。

(3)生长季修剪主要采用哪些手法?其作用是什么?

实验 13　园艺植物的授粉

13.1　目的与要求

了解园艺植物的授粉类型,掌握人工授粉方法。

13.2　实验材料与用具

材料:始花期的园艺植物,番茄、辣椒、白菜、萝卜或苹果、梨等的不同品种。

用具:花粉采集器、培养皿、毛笔、铅笔、镊子、纸牌、纸袋、曲别针、70%酒精棉球。

13.3　实验内容与方法

(1)雌雄同花植物:以番茄为例。

①花粉的采集和贮藏:在父本材料中,于授粉前 2~3 d,选择健康植株的健康花枝上的大花蕾套袋隔离,在授粉当天花开放时取下备用;或将大花蕾采集下来,放于培养皿中,使其自然干燥,花药开裂,然后将其放于低温干燥的条件下贮藏备用。

②花朵的选择及去雄：在母本中选择具有本品种特性的健壮植株，选择第二、三穗花序，并去掉已开放的花和过小的花蕾，选留未开放的大花蕾。用镊子尖端把花瓣轻轻剥开，露出花药，镊子从基部伸入，将花药一一摘下，即为去雄。

③授粉：去雄后可以马上授粉，叫作蕾期授粉；也可以套上纸袋，并注明品种名称、去雄日期、去雄花数，待花开放后再去袋授粉，叫作花期授粉。番茄可以全天授粉。授粉方法是，用铅笔一端削尖了的橡皮头或镊子尖蘸取花粉，涂抹在已去雄花的柱头上即可。

④授粉后的管理：授粉后立即套上纸袋，用曲别针固定，并挂上纸牌，注明授粉组合、授粉日期、授粉花数和授粉人。做完一个组合后要用酒精棉球消毒授粉用具及手指，再做下一个杂交组合。

（2）雌雄异花植物（以黄瓜为例）。在父母本中分别选择即将开放的大花蕾套袋隔离，开花后将雄花的花药取下，在雌花的柱头上轻轻涂抹即可。

（3）果树生产上的授粉。

①人工点授：用毛笔等将花粉点在柱头上，此法费工但效果好。为节省花粉用量，可加入填充剂（滑石粉或淀粉）稀释，一般花粉与填充剂的比例为1∶4。

②机械喷粉：此法用花粉量较多，喷射时加入50～250倍的填充剂，用农用喷粉器喷。

13.4　作业

（1）什么是自花授粉植物和异花授粉植物？

（2）每人做杂交10～20朵花，写出操作过程，并将杂交实验结果填入下表。

杂交组合	授粉方式	授粉日期	授粉花数	坐果数	备注

实验 14　园艺产品品质分析

14.1　目的与要求

了解果实外观品质鉴定的主要项目及分级标准。学习果实理化品质鉴定的原理和方法。

14.2　材料与用具

材料:不同品种的苹果成熟果实。

仪器、用具及药品:见每项实验内容。

14.3　内容与方法

(1)感官品质检验。

①检验项目:

外观:大小、形状(直径:长度)、颜色、光泽、缺陷等。

质地:硬度、脆性、多汁性、韧性、纤维量等。

风味:甜度、酸度、涩度、芳香味、异味等。

②苹果等级规格指标:果径大小等级规格指标见实验表14-1。

实验表 14-1　果径大小等级规格指标　　　　　　　　　　mm

果实大小		等　级		
		优等品	一等品	二等品
果径 (最大横切面直径)	大型果	≥70	≥65	≥60
	中型果	≥65	≥60	≥55
	小型果	≥60	≥55	≥50

(2)理化指标检验。

①果实硬度的测定:

仪器:硬度压力计。

测定方法:将样果在阴、阳两面的预测部位削去薄薄的一层果皮,尽量少伤及果肉,削面略大于压力计测头的面积,将压力计测头垂直地对准果面的测试部位,徐徐施加压力,使测头压入果肉至果定标线为止,从指示器所示处直接读数,即为果实硬度,统一规定以牛顿 N/cm² (kgf/cm²) 表示测试结果。每组实验测 10 个样果,求其平均值,计算至小数点后一位。

②可溶性固形物的测定:

仪器:手持糖量计(手持折光仪)。

测定方法:校正好仪器标尺的焦距和位置,打开辅助棱镜,从样果中挤滤出汁液 1～2 滴,滴在棱镜平面中央,迅速关合辅助棱镜,静止 1 min,朝向光源或明亮处调节消色环,使视野内出现清晰的分界线,与分界线相应的读数,即为测试液在 20℃下所含可溶性固形物的百分率。当环境不是 20℃时,可根据仪器所附补偿温度计表示的加减数进行校正。每组实验 10 个果样,每一试样应重复 2～3 次,求其平均值。实验仪器连续测定不同试样时应在使用后用清水将镜面冲洗干净,并用干燥镜纸擦干以后,再继续进行测试。

③总酸量的测定:

仪器:感量为 0.1 mg 天平,烘箱,高速组织捣碎机或研钵,半微量滴定管,1 000 mL 和 250 mL 容量瓶,100 mL 量筒,250 mL 锥形瓶,50 mL 移液管,漏斗。

试剂:

A. 0.1 mol/L 氢氧化钠标准溶液:将氢氧化钠 4 g 溶解并定容到 1 000 mL 容量瓶中,摇匀,按下法标定溶液浓度。

将化学纯邻苯二甲酸氢钾放入 120℃烘箱中 1～2 h,待恒重冷却后,准确称取 0.3～0.4 g(精确至 0.1 mg),置于 250 mL 锥形瓶中,放入 100 mL 蒸馏水溶解后,摇匀,加酚酞指示剂 3 滴,用以上配制好的氢氧化钠溶液滴定至微红色。

计算公式:
$$M = \frac{W}{V \times 0.204\ 2}$$

式中:M 为氢氧化钠标准溶液的浓度,mol/L;

　　　V 为滴定时消耗氢氧化钠标准溶液的体积,mL;

　　　W 为邻苯二甲酸氢钾的质量,g;

　　　0.204 2 为与 1 mL 氢氧化钠标准溶液[c(HCl)＝1 mol/L]相当的邻苯二甲酸氢钾的质量,g。

B. 酚酞指示剂(1%乙醇溶液):称取酚酞 1 g 溶于 100 mL 中性乙醇中。

测定方法:至少取 10 个苹果,再从每个果实取下一瓣,去皮并剜去果心后,切碎混匀,称取 10 g(精确至 0.01 g)放于研钵中,加 1:1 的蒸馏水研磨成浆。然后用煮沸放冷的蒸馏水 50～80 mL,将试样洗入 250 mL 容量瓶中,置 75～80℃水浴上加温 30 min,并摇动数次促使溶解。冷却后,加蒸馏水至刻度,摇匀,用脱脂棉过滤。吸取滤液 50 mL 于 250 mL 锥形瓶中,加入 1% 酚酞指示剂 3 滴,用 0.1 mol/L 氢氧化钠标准溶液滴至微红色。

结果计算:

计算公式:

$$\text{总酸量} = \frac{V \times M \times 0.067 \times 5}{W} \times 100$$

式中:V 为滴定时消耗氢氧化钠标准溶液的体积,mL;

M 为氢氧化钠标准溶液的浓度,mol/L;

W 为试样质量(试样液 20 g 相当于实际样品 10 g),g。

平行试验结果允许差为 0.05%,取其平均值。

④维生素 C(Vc)测定

仪器设备:8 000~12 000 r/min 高速组织捣碎机,分析天平,25 mL、10 mL 滴定管,100 mL 容量瓶,100 mL 和 50 mL 锥形瓶,10 mL、5 mL、2 mL、1 mL 吸管,250 mL、50 mL 烧杯,漏斗。

试剂:(凡未加说明者均为分析纯)。

A. 浸提剂

偏磷酸:2% 溶液(W/V)。偏磷酸不稳定,切勿加热。

草酸:2% 溶液(W/V)。

B. 抗坏血酸标准溶液(1 mg/mL):称取 100 mg(精确至 0.1 mg)抗坏血酸,溶于浸提剂中并定容至 100 mL。现配现用。

C. 2,6-二氯靛酚(2,6-二氯靛酚吲哚酚钠盐)溶液:称取碳酸氢钠 52 mg 溶解在 200 mL 热蒸馏水中,然后称取 2,6-二氯靛酚 50 mg 溶解在上述碳酸氢钠溶液中。冷却后定容至 250 mL,过滤至棕色瓶内,保存在冰箱中。每次使用前,用标准抗坏血酸标定其滴定度,即吸取 1 mL 抗坏血酸标准溶液于 50 mL 锥形瓶中,加入 10 mL 浸提剂,摇匀,用 2,6-二氯靛酚溶液滴定至溶液呈粉红色 15 s 不退色为止。同时,另取 10 mL 浸提剂做空白试验。

计算公式: 滴定度 $T(\text{mg/mL}) = \dfrac{c \cdot V}{V_1 - V_2}$

式中:T 为每毫升 2,6-二氯靛酚溶液相当于抗坏血酸的毫克数;

c 为抗坏血酸的浓度,mg/mL;

V 为吸取抗坏血酸的体积,mL;

V_1 为滴定抗坏血酸液所用 2,6-二氯靛酚溶液的体积,mL;

V_2 为滴定空白所用 2,6-二氯靛酚溶液的体积,mL。

D. 白陶土(或称高岭土):维生素 C 无吸附性。

测定方法与步骤:

A. 样液制备:称取具有代表性样品的可食部分 100 g,加 100 mL 浸提剂,迅速捣成匀浆。称 10~40 g 浆状样品,用浸提剂将样品移入 100 mL 容量瓶,并稀释至刻度,摇匀过滤。若滤液有色,可按每克样品加 0.4 g 白陶土脱色后再过滤。

B. 滴定:吸取 10 mL 滤液放入 50 mL 锥形瓶中,用已标定过的 2,6-二氯靛酚溶液滴定,直至溶液呈粉红色 15 s 不退色为止。同时做空白试验。

结果计算:

计算公式:

$$100 \text{ g 维生素 C 含量}(\text{mg}) = \frac{(V-V_0) \cdot T \cdot A}{W} \times 100$$

式中:V 为滴定样液时消耗染料溶液的体积,mL;

V_0 为滴定空白时消耗染料溶液的体积,mL;

T 为 2,6-二氯靛酚染料滴定度,mg/mL;

A 为稀释倍数;

W 为样品重量,g。

注:结果取两个平行试验的平均值,保留 3 位有效数字,含量低的保留小数点后两位数字。

14.4 作业

(1)对果实外观品质进行描述和测定。

(2)每人至少测定一项果实品质的理化指标。

实验 15　观赏园艺植物的应用

15.1　目的与要求

通过实际应用,了解各种观赏园艺植物的用途、应用效果及观赏价值,初步学会观赏园艺植物的种植设计的基本原理和方法。

15.2　实验材料与用具

各种草本花卉植物、简单植物种植用具等。

15.3　实验内容

(1)花坛。

花坛的类型:独立花坛、带状花坛、花坛群、花丛花坛、模纹花坛。

花卉植物的选用:植物种类、色泽、高矮搭配;对物候期、观赏期的选择;花坛植物的种植计划等。

花坛的设计:图案设计及绘制简图,植物的平面布置及垂直效果研究,与周围环境的协调性等。

(2)绿篱及绿墙。

绿篱及绿墙的类型:绿墙、高绿篱、绿篱、矮绿篱;整形绿篱和不整形绿篱;常绿篱、花篱、采叶篱、观果篱、刺篱、落叶篱、蔓篱、编篱等。

绿篱及绿墙的设计:植物种类、数量、搭配、造型等。

15.4　作业

(1)花坛、绿篱等设计的基本原理是什么?

(2)绘制一幅花坛设计简单示意图。

实验 16　主要园艺植物病害调查

16.1　目的与要求

学习园艺植物病害的调查方法、病害分级方法及判断,认识主要园艺植物病害特征。

16.2 实验材料与用具

人工培养的园艺植物,或园艺植物生产地块。用具有放大镜、镊子、小铲子、培养皿、标本夹、显微镜等。

16.3 实验内容

(1)常用取样方法。

①对角线式:又称五点式。在地势平坦,地形偏正方形,土壤肥力、品种及栽培条件基本相同的地块,对气流传播的病害可用此法。调查时在双对角线上或单对角线上取5~9点进行调查。一般点内抽查株数不应低于全园总株数的5%。

②顺行式:是病害调查中最常用的方法,对部分不很均匀的病害,尤其是对检疫性病害和病害种类的调查,为防止遗漏,可用顺行调查法。根据需要和可能,可以逐行逐株调查或隔行隔株调查。

③棋盘式:也是条件调查中最常用的方法。特别是在大面积、发病不均匀、要求样点较多的情况下,本法显得更为精确。按一定的间隔在田间划出几条相互平行的取样行,然后在各取样行上每隔一定距离设一取样点,但要使两个相邻取样行上的取样点相互错开。

④"Z"字形:对于地形较为狭长或地形、地势较为复杂的梯田式地块或果园,可用"Z"字形排列或螺旋式取样法进行调查。

⑤随机取样:若病害分布较为均匀,应根据调查目的,随机选取4%左右的样本作为调查材料。但样点不要过于集中或有意挑选,应分散在整个地块中。

另外,取样时还要避免在田园的边上取样,注意选点均匀,有代表性,使调查结果能正确反映田间实际病情。

对于单株较大的果树,在样点内先取一定的样树,然后在每一样树的树冠上梢、内膛、外围和下部等部位及东、西、南、北各个方向,根据病害特点,各取若干枝条、叶片或果实等进行调查。一般情况下叶部病害每个样树取300~500张叶片;果实调查每个样树取100~200个果实;枝干病害则要调查样树的全部枝干发病情况。

(2)病害分级标准。不同的病害分级标准不一样,一般是根据病害性质进行分级。

①枝干病害:

0级:枝干无病;

1级:整个枝干有多个小病斑或少量较大病斑,但枝干齐全,对植株无明显影响；

2级：整个枝干有多块病疤，或在较粗的枝干上有少量较大的病疤，枝干基本齐全，对植株有些影响；

3级：整个枝干病疤较多，粗大主枝上有较大病疤，生长势和产量已受到明显影响；

4级：整个枝干遍布病疤，枝干残缺不全，植株生长衰弱甚至枯死。

②叶部病害：

0级：叶上无病斑；

1级：下层叶片有少数病斑；

2级：下层叶片有多数病斑，中间叶片有少数病斑；

3级：中部叶片有多数病斑，少数下部叶片枯黄；

4级：全株叶片均有病斑，多数叶片枯黄，对生长有较大影响。

③果实病害：

0级：果实无病斑；

1级：果面初现零星小病斑；

2级：病斑占果实面积1/4以下；

3级：病斑占果实面积1/4～1/3；

4级：病斑占果实面积1/3以上。

(3)发病率和病情指数的计算。

①发病率：是指调查的病株数（或病叶数、病果数等）占调查总数的百分比。

$$发病率 = \frac{调查病株（叶、果等）数}{调查总株（叶、果等）数} \times 100\%$$

②病情指数：病情指数计算方法可以兼顾病害的普遍率和严重程度。病情指数的计算，首先根据病情发生的轻重，进行分级调查记数，然后根据数字按下列公式计算。指数越大，病情越严重；指数越小，病情越轻。发病最重时指数为100；没有发病时指数为0。

$$病情指数 = \frac{\sum [病级株（叶、果等）数 \times 该级代表数值]}{调查总株（叶、果等）数 \times 该病分级最高级代表数值} \times 100$$

16.4 作业

结合实际调查情况，计算病情指数。

实验 17　主要园艺植物害虫田间调查方法

17.1　目的与要求

认识园艺植物主要害虫和虫害特征,了解主要害虫的生活及繁殖习性,学习田间害虫的调查方法。

17.2　实验材料及用具

田间种植的园艺植物;放大镜、镊子、培养皿或小瓶子、捕虫网、显微镜等。

17.3　实验内容

(1)样本及样本单位。由于发生害虫的植物一般面积较大,调查时不可能一一清查,必须采用抽样调查的方法,然后对整体进行统计估算。一般在田间抽取有代表性的一定数量的样点,对所取样点内的某种害虫进行观察统计,就能推断出这块地上这种害虫的数量。因昆虫种类、虫态、生活方式、作物种类、抽样方式等的不同,常用的样本单位如下。

①面积:对于土栖昆虫、密植作物的害虫,可用面积作为取样单位。如 1 m² 的昆虫数。

②长度:适用于条播的密植作物,如 1 m 行长内的昆虫数或作物受害株数。

③植株或植株的某一部分:对于虫体小、不活泼、数量多或有群集性的害虫,如蚜虫、介壳虫、红蜘蛛等,可取植株的某一部分(叶片、枝条、花蕾、果实)或枝条的一定长度作为取样单位;对于稀植作物,常以植株作为取样单位,如甘蓝上的小菜蛾、菜青虫、斜纹夜蛾、甜菜夜蛾的数量。

④时间:常用于调查比较活泼的昆虫,以单位时间内采到或目测到的虫数表示。

⑤器械:对于飞虱、叶蝉、跳甲成虫、盲蝽等活动性较强的昆虫的调查,可用捕虫网等器械扫捕,统计每百网虫数;对于金龟子等有假死性习性的昆虫,也可用拍打一定次数所获得的虫数做单位或在驱赶后从单位面积、单位株数中起飞的虫数来统计。

(2)样本数量。即从总体中抽取的样本的多少,或者说各样点所取的样本总和即为样本数量。害虫调查一般取 5、10、15 或 20 样点,每个可取多个样本。以植株为单位时,一般取 50～100 株,即样本数为 50～100。

（3）抽样方式。取样方式取决于调查的目的和调查对象的特征,确定抽样方式的原则是要使抽样调查的结果能最大限度地逼近调查估计的总体。

①五点式抽样:适于密植的或成行的植物及随机分布型的昆虫调查,可以面积、长度或植株作为抽样单位。

②对角线式抽样:适于密植的或成行的植物及随机分布型的昆虫调查。它又可以分为单对角线式和双对角线式两种。

③棋盘式抽样:适于密植的或成行的植物及随机分布型或核心分布型的昆虫。

④平行线式抽样:也称分行式抽样,适于成行的植物及核心分布型的昆虫。

⑤"Z"字形抽样:适于嵌纹分布型的昆虫。

（4）调查资料的统计分析和数据表示方法。调查数据的表示法通常有列表法、图解法和方程法等。数据分析方法应视具体情况而定。如杀虫剂药效试验常用害虫的死亡率、虫口减退率来表示。当调查结束时能准确地查到样点内所有死虫和活虫时,用死亡率表示。

$$死亡率 = \frac{死亡个体总数}{供试总虫数} \times 100\%$$

当调查结束时只能准确地查到样点内活虫而不能找到全部死虫时,用虫口减退率表示。

$$虫口减退率 = \frac{防治前的活虫数 - 防治后的活虫数}{防治前的活虫数} \times 100\%$$

17.4　作业

选择一种园艺植物,调查其发生的主要害虫,并将调查数据列表或作图。

实验 18　现代化园艺高科技园区参观考察

18.1　目的与要求

了解现代化高科技示范园区或生产园的特色、规模、形式与示范内容,学习现代化园区的规划、设计与建设方法,了解现代园艺业发展的热点与趋势。

18.2　参观地点与组织

参观地点:学校所在地附近的现代化园艺高科技示范园或生产园。

组织:由课程老师联系并带队组织学生统一参观或考察。

18.3 参观或考察内容

(1)地理位置、交通环境、占地面积、自然条件、现有植物种类、设施及条件等。

(2)园区的规划特点、总体布局和区域布局,各区域的功能特点。

(3)规划用地平衡表。各栽培区域、各功能场所的占地面积、占总园区的比例。

(4)栽培区域的园艺植物种类和特色。

(5)道路系统与停车场。主路、支路布局、宽度;停车场的位置等。

(6)给排水规划。水源及给水系统;雨水、污水排水系统。

(7)投资预算和产出效益等。

18.4 作业

(1)了解并记录所参观考察的内容和感想。

(2)试规划和设计一个现代化园艺生产园。

实验 19   园艺产品市场参观考察

19.1 目的与要求

通过对当地园艺产品市场的参观或考察,了解水果、蔬菜或花卉产品的市场规模、产品种类、特色、供应量等,不同季节的供应均衡状况,产品来源及供应情况等;通过对园艺产品的市场供求关系,价格、流通、销售等市场信息的了解,进而了解当地或全国某些园艺产品的生产和销售情况。

19.2 参观地点与组织

参观地点:学校所在地的水果、蔬菜、花卉的批发市场或销售市场。

组织:由课程老师联系并带队组织学生统一参观或考察。

19.3 参观或考察内容

(1)市场地理位置与环境。

(2)市场里园艺产品主要种类及特色。

(3)本市场的销售量和主要消费群体。

(4)产品的供应商及货源。

(5)产品质量与等级。

(6)产品价格与包装。

(7)产品的促销方式与特点。

(8)产品的售后服务。

(9)市场所存在的问题及解决的方法。

19.4　作业

写一份 2 000～3 000 字的参观考察报告。

实验 20　芽苗类蔬菜生产技术

20.1　目的与要求

了解芽苗菜生产的基本原理、方法程序及目前生产上主要芽苗菜种类,学会几种芽苗菜生产的技术要点。

20.2　实验材料与用具

材料:芽苗菜生产多利用种子、根茎、枝条等作为繁殖材料,在黑暗或弱光条件下培育成可食用的芽苗、芽球等。目前,可用于培育芽苗菜的有小麦、大麦、荞麦、绿豆、豌豆、大豆、蚕豆、红小豆、豇豆、蕹菜、芫荽、莴笋、茼蒿、苜蓿、萝卜、芝麻、向日葵、油菜、姜、石刁柏、竹笋、蒲菜、香椿、枸杞、花椒等。

用具:生产场所(日光温室、大棚等)、培养架、播种盘、纸张或纸板、其他培养基质或用具。

20.3　实验内容

20.3.1　芽苗菜的种类

可生产的芽苗菜种类有很多,可分成以下两大类。

第一类是种芽菜,即利用种子中贮藏的养分直接培育成幼嫩的芽或芽苗。除常见的黄豆芽、绿豆芽、黑豆芽、蚕豆芽、红小豆芽外,还可以豌豆、萝卜、香椿、荞麦、苜蓿的种子为原料,培育成龙须豌豆苗、籽苗香椿、荞麦芽、萝卜芽菜投放市场,成为城乡广大居民喜食的一种新兴蔬菜。

第二类是体芽菜,即用 2 年生或多年生的宿根、肉质直根、根茎或枝条中贮存的养分,培育成供食用的芽球、嫩芽、幼茎或幼梢。如用宿根培育的苦荬菜、蒲公英

（嫩芽或幼梢）；用菊苣的肉质直根在黑暗、适温条件下培育的菊苣芽球；用根茎培育的姜芽、石刁柏、竹笋（幼茎）；由枝条培育的香椿芽、枸杞头（嫩芽）等均属体芽菜。

20.3.2　芽苗菜生产技术

（1）种芽菜生产。

严格选种：生产芽苗的种子要求纯度高、发芽率达到95％以上，剔除虫蛀、破残、畸形、腐烂、特小、特瘪、成熟度不够等不易发芽的种子。尤其香椿种子，在高温条件下极易丧失发芽力，更应注意选用没过夏的新种子（用前搓掉翅翼）。

浸种：将种子用20～30℃的清水淘洗2～3遍，洗净后倒入容器浸泡，用种子体积2～3倍的水。浸种时间视具体品种而定，一般豌豆浸种18～24 h，香椿12～20 h，荞麦24～36 h，萝卜6～8 h。期间应注意换洁净清水1～2次，并同时淘洗种子。当种子基本泡胀时，即可结束浸种，再次淘洗种子2～3遍，轻轻揉搓、冲洗、漂去附着在种皮上的黏液、注意不要损坏种皮，然后捞出种子，沥去多余水分。

播种催芽：洗净育苗盘，苗盘内平铺一层裁剪好的纸张或其他基质，将处理好的种子均匀密集地撒在苗盘内，一般60 cm×25 cm×5 cm 的盘播种量为：豌豆350～400 g，荞麦150～170 g，萝卜80～100 g，香椿30～50 g。然后将播种后的苗盘叠摞在一起，每6盘为一摞，放在栽培架或平整的地面上，进行叠盘催芽。催芽期间保持适宜温度，豌豆置于18～23℃，萝卜、荞麦置于23～26℃，香椿置于20～23℃条件下催芽。每天进行一次倒盘和浇水，调换苗盘位置，同时均匀地喷水，以喷湿后苗盘内不存水为度。

芽苗管理：光照。荞麦芽菜、萝卜芽菜需光较强，籽苗香椿需中等光照，豌豆芽适应性较广。芽苗生长期间光照不宜过强，否则纤维素形成早而影响品质；光照过弱则易使芽苗细弱，并导致倒伏、腐烂。水分。由于芽菜本身鲜嫩多汁，必须频繁补水，每天喷淋2～3次，以盘内基质湿润不大量滴水为度。天气高温、干燥时多喷，阴雨天或温度低时则少喷。通风。每天须结合温、湿度的调节，进行适当通风。

产品采收：芽苗菜以幼嫩的茎叶为产品，组织柔嫩，含水最高，多采取整盘活体出售。其采收标准如下。

豌豆芽：芽苗浅黄绿色，高 10～12 cm，顶部子叶展开，柔嫩未纤维化。

籽苗香椿：芽苗浓绿，高 8～12 cm，子叶展开，心叶未出，香味浓郁。

荞麦芽：芽苗子叶绿色，下胚轴红色，高 12～15 cm，子叶平展，充分肥大。

萝卜芽：芽苗翠绿色，高 8～10 cm，子叶平展肥大。

（2）体芽菜生产。蒲公英体芽菜就是指利用蒲公英营养贮藏器官肉质直根，在适宜的栽培环境下直接培育成的芽苗菜。

　　培育肉质直根:选择土壤耕层深厚、地势平坦、排灌方便、无较大污染源的地块种植。秋收后净园并结合耕翻整地每 667 m² 施入 4 000～5 000 kg 腐熟的优质农家肥。翌年土壤化冻后做成 1.2 m 宽的畦。当土温达到 10℃ 以上时开始播种。开 2～3 cm 深、宽 10 cm 的沟,将种子掺细沙撒播于沟内,覆土 2～3 cm,最后在畦的两边插上竹弓子,盖上塑料膜以保持蒲公英萌发的最适温、湿度。

　　播种后 9～12 d 出苗。幼苗出齐后,去掉薄膜并及时浇水、中耕除草。2～3 片真叶期及 5～6 片和 7～9 片真叶期时,结合中耕除草分别进行 3 次间苗(间下的苗可上市),最后一次按株距 5 cm、行距 10 cm 选壮苗定苗。间苗、定苗后一般均需及时浇水。莲座期一般不浇水,直到肉质根进入迅速膨大期开始浇水,经常保持土壤湿润。可根据植株生长状况追施有机肥。播种当年不采叶,以促其肉质根粗大。于上冻前将肉质根挖出,并进行整理,摘掉老叶,保留完整的根系及顶芽。选择背阴地块挖宽 1～1.2 m、深 1.5 m(东西延长)的贮藏窖贮藏肉质根。

　　蒲公英肉质根囤栽技术:选用温度能稳定维持在 8～25℃ 的保护设施。在设施内做成土厚 40～50 cm 的栽培床,栽培基质用洁净的土壤或河沙等。囤栽前应将肉质根提前一天从贮藏窖内取出萌晾,然后按长度分级。将同一长度的肉质根成行码埋,码埋间距 2～3 cm,埋入深度以露出根生长点为度。码埋完毕后立即浇透水,水后 2～3 d 插小拱棚,覆盖黑色薄膜。温度保持在 15～20℃,湿度控制在 60%～65%。当叶片达到 10～15 cm 时,用手掰或用刀割取叶片,注意保护生长点。收获一般应在清晨进行。芽苗清洗分级包装后及时放入冷库或运往市场销售。

20.4　作业

　　记录芽苗菜生产过程,并写出实验报告。

[1] 中国农业百科全书总编辑委员会果树卷编辑委员会中国农业百科全书编辑部. 中国农业百科全书·果树卷. 北京:中国农业出版社,1993.

[2] 中国农业百科全书总编辑委员会蔬菜卷编辑委员会中国农业百科全书编辑部. 中国农业百科全书·蔬菜卷. 北京:中国农业出版社,1990.

[3] 中国农业百科全书总编辑委员会观赏园艺卷编辑委员会中国农业百科全书编辑部. 中国农业百科全书·观赏园艺卷. 北京:中国农业出版社,1996.

[4] 中国标准出版社第一编辑室. 中国农业标准汇编·果蔬卷. 北京:中国标准出版社,2010.

[5] 中国标准出版社第一编辑室. 花卉标准汇编. 北京:中国标准出版社,2008.

[6] 张苏丹,胡秀良. 插花与盆景制作. 北京:中国农业大学出版社,2012.

[7] 房经贵,崔舜,韩键. 果树盆栽与盆景制作. 北京:化工出版社,2012.

[8] 吴诗华,汪传龙. 树木盆景制作技法. 合肥:安徽科学技术出版社,2012.

[9] 张玉星. 果树栽培学总论. 北京:中国农业出版社,2011.

[10] 陈发棣,车代弟. 观赏园艺学通论. 北京:中国林业出版社,2009.

[11] 张光伦. 园艺生态学. 北京:中国农业出版社,2009.

[12] 贺学礼. 植物学. 北京:科学出版社,2008.

[13] 范双喜,李光晨. 园艺植物栽培学. 2版. 北京:中国农业大学出版社,2019.

[14] 罗国光. 果树词典. 北京:中国农业出版社,2007.

[15] 王凌晖. 园林树种栽培养护手册. 北京:化学工业出版社,2007.

[16] 成善汉,周开兵. 观光园艺. 合肥:中国科学技术大学出版社,2007.

[17] 涂传林. 花卉栽培与礼仪花卉的制作和应用. 合肥:安徽人民出版社,2006.

[18] 罗正荣. 普通园艺学. 北京:高等教育出版社,2005.

[19] 段留生,田晓莉. 作物化学控制原理与技术. 2版. 北京:中国农业大学出版社,2011.

[20] 李作轩. 园艺学实践. 北京:中国农业出版社,2004.

[21] 龙雅宜. 园林植物栽培手册. 北京:中国林业出版社,2004.

[22] 张振贤. 蔬菜栽培学. 北京:中国农业大学出版社,2003.

[23] 程智慧. 园艺学概论. 北京:中国农业出版社,2003.

[24] 包满珠.花卉学.3版.北京:中国农业出版社,2011.

[25] 章镇,王秀峰.园艺学总论.北京:中国农业出版社,2003.

[26] 王浩.农业观光园规划与经营.北京:中国林业出版社,2003.

[27] 李式军.设施园艺学.2版.北京:中国农业出版社,2011.

[28] 李光晨.园艺学概论.北京:中央广播电视大学出版社,2002.

[29] [美]詹姆斯·吉·哈里斯,米琳达·沃尔芙·哈里斯.图解植物学词典.王宇飞,赵良成,冯广平,等译.北京:科学出版社,2001.

[30] 韩召君,等.园艺昆虫学.北京:中国农业大学出版社,2001.

[31] 张福墁.设施园艺学.2版.北京:中国农业大学出版社,2010.

[32] 李绍华,罗国光.果树栽培概论.北京:高等教育出版社,2001.

[33] 郭学望,包满珠.园林树木栽植养护学.北京:中国林业出版社,2001.

[34] 马凯,侯喜林.园艺通论.2版.北京:高等教育出版社,2006.

[35] 傅玉兰.花卉学.北京:中国农业出版社,2001.

[36] 罗云波,蔡同一.园艺产品贮藏加工学.北京:中国农业出版社,2001.

[37] 景士西.园艺植物育种学总论.北京:中国农业出版社,2000.

[38] 王连荣.园艺植物病理学.北京:中国农业出版社,2000.

[39] 浙江农业大学.蔬菜栽培学总论.2版.北京:中国农业出版社,2012.

[40] 郗荣庭.果树栽培学总论.3版.北京:中国农业出版社,2009.

[41] 刘连馥.绿色食品导论.北京:企业管理出版社,1998.

[42] 沈德绪.果树育种学.2版.北京:中国农业出版社,2008.

[43] 陈俊愉.中国花经.上海:上海文化出版社,1990.

[44] 李景侠,康永祥.观赏植物学.北京:中国林业出版社,2005.

[45] 鲁涤非.花卉学.北京:中国农业出版社,2006.

[46] 李先源.观赏植物学.重庆:西南师范大学出版社,2018.

[47] 童丽丽.观赏植物学.上海:上海交通大学出版社,2013.

[48] 郭世荣.设施园艺学.北京:中国农业出版社,2011.

[49] 周长吉.温室工程设计手册.北京:中国农业出版社,2007.

[50] 邹志荣.园艺设施学.北京:中国农业出版社,2002.

[51] 朱立新,李兴晨.园艺通论.4版.北京:中国农业大学出版社,2015.

[52] 邓秀新.园艺作物产业可持续发展战略研究.北京:科学出版社,2017.

[53] 邓秀新,束怀瑞,郝玉金,等.果树学科百年发展回顾.农学学报,2018,8:24-34.

[54] 方智远.我国蔬菜科技发展的记忆——纪念新中国成立70周年.中国蔬菜,2019(5):1-8.

[55] 刘仲华. 基于健康中国的茶业机会. 茶世界,2020(1):26-30.

[56] 松尾英輔. 園芸療法から園芸福祉―園芸活動(ガーデニング)の恩恵(効用)
を活かす. 農業および園芸,2002,77:784-792.

[57] 斉藤隆,大川清,白石真一,茶珍和雄. 園芸学概論. 東京:文永堂出版,2000.

[58] 田中宏. 園芸学入門. 東京:川島書店,2000.

[59] 熊同龢. 園藝學通論. 上海:新農出版社,1951.

[60] M. N. Westwood. Temperate Zone Pomology. U. S. A Portland. Timber
press. 1992.

[61] H. C. Wien. The physiology of vegetable crops U. S. A New York CAB In-
ternational. 1997.